数字电视技术与应用

鲁业频　杨吉超　孔　敏　主编

合肥工业大学出版社

图书在版编目(CIP)数据

数字电视技术与应用/鲁业频,杨吉超,孔敏主编.—合肥:合肥工业大学出版社,2016.12

ISBN 978-7-5650-3125-0

Ⅰ.数…　Ⅱ.①曹…②杨…③孔…　Ⅲ.①数字电视—技术　Ⅳ.①TN949.197

中国版本图书馆 CIP 数据核字(2016)第 312499 号

数字电视技术与应用

主编　鲁业频　杨吉超　孔　敏　　　　　责任编辑　权　怡　刘　露

出　版	合肥工业大学出版社	版　次	2016 年 12 月第 1 版
地　址	合肥市屯溪路 193 号	印　次	2016 年 12 月第 1 次印刷
邮　编	230009	开　本	787 毫米×1092 毫米　1/16
电　话	综合编辑部:0551-62903028	印　张	19
	市场营销部:0551-62903198	字　数	462 千字
网　址	www.hfutpress.com.cn	印　刷	安徽昶颉包装印务有限责任公司
E-mail	hfutpress@163.com	发　行	全国新华书店

ISBN 978-7-5650-3125-0　　　　　　　　　定价:38.00 元

目 录

第 1 章　电视及数字电视信号的形成

　　电视机是现代社会每个家庭不可或缺的也是人类感知世界最主要的信息产品之一,图像是人的视觉系统对事物辐射、反射或透射光的反应,电视是在电影基础上诞生而来,处理"光电-电光"的关系,实质是解决人眼与电光显示的问题,以满足人们对客观世界视觉信息之需求。1924 年,英国人贝尔德通过机械式扫描原理实现了用电传输图像之目的,发明了最原始的模拟电视机。几乎同时,俄裔美籍科学家斯福罗金首次采用全面性的电子式扫描实现电视的发收系统,成为现代电视技术的先驱。美国 RCA 公司于 1939 年推出世界上第一台黑白电视机,1953 年确定全美彩电标准,并于 1954 年推出 RCA 彩色电视机。电视的诞生满足"百闻不如一见",拉近了人与自然的距离,使人人都是千里眼,足不出户,便知天下事。所以,模拟电视的发明是 20 世纪人类最伟大的发明之一。

　　我国第一台"北京"牌黑白电视机 1958 年诞生于天津无线电厂,是参照当时的苏联"旗帜牌"电子管电视机而试制成功的,同年建立北京电视台即今天的"中央电视台"。我国彩电行业起步于 20 世纪 70 年代,第一台彩电于 1970 年在天津通信广播电视厂诞生,从此拉开了中国彩电生产的序幕。到了 20 世纪 80 年代,国内相关企业开始引进彩电生产线并开始大规模生产,同时国外(尤其是日韩)品牌也开始大批量引入中国。这期间国产彩电品牌无论是技术还是规模都有了长足的进步,涌现出长虹、熊猫、金星、牡丹、飞跃等一大批国产品牌,从此国内彩电开始进入了品牌竞争和技术飞速发展时代。

　　传统的模拟电视,从图像信号的产生、传输到接收机的复原,其整个过程几乎都是在模拟体制下完成的。其特点是采用时间轴取样,每帧图像在垂直方向取样,以幅度调制方式传送视频信号,为降低频带同时避开人眼对图像重现的敏感频率,将一帧图像又分成奇、偶两场的隔行扫描方式,以形成光电转换或电光转换。加上 20 世纪 50 年代电视理论和技术的缺陷,使传统的电视存在易受干扰,色度分解力不足且容易造成亮色串扰、行闪烁与行蠕动,清晰度低和临场感弱,时间利用率和频带利用率都不高,以及不能与现代因特网兼容等缺点。此外,传统模拟电视的 NTSC/SECAM/PAL 三大制式因频道带宽、视频信号带宽及行场结构等参数差异较大而无法兼容。随着计算技术、视音频压缩编码技术和通信技术等的飞速发展,以及超大规模集成电路水平的提高,至 20 世纪 90 年代末,以美欧日为代表的数字电视软硬件技术都达到了较高的应用水准,同时也相继推出各具特色的数字电视相关标准。所有这些,标志着模拟电视技术被推向一个更加崭新的阶段,即以数字电视为特征的第三代电视(黑白和彩电分别为第一代和第二代)从实验室走向寻常的工作和生活中。

1.1　数字电视的基本特点及其分类

1.1.1　数字电视的基本特点

　　所谓数字电视,指基于数字技术平台,从节目拍摄(图像的每个像素、伴音的每个音节以及其他各类数据信息)、非线性编辑、压缩编码和信道编码、发射传输、接收到显示的全程数字化电视系统。一个典型的数字电视系统结构如图1-1所示。

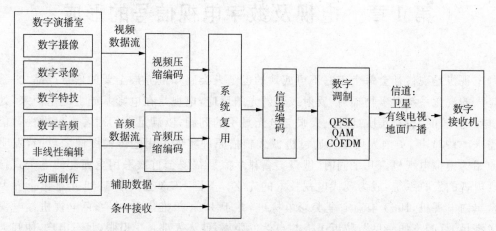

图1-1 数字电视系统结构(传输信道的不同、调制方式也不同)

模拟电视画面最高质量仅达 VCD 质量(像素数最高是 352×288),而标清数字电视画面质量相当于 DVD 质量,像素数为 720×576,高清数字电视(HDTV)的像素数高达 1920×1080,画面质量接近 35mm 宽银幕电影水平。传统模拟电视常有的模糊、重影、闪烁、雪花点、图像失真等现象在数字电视中得到根本改善,同时,数字电视音频多采用 AC-3 或杜比 5.1 环绕立体声技术,既可避免噪声、产生失真,又能实现多路纯数字环绕立体声,使声音的空间临场感、音质透明度和高保真等方面都更胜一筹。此外,数字电视允许不同类型(音频、视频和数据)、不同等级(高清、标清)、不同制式(屏幕的宽高比、立体声伴音的通道数目)的信号可以在同一信道中传输,用同一台电视接收机接收。可以说,大信息、多业务、多功能和高质量是数字电视的总体特征。与模拟电视相比,数字电视有如下优点。

(1)信号处理与传输的质量主要取决于信源。因为数字电视系统只有"1""0"两种电平,抗干扰强,非常适合远距离的数字传输,在多次处理过程中或在传输过程中引入杂波后,只要不超过杂波幅度某一额定电平,通过数字信号再生,都可以把它清除掉。即使某一杂波电平超过额定值,造成误码,也可以利用引入信道的纠错编码技术,在接收端把它们纠正过来,从而有效避免系统的非线性失真,大大提高声像质量。而在模拟系统中,非线性失真会造成图像的明显损伤,例如非线性产生的相位畸变会导致色调失真,在处理和传输中,每次都可能引入新的杂波,模拟信号在传输过程中噪声逐步积累,而数字信号在传输过程中,基本上不产生新的噪声,也即信杂比基本不变,即模拟电视的传输质量是抛物线式的,而数字电视的传输质量是矩形式的,即在其有效范围内质量一样(超出范围即马赛克或黑屏)。大量实验证明:收端有足够的信杂比,同一环境下的模拟信号要求 $S/N>40dB$,而数字信号只要求 $S/N \geqslant 26dB$。这样在相同的覆盖面积下,数字电视就大大地节省了发射功率。

(2)数字视音频信号采用高效的压缩技术,节省了大量的频率资源。如原来 8MHz 带宽仅能传一套相当于 VCD 质量的模拟电视,现在可传 9 套以上相当于 DVD 质量的数字电视节目,且更高压缩标准,与时俱进、不断发展。

(3)便于实现计算机网、电视网、电信网走向融合,实现资源共享,构成新一代多媒体通

信系统,没有电视的数字化就没有三网融合。

(4)易于实现信号的存储,数字化后的视音频信号易存储,且存储时间与信号的特性无关。近年来,大规模集成电路尤其是半导体存储器技术、纳电子技术的发展,可以存储多帧的视频信号,从而实现模拟技术不可能达到的处理功能。

(5)为信息化世界的数字化、交互性新媒体、网络视频及其相关软硬件技术的不断快速发展提供动力,彻底颠覆传统收看电视的方式。如 iPhone、iPad 等新时代智能产品,以及 PPTV 在线视频软件的推出就是典型实例。

(6)具有开放性和兼容性。从发端到收端的数字电视系统形成的产业链涉及很多相关产业,包括节目源供应商、应用软件开发商、硬件制造商、网络运营商等,这些产业的产品开发和生产以一个业务平台为基础即符合业内相关标准包括接口标准,改变了模拟体制下的全球电视节目等软硬件产品各自为政、不能交换的特点。

(7)可以合理高效地利用各种类型的频谱资源。对于地面广播而言,数字电视可以启用模拟电视的禁用邻频频道,也能够采用单频率网络广播技术。

(8)很容易实现密码措施,便于开展增值业务、专业应用以及各种数据广播业务的应用。开展各种增值业务及各类条件接收的收费业务,数字电视广播在运营上可控可管,也是数字电视得以快速健康发展的保障。

(9)具有可扩展性、可分级性。可以依据应用形式的不同,将数字电视信号频率的高低进行分级调制传输,也便于在数据重新分组后,在质量不同等级的通信信道上传输,再现出对应的标清或高清视频图像。

(10)"电子节目指南"菜单式的收视界面,为人们选择电视节目、收听广播及接收各类信息提供了人性化的、引导式的操作窗口,这在传统模拟电视下是难以实现的。

(11)数字电视的内涵日益丰富,基于"互联网+电视"彻底改变了人们收看电视的习惯,依托海量的云端内容,用户如同浏览"节目超市",为用户提供可下载、精准化、定制化服务的双向互动,真正实现"我的电视我做主",且多屏互动将成为电视发展的趋势之一。

(12)数字电视的出现彻底改变了信息行业的市场结构。各种类型的数字视音频产品,各类形式的数字电视接收机顶盒,以及适用高清显示的 LCD、PDP、LED、OLED 等新型平板显示设备的不断问世等,使人们收视更加灵活多样。

(13)观众也转向个性化的定制消费。数字电视的收视不再是传统的有线、卫星和地面为主,网络电视结合智能电视(手机)更能满足观众的个性化需求,大大提高了收看收视的自主性和随意性,且看电视未必在电视机前,因而数字电视有更广阔的发展空间。

(14)高清智能电视进一步推动电视新技术的大发展。由标清到高清,再发展到超高清 800 万以上像素数,以及新近出厂的多数电视机安装了安卓或 TVOS 操作系统,等等。高清智能电视的问世,进一步提升了接收便利性,传输的信息量也显著增大。

(15)数字电视系统的超长产业链为社会提供了许多工作岗位。该系统涉及的软硬件技术、产品及其标准等,涉及面很广,其竞争更加激烈,在有力地推动世界数字电视事业蓬勃向前发展的同时,也为人们提供了许多大众创业、万众创新的机会。

【知识链接】所谓智能电视,是指将互联网和计算机的技术融合到电视机中,即像智能手机一样,搭载了操作系统,可以由用户自行安装或卸载软件、游戏等第三方服务商提供的程序,通过此类程序来不断对彩电的功能进行扩充,并可以通过网线、无线网络来实现上网冲浪的这样一类彩电的总称。智能电视把互联网和电视连接起来,可以为用户提供无线的内容和服务,即可以为用户提供完整的互联网体验,包括搜索功能。云电视是指在智能电视基础上,运用云计算、云存储等技术对现有应用进行升级的智能化云设备,它拥有海量存储、远程控制等众多应用优势,并能实现软件更新和内容的无限扩充。通过大数据、云计算来控制后台数据和软件平台,包括基础操作平台和应用操作系统,彩电用户不需要为自家的电视进行任何升级、维护、资源下载,只需将电视连上网络,就可实现即时最新应用和海量资源的共享。实现看电视的同时,进行社交、办公等。能智能识别用户信息,鉴别用户喜好,快速响应用户需求,及时提供智能、专业、可靠的一对一服务。

由工信部、中国电子商会、中国广播电视产品质量监督检验中心等机构联合国内智能电视厂商发布了《智能云电视行业标准 2.0》。该标准规定智能云电视硬件最低配置必须达到:双核 CPU、多核 GPU、512kB cache、8GB 以上的内存,并支持 100GB 以上的外接存储。具有针对电视深度定制的智能云操作系统,同时需要内置高清数字一体机收解码系统,能够接收和解码有线电视高清信号和 3D 频道信号。且智能云电视必须具有专业的、可扩展的智能云平台,作为云端资源存储中心、极速运算中心、服务提供中心,为用户提供云端资源存储共享、设备互联互通、个性化服务集成及智能家居管控等智能云服务。比如,让家庭中的窗帘、灯具、冰箱、空调、洗衣机、门禁等智能终端在电视智能云平台实现远程控制和应用。智能云电视是互联网电视行业增长的源泉,也是电视发展的重要方向。

1.1.2 数字电视的分类

数字电视信源用数字压缩编码,传输用数字通信技术,接收可以是数字电视机一体机,也可借助机顶盒加模拟接收机,或其他移动接收设备(如手机等)。它是涉及广播电视、通信、计算机和微电子等诸多领域的高新技术,也是集近半个多世纪的图像编码技术与现代电子技术、通信技术等发展成就于一体的现代高科技成果。数字电视系统涉及三大部分:电视系统发送端的信源、信道(传输/存储)以及信宿部分(接收端),整个过程均为数字化的。其中第一部分核心内容是信源(图像/声音/数据)的压缩编码和数字多路复用,第二部分则是纠错编码/数字调制以便于数字信号的传输和存储,而解调制/解纠错编码和解复用/解压缩编码即信息还原则是第三部分的重点。

因此,根据数字电视的定义,按现阶段的研究与应用情况看,数字电视依据清晰度可以划分为两大类:

(1)第一类为标准清晰度的数字电视,其图像垂直分辨率在 400~500 线,相当于 DVD 的标准清晰度电视(SDTV)。SDTV 相当于目前的广播级数字电视,采用成熟的 MPEG - 2 或 AVS 压缩编码标准,一套节目的视频码率在 2~5Mb/s。

(2)第二类为视频垂直分辨率在 720P(P 表示逐行)或 1080I(I 表示隔行)以上的高清晰度电视 HDTV。HDTV 采用 MPEG - 4、H.264、AVS 等,一套节目的视频码率在 8Mb/s 以下。

此外,根据传送和接收方式的不同,数字电视又可分为卫星数字电视、有线数字电视、地面数字电视以及网络数字电视等。

须指出的是,我国数字电视和模拟电视一样,仍采用隔行扫描方式传送图像信号。其中,SDTV 的扫描参数和传统的模拟电视一样。HDTV 和 SDTV 信号的帧频都是 25Hz,每帧图像采用隔行扫描图像的奇数行和偶数行分两次扫描和传送,各形成一场图像,所以每场图像都是 50 Hz,HDTV 和 SDTV 每帧图像总行数分别为 1125 行和 625 行,由于 HDTV 扫描行数增多,行频就由 SDTV 的 15625 Hz 提高到 28125Hz。HDTV 和 SDTV 每行有效像素数分别为 1920 个和 720 个,每帧有效扫描行数分别为 1080 行和 576 行。因此,每帧图像有效像素数分别是 201.6×10^4 个和 41.472×10^4 个,HDTV 与 SDTV 相比,每帧有效像素数约增多 5 倍,所以分辨率和清晰度显著提高。SDTV 和 HDTV 视频格式等方面的参数见表 1-1 所列。

表 1-1　SDTV、HDTV 视频格式(表中,I 为隔行扫描,P 为逐行扫描)

类别	图像分辨率(像素数)	扫描方式	画面宽高比
HDTV	1920×1080;1440×1080	P;I	16:9
	1920×1035;1440×1152	I	16:9;4:3
	1280×720	P	16:9
SDTV	576 或 480×(720,640,544,480,352)	I;P	16:9;4:3
	288×或 240×(720,640,544,480,352)	P	

注:我国规定 SDTV 为 720×576(4:3 或 16:9),HDTV 为 1920×1080(16:9),又称全高清(Full HD)。

　　国际电信联盟于 2012 年 5 月推出超高清电视技术标准。该标准由国际电联协调相关制造商、广电机构和监管机构组成的专项工作组起草,分两个等级:首先引入的超高清电视分辨率为 3840×2160,约 830 万像素;随后将采用更高的分辨率,即 7680×4320,达到 3200 万像素,两种制式分别简称为"4K"和"8K"超高清系统。与之相比,当前使用的高清电视分辨率仅为 100 万～200 万像素。除分辨率大幅提升外,新标准还增强了电视的色彩还原度,增加了帧数。超高清电视是对鲜活自然世界的再逼近,是电视领域的一场革命,超高清电视将给观众带来震撼的视觉体验。

　　【知识链接】平板高清晰度电视机重要的参数之一就是静态图像的清晰度是水平方向和垂直方向都大于 720 电视线,屏幕的幅型比为 16:9。因此要求电视机显示屏的固有分辨力为 1920×1080 或 1366×768,同时电视机的电路系统要好,特别是带宽要符合要求,才能保证显示图像的水平方向和垂直方向都大于 720 电视线。相反,尽管电视机显示屏的物理分辨力为 1920×1080、1366×768、1280×720、852×480,幅型比为 16:9,但由于多种因素的影响,显示图像的水平和垂直清晰度小于 720 线,仍不能称之为高清晰度电视机。高清电视更符合人的视角特性,视野更加开阔,其分辨力是普通电视的 4 倍,观众可获得更多的信息量。

　　在图像处理领域,分辨率与分辨力都是表征图像细节的能力。分辨率是用"点"来衡量的,这个点就是像素,在数值上是指整个显示器所有可视面积上水平像素和垂直像素的数量;而图像的分辨力是表征图像细节的能力,通常又分为图像信号的信源分辨力,由图像格式决定。分辨力越高,清晰度越高。但同一分辨力图像,演播室和一般显示终端看到的清晰度可能差距较大,即使显示器件固有分辨力足够高,但由于工作状态不佳,图像清晰度可能达不到信号源提供的与该显示器固有分辨力相当的图像清晰度。电视领域常用分辨力,计算机领域常用分辨率。

1.2　数字摄像机

1.2.1　三基色原理

　　彩色是光的一种属性,没有光就没有彩色,没有光就没有视觉信息获取。在光的照射下,人们通过眼睛感觉到各种物体的彩色,亮度、色调和色饱和度是其三要素,这些彩色是人眼视觉特性和物体客观特性的综合效果。中学物理课中的棱镜试验,曾经清楚地告诉我们:白光通过棱镜后被分解成多种颜色逐渐过渡的色谱,波长为 380～780nm,按波长大小,其颜色依次为红、橙、黄、绿、青、蓝、紫,这就是可见光谱。其中人眼对红、绿、蓝最为敏感,且这三种颜色在可见光谱分布上具有明显的区别,人的眼睛就是一个三色接收器的光敏传感器。进一步的试验还证明:

　　(1)自然界中的绝大部分彩色,都可以由三种基色按一定比例混合得到;反之,任意一种彩色均可被分解为三种基色。

　　(2)作为基色的三种彩色,要相互独立,即其中任何一种基色都不能由另外两种基色混合来产生。

　　(3)由三基色混合而得到的彩色光的亮度等于参与混合的各基色的亮度之和。

　　(4)三基色的比例决定了混合色的色调(颜色类别)和色饱和度(颜色深浅)。以上就是色度学的最基本原理,即三基色原理。该原理解决了自然界中丰富多彩的颜色分解和还原可由三基色来处理与实现,极大地简化了用电信号来传送实际复杂的彩色技术问题。红、绿、蓝是三基色,这三种颜色合成的颜色范围最为广泛,目前在所有的各类电视系统中,其彩色视频或图像均采用红绿蓝三基色,红、绿、蓝三基色按照不同的比例相加合成混色称为相加混色,如图 1-2 所示。

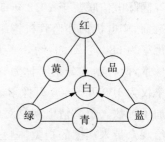

图 1-2　三基色原理

　　即:红色＋绿色＝黄色;绿色＋蓝色＝青色;红色＋蓝色＝品红;且红色＋绿色＋蓝色＝白色。黄色、青色、品红都是由两种基色相混合而成,所以它们又称非谱色光即没有具体波长的光。以上混色是在等强度的情况下得出的结果,如果深红与浅绿混色,则得出黄偏红的结果,事实上任意两种颜色之间没有严格的界限,如在红色和绿色这条混色线上就有无数种颜色,诸如此类的红与蓝之间、蓝与绿之间同样有无数种颜色。因此,利用人眼的视觉错觉(人的味觉、听觉等都有类似属性),由三基色即可混出自然界绝大多数的颜色来。可见,在电视系统中,只有红、绿、蓝三基色是谱色光,其他任意颜色均为非谱色光。另外:红色＋青色＝白色;绿色＋品红＝白色;蓝色＋黄色＝白色。所以,青色、黄色、品红分别是红色、蓝色、绿色的补色。由于每个人的眼睛对于相同的单色光的感受有所不同,所以,如果用相同强度的三基色混合时,假设得到白光的强度为 100%,这时候人的主观感受是,绿光最亮,红光次之,蓝光最弱。

　　除了相加混色法之外还有相减混色法,如彩色绘画、彩色印刷、彩色胶片等。

须指出,三基色原理中的三种基色,要求是相互独立的,即任何一种基色都不能有其他两种颜色合成。在电视系统的前端,根据三基色原理,利用摄像机的分色棱镜,将五彩缤纷的客观世界转换成三基色光信号,进而转成电信号。而在电视系统的接收端,利用显示器的发光原理,将三基色电信号激励各自的荧光粉,或控制各自的液晶分子旋转透过相应的基色光,再利用人眼的视觉混色特性,恢复原来的彩色景象。

1.2.2　数字摄像机基本结构与原理

在数字电视系统中,信源端高质量图像的摄取即光电转换是接收端高质量恢复的前提。摄像机的基本功能就是实现光电转换,其成像的光敏靶为光电转换的基地,根据清晰度(标清还是高清)等指标的需要,该基地上有精密设计的多达几百万个光电二极管阵列,它就是一种重要的感光元件,每个感光元件叫一个像素,也是构成图像的基本单元。大多数图像传感器的感光元件采用光电二极管,其核心结构就是 p-n 结,工作时加反向偏压,受到光照时该 p-n 结可以在很宽的范围内产生与入射光强成正比的光电流,能把光信号变成电信号并使之输出。设备感光器件技术指标中的总像素数要大于有效像素数,总像素数则是整个感光器件上每一行的像素数与每一列像素数的乘积,有效像素数约为总像素数的 10%,不同生产厂家的百分比有所差异。同样尺寸情况下,大尺寸感光器件会拥有更多的像素数,所拍摄的视频画面质量也会更高。而具有同样像素数的感光器件,尺寸越大,则每个感光单元的尺寸也相对较大,它能捕捉到的光线也就更多,摄像机的灵敏度就相对较高。画面的像素越多,在相同尺寸画面上的像素就越精细,晶格就越小。因为人眼对于影像的垂直分辨率相当敏感,越高的垂直分辨率,人眼就能辨识越多的细节与层次。表现细节多少的分辨率上不去,屏幕越大,视觉效果反而越差。这就是分辨率与灵敏度相矛盾之处,也是不能只关心像素数同时还要关心感光器件尺寸的原因。

20 世纪 80 年代出现了 CCD(Charge Coupled Device)为感光器件的摄像机,20 世纪末 CMOS 影像感应器因其低功耗和体积小也得到迅猛发展,由最初的磁带存储发展到今天的硬盘存储。CCD 或 CMOS 都属于点阵型感光器件,它们在材料、结构和影像捕获方式上存在着差异,这种差异使得单片 CMOS 摄像机与传统的三片 CCD 摄像机相比,无论是在电源功耗、器件成本,还是在小型化等方面都更具优势,在影像质量方面已经达到或超过 CCD 摄像机。

CCD 可分为行间转移(IT)型、帧转移(FT)型和帧行间转移(FIT)型,常用的是 IT 型和 FIT 型。CCD 的基本单元就是金属-氧化物-半导体的半导体 MOS 结构,光照射到 CCD 硅片上时,在栅极附近的半导体体内产生电子空穴对,其多数载流子被栅极电压排开,少数载流子则被收集在势阱中形成信号电荷。CCD 是大规模集成电路(VLSI)的产品,随着 VLSI 技术的进步,近年来 CCD 器件的技术指标如信噪比、清晰度、灰度特性等获得了长足进展并走向今天的成熟阶段,数字摄像机正是在 CCD 器件的基础上发展起来的。相对于模拟摄像机而言,数字摄像机就在于对由 CCD 转换成的电信号进行各种处理和控制的电路系统中应用了全数字处理技术,能够保证最佳的图像质量,同时保证摄像机性能稳定,相对于模拟信号处理更加优越和细致,这包括黑电平处理、伽马校正、轮廓信号校正、拐点/自动拐点处理等。轮廓校正功能,使图像更细腻,色彩更逼真。自动白平衡和许多简单的调整模式使操作更简单。因为 CCD 输出的信号很微弱,必须经过放大后再进行模数转换（A/D）才能得到数字信号,所以目前的数字摄像机还不能通过 CCD 直接把光信号转变成数字信号,现在新推出的数字处理摄像机,都包括模拟处理和数字处理两大部分。图 1-3 所示的就是 CCD 数字图像信号摄取的主要结构示意图（包括光学、CCD、ADC 和 DSP 系统）。

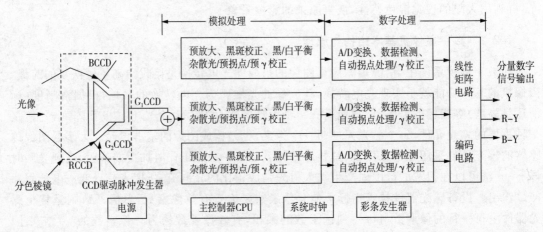

图 1-3　CCD 数字信号摄像机原理框图

在图 1-3 中,RCCD、GCCD、BCCD 分别代表红、绿、蓝三基色信号形成通道。广播级摄像机在氧化铅管时代就采用光学分色棱镜将入射光分成红绿蓝三个基色,再经过各自的摄像管转换成 R/G/B 信号,即俗称的三管机,这种分色棱镜方式在专业摄像机领域一直持续到 CCD 时代,甚至采用 CMOS 感光器件的摄像机也采用这种方式。在 4CCD 摄像机中,G_1CCD 与 G_2CCD 之间保持着空间位置设置,使 G_1CCD 与 G_2CCD 相对移动 1/2 像素距离的空间像素偏置技术,使空间偏置图像存在于两个绿基色信号 CCD 之间,从而完全消除了 G 通道中的寄生信号,明显提高了 G 信号的清晰度,而高质量的 G 信号对恢复数字图像质量非常重要。与此同时 G_1CCD 与 RCCD 形成对应,G_2CCD 与 BCCD 也形成对应。RCCD 与 BCCD 之间也存在图像偏置。这种新型 CCD 的布局,使空间偏置图像技术得以完善,所以 4CCD 摄像机较 3CCD 更为理想。由于在 4CCD 摄像机中采用了 RCCD 与 BCCD 之间的图像偏置,使 R 和 B 分量之间也彼此抵消寄生信号,从而使摄像机视频通道中的寄生信号可以在更宽的范围内被消除。

数字摄像机与最新单片感光摄像机的光电转换部分的原理是一致的,即通过摄像镜头中的分色部分,将通过光学低通滤波片过来的输入光图像信号按照三基色原理分解,以获取 R、G、B 三色光信号,它将拍摄的光信号成像到各自的 CCD 光敏靶上,经 CCD 转换后即获取三色电信号,经放大、自动白平衡和预拐点校正后,送到模数转换器（ADC）变为数字信号。R、G、B 模数转换是在取样控制电路作用下的数字输出信号,实质是在主控制器即中央控制器的控制下,主控制器系统是数字信号的处理中心。以上数字信号处理（DSP）部分都是在大规模集成电路中完成的,据此,有时又称数字摄像机为数字信号处理摄像机,况且现代的数字摄像机已能够将 DSP 后得到的信号直接送到硬盘中。本节就数字摄像机的主要部分做一简介。

1.CCD 驱动脉冲与系统时钟

在主 CPU 的控制下,CCD 的位置精确地与 R、G、B 像对准,并粘贴在分光棱镜的 3 个像面上即光敏靶上,CCD 将 3 个基色光像变成电荷信号,它们是脉冲调幅信号,经过双相关取样电路解调出视频图像信号,并去除脉冲干扰,经过预放大后送到视频信号处理电路。CCD 的基本功能就是将光(图像)照射到 CCD 硅片上产生的电荷像进行存储与转移,并将所有光电二极管阵列上的像素电荷一行行、一场场地送到 CCD 外,以形成视频图像信号。应用中的 CCD 输出信号中不仅可以获得光强信息,而且还可以获得空间信息。其中,输出信号的大小对应光强的大小,输出信号的序号(p-n 结阵列的序号)对应空间像素的位置。此外,在 CCD 摄像机内还设有基准时钟振荡,由晶体振荡电路产生 27MHz 的时钟脉冲,用以形成 CCD 的驱动脉冲,再经过分频后得到可供同步信号发生器产生同步信号的时钟脉冲,用同步信号发生器产生出行推动脉冲、场推动脉冲和奇偶场控制脉冲,控制 CCD 的驱动脉冲,使 CCD 能输出符合电视要求的行、场扫描标准的图像信号,收端须恢复 27MHz。在数字电视系统中,系统时钟的作用很大,其在前端的作用如图 1-4 所示。

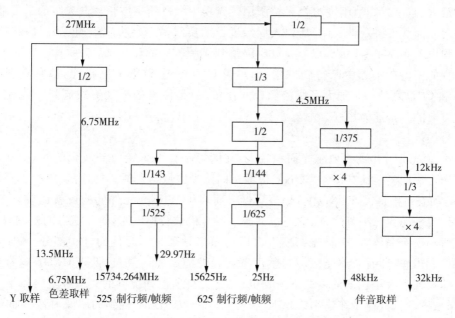

图 1-4　数字电视系统时钟频率 27MHz 的应用

2. 模拟信号处理部分

完成光电转换后的信号,进行放大以提高信噪比是重要的一步,由于镜头、分色系统及摄像器件的特性都不是理想的,所以经过 CCD 光电转换产生的信号不仅很弱,而且有很多缺陷,例如图像细节信号弱、黑色不均匀、彩色不自然等。因此在视频信号处理放大器中必须对图像信号进行放大和补偿,否则所拍摄图像将有清晰度不高、彩色不自然、亮度不均匀等缺陷。这部分电路的设计和调节以及稳定性对图像质量影响很大。视频信号处理放大器的主要功能包括黑斑校正、增益控制、白平衡调节、预弯曲、彩色校正、轮廓校正、γ 校正、杂散光校正、黑电平控制、自动黑平衡、混消隐、白切割、线性矩阵和编码电路等。

3. 彩条发生器

摄像机内设置彩条信号发生器,用以产生彩条图像的三基色信号,它受面板上的摄像/彩条开关控制,其中彩条信号可代替摄像信号送入编码器。彩条信号的用途还有调节编码器,录像时调节电平,校准各摄像机之间的延时、同步基色副载波相位,也可以用来调节监视器的亮度、色度和对比度等。

4. 数字处理部分

经过上述模拟处理的视频信号送入模数变换器,变成 8～14 比特的数字信号,进入数字处理部分。对数字信号主要做以下处理:彩色校正、轮廓校正、γ 校正、白切割、色度孔阑、数据检测、自动拐点处理及编码矩阵等。数字处理目的是优化图像信号,如轮廓校正是为了提高图像的观看锐度,在不增加像素分辨率的情况下通过在图像中加入轮廓即细节信号,使显示物体的边缘、轮廓部分看起来更突出、更清晰,俗称"加边"。数字视频处理后的数字分量信号可以直接送给数字分量设备用,如产生分量编码信号等,也可以复合编码形成复合数字信号。整个数字信号处理摄像机的绝大部分是在主控制器控制下工作的,主控制器由微处理机 CPU、ROM、RAM、EP²ROM、模数转换电路等组成。此外,由于绿色对物体轮廓锐度的贡献最大,数字式高清晰度电视系统所用荧光粉中绿色的主波长移向人眼的最灵敏段,在提高亮度方面起了决定性作用,所以人们经过长期实践,在彩色显像管色品图的基础上,使亮度方程由 $Y=0.30R+0.59G+0.11B$ 调整到 $Y=0.2126R+0.7152G+0.0722B$。这种亮度方程的调整在实际中已得到应用,如晶锐 CMOS 是 SONY 的摄像机,它有别于普通CMOS 和 CCD 之处一是加大了绿色像素的比重,二是像素的排列方式倾斜 45°,使得水平和竖直方向的分辨能力更强。显然在数字电视系统中,改善 G 信号的质量,将意味着提高亮度信号的质量。

CCD 感光元件中的有效感光面积较大,在同等条件下可接收到较强的光信号,对应的输出图像也更明晰。比如新型 SONY 摄像机的感光区域与普通的摄像机相比,其灵敏度提高 20%,动态范围提高 50% 以上,噪声更低。而 CMOS 感光元件的构成就比较复杂,除处于核心地位的感光二极管之外,它还包括放大器与模数转换电路,每个像点的构成为一个感光二极管和三个晶体管,而感光二极管占据的面积只是整个元件的一小部分,造成 CMOS传感器的开口率(即有效感光区域与整个感光元件的面积比值)远低于 CCD。这样在接受同等光照及元件大小相同的情况下,CMOS 感光元件所能捕捉到的光信号就明显小于 CCD元件,灵敏度较低。体现在输出结果上,就是 CMOS 传感器捕捉到的图像内容不如 CCD 传感器来得丰富,图像细节丢失情况严重且噪声明显,这也是早期 CMOS 传感器只能用于低端场合的一大原因。每个感光元件对应图像传感器中的一个像点,由于感光元件只能感应光的强度,无法捕获色彩信息,因此必须在感光元件上方覆盖彩色滤光片。在这方面,不同的传感器厂商有不同的解决方案,最常用的做法是覆盖 RGB 三色滤光片,以 1∶2∶1 构成,由四个像点构成一个彩色像素,即红蓝滤光片分别覆盖一个像点,剩下的两个像点都覆盖绿色滤光片,采取这种比例的原因是人眼对绿色较为敏感。在接受光照之后,感光元件产生对应的电流,电流大小与光强对应,因此感光元件直接输出的电信号是模拟的。在 CCD 传感器中,每一个感光元件都不对此作进一步的处理,而是将它直接输出到下一个感光元件的存储单元,结合该元件生成的模拟信号后再输出给第三个感光元件,依次类推,直到结合最后一个感光元件的信号才能形成统一的输出。由于感光元件生成的电信号实在太微弱了,无法直接进行模数转换工作,因此这些输出数据必须做统一的放大处理——这项任务是由CCD 传感器中的放大器专门负责,经放大器处理之后,每个像点的电信号强度都获得同样幅度的增大;但由于 CCD 本身无法将模拟信号直接转换为数字信号,因此还需要一个专门的模数转换芯片进行处理,最终以二进制数字图像矩阵的形式输出给专门的 DSP 处理芯片。而对于 CMOS 传感器,每一个感光元件都直接整合了放大器和模数转换逻辑,当感光二极管接受光照、产生模拟的电信号之后,电信号首先被该感光元件中的放大器放大,然后直接转换成对应的数字信号。

5. 自动拐点调整

有时电视摄像是在强光照明条件下,或者是在太阳光下进行的,某些反射体反射出特别明亮的光点,摄像机将产生特别强的信号。如果不加以限制,那么在电路的处理过程中,信号可能遭受限幅,也就是说受到白切割。在显示的图像中,将出现一块惨白,没有层次的部分,影响了图像的视觉效果。在电路处理中将超亮部分进行逐步压缩,使得在后续处理中不会出现白切割,在图像中的超亮部分保留一定程度的层次,则可以大大改善图像的视觉效果。这种未压缩的输入信号与压缩后输出信号的幅度关系曲线中,表现为在高幅值位置出现曲线的拐点,这就是拐点处理。此外,受成像元件 CCD 电气特性所限,摄像机记录画面的动态范围远远低于人眼的视觉水平,为了尽可能真实再现所拍摄画面尤其是高亮度区域的层次,数字(高清)摄像机配备了自动拐点校正功能,可以有效提升画面高亮度区域的层次和拍摄物体的鲜艳色彩表现。若自动调整还不能满足拍摄的要求,就要手动调整摄像机动态范围曲线的拐点位置和拐点斜率。调整拐点位置可以控制拐点校正电路开始工作的视频电平,当拍摄环境光强弱对比较大时,可以把拐点位置降低,以记录更丰富的亮部细节,而当环境光强弱对比不大时,则可以提高拐点位置,以免画面中暗部细节被无谓的挤压。调整拐点斜率可以控制拐点以上电平的压缩程度,降低拐点斜率可以记录更大的亮度范围。在室外拍摄,环境光强弱对比较大的情况下,这一功能非常实用。摄像机能够处理输入光通量超过正常最大光通量的比例,是摄像机的动态范围,目前优良摄像机的动态范围可以达到 600%。

数字摄像机都带有高分辨率的 CCD 器件,以及能将信号实时压缩存储的高速编码芯片。现代数字摄像机的发展方向是在信号处理上采用更高比特数的摄录一体机,并具有更精确的图像校正,除了具有 16∶9 和 4∶3 的切换功能外,还可以加上网络传输接口等功能。摄像机作为电视节目制作的源头,其信号质量的优劣将直接影响电视节目质量的高低。数字摄像机或 HDTV 摄像机的出现极大地提高了图像质量,因此作为高清晰度信号源的现代摄录一体机,除了高度集成,便于与计算机连接外,至少还具备下列基本特征:

(1)高分辨率。要求水平分辨率在 1000 线以上,垂直分辨率在 800 线以上。

(2)较高的信噪比。S/N 应大于 60dB。

(3)高灵敏度。对较弱的信号(1lux)甚至在较暗的场合下也能摄取。CCD(或 CMOS 传感器件)甚至可将人眼不易觉察到的红外光转变为电信号。

(4)能够适应 4∶3 与 16∶9 的转换。

(5)良好的稳定性、可靠性、高性价比。

镜头、CCD 器件、数字信号处理(DSP)芯片、存储器和逻辑阵列显示器件(如 LCD)等是数字摄像机的主要部件,尤其是 DSP 部分更是数字摄像机的核心。目前有代表性的是日本和美国等生产的数字摄像机,其中佳能、索尼、日立、松下等品牌的数字摄像机在世界上拥有较大的市场,而世界上两大专业镜头生产商 FUJINON 和 CANON 公司,所生产的数字镜头在世界上占据 50% 以上的份额。电荷耦合器件 CCD 是光敏像元(素)实现光电转换的关键器件,具有高灵敏度、高清晰度、高信噪比、体积小、耗电省、无任何几何失真等优点。数字摄像机的工作原理与普通摄像机有些不同,数字摄像机是由光学透镜组将图像汇聚到 CCD 阵列,由 CCD 在中央控制器作用下,将光图像信号转换成电图像信号,CCD 生成的电图像信号被传送到专用的 DSP 芯片上,该芯片负责把电图像转换成数字信号,并转换成内部存储格式(如采用 MPEG－2 压缩标准),最后把生成的数字图像保存在存储设备中,待后续进一步处理。

1.2.3　数字摄像机几个重要参数

灵敏度、分解力和信噪比是电视摄像机的三大核心技术指标。所谓摄像机的灵敏度是指在标准摄像状态下,摄像机光圈的数值与最低照度意思一样。标准摄像状态指的是,灵敏度开关设置在 0dB 位置,反射率为 90% 的白纸,在 2000lux 即 F11 的照度(1lux 相当于满月的夜晚),标准白光(碘钨灯)的照明条件下,图像信号达到标准输出幅度时,光圈的数值称为摄像机的灵敏度。通常灵敏度可达到 F8.0,新型优良的摄像机灵敏度可达到 F11,相当于高灵敏度 ISO－400 胶卷的灵敏度水平。在摄像机的技术指标中,往往还提供最低照度的数据。最低照度与灵敏度有密切的关系,它同时与信噪比有关。最新摄像机的最低照度指标是,光圈在 F1.4,增益开关设置在 ＋30dB 挡,则最低照度可以达到 0.5lux。这样,在外出摄像时,可以降低对灯光的要求,甚至在傍晚肉眼看不清楚的环境下,不用打光,也能摄出可以接受的图像。对于演播室应用的场合,利用高灵敏度的摄像机,可以降低对演播室灯光照时的要求。降低演播室内的温度,改善演职人员的工作条件,降低能源消耗,节约成本。

分解力又称分辨率,分辨率和清晰度是两个既相关又不同的概念。分辨率是电视系统重现细节能力的量度,而清晰度是人眼对电视图像细节清晰程度的量度。客观上,CCD 器件的感光单元即像素数量影响着摄像机的分解力和灵敏度。通常分辨率越高清晰度也越高,分辨率也是电视系统分解与综合图像的能力,单位是一个画面高度内的电视线数。可以在图像屏幕高度的范围内,用分辨多少根垂直黑白线条的数目描述。例如,水平分解力为 850 线,在水平方向位于图像的中心区域,可以分辨的最高能力是,相邻距离为屏幕高度的 1/850 的垂直黑白线条,现在多数数字摄像机的水平分解力达到 1000 线以上。分解力的大小与电视系统扫描行数、摄像机与显示器件的性能、电视信号处理及传输通道的带宽等因素有关。表面上分解力越高,电视系统表现图像细节的能力越强。但实际上片面追求很高的分解力是没有意义的。由于电视台中的信号处理系统,以及电视接收机中信号处理电路的频带范围有限,特别是录像机的带宽范围的限制,即使摄像机的分解力很高,在信号处理过程中也要遭受损失,最终的图像不可能显示出这么高的清晰度。两部摄像机,即使具有相同的分解力,但是,图像信号的调制度不同时,获得图像的视觉效果也会大不相同。因此,在比较摄像机优劣时,应该在相同调制度的条件下进行比较,分解力越高,则质量越好。

信噪比 S/N 表示在图像信号中包含噪声成分的指标,是有用信号与噪声信号的比值。在显示的图像中,表现为不规则的闪烁细点,噪声颗粒越小越少越好。信噪比的数值以分贝(dB)表示,目前摄像机的加权信噪比可以做到 65dB 以上,此时用肉眼观察,已经不会感觉到噪声颗粒存在的影响了。摄像机的噪声与增益的选择有关,一般摄像机的增益选择开关应该设置在 0dB 位置进行观察或测量。如果在增益提升位置,则噪声自然增大。反过来,为了明显地看出噪声的效果,可以在增益提升的状态下进行观察。在同样的状态下,对不同的摄像机进行对照比较,以判别优劣。噪声还和轮廓校正有关。轮廓校正在增强图像细节轮廓的同时,使得噪声的轮廓也增强了,噪声的颗粒增大。在进行噪声测试时,通常应该关掉轮廓校正开关,使图像显得更清晰、更加透明。所谓轮廓校正,是增强图像中的细节成分。如果去掉轮廓校正,图像就会显得朦胧、模糊。早期的轮廓校正只是在水平方向进行轮廓校正,现在采用数字式轮廓校正,在水平和垂直方向上都进行校正,所以,其效果更为完善。但是轮廓校正也只能达到适当的程度,如果轮廓校正量太大,图像将显得生硬。此外,轮廓校正的结果将使得人物的脸部斑痕变得更加突出。因此,新型的数字摄像机设置了在肤色区域减少轮廓校正的功能——一种智能型的轮廓校正。这样在改善图像整体轮廓的同时,又使人物的脸部显得比较光滑,改善了人物的形象效果。

　　家用级数字摄录一体机由 DV 磁带存储,发展到双模存储即内置存储器并 SD/SDHC 存储卡、硬盘存储等形式。硬盘存储具有存储量更大、使用更方便等优点,特别是便于与计算机连接处理,自带硬盘数字摄像机最普及。市场上"索尼""佳能""三星""松下""富士"等品牌数码摄像机占据主流,2016 年 6 月,佳能(中国)有限公司推出两款新品 XF315 和 XF310 高清数码摄像机,其特点见表 1-2 所列。

表 1-2　两款新品 CANON 数码摄像机的主要特点

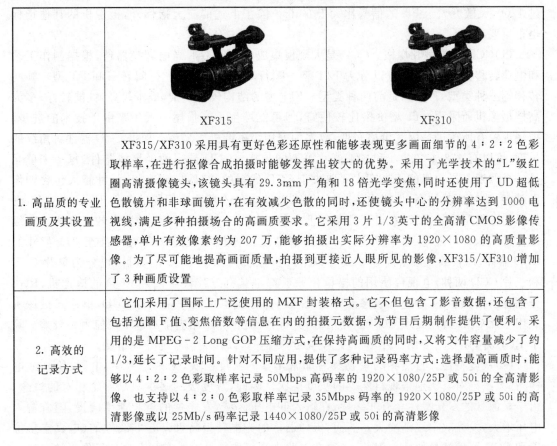

	XF315	XF310
1. 高品质的专业画质及其设置	XF315/XF310 采用具有更好色彩还原性和能够表现更多画面细节的 4∶2∶2 色彩取样率,在进行抠像合成拍摄时能够发挥出较大的优势。采用了光学技术的"L"级红圈高清摄像镜头,该镜头具有 29.3mm 广角和 18 倍光学变焦,同时还使用了 UD 超低色散镜片和非球面镜片,在有效减少色散的同时,还使镜头中心的分辨率达到 1000 电视线,满足多种拍摄场合的高画质要求。它采用 3 片 1/3 英寸的全高清 CMOS 影像传感器,单片有效像素约为 207 万,能够拍摄出实际分辨率为 1920×1080 的高质量影像。为了尽可能地提高画面质量,拍摄到更接近人眼所见的影像,XF315/XF310 增加了 3 种画质设置	
2. 高效的记录方式	它们采用了国际上广泛使用的 MXF 封装格式。它不但包含了影音数据,还包含了包括光圈 F 值、变焦倍数等信息在内的拍摄元数据,为节目后期制作提供了便利。采用的是 MPEG-2 Long GOP 压缩方式,在保持高画质的同时,又将文件容量减少了约 1/3,延长了记录时间。针对不同应用,提供了多种记录码率方式:选择最高画质时,能够以 4∶2∶2 色彩取样率记录 50Mbps 高码率的 1920×1080/25P 或 50i 的全高清影像。也支持以 4∶2∶0 色彩取样率记录 35Mbps 码率的 1920×1080/25P 或 50i 的高清影像或以 25Mb/s 码率记录 1440×1080/25P 或 50i 的高清影像	

（续表）

	 XF315	 XF310
3. 操作简便， 扩展性强	使用与佳能 EOS 电影系统中的电影摄影机 EOSC300 MarkII 相同的约 123 万点广色域液晶显示屏,该显示屏采用人性化设计,除了可左右两个方向各旋转 90°外,还可以在此基础上向镜头方向旋转 35°,方便从不同角度进行拍摄或查看。还设计一个约 156 万点电子寻像器,可提供更多的取景方式。使用高清 HDMI 接口,通过一根线缆便可实现声音和图像的传输。XF315 还提供了通用的 HD/SD-SDI 接口,可分别使用这两个接口连接不同的监视器监看,拍摄过程中互不干扰,再加上 GENLOCK 接口、TIMECODE 接口,可用于搭建小型高清电子现场制作系统。当使用 SDI 输出时,还能够支持将音频信号内嵌到 SDI 中输出,提高了便利性	

佳能 XF315、XF310,可满足普通级或专业级的新闻报道、商业广告、活动记录、婚礼拍摄、纪录片等领域的拍摄需求。值得一提的是,现在绝大多数的数字摄像机的水平像素数超过 1200,灵敏度大于 F8.0,信噪比大于 63dB。除了上述的三大指标外,摄像机的其他指标也很重要。

（1）CCD 的类型和规格。CCD 是大规模集成电路制造的光电转换器件,根据制作工艺和电荷转移方式的不同,可以分为 FIT 型—帧行间转移、IT 型—行间转移和 FT 型—帧间转移等三种类型,常用的是前两种类型。FIT 型的结构较为复杂,成本较高,性能较好,多为高档摄像机所采用。IT 型价格比较便宜,但可能产生垂直拖尾。近年来由于技术的进步,拖尾现象有所改进。因其价格较低,故多为家用级摄像机所采用。根据 CCD 器件对角线的长度,可以有 1/3、1/2、2/3 和 3/4 英寸等不同规格。CCD 是一种半导体器件,每一个单元是一个像素。摄像机的清晰度主要取决于 CCD 像素的数目,一般来说,尺寸越大包含的像素越多,清晰度就越高,性能也就越好,价格也贵。在像素数目相同的条件下,尺寸越大,则显示的图像层次越丰富,在可能的条件下,应选择价格较高的 CCD 尺寸大的摄像机。高级摄像机的像素可能达到 63 万以上,在高清晰度摄像机中使用 2/3 英寸甚至 3/4 英寸的 CCD 器件,像素数目甚至高达 200 万以上。摄像机内使用 CCD 的数目,也分为单片 CCD 和三片 CCD 两种,电视台使用的摄像机一般都是具有三片甚至四片 CCD 的摄像机,RGB 分别各由独立的 CCD 进行成像。比较低档的摄像机也可能采用单片 CCD,单片式摄像机只用一片 CCD 器件处理 RGB 三路信号,其价格比较低廉,相应于彩色重现能力比较差。除了 RGB 外,还专门使用一片 CCD 产生亮度 Y 信号,以提高信号的处理精度。

（2）灰度特性。自然界的景物具有非常丰富的灰度层次,无论是照片、电影、绘画或电视,都无法绝对真实地重现自然界的灰度层次。因此,灰度级的多少只是一个相对的概念。由于显像管的发光特性具有非线性,在输入低电压区域,发光量的增长速度缓慢,随着输入电压增大,发光效率逐渐增大。然而,摄像器件的光电转换特性却是非线性的(电真空摄像管和 CCD 器件都是如此),因此,必须在电路中进行伽马校正。实际上是从显像管的电光变换特性反过来推算伽马校正电路应该具有的校正量。要想获得良好的图像灰度特性效果，必须准确地调整好摄像机的伽马特性。在室内观察，图像中最低亮度与最高亮度之比在1：20的范围内是适当的。如果这个比例太大，长时间观看容易产生视觉疲劳。在这个范围内，灰度层次在 11 级左右，可以获得满意的观看效果。

（3）量化比特数。现代数字摄像机的取样一般都符合 ITU - R 601（即 CCIR 601）4：2：0或4：2：2 的取样规格。就是说 Y 信号的取样频率为 13.5MHz，R - Y、B - Y 信号的取样频率分别为 6.75MHz。量化级可以为 8、10、12 甚至 24 比特，比特级越大，则产生的量化噪声越小，量化噪声是数字摄像机的主要噪声源。对于演播室使用的摄像机，应尽可能选用量化比特级高的摄像机。除了量化噪声小外，在运算和处理中，可以获得较高的处理和调整精度，得到更好的效果，有的高级摄像机采用 4：4：4 的取样格式，甚至 4：4：4：4 的取样格式，是在亮度、两种色差信号之外，还增加了专用的控制信号，供信号处理过程中使用，每种信号的取样频率都是 13.5MHz。量化精度越高，处理的数据量越大，所进行的伽马、拐点、轮廓等信号的校正就越精确。大数据量的信号处理能使高亮度区和低照度区的层次更丰富，细节更多，能对肤色这一人眼敏感的细节进行柔化处理，而不改变画面中其他景物的锐化程度。

（4）中性滤色片。新型摄像机有时设置多个中性滤色片，滤色片的作用是减少光通量，因为在强光的情况下，由于自动光圈的作用，光圈会变得很小，产生的图像会显得比较生硬，镜头不能工作在最佳的状态下。使用适当的中性滤色片，使得自动光圈张大一些，则图像就会显得比较柔和，提高了电视图像的总体效果。

（5）镜头的选择。现代摄像机都使用变焦距镜头，应该根据实际使用的场合，选择不同变焦范围的镜头。如果用于摄取会议画面，通常必须选择短焦距的变焦镜头，则有利于摄取广角画面。如果用于摄取室外画面，进行远距离摄像，例如，摄取野生动物的镜头或需要进行远距离偷拍时，宜选择长焦距的变焦镜头。可以选择适当的远摄倍率镜或广角倍率镜。对于 ENG 使用的镜头，目前广角镜头的焦距可以做到小于 4.8 毫米。对于具体的摄像机，成像大小取决于 CCD 的尺寸，像距也是确定的。因此，根据最短焦距可以计算出摄像的张角。最短焦距在 4.8 毫米时，摄像的张角约在 $80°\sim90°$ 范围（与 CCD 的尺寸有关）。望远镜头的焦距可以做到大于 700 毫米。镜头的另一个重要的参数是光的利用效率，与漏光排斥比、背光补偿等相关，其中最大相对孔径越大，则失真越小，光利用率就越高。优良的大口径镜头不仅在中心区域有很高的分辨力，而且在边缘区域，也具有很高的分辨力和较小的图像、彩色失真。彩色还原能力也是摄像机的一个重要特性，但是它难以用测试指标来说明，一般的摄像机厂商也没有提供关于该性能的指标数据，通常根据实际观察的效果，通过比较进行判断。

1.3　数字摄像机的特点及其新技术

1.3.1　数字摄像机的特点

在现代的数字处理摄像机中，普遍采用了微处理机作为中央处理单元，实现控制、调整、运算的功能，并且采用了多种专用的大规模集成电路，使得摄像机的处理能力和自动化功能获得极大增强。从本质上看,数字处理摄像机对信号进行了变换,将原来的模拟信号变换0、1代码表示的二进制数字信号,便于实现计算机联网,也方便其非线性编辑将视音频内容按照人们意愿进行编辑,其输出信号适合于计算机处理,便于联网。

简化调整机构和调整方式。模拟摄像机大多数采用调整元件(电位器、可调电容、线圈等)进行调整,许多摄像机的调整元件位于电路板上,因此,必须打开外壳才能实现调整操作,操作不方便。模拟处理摄像机一旦调整失误,恢复到原来的状态是件十分困难、非常麻烦的事情。数字处理摄像机采用菜单显示,由按键进行增减调整。这样从用户的体验来看,本来必须由技术人员进行认真调整的工作,现在一般的使用者,通过阅读"使用说明书"也能够进行调整。调整好的数据以文件的形式保存在存储器中,如果对于自己调整好的数据不够满意,可以调出机器出厂时的参数,或者和这一次调整前的数据进行比较,因此不必担心因为经验不足而把数据调乱。操作者完全可以放心大胆地进行反复调整,以获得自己满意的结果。

数字摄像机也存在量化损失不足的问题。所谓数字处理,首先是将模拟信号变换为数字信号,只是在中间的处理和传输过程中,采用数字信号的形式,最终仍须将数字信号变换为模拟信号。模数变换过程中将产生量化误差失真(主要的失真来源),在信号的整个处理过程中,还有其他的运算误差,这些误差的结果累次叠加,构成总体的信息损失。增大量化的比特数和信号处理时的比特数可以减小这些误差。最早的数字处理摄像机采用8比特的量化级,相对于256级的量化电平,由此产生的量化损失不容忽略。如果量化比特数提高为10比特,则量化电平可以达到1024级,相应的信噪比可以达到66dB以上,其噪声实际上可以忽略。但是考虑到计算中产生的舍位和进位误差的积累,优秀的摄像机通常采用12、14甚至更高比特的信号处理器。摄像机通常采用比特透明的处理方式,即采用非压缩,全比特的处理方式,因此不存在压缩和解压缩引起的质量损失。如果信号采用压缩的方法进行存储、加工、传输时,则还应该考虑压缩以及码流变换造成的质量损失。

码率高设备要求高。根据 ITU-R 601(即 CCIR 601)推荐的取样参数,即 4∶2∶2 的取样方式,Y 信号的取样频率为 13.5 MHz,色差信号 R-Y 和 B-Y 信号的取样频率均为 6.75 MHz。如果采用 8 比特量化,则可以计算视频信号的数据码率:$(13.5+2×6.75)×8=216Mbps$,扣除消隐区的无效信息后:$216×[(64-12)/64×(312.5-25)/312.5]=161.46Mbps$,这里暂不考虑声音信号的信息,因为同步信息量很少,予以忽略。由此可知,量化比特数为 8 时,视频信号的码率仍然高达 161Mbps,就是说摄像机每秒至少必须处理 1.6 亿比特的数据量。如果采用 10、12、14 比特的量化级,则数据量还要按比例急剧增加,而摄像机所有处理都必须是实时处理。因此,对于内装的 IC 和微处理器的运算能力和运算速度提出了很高的要求,可见高质量数字摄像机的生产并非易事。

目前我国各电视台已经采用数字摄像机进行信号采集,其中 SONY、Panasonic、PHILIPS、CANON、Thomson、JVC、HITACHI 和 Ikegami 等品牌的数字摄录一体机,技术上较为成熟,应用也最广。

1.3.2 数字摄像机的新技术

目前,众多数字摄像机厂家推出的新型广播级摄像机产品,越来越多是采用带有拜尔滤色片(Bayer-Filter)的单片感光器件摄像机。由于去掉了棱镜分色,使得摄像机体积更为小型化。单片 CMOS 感光器件的关键部分是拜尔滤色片,拜尔滤色片就是覆盖在 CMOS 感光器件表面的按照一定规律排列的一组红绿蓝滤色片。如图 1-5 所示,该图是拜尔滤色片阵列中红绿蓝的典型排列方式,绿红并列交替放在奇数行,蓝绿并列交替放在偶数行,从图中可以看出,绿色占 50%,红色和蓝色各占 25%,这样做主要是为了迎合"人眼对绿色敏感"这一视觉特性。实际上各家产品的拜耳滤色片阵列的排列方式和形状都会有所不同,例如 SONY F35 采用条形栅状排列,F65 型则采用方形 45 度排列(如图 1-6 所示),这种排列使像素的利用率达到了传统拜尔图形的两倍,有效的排列方式可以在同样尺寸下提高像素数,实现分辨率与宽容度(亮度反差的范围,即图像细节范围)的最佳平衡。

图 1-5　拜尔滤色片

图 1-6　F65 拜尔滤色片

　　由于感光单元只可以感知光线的强弱,而不能感知光的颜色,所以没有拜尔滤色片的感光器件只能拍摄黑白画面,而覆盖上拜尔滤色片后,通过镜头的光线经过拜尔滤色片时,只有和滤色片上颜色点对应的彩色光才能通过,并使该颜色点下面的感光单元发生光电转换。假设一束白光进入镜头,经过滤色片阵的光线过滤,入射到各感光单元(即各像点)上的就是红绿蓝三个基色光中的某一色光:处于红滤色片下面的像点只接受红光,绿滤色片下面的像点只接受绿光,蓝滤色片下面的像点只接受蓝光。拜尔滤色片阵下面的每一个像点只能感应红绿蓝三个基色中的一个色彩分量,这样感光器件上每一个像素点都会产生一个数据(电压值),这些数据就是感光器件捕获的、没有经过任何处理的、无损的、数据量非常大的原始影像数据,又称拜尔片阵图像。摄像机在进行下一步 R/G/B 到 YCrCb 变换、压缩编码记录之前,或是后期对原始数据进行编辑之前都要做拜尔解码处理,以便获取 R/G/B 三个彩色通道的数据信号。拜尔解码处理实际上就是对带有拜尔滤色片的感光器件捕获的影像进行差值运算,以重建全彩色影像,以便进行影像编辑,这些后续步骤与其他摄像机的输出信号处理方式差异不大。

　　单片感光器件摄像机的亮度信号分辨率能够达到三片感光器件摄像机的水平,经过拜尔解码的影像在全高清时(Full HD)应大于 340 万像素,在超高清(4K)时应在 1300 万以上像素。如 SONY F65 型摄像机的感光器件总像素数达到 2000 万,其有效像素数在 1830 万以上,达到了 65mm 胶片的拍摄效果,可以很好地与当前超高清 4K(4096×2160)匹配。

1.3.3　智能摄像机的主要特点

　　面对大数据、云计算时代,建设"智慧城市、平安社区"已进入一个全新的时期,智能分析服务器的诞生,使得这个目标跨出了第一步:前端摄像机采集视频信号,后端由智能分析服务器进行分析并提取视频中有价值的目标信息,最后生成结构化的数据。但是,受性能限制,当前主流服务器一台也只能同时分析 6～8 路高清视频,如果要实现 2000 路高清视频的智能分析,至少需要动用 250 台服务器。面对平安城市几千路到几十万路不等的监控点规模,其成本不言而喻。如果能将智能分析端前移,让前端摄像机具备分析能力,其成本又可控,无疑将推动智能分析在智慧城市(家庭)、平安城市建设中的先锋应用。

目前已经有全新的智能摄像机,即感知型摄像机。智能摄像机能够分析识别视频中所有运动目标,可进行 24 小时 360°自动旋转跟踪,并提取出这些目标的详细特征信息,最后生成语义描述,连同抓拍的目标快照、原始视频一起上传至后端,这种情形下的智能摄像机只记录变化的画面。通过智能摄像机将视频转换成文本描述数据,结合后端大数据平台,通过专业的视频分析软件即视频智能分析技术,就可在实际应用中进行人、车目标的语义搜索、研判比对,从而快速锁定目标。根据监控场景和需要识别的内容,目前智能摄像机主要分为以下三类:特征分析摄像机、车辆卡口摄像机、人员卡口摄像机。这三类摄像机的功能、适应场景异同见表 1-3 所列。

表 1-3　特征分析摄像机、车辆卡口摄像机、人员卡口摄像机比较

	功能	适用场景
特征分析摄像机	能在较为宽广的画面中捕获运动目标,并准确识别出每一个目标的类型、尺寸、颜色、方向、速度等	适用于相对开阔、人车流量并不是很大的场景
车辆卡口摄像机	不仅能够准确抓拍和识别车辆信息,还能准确识别车标、车型、车身颜色等更丰富的车辆特征	城市主干道、出入口、重要道路路口、港口、机场、车站
人员卡口摄像机	通过视野较小的断面视频,能够准确抓拍最佳的人脸照片及识别人员行进的方向、速度等更丰富的人员特征信息;通过专利技术,人员卡口摄像机还能抓拍人的整个轮廓,即使背对镜头,头的轮廓和全身也能准确抓拍	人行道、重点出入口、港口、机场、车站等

目前智能分析摄像机的智能方面主要分为两个方向,一是以智能识别功能为主,如车牌识别、人脸识别等,主要应用于交通、港口、机场、车站等场所;二是以行为分析功能为主,如周界防范、人数统计、自动追踪、逆行、禁停等,主要应用于围墙周界警戒区、商场、交通、景区流量统计以及道路禁停禁放、违章逆行、场景跟踪等方面。可见,智能摄像机除了具有光电转换、A/D 转换、压缩编码和输出环节外,比传统的数字摄像机还多了智能分析等环节,其中视频编码压缩和视觉分析算法是关键技术。智能摄像机的问世,满足了各行业特点的需求,极大地提高了工作效率。国内市场上,小米、360、vimtag、海康等著名厂商,已推出性能与功能都不错的相关产品。

1.4　电视信号的数字化过程

1.4.1　模拟信号的取样及其取样结构

1. 取样与取样定理

就目前而言,数字电视信号的获取并非都是数字摄像机直接通过光电转换而来,用模拟

视频信号转换为数字信号,实现高质量的数字视频信号的操作是最常用的技术之一。取样—保持、量化及编码是模拟信号数字化的基本过程。由于采样时间极短,采样输出为一串断续的窄脉冲,而要把每一个采样的窄脉冲信号数字化,是需要一定的时间的,因此在两次采样之间,应将采样的模拟信号暂时存储起来,存储到下一个采样脉冲到来之前,通常借助MOS 场效应管的分布电容实现保持。数字化的基本过程如图 1-7 所示。

图 1-7　模拟信号的数字化过程

原始或自然的声像信号均为模拟的,在由模拟信号转换为数字信号的过程中首先就是取样,因此"取样"是连接现实世界和信息化世界的桥梁。一般地,取样是按照奈奎斯特 (Nyquist) 取样定理对模拟信号进行取样,即取样信号的频率 f_s 大于或等于 2 倍的模拟信号 $f(t)$ 的最高频率 f_{max},也就是 $f_s \geq 2f_{max}$。在此借助于图 1-8 介绍一般 Nyquist 取样定理。

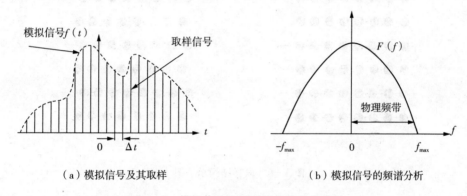

　　　　（a）模拟信号及其取样　　　　　　　　　　（b）模拟信号的频谱分析

图 1-8　模拟信号取样及模拟信号的频谱

在图 1-8(a) 中,$f(t)$ 为连续的时间信号（虚线所示）,Δt 为取样间隔,其倒数即为取样频率,即 $f_s = 1/\Delta t$,图中竖实线即为取样信号,这些取样信号包含了原模拟信号的信息;f_{max}为原模拟信号 $f(t)$ 的最大频率。为了使取样后的离散信号能够不失真地恢复原信号 $f(t)$,必须有

$$f_s \geq 2f_{max} \qquad \text{或} \qquad f_{max} \leq \frac{1}{2\Delta t} \qquad\qquad (1-1)$$

以上就是著名的 Nyquist 取样定理。显然取样频率越高,越能精确地恢复出原信号,但数字量巨大占据资源太多;取样频率越低,处理简单,但可能会带来失真。

麦克风、话筒等拾音器或传声器就是能使声音信号转化成电信号的常见器件,在数字电视系统中与视频信号一样,也要进行 ADC。一般地,用信号频带 2 倍的 Nyquist 速率进行直接采样,这种 ADC 虽然输出速率非常快,但是它们的精度不高,其主要原因是模拟器件很难做到严格的匹配和线路的非线性。过采样 ADC 不需要严格的器件匹配技术要求,并且较容易达到高精度。过采样 ADC 并不像 Nyquist ADC 那样通过对每一个模拟采样数值进行精确量化来得到数字信号字,而是通过对模拟采样值进行一系列粗略量化成数字信号后,再通过数字信号处理的方法将粗略的数字信号进一步精确。在过采样条件下,信号的采样频率非常高,使抗混叠滤波器过渡带比较宽,一般一阶或二阶的模拟滤波器就可以满足要求。高分辨率的过采样 ADC 已广泛应用于数字音频系统,使音频信号的动态范围和信噪比大大提高。

2. 亮色取样结构

取样结构是指信号的取样点在空间上与时间上的相对位置,有正交结构和行交叉结构等形式,如图 1-9 所示。在数字电视中一般采用信号处理较为简单的正交结构,这种结构在图像平面上沿水平方向取样点等间隔排列,沿垂直方向上对齐排列,尽管在恢复图像的质量上没有复杂的行交叉结构好。为了保证取样结构是正交的,要求行周期 T_H 必须是取样周期 T_s 的整数倍,即要求取样频率 f_s 应是行频 f_H 的整数倍,即 $f_s = n \cdot f_H$。根据人眼的视觉特性,亮、色取样率是不一样的,以满足视频编码器的要求。如果是数字信号,还须完成 4:2:2 或 4:2:0 或 4:4:4 等取样形式。不同的取样结构,表明亮色信号间不同的取样关系(也与视频码流的宏块有关),常见的亮色比取样结构如下:

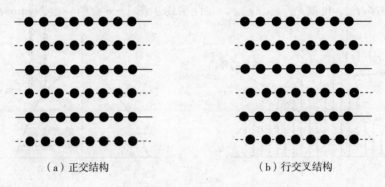

(a)正交结构   (b)行交叉结构

图 1-9   取样结构示意图

(1)4:2:2 的取样结构,两个色差在水平方向上是亮度的一半,但垂直方向上是一样的,其亮度的列数应为偶数。如果亮度信号(f_Y)的取样频率是 13.5MHz,其色差信号的取样频率(f_{cr}, f_{cb})为 6.75MHz,即 $f_Y : f_{cr} : f_{cb} = 4:2:2$,这种格式主要用于标准清晰度电视的演播室中,其 4:2:2 亮色比取样结构图如图 1-10(a)所示。

(2)对于 4:1:1 的取样结构,其色差信号的取样频率为亮度的 1/4,即在水平方向上是每 4 个亮度对应一个色差,但垂直方向上是一样的,表明如果每个有效行内有 720 个亮度样点,那么相同行只有 180 个色差样点。取样结构图如图 1-10(b)所示。

(3)若是 4:2:0 的取样结构,表明在水平方向和垂直方向上都是每 2 个亮度样点对应 1 个色差样点,即每 4 个亮度样点对应 1 个色差样点,2 个色度像素(U 和 V)取值是在 4 个亮度样点的中间,并非它们真正的位置。显然,这种结构的亮度信号在水平和垂直方向上的样点数是偶数,且色差样点可以通过 4:2:2 结构中的色差样点通过内差法换算得到。4:2:0 格式是 SDTV 信源编码中使用的格式,且 MPEG-2 中也是以这种格式为基础的,但是它也不属于 CCIR601 建议中的演播室编码参数规范。取样结构图如图 1-10(c)所示。

(4)若是 4:4:4 的取样结构,则亮度样点与色差样点具有相同数量的结构形式,在要求高质量的信源如 HDTV 情况下,可以采用这种格式,取样结构图如图 1-10(d)所示。

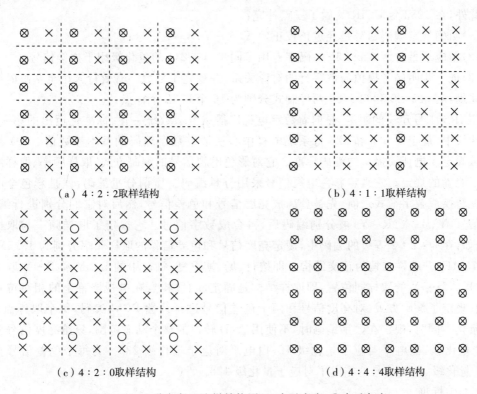

（a）4∶2∶2取样结构　　　　　　　　（b）4∶1∶1取样结构

（c）4∶2∶0取样结构　　　　　　　　（d）4∶4∶4取样结构

图 1-10　4 种亮色比取样结构图（×表示亮度，○表示色度）

【知识链接】国际无线电咨询委员会（International Radio Consultative Committee），CCIR 是国际无线电咨询委员会的简称。成立于 1927 年，是国际电信联盟（ITU）的常设机构之一。主要职责是研究无线电通信和技术业务问题，并对这类问题通过建议书。从 1993 年 3 月起，与国际频率登记委员会合并，成为当今国际电信联盟无线电通信部门，简称 ITU-R。

1. 电视信号的数字化简史

自 1948 年提出视频数字化的概念后，CCIR 于 1982 年提出了电视演播室数字编码的国际标准 CCIR601 号建议，确定以亮度分量 Y 和两个色差分量 R-Y、B-Y 为基础进行编码，作为电视演播室数字编码的国际标准。601 号建议如下：

（1）亮度抽样频率为 525/60 和 625/50 三大制式行频公倍数的 2.25MHz 的 6 倍，即 Y、R-Y、B-Y 三分量的抽样频率分别为 13.5MHz、6.75MHz、6.75MHz。现行电视制式亮度信号的最大带宽是 6MHz，13.5MHz＞2×6MHz＝12MHz，满足奈奎斯特定理（抽样频率至少要等于视频带宽的两倍）。考虑到抽样的样点结构应满足正交结构的要求，两个色差信号的抽样频率均为亮度信号抽样频率的一半。

（2）抽样后采用线性量化，每个样点的量化比特数用于演播室为 10bit，用于传输为 8bit。

（3）建议两种制式有效行内的取样点数亮度信号取 720 个，两个色度信号各取 360 个，这样就统一了数字分量编码标准，使三种不同的制式便于转换和统一。所以有效行 Y、R-Y、B-Y 三分量样点之间的比例为 4∶2∶2（720∶360∶360）。

此外,在 1983 年 CCIR 又做了三点补充:

(1)明确规定编码信号是经过预校正的 Y、R－Y、B－Y 信号;

(2)相应于量化级 0 和 255 的码字专用于同步,1~244 的量化级用于视频信号;

(3)进一步明确了模拟与数字行的对应关系,并规定了从数字有效行末尾至基准时间样点的间隔,对 525/60 和 625/50 两种制式分别为 16 个和 12 个样点。

CCIR601 号建议的制定,是向着数字电视广播系统参数统一化、标准化迈出的第一步。在该建议中,规定了 625 和 525 行系统电视中心演播室数字编码的基本参数值。601 号建议单独规定了电视演播室的编码标准。它对彩色电视信号的编码方式、取样频率、取样结构都做了明确的规定。它规定彩色电视信号采用分量编码。所谓分量编码,就是彩色全电视信号在转换成数字形式之前,先被分离成亮度信号和色差信号,然后对它们分别进行编码。分量信号(Y、B－Y、R－Y)被分别编码后,再合成数字信号。它规定了取样频率与取样结构,例如:在 4:2:2 等级的编码中,规定亮度信号和色差信号的取样频率分别为 13.5MHz 和 6.75MHz。取样结构为正交结构。即按行、场、帧重复,每行中的 R－Y 和 B－Y 取样与奇次(1,3,5…)Y 的取样同位置,即取样结构是固定的,取样点在电视屏幕上的相对位置不变。它规定了编码方式,对亮度信号和两个色差信号进行线性 PCM 编码,每个取样点取 8 比特量化。同时,规定在数字编码时,不使用 A/D 转换的整个动态范围,只给亮度信号分配 220 个量化级,黑电平对应于量化级 16,白电平对应于量化级 235。为每个色差信号分配 224 个量化级,色差信号的零电平对应于量化级 128。

2.601 标准

601 标准即 ITU－RBT601,主要内容有:16 位数据传输,21 芯,Y、U、V 信号同时传输。601 是并行数据,行场同步有单独输出。简单地说,ITU－RBT.601 是"演播室数字电视编码参数"标准。

(1)采样频率:为了保证信号的同步,采样频率必须是电视信号行频的倍数。CCIR 为 NTSC、PAL 和 SECAM 制式制定的共同的电视图像采样标准:$f_s=13.5$MHz。这个采样频率正好是 PAL、SECAM 制行频的 864 倍,NTSC 制行频的 858 倍,可以保证采样时采样时钟与行同步信号同步。对于 4:2:2 的采样格式,亮度信号用 f_s 频率采样,两个色差信号分别用 $f_s/2=6.75$MHz 的频率采样。由此可推出色度分量的最小采样率是 3.375MHz。

(2)分辨率:根据采样频率,可算出对于 PAL 和 SECAM 制式,每一扫描行采样 864 个样本点;对于 NTSC 制则是 858 个样本点。由于电视信号中每一行都包括一定的同步信号和回扫信号,故有效的图像信号样本点并没有那么多,CCIR601 规定对所有的制式,其每一行的有效样本点数为 720 点。由于不同的制式其每帧的有效行数不同(PAL 和 SECAM 制为 576 行,NTSC 制为 484 行),CCIR 定义 720×484 为高清晰度电视 HDTV 的基本标准。

(3)数据量:CCIR601 规定,每个样本点都按 8 位数字化,也即有 256 个等级。但实际上亮度信号占 220 级,色度信号占 225 级,其他位作同步、编码等控制用。如果按 f_s 的采样率及 4:2:2 的格式采样,则数字视频的数据量为:13.5(MHz)×8(bit)+2×6.75(MHz)×8(bit)=27Mbyte/s。可以算出,如果按 4:4:4 的方式采样,数字视频的数据量为每秒 40 兆字节,按每秒 27 兆字节的数据率计算,一段 10 秒的数字视频要占用 270 兆字节的存储空间。按此数据率,一张 680 兆字节容量的光盘只能记录约 25 秒的数字视频数据信息,而且即使高倍速的光驱,其数据传输率也远远达不到每秒 27 兆字节的传输要求,视频数据将无法实时回放。这种未压缩的数字视频数据量对于计算机和网络来说，无论是存储或传输都是难以实现的，所以在多媒体中应用数字视频的关键是数字视频的压缩技术。

1.4.2　量化原理与量化误差

所谓量化就是把连续的幅值再离散化，便于用有限个二进制数表示取样值的过程。形象地说"量化"如同人买鞋对应一定的鞋码一样（略大或略小一点），而人类实际的脚长在一定范围内是一个连续数。如果每个取样值采用单独量化，则称为标量量化，此法简单；而如果将若干个数据或取样值分成组构成一个矢量，然后在矢量空间（码书）进行整体量化，即为矢量量化，它主要对付复杂的数字信号处理，能得到更大压缩的输出信号，比如彩色图像压缩、语言处理、数字水印等。标量量化主要应用于模数转换中，它把取样值的最大变化范围 A 分为 M 个小区间，每一小区间称为分层间隔 ΔA（量化间距或量化电平），M 又称为分层总数（或称量化级数）有 $M = A/\Delta A$，如图 $1-11$(a)所示。当采用二进制编码时，则 $M = 2^n$，$n = 1,2,3,\cdots$ 为量化比特数，即码元位数。因此，量化就是把模拟信号取样后的电平值归并到预先划定的有限个电平等级上，用 2^n 去逼近取样点的值。

标量量化按归并的方式，又可分为只舍不入和舍入方式两种。其中只舍不入量化，又称截尾量化，即当取样信号电平处在两个量化等级之间时，将其归并到下面的量化等级上，而把超过的部分舍去。可见，这种方式量化的最大误差接近一个 ΔA。至于舍入方式的量化又称四舍五入量化，即当取样信号电平超过某一量化等级一半时，归并到上一量化等级；而即当取样信号电平低于某一量化等级一半时，则将其归并到下一量化等级。不难看出，舍入方式的量化最大量化误差为 $\Delta A/2$。鉴于舍入方式较只舍不入的误差小，所以通常选用这种量化方式。此外，如果在输入信号的动态范围内，任何处的量化间隔幅度相等的量化，即称为均匀量化或线性量化时，这种情况下的量化也可简单地理解为四舍五入的过程，如图 $1-11$(b)所示。可见，模数转换不是一个精确的过程，主要是由于量化误差具有不确定性，即高达该差值的正的或负的 $\Delta A/2$。在采用 8 比特或 10 比特的码元时，这种不确定性基本上以随机的方式出现，因而其效果等同于引入随机噪声（或称量化噪声）。

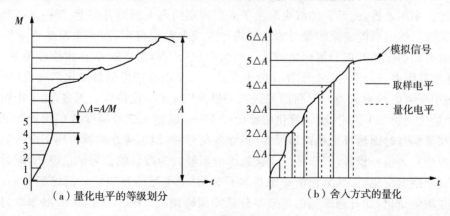

（a）量化电平的等级划分　　　　（b）舍入方式的量化

图 $1-11$　量化等级划分及舍入方式的量化图

2. 量化误差的确定

因为量化噪声对衡量量化编码是非常重要的一个量，所以在此就量化噪声进行简单的分析研究。就图 1-11 所示的量化信噪比,其推导过程如下:设输入信号为 v_i,T 为取样周期,v_0 为量化后输出的阶梯信号,$e(t)$ 为量化误差,则有 $e(t) = v_0 - v_i$,舍入量化时,$e(t)$ 除 v_0 的极大值和拐折点是缓变区外,其余部分都是锯齿状,可得 $e(t) = \Delta A \cdot t/T$。若设 $e(t)$ 的平方在单位电阻上所产生的量化噪声功率为 N_q(均匀量化误差的产生机理如图 1-12 所示,与图 1-11 对应),则有:

$$N_q = \frac{1}{T} \int_{-T/2}^{T/2} [e(t)]^2 dt = \Delta A^2/12 \qquad (1-2)$$

对于电视这样的单极性信号的量化信噪比 S/N 为:

S/N = 信号峰-峰值 / 噪声均方根值

$$= \Delta A \cdot 2^n \sqrt{\frac{\Delta A^2}{12}}$$

$$= 2\sqrt{3} \times 2^n \qquad (1-3)$$

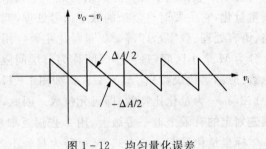

图 1-12　均匀量化误差

或用分贝表示:

$$(S/N)_{dB} = 20\log[2\sqrt{3} \times 2^n] = 10.8 + 6n \, (dB) \qquad (1-4)$$

根据式(1-4),其均匀量化比特数(n)与量化信噪比(S/N)$_{dB}$ 的关系见表 1-4 所列。

表 1-4　均匀量化比特数(n)与信噪比(S/N)关系

n(bit)	5	6	7	8	9	10
$(S/N)_{dB}$	41 dB	47 dB	53 dB	59 dB	65 dB	71 dB

可见,量化间隔 ΔA 越小或比特数 n 越大,量化误差所引起的失真功率 N_q 就越小。理论上,为了减小量化失真,量化比特数越大越好,但同时器件的规模及成本将增大,且与压缩编码降低比特率相矛盾,此矛盾的解决取决于人眼辨别编码失真的可见度,而一个高质量的编码图像是指经编码后的复原图像与原始图像在主观上差别极小,因为人眼的视觉特性就是图像压缩编码的重要判据。量化比特数 n 与信噪比(S/N)$_{dB}$ 呈现 6dB 的线性关系,由此可见:从降低数码率 $R_B = f_s \times n$ 考虑,n 愈小愈好。从全电视图像信号量化信噪比(S/N)$_{dB}$ = 14 + 6n(dB) 考虑,n 愈大愈好。目前先进数字摄像机 n = 10 比特以上为多,当采用均匀量化时,由于量化间距 ΔA 固定,所以量化信噪比(S/N)$_{dB}$ 随输入信号幅度 A 的增加而增加。这就使得在强信号时固然可把噪声淹没掉,但在弱信号时,因信号在取样时间 T 内的幅度较小而丢舍的相对大信号较多,则噪声的干扰就十分明显。为改善弱信号的信噪比,同时要保证在输入信号幅度变化时,其量化信噪比基本不变,对于实际的视频信号压缩编码中,更多的是采用非均匀量化,如日趋成熟的高效差分脉冲编码调制(DPCM)就是采用非均匀量化。即输入大信号时输出采取粗量化(ΔA 大),输入小信号时输出细量化(ΔA 小),对于非均匀量化,此时式(1-4)可写成:$S/N = 2\sqrt{3} A/\Delta A$。对非均匀量化也可采用在均匀量化,即在编码器之前,对输入信号的大幅度信号进行非线性压缩,也可实现非线性量化。采用非均匀量化能显著地改善信噪比,例如根据人耳的听觉特性,即掩蔽效应,噪声对大信号的干扰因掩

蔽效应而听不到。小信号对噪声的掩蔽作用小,而小信号出现的概率又比较大,所以改善小信号的信噪比对整体音质的改善比较明显,同时非均匀量化还可以合理地降低传输带宽,所以非均匀量化实用价值更大。

1.5　数字化信号的编码输出

彩色电视信号数字化编码有复合编码与分量编码两种。直接对彩色全电视信号进行脉冲编码调制(PCM),其电路的优点是只要一套 ADC 设备,电路比较简单,传输数码率较低,但由于被数字化的信号包含有彩色副载波,故易产生取样信号与副载波及其谐波间的差拍干扰,量化后易产生色调与色饱和度失真。而分量编码是对亮度信号 Y 和色差信号 U(B-Y)、V(R-Y)或三基色信号 R、G、B 分别进行 PCM,这种编码需要三套 ADC,设备较复杂、成本高,传输码率也较高,但随着超大规模集成电路的飞速发展,目前应用更多的还是分量编码。分量编码形式如图 1-13 所示,该图所示的也是模拟视频信号的数字化过程两种基本形式。采用分量编码因为它不仅图像质量高,而且便于三种体制(NTSC、PAL、SECAM)下的节目交流。

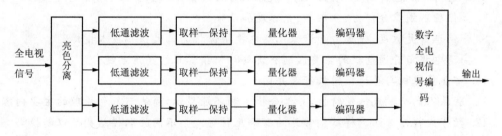

图 1-13　数字电视信号的分量编码形式(数字化过程)

由上可见,取样、量化后的视频信号并非是最后的输出数字信号,必须经过编码这一重要过程,同音频和数据信息编码一样,此编码输出的信号将是构成基本码流(Elementary Stream)的最重要形式之一。编码除了自然二进码外,还有格雷码和折叠二进制码等。常见的编码输出形式及其主要特点见表 1-5 所列。

表 1-5　常见的二进制编码形式及其特点

量化电平(幅度)	自然二进制码	格雷码	折叠二进制码	特　点
0	0000	0000	0011	1. 自然二进制码是权码,和二进制数一一对应,模数或数模转换电路简单易行,但相邻码间在转换时易出现冲激电流,抗干扰较差;
1	0001	0001	0010	
2	0010	0011	0001	
3	0011	0010	0000	
4	0100	0110	0100	2. 格雷码相邻电平间转换只有一位变化,抗干扰较强,但数模或模数转换较复杂;
5	0101	0111	0101	
6	0110	0101	0110	3. 折叠二进制码沿中心电平上下对称,适于表示正负对称信号,抗干扰最强
7	0111	0100	0111	

【本章小结】本章介绍了数字电视的基本概念及其分类,相对于模拟电视,数字电视有其显著的优越性,标清和高清是常见的应用形式;还介绍了三基色原理以及数字摄像机感光原理、性能参数,其中灵敏度、分解力和信噪比统称为电视摄像机的三大核心技术指标,是数字电视摄像机的重要参数;也介绍了采用拜尔滤色的单片感光器件摄像机,以及智能摄像机是数字摄像机的新发展;并分析了数字电视信号的形成过程,建议读者在了解光电转换、取样、量化和编码原理的基础上,着重了解4∶2∶0和4∶2∶2取样结构的物理意义,以及了解量化误差是数字电视系统失真的根源等内容。

思考题与习题

1. 结合自己的视觉感受,如何理解人类的视觉本质及其特性?

2. 什么是数字电视? 常见的数字电视有哪些形式?

3. 与模拟电视相比,数字电视由哪些显著的优越性?

4. 智能云电视具备哪些要素? 举例说明智能云电视比普通电视机好在哪些地方。

5. 简述数字摄像机的基本构成与数字电视信号形成的基本原理。

6. 带有拜尔滤色片的单片感光器件摄像机与传统摄像机主要区别有哪些?

7. 如何理解图像分辨力、分辨率、宽容度和清晰度?

8. 如何理解灵敏度、分解力和信噪比是电视摄像机的三大核心技术指标?

9. 高清电视与普通电视的主要区别有哪些? 何谓真正的高清电视?

10. 智能摄像机与普通摄像机有何异同?

11. 联系人的听觉或味觉特性,并结合摄像和还原显示,简述三基色原理的主要内容。

12. 数字电视信号的取样结构常见的有哪几种形式? 不同的取样结构可以转换吗?

13. 详细分析数字信号4∶2∶0和4∶2∶2取样结构的物理形态。

14. 量化存在哪些形式? 如何理解"量化是数字电视系统产生失真的重要源泉"这句话?

15. 结合数字摄像机的性能参数,您如何挑选一台中档的家用摄像机?

16. 数字摄像机新技术的进展如何? 举例阐述。

第 2 章　　视音频信号的压缩编码

2.1　　压缩编码的必要性

经过光电转换后的原始数据信号,一般是输出一个亮度信号和两个色差信号,其特点是数据量很大,占用的资源也过大。例如,亮度信号分量和色度信号分量采用 4：2：2 格式,即对亮度信号(Y)进行 4 个采样,对色度信号即红、兰两个色差信号(C_r、C_b)进行 2 个采样,可以算出对标准 PAL 制电视信号进行采样后,得到 4：2：2 格式的标清视频码流率如下:亮度信号码流率为 $720 \times 576 \times 25$ 帧 /s × 8 bit = 82.944 Mb/s,色度信号码流率为 $2 \times 1/2 \times 720 \times 576 \times 25$ 帧 /s × 8 bit = 82.944 Mb/s,总码流率为 82.944 Mb/s + 82.944 Mb/s = 165.888 Mb/s,传输时即使按 4 bit/s 传输,也要占用 41 MHz 的带宽,这里还不包括引导接收机接收的业务信息、加密信息等其他诸多信息。若采用 4：2：0 格式,图像码流率也高达 124.416 Mb/s,带宽要 30 MHz 以上。对于运动图像即视频信号,如果将这些信息存放于 2 GB 的光盘中,若以 25 帧每秒的速度播出时,即使视频信号传输速率为 120 Mb/s,仅能播放不超过 20 s 的时间;若在 500 MHz 带宽的闭路电视系统上只能传送 3 路未经压缩高清电视,未压缩的 1 路高清信号占 100 MHz 以上,而不能再做些其他业务了。可见,未经压缩处理的数字电视信号进行传输或存储是无法实现的。

目前摄录一体机在得到初始数据信号后,则进行视音频压缩处理。在实际信源压缩编码中,主要分无损的冗余度压缩,即无损编码又称熵编码,如游程长度编码、霍夫曼编码和算术编码等和有损的熵压缩两种形式,见表 2-1 所列。采用实用高效的压缩编码技术后,在相同带宽的信道上,在不可察觉的失真情况下,可多传输几百路以上的数字电视节目,其压缩前后的码率比较见表 2-2 所列。

表 2-1　　各种图像数据压缩编码技术分类表

熵编码		熵压缩			
统计独立信源	其他	特征抽取 (分析、综合)	标量量化 (无记忆量化)	分组量化	序列量化
霍夫曼编码、算术编码、游程编码、LZW 二进制信源编码	完全可逆的小波分解＋统计编码等	子带编码、小波变换编码、分形编码、模型基编码其他	均匀量化、Max 量化、压扩量化、其他	KLT、DCT、DFT、DST、WHT、Haar 等正交变换;矢量量化 VQ、神经网络、比特平面编码;其他	增量调制、线性和非线性预测、运动补偿预测;码书、格形、树形编码;其他
熵压缩与熵编码中若干技术的混合编码:JPEG、MPEG、H.26x、AVS、VC-1 及其他					

表 2-2　压缩前后各种应用及其码率(8bit/像素)

应用形式	像素数/行	行数/帧	帧数/s	压缩前码率	压缩后码率
HDTV	1920	1080	25	1.18Gb/s	8~15Mb/s
SDTV	720	576	25	167Mb/s	2~5Mb/s
会议电视	352	288	25/30	36.5Mb/s	1~1.5Mb/s
电视电话	128	112	25	5.2Mb/s	56~128kb/s

2.2　视频信号的压缩依据

图像信号之所以能够压缩,是因为自然图像自身结构存在大量的冗余并且人类视觉分辨力有限。从图像的结构看,它存在时间和空间、信息熵、结构、知识、视觉、局部和区域等不同程度的冗余,如 PAL 制电视信号用 6MHz 视频带宽是为了表示画面中突变的轮廓和占画面比例不一定很大的纹理细节以及快速的运动,但在大部分时间内,电视信号并不含这么高的空间和时间频率成分,且在大多数情况下,电视画面中的大部分区域信号变化缓慢,尤其是背景部分几乎不变,如电影胶卷连续几十张的画面内容变化很小(场景切换的前后帧例外,且在整个视频序列中所占比例极少)。电视就是在电影成像原理的基础上发展而来,电影每秒曝光 24 张胶片,每张曝光两次,这样就是 48 次每秒,高于人眼临界闪烁频率(45Hz)连续播放方可获得连续感。因此,满足人眼需求,电视的视频速率也要求大于 45Hz,视频序列就是一系列静止图像的有序集合,这样就可获得连续运动视频的效果。

2.2.1　视频结构中的冗余信息

像素是构成一幅图像的基本单元,任何一幅图像都是由一粒粒最小的像素构成,像素也决定了图像的清晰度。图像结构中存在着大量的相关性,视频图像信号在相邻像素间、相邻行间、相邻场间、相邻帧间、局部与局部以及局部与整体之间等,客观上都存在着很强的相关性。这种相关性表现为像素间的关系是不变的,即一个样值的接收带来了下一个样值或以后样值的某种信息,减少了以后样值的不确定性。因此,视频图像的冗余大体上有:

(1)时间冗余。电视图像是以高速电子束扫描而来,其扫描的帧频数或场频数高于人眼闪烁频率,人们可以得到一个清晰的、连续运动感的视频图像。可见,电视图像序列中相邻帧之间必然存在较大的相关性,图 2-1 所示为由视频采集卡获得的连续 3 帧中央电视台新闻频道节目主持人主持《新闻直播间》的视频画面。

图 2-1　连续 3 帧电视图像的时间相关性

图 2-1 中，相邻两帧图像中其图像背景的大部分都没变，且主持人梁艳前后帧本身的信息也是时间相关的，这就是时间冗余。第 1 帧到第 3 帧彼此之间的帧除了稍微移动的嘴唇部（面部），其他部分几乎不变，因此不需要一一记录，这样就可以节省超过 80% 的存储空间。即在这种方式下，多数的帧都并不记录完整的画面信息。若电视以 50 帧每秒的话，则相邻帧之间的变化更是微乎其微。时间冗余可以通过预测法去除。

（2）空间冗余。任意一幅图像由大量具有一定数据值的像素构成，在一幅图像中，总是存在小区域像素值之间的相似性，且这样的区域大量存在，如图 2-1 中的任意一幅中的任意一个小区域（边界跃变的像素比例极少）。规则的物体和规则的背景往往具有很强的相关性，譬如蓝天和草地的背景中，它们之间的亮度、色度和色饱和度是非常接近的，这就是图像信号的空间冗余。空间冗余可以通过变换法去除。

（3）结构与知识冗余。电视图像从大面积上看存在着纹理结构，称之为结构冗余；此外，模拟信号中的近 18% 的行逆程和 8% 的场逆程等信号，在数字电视信号（信源编码）的构成上就是多余的。许多情况下人们对图像的认识是基于先验的知识，比如人脸、电视图像等有固定的结构，这些规律性的结构可由已有的知识和背景知识联想得到，称之为知识冗余或统计冗余。大部分信源都含有统计冗余，可以通过变长编码（熵编码）去掉。例如，一幅由若干像素组成的图片，每个像素表示 256 个灰度，如果一个等长的编码方案是给每个像素都分配 8 位二进制数，则一幅随机模式的 100×100 的图片和一幅只包含白色像素的 100×100 的图片，尽管白像素格式包含信息要远远少于随机模式的格式，它们编码后所包含的二进制数却一样多。

冗余，即信号一部分可由另一部分重建或表达，如同在新鲜牛奶中所含的水分一样。统计表明，在一帧时间内，亮度信号平均只有 7.5% 的像素发生变化，而色度信号只有不超过 4.5% 的像素发生变化，这就是说视频信号中存在着大量的时间冗余和空间冗余，时间冗余和空间冗余是视频图像结构中的主要冗余。

【知识链接】物质、能量和信息是客观世界的三大要素。"信息"与我们每天大量接触的"消息"不是一回事，关于信息的基本概念，Shannon、Long 等信息论鼻祖的解释是：信息是对事物运动状态或存在方式的不确定性描述，一般用随机事件的概率来描述。所以说信息包含在事物的差异之中，而不在事物本身。可见，信息是用以消除随机不确定性的东西，或者说信息是反映事物构成、关系和差别的东西，包含在事物的差异之中，而不在事物本身。信息既非物质也非能量，信息在数量上等于通信前后"不确定性"的消除或减少量，如某事件 x 出现的概率为 $P(x)$，则其对应的信息量 I 为：$I = -\log P(x)$。

可见，从通信的角度看，传输给接收者的不确定量即"未知信息"是有价值的，且不确定性越大（即其概率越小），其信息量反而越大，反之其通信的价值就不大。

2.2.2　人眼的视觉特性

人眼的视觉特性，主要表现在以下几个方面：

（1）空间分辨力。空间分辨力是指对一幅图像相邻像素的灰度和细节的分辨力。视觉对于不同图像内容的分辨力不同，表现在对于静止图像或运动缓慢的图像，在适当亮度下，视觉具有较高的空间分辨力；对于活动图像，视觉的空间分辨力下降，且随着物体运动速度和运动频率的提高其分辨力迅速下降。换言之，运动物体的大多数细节未能被人眼所接收识别,而是凭先验知识和想象去形成,即此时运动物体的细节信息也无须编码传送。

(2)视觉阈值。视觉阈值是指干扰或失真刚好可以被觉察的门限值,低于它就觉察不出来,高于它才勉强察觉出来,实际中用视觉阈值来衡量图像有无失真是一种比较简单易行的办法。把低于视觉阈值以下的频率分量去掉是最简单的压缩法。

(3)亮度、色度辨别阈值。当景物的亮度在背景亮度基础上增加较少时,人眼是察觉不出的,只有当亮度增加到某一数值时,人眼才可以察觉其变化。因此人眼刚刚能察觉亮度变化的那个亮度值称为亮度辨别阈值。同等条件下,亮度辨别阈值远低于色度辨别阈值,实践中可以对色度进行较少的取样和较大的压缩。

(4)视觉冗余。人眼的视觉系统对于图像的感知是非均匀和非线性的,对图像的变化并不都能察觉出来。而图像处理及传输的目的是满足人们视觉需要的。因此,对图像处理包括量化编码过程,尽管引入失真,但只要这些失真所带来的变化不被人眼所察觉,依然认为图像是无损的、可接受的。比如说,人眼视觉的灰度分辨力是 $2^6 \sim 2^7$,而一般图像都采用 8 比特量化,即 2^8 灰度等级,因此这样的量化编码所带来的冗余即为视觉冗余。

因此,所谓压缩就是通过各种技术手段,去掉信源中的各种相关性以及对视觉无关紧要的信息,保留对视觉重要的信息并压缩成某些"信息片段",将这些极小部分的数据选出并编码传输。模拟电视信号在时域上是连续的,必须完整传输,上述冗余信息是不能去掉的。

【知识链接】相关性是指两个因素之间存在的内在联系,一个典型的表现就是,一个变量会随着另一个变量变化。相关又分成正相关和负相关两种情况,譬如,下雪外面就会变冷,这是正相关;出太阳就不会下雨,即为负相关。

2.3　预测编码的基本原理

如上所述,视频图像主要存在相邻帧之间的时间冗余和像素之间的空间冗余。如何最大限度地消除时间冗余和空间冗余呢? 本节首先介绍通过预测编码消除时间冗余的基本原理。既然相邻帧存在较大的相关性(以图 2-1 为例),说明相邻帧的数字图像构成上差异不大,实质是对应像素的信号值相差不大。从通信的本质是给对方以"未知的信息"来看,求差值传输或存储是基本思路,既然相邻帧结构上非常接近,求其差值必然很小。当相邻帧内容如果完全一样(静止帧)时直接相减等于零(模拟电视信号值连续必须全部传输所以占用资源很多)。因此,求帧间差值的编码即为帧间编码以消除时间冗余,但如果采取帧间像素值直接对应相减求差值,则会导致两个明显的问题:

(1)实际任意一幅图像像素数量较大,如普通标清 720×576 个像素,直接逐个相减求差值后,再编码传输难以实现电视实时性的要求。

(2)相邻帧内若存在局部的物体运动,直接相减导致图像中运动部分特别是运动较快的部分,在其对应位置上像素的数值差反而较大,尽管其他绝大多数是相同或相近的。

能否找到一种两全其美的方法呢? 运动补偿预测编码就是其中之一。

2.3.1　运动补偿预测编码

1. 预测编码基本思想

在编码理论中,预测就是从已知的信息中推测未来的信息。如已知"中×电×台",容易推测应为"中央电视台",而通信的本质就是传输接收端未知的信息。大量实验证明,一般运动图像相邻两帧中只有 10% 以下的像素亮度值有超过 2% 的变化,而色度只有 1% 以下的变化,因此把这一实验结果运用到图像处理中,即将预测编码技术应用到图像处理中是非常恰当的,即用已出现的图像预测未来的图像,但预测编码仅对非独立信源起作用,这一点很重要。

为了进行运动估值,一个视频帧的像素被分解为若干个小的像素块,即数据的分组,称之为宏块,之后将每个宏块同时拿到参考帧中相对应的一个范围内,根据某一算法准则即匹配准则去进行比较,通过比较快速找到一个最接近的块(即匹配块),当找到匹配块后,再通过估值补偿得到更精确的匹配块,用一个差值(用待编码的块减去匹配块)来代替待传输的块信息,以达到压缩之目的。块匹配算法是基于"分在同一块内的像素的运动方向一致以及预测误差随远离匹配点而单调增加"的思想而提出的。两个像素块存在匹配,意味着两个图像块对应像素的数据值大小相等或极其接近。

2. 运动补偿预测编码与匹配法的判决准则

在视频编码中,目前采用的运动补偿算法主要有两种。一种是像素递归算法,即对每个像素的位移都进行递归估计,进行逐像素的帧间运动预测补偿;此法精度高,但抗干扰能力较差,且收发两端结构因过于复杂而难以实现。另一种是块匹配法,该方法的基础就是在参考帧中搜索与当前帧中相同尺寸的且对应数值上完全一样或极其接近的块匹配图像,而块匹配就是把当前帧上的某图像子块"贴"到参考帧的哪个位置更合适,对当前帧的每一个图像子块,在上一帧的某一搜索范围内寻求最优匹配,并认为本子块就是从上一帧的最优匹配块位置处平移过来的,计算出位移矢量作为当前帧中匹配块的补偿,经过补偿后的两匹配块之间的相关性显著增大,同一般的预测编码一样,求其差值经量化编码传输。该法自然是大大地提高了压缩比,目前应用较广。

在块匹配算法中,首先将图像分为 $N \times N$ 像素的宏块,以宏块作为运动估值和补偿的基本单元。设 A 为当前帧中的一个待编码的宏块,我们在其前一帧以 A 为中心,上下左右各距 d_m 个像素的区域 B(又称搜索窗)中寻找一个与 A 最相似的宏块 C,它与 A 的坐标偏移量即为估计的运动矢量(MV),A 寻找 C 的过程即为求匹配过程,如图 2-2 所示。在块匹配中,块的位移与块的中心或块中任何一点的位移是等价的。因此,块的位移可以理解为中心点的位移,且这种位移是以运动矢量

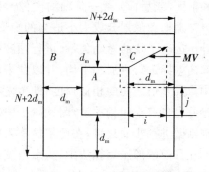

图 2-2 匹配过程示意图

来描述的,一个运动矢量代表水平和垂直两个方向上的位移,这一点对于后续的快速搜索算法分析很重要。在采用匹配技术中,选择大小合适的宏块非常重要,可以说图像分割是运动补偿的基础,显然子块尺寸小,准确度高,但编码传输时的位移估值信息量大,其计算量也增大。判定两个块是否匹配,采用平均绝对误差准则(MAD):

$$\mathrm{MAD}(i,j) = \frac{1}{MN} \sum_{m=1}^{M} \sum_{n=1}^{N} |S_c(m,n) - S_r(m+i,n+j)|$$

或绝对误差和准则(SAD),即

$$SAD(i,j) = \sum_{m=1}^{M} \sum_{n=1}^{N} |S_c(m,n) - S_r(m+i,n+j)|$$

其中,$S_c(m,n)$、$S_r(m+i,n+j)$分别为当前帧(current)像素值和参考帧(reference)位移(i,j)后的像素值;M、N为块大小。当在搜索窗中求出$MAD(i,j)$或$SAD(i,j)$为最小值时,表明两个块为最佳的匹配块。采用平均绝对误差准则或绝对误差和准则来判断两个块是否匹配,有其简单的道理:如果实际两块差异较大,直接求算术差值,可能因为数值正、负的存在而相互抵消,造成误判,采用MAD或SAD则不存在误判。

3. 运动补偿预测编码步骤

帧间运动补偿压缩编码步骤如下:

(1)第一步在相邻的参考帧中估计运动物体的位移值,即位移矢量或运动矢量MV,这一步称为运动估值(估计)或位移估值。

(2)第二步利用所得到的运动估值即位移矢量进行帧间预测编码,这一步称为运动补偿。运动补偿是把参考帧中的像素位移后作为当前帧像素的预测值 —— 即把前一帧相应的运动部分补偿过来,得到其剩余的不同部分,此即解相关过程。

(3)第三步将预测信息进行编码,其中运动矢量直接编码,预测误差(真实值与预测值之差)进行变换、利用视觉特性进行量化,然后编码。显然此时的预测误差是一个较小的值,所以编码的结果就得到了较大的压缩。当找到完全匹配像素(块)时,差值为零。

可见,实现上述预测编码过程的关键是运动估值,运动补偿编码的效率取决于运动估值质量的好坏。运动补偿预测编码算法的核心问题是如何根据当前帧和以前帧的图像去估算运动矢量。该位移的幅度和方向在图像画面的各处可能是不同的,利用反映运动的位移信息和前面(或后面)某一时刻的图像,可以预测出当前图像帧。为了得到运动矢量,通常一种方法是把图像划分成大小适当的矩形子块,针对子块的运动部分,假定块是做平移运动,估计出运动子块的运动矢量,进行预测编码。需要指出的是,匹配准则只是简单地将像素块之间的差异进行累加和平均,并以此平均效果作为匹配程度的判断准则,没考虑两匹配像素块中像素差值之间的相似程度,即残差绝对和较大者未必一定比较小者真正的信息量多,因为参差也具有空间相关性,因此减少块匹配过程中的这些像素点差量之间的相关性,须对上述准则做进一步的改进,在此不做深入阐述了。

在目前图像压缩算法中,一般地搜索块取一个$N \times N$亮度宏块,若宏块尺寸大,既然是准确度下降,复杂度也下降,多数是16×16、16×8、8×16等形式,且用搜索到的亮度运动矢量值除以2作为色度运动矢量,直接进行运动补偿,因为多数色度取样为亮度的一半且人眼对亮度较色度敏感,同时也减少了运算量和传送的比特。对于一个实际图像不能分成整数个像块即宏块时,可对最后一个像块不足的像素可以再次用到前一相邻块中的相邻像素补足整像素块进行搜索,或干脆将不足一个搜索块的余下几个像素丢掉,影响甚微。

运动补偿预测方法目前已成为会议电视、可视电话及广播电视压缩编码的主要方法,所以从H. 261、MPEG系列标准、AVS、H. 264等都采用了时域的帧间运动补偿技术,且新标准还有空域的帧内预测,两种预测技术思路一致,区别只是在具体的匹配机制、块大小上。运动补偿预测法是消除帧间(或帧内)冗余的重要方法。

2.4　常用的快速块匹配搜索法

根据块匹配的算法思想,能够实现块匹配的方法很多,像全局搜索法也称穷尽搜索法、二维对数法、交叉搜索、三步搜索法及其改进搜索法、四步搜索法、菱形搜索法等。能够实时应用的,除了全搜索因速度慢极少应用外,其他都可以,但算法的精度及速度略有差异。为便于分析,下面的每个搜索点代表一个实际的搜索图像块(比如 16×16 像素)。

2.4.1　二维对数法

二维对数法(TDL)是快速搜索法中的最基本算法,其搜索的基本过程是在前一帧搜索区内,第一步以原块(参考块)中心为搜索中心,即以 $(i,j) = (0,0)$ 点为中心,计算步长为 2 的"十字形"的 5 个点。如图 2-3 所示"①"的 MAD 值,找到 MAD 为最小的点作为第二步新的搜索中心,再计算新 5 个点(② 与 ① 重复的点不再计算,下同)的 MAD 值,找到最小的 MAD 的点。若 MAD 的点在 5 个点的中心,则以此为中心点,计算步长减半后的 5 个点的 MAD 值,找到一个最小匹配点为止;若搜索的中心点处于搜索区的边缘,如图"④"点,则以此点为中心步长减半再计算 MAD。这种算法大大减小了计算量,但搜索区有多个最小点时,不能保证全局最优点,只是局部最优(Local Optima)。算法是每次检查一个由十字形分布的 5 个像素构成的点群,算出 5 个 MAD 值,看哪个最小。具体步骤如下:

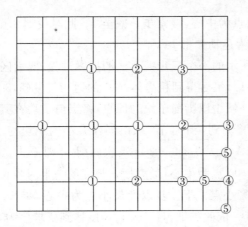

图 2-3　TDL 搜索过程

(1) 从 MV(0,0) 开始,若最小 MAD 值出现在十字形点群处于边缘点处,将该点作为新的十字形搜索点群的中心,步长不变,即把十字向最小 MAD 方向移动;若 MAD 值最小值出现在十字形点群的中心点,则下一步的搜索不改变中心点而把十字形缩小,即步长减半。

(2) 若在上述搜索过程中发现新的十字形点的中心处于搜索区的边缘,则步长也减半,由图可见,在中心移动的过程中并不需要对新的十字形点群的每一点都计算 MAD 值,因为有些点的 MAD 值在上一步中已计算过了。

(3) 依此类推,直到步长为 1,此时所找到 MAD 的极小点即为所求最优匹配点 (V_x, V_y)。图 2-3 所示 MV 的搜索结果 $V_x = 6, V_y = -2$。

2.4.2　三步搜索法及其改进

三步搜索法(Three Step Search)的搜索过程如图 2-4 所示。

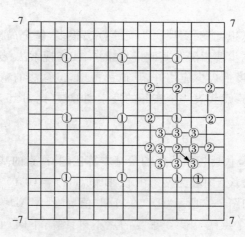

图 2-4　TSS 的搜索过程

（1）第一步以原块（参考块）的搜索窗原点$(i,j)=(0,0)$为中心，以步长为 4 构造一个 9 点搜索点阵，计算并找到其中一个误差最小点；

（2）在第一步找出最小的点，并以此点为中心，以步长为 2 构造新的九点点阵，再找出其中的最小点；

（3）以第二步的最小点为中心，搜索步长减至 1。此时找到 9 点中的误差值最小的点即为匹配点，对应的坐标即为运动矢量 MV。

因此对于如图 2-4 所示的一个三步搜索法的搜索过程，搜索区域为±7 个像素，经过三次搜索（步长依次为 4,2,1），最后得到粗黑体"③"的运动矢量(5,3)。实际上，在 TSS 中，由于搜索范围是 7，即在上一帧中以当前子块为原点，将当前子块在其上下左右距离为 7 的范围内按一定规则移动，每移动到一个位置，取出同样大小的子块与当前子块进行匹配计算，则当$d_m=7$时，三步法仅需最大$3\times9-2=25$次匹配，不难看出，比全搜索法少得多。TSS 刚开始时以$(d_x,d_y)=(0,0)$点为中心，最大搜索长度的一半为步长，检测中心点及其周围 8 个邻点的 MAD 值，找到最小点。下一步以此最小点为中心，步长减半，在找到缩小了的方形 9 点中的 MAD 最小点。依此类推，直到搜索精度达到要求值为止。若$d_{xmax}=d_{ymax}=7$，对运动估值的精度要求为一个像素，则最初步长为 4，以后递减为 2 和 1，共需三步搜索即可满足要求。

TSS 是近年来引人瞩目的一种运动补偿算法，其三步法是一种由粗到精的搜索过程。此外，在实际的块匹配算法的应用中，必须兼顾运算量和匹配精度，譬如对于图 2-4 的三步搜索法，应指出以下几点值得注意：

第一，搜索区域为±7 个像素，经过三次搜索（步长依次为 4,2,1），最后得到运动矢量(5,3)。实际上，在 TSS 中，由于搜索范围是±7，即在上一帧中以当前子块为原点，将当前子块在其上下左右距离为 7 的范围内按一定规则移动，每移动到一个位置，取出同样大小的子块与当前子块进行匹配计算，则当$d_m=7$时，三步法仅需最大$3\times9-2=25$次匹配，比全搜索法少得多。

第二,任何(块)匹配法,其搜索匹配的过程,其实质就是搜索位移矢量。一般说来,此位移矢量代表水平和垂直方向上的位移,也是运动估值的核心;就三步法而言,它的理论基础是 MAD 分布的单峰性,它将搜索点固定于特定位置的 23 个点上,减少了计算量,并且由于这 23 个点基本上体现了 MAD 的可能减小方向,所以三步法可以提供比较好的搜索性能,且极大地缩小了搜索时间,是目前广为应用的一种块匹配搜索方法。

改进的新三步搜索法。由于 TSS 第一步搜索网格步长为 4,影响了中心点附近小运动估计效果,且第一步较大时会误导搜索方向。新三步搜索法(NTSS, Novel TSS)的基本思想是利用运动矢量的中心偏置分布,采用具有中心倾向的搜索点模式,并用中止判别技术,减少搜索次数,其具体步骤如下:

第一步,同时搜索中心和距中心网格步长为 4 和 2 的各 8 个点,共搜索 17 个点,计算比较 MAD 值,如果 MAD 点为搜索窗中心,算法直接结束;如果 MAD 点在中心的 8 个相邻点,则进行步骤二,否则进行步骤三。

第二步,以上一步的 MAD 点为中心,使用 3×3 搜索窗进行搜索,若 MAD 点在搜索窗中心,则算法结束,否则重复步骤二。

第三步,执行普通 TSS 法的第二步和第三步,算法结束。如果第一步的 MAD 点在距中心网格步长为 4 的 8 个点中,以后的步骤同一般的 TSS;如果第一步的 MAD 点在距中心网格步长为 2 的 8 个点中,则直接转入普通 TSS 的第三步。

在 TSS 及 NTSS 搜索法的基础上的四步搜索法,是基于运动向量的中心分布理论,改 TSS 的 9×9 为 5×5,窗口的中心总是移到最小点的位置,步长的大小由最小点的位置来决定,该方法对于搜索像素为 7 的区域只需要四步就能到达边界检查点。搜索过程与 TSS 相同,但比 TSS 法需要更少的搜索点。

2.4.3　菱形搜索法

菱形搜索法(DS, Diamond Search)最早由 Shan Zhou 和 Kai-Kuang Ma 两人提出,后又经过多次改进,已成为目前快速块匹配算法中最优异的算法之一。DS 算法被广泛应用于一些适合网络传输的流媒体压缩标准中,如 MPEG-4、H.264、AVS 等国际标准。因为搜索模块的形状和大小不但影响整个算法的运行速度,而且也影响它的性能,块匹配的误差实际上是在搜索范围内建立了误差表面函数,全局最小点即对应着最佳运动矢量。由于这个误差表面函数通常不是单调的,所以搜索窗口太小,容易陷入局部最优。所以菱形搜索法的算法采用两种搜索模板,分别采用 9 点的大模板 LDSP(Large Diamond Search Pattern)和 5 个搜索点的小模板 SDSP(Small Diamond Search Pattern)。如图 2-5 所示,搜索时先用大模板计算,当最小块误差 MAD 点出现在中心点处时,将大模块 LDSP 换为小模板 SDSP,再进行匹配计算,这时 5 个点中的 MAD 即为最优匹配点。因此,菱形搜索法的具体步骤如下:

第一步,用 LDSP 在搜索区域中心及周围 8 个点处进行匹配计算,若 MAD 点位于中心点,则进行步骤三;否则到步骤二。

第二步,以上一次找到的 MAD 点作为中心点,用新的 LDSP 来计算,若 MAD 点位于中心点,则进行步骤三;否则重复步骤二。

第三步,以上一次找到的 MAD 点作为中心点,将 LDSP 换为 SDSP,在 5 个点处计算,找

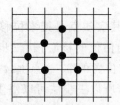

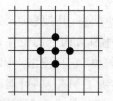

图 2-5　菱形搜索法的搜索过程

出 MAD 点,该点所在位置即对应最佳运动矢量。

2.4.4　分级搜索法

分级搜索是把搜索过程分为粗搜索和细搜索两步来进行,首先对图像进行亚取样得到一个低分辨率的图像,然后再对得到的低分辨率(宏块)图像进行全搜索。如图 2-6 所示即为分级搜索示意图,其"●"和"○"分别代表整像素点和半像素点。由于分辨率低,搜索次数大大减少,称为粗搜索,然后以粗搜索的结果作为细搜索的起始点,再在较小的

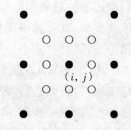

图 2-6　分级搜索示意图

范围内进行高精度的半像素搜索,总的搜索次数可相应减少而精度进一步提高。分级搜索法的步骤如下:

第一步,在原分辨率的整像素点(宏块)图像上进行粗搜索,找到匹配点(i,j)。

第二步,以(i,j)为中心,通过内插法由临近的整像素点内插得到半像素点。

第三步,以(i,j)为中心,再对其周围的半像素点进行搜索,寻找精度达到目的 1/2 像素的最佳匹配点和位移矢量。

分级搜索法的概念较多,如另一种的分级搜索法:即首先设定一个阈值,来判断所搜索的块的运动是大范围还是小范围的,然后计算当前帧和下一帧该块像素差的绝对值累加和。如果大于阈值,说明该块运动较大,采用适合大运动矢量估计的搜索法,如改进的新三步搜索法;如果小于阈值,则采用适合小运动矢量估计的方法进行搜索,如基于块的梯度下降法等;从而达到灵活处理,既加快速度又提高精度。

以下就常用的快速搜索算法做一个比较分析:

TSS 算法搜索时,整个过程采用了统一的搜索模板,使得第一步的搜索步长过大,容易引起误导,从而对小运动效率较低,最大搜索点数为$1+8\log_2 W$。当搜索范围大于 7 时,仅用三步是不够的。搜索步数的一般表达式为$\log_2(d_{\max}+1)$。总体来说,三步法是一种较典型的快速搜索算法,所以被研究得较多,后来又提出新的三步搜索算法,改进了它对小运动的估计性能。任何快速算法都存在陷入局部最小的可能,但运动矢量通常总是高度集中分布在搜索窗的中心位置附近,NTSS 采用倾向的搜索点模式不仅提高了匹配速度,而且减少了陷入局部极小的可能性;而 DS 算法的特点在于它分析了视频图像中运动矢量的基本规律,运用了大小两种形状的搜索模板 LDSP 和 SDSP。由于先用 LDSP 搜索,其步长大,搜索范围广,可以进行粗定位,使搜索过程不易陷入局部最小;当粗定位结束后,可以认为最优点就在 LDSP 周围 8 个点所围的菱形区域中,这时再用 SDSP 来准确定位,使搜索不至于有大的起伏,所以它的性能优于其他算法。另外,DS 搜索时各步骤之间有很强的相关性,模板移

动时只需在几个新的检测点处进行匹配计算,所以也提高了搜索速度。以上几种搜索法的比较见表 2-3 所列。

表 2-3　几种搜索算法的比较

搜索法	最大搜索次数	$d_{max}=4$	$d_{max}=7$	算法性能
全搜索法	$(2d_{max}+1)^2$	81	225	全局最优,速度最慢
对数搜索法	$2+7\log_2(d_{max}+1)$	18	23	局部最优,速度稍快
三步搜索法	$1+8\log_2(d_{max}+1)$	17	25	局部最优,速度稍快

2.5　Huffman 编码与算术编码

任何信源产生的输出都是随机的,只能用统计方法来定性。否则,如果信源输出为确知,通信或传输就几乎无价值了。信源编码的主要目标是压缩每个信源符号的平均比特数或信源的码率,就是使传输代码的平均长度可任意接近但不能低于符号熵,使概率与码长匹配,理想情况下得到的平均码长在数量上等于信源的熵。Shannon 的信息论指出,对相关性很强的信源,条件熵可远小于无条件熵。因此解除符号间的相关性可进一步压缩码率,即如何使有记忆信源转换成无记忆信源序列。一般信源输出的每个符号所能负载的数据量大于该信源符号的实际信息量,即 1bit 码元的数据量等于 1bit 码元包含的信息量与其冗余量之和。对于含有 n 个二进制符号的独立信源 $X(a_1,a_2,\cdots,a_n)$,其总信息熵为

$$H(x)=-\sum_{i=1}^{n}p(a_i)\log_2 p(a_i) \tag{2-1}$$

式中,$p(a_i)$ 为符号 a_i 的概率,且 $\sum_{i=1}^{n}p(a_i)=1$,信息熵的单位是 bit,表示该信源或字符所需要的最少位数。值得注意的是,信息理论中的信息熵与信息量有区别:对于一个信源,不管它是否输出符号,只要这些符号具有某些概率特性,必存在信源熵值;而信息量则是只有当信源输出符号被接收端收到后才有意义,它是信宿的信息度量。信息熵与信息量的共同点就是都对信源概率的统计。可见,按信息论的观点,符号的信息量(熵)与其概率大小成反比,而通信重视的正是小概率事件。即采用不等长编码,但采用不等长编码,又可能会产生多义性。例如,若用"01"表示字符 a,"10"表示字符 b,"100"表示字符 c,那么对于码字为"1001",无法明确指出它究竟是字符 c,还是字符串 ba。为了避免出现多义性,就必须要求字符集中任何字符的编码都不是其他字符编码的前缀,即要求字符编码必须是前缀码。Huffman 编码与算术编码都是变字长的统计编码,也是应用广泛的熵编码。熵编码的特点之一是,源数据符号出现的概率大则编码短,概率小则编码长。熵编码的基本原理就是将输入的源数字符号先进行概率统计,然后根据符号的概率大小进行编码。Huffman 码是典型的也是应用最广的熵编码之一,它是非续长码中的单义码。所谓单义码就是有限长码字唯一地分割成一个一个码字,如码字 W={0,10,11} 为单义代码,如任一串有限长 100111000 只能分割成 10,0,11,10,0,0,任何其他分割均不属于 W 中的码字。所谓非续长码就是任何一个码字都不是另一个码字加上若干码元 1 或 0 所构成,又称异字头码或字首码。比如,码

字 W = {0,10,100,111} 就不是非续长码,因为 100 是 10 的延长。非续长码一定是单义码,反之不一定,比如码字 W = {0,01}。

2.5.1　Huffman 编码与解码

Huffman 编码最早是 1952 年由 D. A. Huffman 提出的。Shnnon 信息论指出,一个较为理想的编码,其平均码长应与信息熵相匹配,Huffman 编码有其显著的优点,其编码原理及编码步骤可以用其 Huffman 码树(二进制树)来说明:

(1) 将源数据符号出现的概率按其大小进行排序;

(2) 取两个最小的概率相加(组成一个新节点),并继续这一过程,直到概率和为 1.0 时为止;

(3) 设所有节点的左边为 0,右边为 1(或者相反);

(4) 每个符号从 1.0(树根)处经各中间节点到叶节点的路径上的代码,即 1、0 的顺序则为 Huffman 编码。

按上述思想,设信源 $S = [a_1(0.40), a_2(0.18), a_3(0.15), a_4(0.15), a_5(0.12)]$,小括号中的数值为该符号的概率。按 Huffman 编码思想,把信源符号按概率大小顺序排列好,并按逆顺序分配码字的长度,则 S 所构造出的码树及编码过程如图 2 - 7 所示。

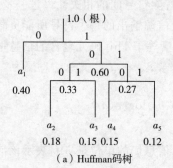

符号	码长	码字
a_1	1	0
a_2	3	100
a_3	3	101
a_4	3	110
a_5	3	111

（a）Huffman 码树　　　　　　（b）Huffman 码表

图 2 - 7　Huffman 码树及编码过程(码表)

Huffman 码的解码。由于 Huffman 码的码字属于可分离的前缀码即非续长码,接收端在经过纠错码等措施以后,在解前缀码时,根据 Huffman 码表(相当于字典),首先按接收码字的顺序取最长码字找其对应的符号,若没有找到,则丢掉右边一位二进制码接着找次长码对应的符号。依此类推,必能在码表中找到其对应的符号来,因为 Huffman 是非续长码,具有唯一可译性,所以其解码的结果唯一确定。

例如,就上面提到的编码结果,当接收端收到 1101000101111… 码流时,根据对应的 Huffman 编码表,最大码长是 3,因此将接收到的串行码字自左向右 3 个分成一组,即 110 开始译码。由于 110 在码表中对应 a_4;接着分第二组 100 对应 a_2;而第三组 010 在字典中没有对应的码字,因此将 010 丢弃右边 0,归到剩下的未解码序列中,但此时 01 在字典中仍未有对应的码字,再丢弃 1(归到未解码的序列中,得 101111),而剩下的 0 对应码字 a_1;剩下未解码的码字重复上述步骤,则整个码序列解码输出必为 $a_4 a_2 a_1 a_3 a_5 …$。

Huffman 编码的编码效率。而对于一个独立信源 S 为 $\{a_1, a_2, \cdots, a_n\}$,各符号出现的概率为 $p(a_1), p(a_2), \cdots, p(a_n)$。对其信源符号所实施的变字长编码的平均码长 $\overline{m}$ 为

$$\overline{m} = \sum_{i=1}^{n} p(a_i)m_i \qquad (2-2)$$

式中，m_i 为符号 a_i 的编码个（位）数。据此，可以用式（2-1）和式（2-2）分别计算出本例中的信息熵 $H(x)$ 和平均码长 $\overline{m}$ 分别为

$$H(x) = -\sum_{i=1}^{5} p(a_i)\log_2 p(a_i)$$

$$= -(0.40 \times \log_2 0.40 + 0.18 \times \log_2 0.18 + 0.15 \times \log_2 0.15$$

$$+ 0.15 \times \log_2 0.15 + 0.12 \times \log_2 0.12)$$

$$= 2.163 \text{bit}/ 符号$$

$$\overline{m} = \sum_{i=1}^{5} p(a_i)m_i = (0.40 \times 1 + 0.18 \times 3 + 0.15 \times 3 + 0.15 \times 3 + 0.12 \times 3)$$

$$= 2.2 \text{bit}/ 符号$$

可见，平均码长 $\overline{m}$ 与信息熵 $H(x)$ 是非常接近的，因为编码效率达 $2.163/2.2 = 0.983$，即 Huffman 编码效率是令人满意的，该信源符号的平均冗余度为 $2.2 - 2.163 = 0.037 \text{bit}/$ 符号。事实上，不管采用何种编码方法，其理论压缩比与实际压缩比总存在差距。原因很简单，一是编码本身所存在的不足外，还有一个重要原因就是要存储编码本身一些语法等信息。如在 Huffman 编码时，必须把构造 Huffman 树（字典的作用）所必需的信息同时存储与传送，否则接收端无法保证正确解码。

霍夫曼压缩是个无损的压缩算法，一般用来压缩文本和程序文件。霍夫曼压缩属于可变代码长度算法一族。意思是个体符号（例如，文本文件中的字符）用一个特定长度的位序列替代。因此，在文件中出现频率高的符号，使用短的位序列，而那些很少出现的符号，则用较长的位序列。Huffman 编码的压缩比并不高，这主要由信息熵来决定。虽然 Huffman 编码、解码的过程不算复杂，但真正实现起来也不是件容易的事，因为采用 Huffman 编码，必须对信源的概率分布进行统计计算，增加了软硬件复杂度，延长了计算时间。在数据实时传输的应用中，无法先对源数据符号进行统计，因为多数信源符号间的概率为条件概率及符号存在相关性。在进行 Huffman 编码压缩时，计算量大而复杂，采取"自适应 Huffman 编码"方法解决这一问题，自适应压缩方法是根据不同源文件的具体内容，采取完全不同的方法动态地构造代码表，并在构造代码表的同时进行编码压缩。换言之，就是每从源数据流读入一个字符，就要按字符发生的概率重新调整各字符的编码，从而保持当前的编码始终处于编码效果的最佳状态。自适应 Huffman 编码方法在于扫描文本文件和编码一次完成，此外自适应预测技术适于非平稳的或非概率性的信源编码，使概率与码长匹配，如 Huffman 变长编码等。算术编码就是自适应 Huffman 编码方法的改进与提高。

2.5.2　算术编解码的基本原理

算术编码方法是无失真压缩编码方法中的一种，它的最大优点是具有自适应能力，能自动调整对输入符号的概率估值。因此使用算术编码不必预先定义信源的概率模型，尤其适

应于不可能进行概率统计的场合。所以当信源的概率分布比较均匀时，使用 Huffman 编码，因为此时 Huffman 编码的结果趋于定长码，效率不高。换言之，Huffman 编码在符号的概率差较大时，具有明显的压缩优势。算术编码的过程和 Huffman 编码方法类似，用基本算术编码方法需要对源文件(本)先进行扫描，扫描目的是统计出各字符或符号出现的次数即概率，然后调整统计数字的范围和数量级，并根据统计的概率安排新概率区间，使之适应算术编码方法的要求。算术编码基本步骤是，首先通过扫描所确定的第一次各字符(号)发生的概率，对每个字符进行第一步的处理都是从对半开区间 $[p,q]$ 开始，并将此区间初始化为 $[0,1)$，此过程也是初始化算术编码器。再分割现行区间使其成为子区间，各分给一个可能的字符。每个子区间正比于对应字符的概率；选择子区间使之与实际发生的字符相对应，并把这作为新的现行区间，重复上述步骤，直到全部字符都处理完。然后输出足够比特保证在两个相邻区间中区分最后的区间，并刷新编码器，同时输出一个特定的结束码。由上可见，对算术编码有以下的基本要素：

(1) 它实际上是对变化长度的符号块，分配变化长度的区间即编码；

(2) 在算术编码中有两个主要元素，即每个符号出现的概率及其区间。

因此，算术编码过程是依据信源符号出现的顺序，不断地计算新符号的概率及区间，并分配其码位进行编码。可以说算术编码之关键在于"新符号概率及区间之算法"。其算法的过程就是编码的过程，最后一个字符的上、下限即为编码的结果。每输入一个符号(块或组)，都将按事先对概率范围的定义，在逐步缩小的当前取值区间上确定新的范围上、下限。编码时，读入新字符编码后的上限(HIGH)、下限(LOW)由下式确定：

$$HIGH = L + R \times Hr, LOW = L + R \times Lr \tag{2-3}$$

式中，L、R 分别表示前一已编码字符取值的下限值和概率区间或范围，Hr、Lr 分别表示新输入字符发生的概率上限和下限。第一个待编码字符的上下限就是当前字符本身的上下限。举例讨论算术编码的编译码原理。

设字符 d、a、b、c 的概率分别为 0.2、0.2、0.4、0.2，需要编码的是 abdbc 数据流。其算术编码的步骤是，根据字符 d、a、b、c 的概率分布，将它们的范围依次设定为 $[0.0,0.2)$、$[0.2,0.4)$、$[0.4,0.8)$、$[0.8,1.0)$，"范围"给出了字符的赋值区间，是算术编码的要点之一。因为第一个待编码的字符为 a，取值范围在 $[0.2,0.4)$ 之间，亦即输入数据流的第一个字符决定了代码最高有效位取值的范围，其编码后的 a 的上下限也为 $[0.2,0.4)$。然后继续对源数据流中的后续字符进行编码，每读入一个新的符号，输出数值(代码)的范围就将进一步缩小。读入第二个待编码符号 b，因为 b 的取值范围在 $[0.4,0.8)$ 内，第一个字符 a 已将取值区间限制在 $[0.2,0.4)$ 的范围，因此 b 的实际取值是在当前范围 $[0.2,0.4)$ 内的 $[0.4,0.8)$ 处。以下运用式(2-3)，即字符 b 的编码取值范围为 $[0.28,0.36)$，而不是在 $[0,1.0)$ 整个概率区间中。继续第三个符号 d 的编码，受到前面已编码的两个字符的限制，它的编码取值应在 $[0.28,0.36)$ 范围中的 $[0.0,0.2)$ 区间之内，即 $[0.28,0.296)$。重复上述编码过程，直到输入数据流结束。所以整个 abdbc 编码过程为：首先对于 a，有 LOW(0.2)、HIGH(0.4)、R(0.2)，即区间为 $[0.2,0.4)$，范围 $R=0.2$；紧接着是 b：$[0.28,0.36)$、$R=0.08 \rightarrow$ d：$[0.28,0.296)$、$R=0.016 \rightarrow$ b：$[0.2864,0.2928)$，$R=0.0064 \rightarrow$ c：$[0.29152,0.2928)$，$R=0.00152$。即随着字符的输入，代码的取值范围越来越小。当字符串"abdbc"被全部编码

后,其范围在[0.29152,0.2928)内。即在此范围内的任意一个数值都唯一对应字符串
"abdbc"。以上算术编码过程见表 2-4 所列。

表 2-4　"abdbc"算术编码过程

字符	概率	区间范围	编码次序	编码状态及输出
D	0.2	[0,0.2)	初始状态	[0,1)
A	0.2	[0.2,0.4)	编完 a 后	[0.2,0.4)
B	0.4	[0.4,0.8)	编完 b 后	[0.28,0.36)
C	0.2	[0.8,1.0)	编完 d 后	[0.2812,0.296)
			编完 b 后	[0.2864,0.2928)
			编完 c 后	[0.29152,0.2928]

因此,当编完 c 后,即可取其区间的任意数,譬如 0.2921 作为对源数据流"abdbc"进行
压缩编码后的输出代码,这样用一个浮点数表示一个字符串,达到编码传输之目的。在算术
编码过程中,第一个字符的概率区间上、下限确定了代码的范围,而且这个范围将随着编码
的过程不断缩小,因此,当上、下限的最高有效位的数值相等时,这个数值将不会再改变,也
就是得到了一位编码,把上、下限寄存器的内容左移一位,并在低端移入 0 或 9;继续这个过
程,所有从寄存器移出的数字构成所需要的编码。

具体把字符分配在哪个区间范围,对编码本身没有影响,只要保证编码器与译码器对字
符的概率区间有相同的定义即可。译码即为编码的逆过程,根据编码时所使用字符概率区
间分配表和压缩后的数值代码所在的范围,可以很容易地由接收到的浮点数所落在原编码
符号的区间来确定第一个字符,因为算术编码的过程是对第一个字符的区间不断调整的过
程,在完成对第一个字符的译码后,只要设法去掉第一个字符对后续字符取值区间的影响即
可,结合算术编码时半开区间的特点,因此解码时,遵循下列法则:

$$Lr = (LOW - L)/R \qquad (2-4)$$

这里,Lr 是待解码字符的下限,LOW 是已解码字符的新下限值,L、R 分别是已解码字
符的原下限和区间,按此规则解出第二个字符,再使用相同的方法找到下一个字符,重复之,
直到完成译码过程。

例如,当接收到 0.2921 进行译码时:

第一步,根据代码所在范围确定当前代码的第一个字符,由于 0.2921 在[0.2,0.4)的范
围内,所以代码对应的第一个字符必定是"a"。

第二步,消除已译码第一个字符 a 对后续字符的影响。a 输出后,不能直接使用
0.2921(即 LOW)和给定的字符概率区间表进行译码。因为这个代码的第一位有效数字是
在[0,1)区间上由第一个字符 a 的概率范围确定的。其他后续字符的编码均不是在[0,1)区
间上,而是在前一个字符所限定的范围内进行的。所以在继续译码之前,必须消除已译码字
符的影响,才能使用字符概率区间表译码。具体做法是减去 a 发生的概率取值下限 0.2(即
L),使代码变为 0.0921(0.2921 - 0.2),再除以 a 的范围 0.2(即 $R = 0.4 - 0.2$),得到
0.4605(即 $Lr = 0.0921/0.2$)是对应新字符即后续字符串区间的代码,进而确定为 b。

第三步,继续上述过程,将LOW值0.4605作为代码继续确定下一个译码字符的区间。如果代码串处理完毕,译码结束。实际中给一个特殊的符号如"!",作为编解码结束的标志。总之,算术编码的过程实际上是用新加入符号的取值范围来缩小代码的取值范围,而解码则是释放过程。相对而言,算术编码的解码过程较其编码简单。

目前算术编码和 Huffman 编码仍应用在图像压缩领域中,并且也不断地涌现改进后的高效快速编解码算法,不过算术编码得到的码流比用 Huffman 编码得到的码流要短,在图像数据压缩的一些国际标准中应用更多,特别是无须对大量信息进行统计的自适应模式基于上下文的算术编码,如 H.264、AVS 等编码标准。

2.6　离散余弦变换编解码的基本原理

前已述及,视频图像主要存在相邻帧之间的时间冗余和像素之间的空间冗余,通过预测编码消除时间冗余,本节介绍通过变换编码的方法消除空间冗余。变换编码是 40 多年前研究出的一种被实践证明很有效的编码方法,也是迄今为止所有压缩编码国际标准的重要组成部分。其基本思想是将通常在空间域或时间域无法压缩或难以压缩的图像信号,变换到频率域中进行描写,如果所选的正交向量空间的基向量与图像本身的特征向量很接近,那么同一信号在这种空间描写就简单得多。图像的变换压缩编码是基于统计编码和视觉心理编码,前者是对图像数据进行线性正交变换,把统计上彼此密切相关的像素所构成的矩阵通过线性正交变换,变成统计上彼此相互独立的变换系数所构成的矩阵;而后者可将变换后的小数据或区域以外的数据在不降低还原信号质量的前提下将其忽略,以进一步减少传输的数据量,因为在视频通信的应用中,人眼最关心的是图像的主观质量,而不是它的客观质量(语音压缩处理也是类似)。因为线性正交变换只是将空域或时域中分散的信号能量变换到某种频域中后,使其能量高度集中到若干个系数中,即经过正交变换后,能量向新坐标系中的少数坐标集中,且原信号域的系数间越相关,变换后的非零系数值越集中,但变换前后的系数个数及其熵值(能量)均不变。

以 1×2 像素构成的子图像,即以相邻两个像素组成的子图像为例,每个像素3bit编码,取 $0 \sim 7$ 共 8 个灰度级,因此两个像素共有 64 种可能的灰度组合,如图 2-8(a) 中的 64 个坐标点表示。由于一般图像相邻像素之间存在着很强的相关性,绝大多数子图像中的相邻两像素灰度级相等或很接近,即在 $x_1 = x_2$ 直线附近出现的概率大,如图(a)中的阴影区所示,将(a)图坐标系逆时针旋转 $45°$,如图 2-8(b) 所示。

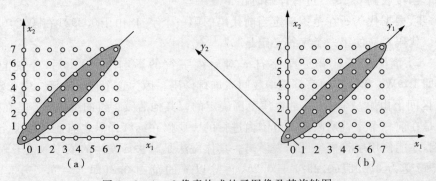

图 2-8　1×2 像素构成的子图像及其旋转图

在新的坐标系 y_1、y_2 中，概率大的子图像区位于 y_1 轴附近，表明变量 y_1、y_2 之间的联系比变量 x_1、x_2 之间的联系在统计上更加独立，方差也重新分布。在原来坐标系中子图像的两个像素具有较大的相关性，能量的分布也比较分散，两者具有大致相同的方差，而在变换后的坐标系中，子图像的两个像素之间的相关性大大减弱，能量分布向 y_1 轴集中，y_1 的方差也远大于 y_2，这种变换后坐标轴上方差不均匀分布正是正交变换编码能够实现图像数据压缩的理论根据。若按照人的视觉特性，只保留方差较大的那些变换系数分量，就可以获得更大的数据压缩比，这就是视觉心理编码的方法。

Shanon 的信息论指出"正交变换不改变信息源的熵值"，因此去相关后，在变换域中的信息熵为高阶信息熵。理论上有多种这样的变换，如离散余弦变换、Haar 变换、小波变换、酉变换、Fourier 变换以及 Walsh 变换等，其中离散余弦变换把一幅图像分成许多小图像块（实质就是数据分组），对每个小图块上进行变换，然后对所得的变换系数再充分利用人眼的视觉特性，进行量化和编码的方法应用最广。实际中无论是帧内编码还是帧间编码，对于自然顺序、分组以及场景切换后的第一帧图像都采用变换编码。

离散余弦变换 DCT(Discrete Cosine Transformation) 是 1974 年由美国学者 Ahmed 和 Rao 提出的。DCT 虽然比 FFT 提出晚，但其有与信号较为匹配的独立变换矩阵，且性能更接近于理想的 K-L 变换，所以在信号处理中获得广泛应用。DCT 本身是无损的酉变换，通过它能够去除图像帧内或帧间的冗余信息。

【知识链接】"方差"是刻画波动大小的一个重要数字，与平均数一样，仍然采用样本的波动大小去估计总体的波动大小的方法，方差越小则波动越小，稳定性也越好。

2.6.1　一维离散余弦变换及特点

设 $f(x)$ 为 N 个离散的实数序列，$x=0,1,2,\cdots,N-1$，则该序列的离散傅氏变换(DFT)及其反变换(IDFT)分别为

$$F(u)=\sqrt{\frac{1}{N}}\sum_{x=0}^{N-1}f(x)\exp(-\mathrm{j}2\pi ux/N)\quad u=0,1,2,\cdots,N-1 \qquad (2-5)$$

$$f(x)=\sqrt{\frac{1}{N}}\sum_{u=0}^{N-1}F(u)\exp(\mathrm{j}2\pi ux/N)\quad x=0,1,2,\cdots,N-1 \qquad (2-6)$$

将 $f(x)$ 以 $x=-1/2$ 为对称轴向 $-x$ 方向折迭，得到新的序列 $f_s(x)$，其长度为 $2N$ 点，如图 2-9 所示的信号形成。

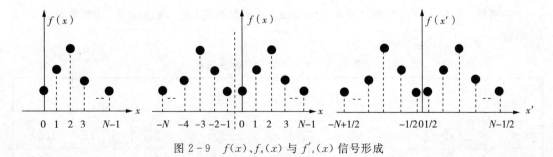

图 2-9　$f(x)$、$f_s(x)$ 与 $f'_s(x)$ 信号形成

$f(x)$ 与 $f_s(x)$ 如下关系

$$f_s(x) = \begin{cases} f(x) & 0 \leqslant x \leqslant N-1 \\ f(-x-1) & -N \leqslant x \leqslant -1 \end{cases} \qquad (2-7)$$

故 $f_s(x)$ 是关于 $x=-1/2$ 的偶对称序列。现将 x 轴的零点移到 $x=-1/2$,变成 x' 轴,方向与 x 轴相同,因此有如下关系:$x'=x+1/2$,然后在 $x'=-N+1/2$ 至 $x'=N-1/2$ 的范围内进行 $2N$ 点的 DFT,得到

$$F(u) = \sqrt{\frac{1}{2N}} \sum_{x'=-N+1/2}^{N-1/2} f_s(x') \exp(-\mathrm{j}2\pi u x'/2N) \qquad (2-8)$$

将 $x'=x+1/2$ 代入上式,并考虑到 $f_s(x)=f(-x-1)$ 与 $f_s(x)=f(x)$,则得

$$F(u) = \sqrt{\frac{2}{N}} \sum_{x=0}^{N-1} f(x) \cos\left[\frac{\pi}{2N}(2x+1)u\right] \qquad (2-9)$$

式中,$u=0,1,\cdots,N-1$。为了使变换矩阵成为正交矩阵,即矩阵的任意两行或两列对应元素乘积之和为零,仅当相同的两列或两行元素乘积之和不为零。再进一步将上式修正,于是一维正交 DCT 变换及其反变换可分别表示为

$$\left.\begin{array}{l} F(u) = \sqrt{\dfrac{2}{N}} C(u) \sum\limits_{x=0}^{N-1} f(x) \cos\left[\dfrac{\pi}{2N}(2x+1)u\right] \quad u=0,1,\cdots,N-1 \\[4mm] \text{式中},C(u)=\begin{cases} 1/\sqrt{2} & u=0 \\[2mm] 1 & u=1,2,\cdots,N-1 \end{cases} \end{array}\right\} \qquad (2-10)$$

如令变换核函数为 $a(u,x)$,则

$$a(u,x) = C(u)\cos\frac{(2x+1)u\pi}{2N}, \text{其中 } u,x=0,1,2,\cdots,N-1 \qquad (2-11)$$

因此,DCT 正反变换又可改写为

$$F(u) = \sqrt{\frac{2}{N}} \sum_{x=0}^{N-1} f(x) a(u,x) \quad u=0,1,2,\cdots,1 \qquad (2-12)$$

$$f(x) = \sqrt{\frac{2}{N}} \sum_{u=0}^{N-1} F(u) a(u,x) \quad x=0,1,2,\cdots,N-1 \qquad (2-13)$$

特别地,当 $N=8$ 时,把变换核函数 $a(u,x)$ 展开得到的 DCT 变换矩阵,其系数见表 2-5 所列。

表 2-5　$N=8$ 的 DCT 变换矩阵

x ＼ u	0	1	2	3	4	5	6	7
0	$1/\sqrt{2}$	$1/\sqrt{2}$	$1/\sqrt{2}$	$1/\sqrt{2}$	$1/\sqrt{2}$	$1/\sqrt{2}$	$1/\sqrt{2}$	$1/\sqrt{2}$
1	$\cos\dfrac{\pi}{16}$	$\cos\dfrac{3\pi}{16}$	$\cos\dfrac{5\pi}{16}$	$\cos\dfrac{7\pi}{16}$	$\cos\dfrac{9\pi}{16}$	$\cos\dfrac{11\pi}{16}$	$\cos\dfrac{13\pi}{16}$	$\cos\dfrac{15\pi}{16}$

（续表）

x＼u	0	1	2	3	4	5	6	7
2	$\cos\dfrac{2\pi}{16}$	$\cos\dfrac{6\pi}{16}$	$\cos\dfrac{10\pi}{16}$	$\cos\dfrac{14\pi}{16}$	$\cos\dfrac{18\pi}{16}$	$\cos\dfrac{22\pi}{16}$	$\cos\dfrac{26\pi}{16}$	$\cos\dfrac{30\pi}{16}$
3	$\cos\dfrac{3\pi}{16}$	$\cos\dfrac{9\pi}{16}$	$\cos\dfrac{15\pi}{16}$	$\cos\dfrac{21\pi}{16}$	$\cos\dfrac{27\pi}{16}$	$\cos\dfrac{33\pi}{16}$	$\cos\dfrac{39\pi}{16}$	$\cos\dfrac{45\pi}{16}$
4	$\cos\dfrac{4\pi}{16}$	$\cos\dfrac{12\pi}{16}$	$\cos\dfrac{20\pi}{16}$	$\cos\dfrac{28\pi}{16}$	$\cos\dfrac{36\pi}{16}$	$\cos\dfrac{44\pi}{16}$	$\cos\dfrac{52\pi}{16}$	$\cos\dfrac{60\pi}{16}$
5	$\cos\dfrac{5\pi}{16}$	$\cos\dfrac{15\pi}{16}$	$\cos\dfrac{25\pi}{16}$	$\cos\dfrac{35\pi}{16}$	$\cos\dfrac{45\pi}{16}$	$\cos\dfrac{55\pi}{16}$	$\cos\dfrac{65\pi}{16}$	$\cos\dfrac{75\pi}{16}$
6	$\cos\dfrac{6\pi}{16}$	$\cos\dfrac{18\pi}{16}$	$\cos\dfrac{30\pi}{16}$	$\cos\dfrac{42\pi}{16}$	$\cos\dfrac{54\pi}{16}$	$\cos\dfrac{66\pi}{16}$	$\cos\dfrac{78\pi}{16}$	$\cos\dfrac{90\pi}{16}$
7	$\cos\dfrac{7\pi}{16}$	$\cos\dfrac{21\pi}{16}$	$\cos\dfrac{35\pi}{16}$	$\cos\dfrac{49\pi}{16}$	$\cos\dfrac{63\pi}{16}$	$\cos\dfrac{77\pi}{16}$	$\cos\dfrac{91\pi}{16}$	$\cos\dfrac{105\pi}{16}$

根据表 2-5 中的结构，不难看出，$f(x)$ 可以看成由 8 个 DCT 基波 $a(0,x)$、$a(1,x)$、$a(2,x)$、$a(3,x)$、$a(4,x)$、$a(5,x)$、$a(6,x)$、$a(7,x)$ 和系数 $F(u)$ 的加权和构成，其中，变量 u 代表了基波 $a(u,x)$ 分量的大小，当 $N=8$ 时，根据式（2-13），有

$$f(x)=\frac{1}{2}\left[F(0)a(0,x)+F(1)a(1,x)+\cdots+F(7)a(7,x)\right]$$

同样，可以借助于基波向量来计算 $f(x)$ 的 DCT 变换 $F(u)$ 及其反变换。比如计算 $F(0)$，只要将 $f(x)$ 与对应的基波 $a(0,x)$ 进行点点相乘再相加求和即可；计算 $F(1)$ 只要将 $f(x)$ 与对应的基波 $a(1,x)$ 进行点点相乘再相加求和即可，依此类推。

容易证明，上述的 8 个基波向量是满足正交条件的，即如果把变换看成是某种意义上的投影，则一维 DCT 变换就是 $f(x)$ 在 8 个正交基向量上的投影。表 2-5 可以转化为矩阵形式，即 $[\mathrm{DCT}]_{8\times8}$ 为

$$[\mathrm{DCT}]_{8\times8}=\begin{bmatrix} 0.354 & 0.354 & 0.354 & 0.354 & 0.354 & 0.354 & 0.354 & 0.354 \\ 0.490 & 0.416 & 0.278 & 0.098 & -0.098 & -0.278 & -0.416 & -0.490 \\ 0.462 & 0.191 & -0.191 & -0.462 & -0.462 & -0.191 & 0.191 & 0.462 \\ 0.416 & -0.098 & -0.490 & -0.278 & 0.278 & 0.490 & 0.098 & -0.416 \\ 0.354 & -0.354 & -0.354 & 0.354 & 0.354 & -0.354 & -0.354 & 0.354 \\ 0.278 & -0.490 & 0.098 & 0.416 & -0.416 & -0.098 & 0.490 & -0.278 \\ 0.191 & -0.462 & 0.462 & -0.191 & -0.191 & 0.462 & -0.462 & 0.191 \\ 0.098 & -0.278 & 0.416 & -0.490 & 0.490 & -0.416 & 0.278 & -0.098 \end{bmatrix}$$

$$（2-14）$$

根据上述矩阵表的结构，可看成它是 $N=8$ 时的 DCT 正交基波向量，因为任意两行或两列对应元素乘积之和为零，而任意行或列元素自乘之和不为零，满足正交条件。这样一来，

一维序列 $f(x)$ 可以看成由 8 个 DCT 基波 $a(0,x)$、$a(1,x)$、$a(2,x)$、$a(3,x)$、$a(4,x)$、$a(5,x)$、$a(6,x)$、$a(7,x)$ 和系数 $F(u)$ 的加权和构成。其中,变量 u 代表了基波 $a(u,x)$ 分量的大小,根据式当 $N=8$ 时,$f(x)=[F(0)a(0,x)+F(1)a(1,x)+\cdots+F(7)a(7,x)]$。同样,可以借助于基波向量来计算 $f(x)$ 的 $F(u)$ 及其反变换。比如计算 $F(0)$,只要将 $f(x)$ 与对应的基波 $a(0,x)$ 进行点点相乘再相加求和即可;计算 $F(1)$ 只要将 $f(x)$ 与对应的基波 $a(1,x)$ 进行点点相乘再相加求和即可,依此类推。容易证明,既然上述的 8 个基波向量是正交的,那么把变换看成是某种意义上的投影,即一维 DCT 变换则是 $f(x)$ 在 8 个正交基向量上的投影。如果原信号中包括各种不同的频率分量,则这种在 8 个正交基向量上的投影,只有相应频率分量的样值才会反映到频域该系数的大小上,这也正是变换法的基本思想。

2.6.2 二维离散余弦变换与应用

DCT 理论在目前所有的图像变换编码理论中最为成熟,在实际应用中也相当广泛,二维离散余弦变换(2D - DCT)是在一维 DCT 基础上发展而来,其基本原理是:根据图像信号的分块即数据分组情况确定变换矩阵,只要图像数的分块数足够,其随块数所确定的 DCT 变换矩阵的基向量,和人类的声像信号的统计特性非常接近。所以在本章中重点讲述 DCT 变换与压缩编码理论。图 2 - 10 是一个 2D - DCT 变换编码的系统框图。

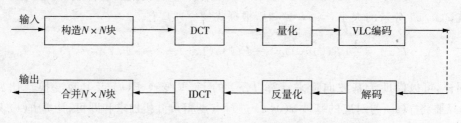

图 2 - 10 DCT 变换编 / 解码系统框图

在图 2 - 10 中,变换编码是把图像分割成 $N\times N$ 个方块,每一块经过二维正交变换后产生一变换系数矩阵。接着变换系数各自被单独量化,所有块中能量最高的系数被细量化,而能量最低的系数被粗量化或被简单地舍掉,编码器把量化系数进行变字长熵编码(VLC)。接收解码基本上是上述的逆过程,其中 IDCT 为 DCT 反变换。一般地,对于一个像块大小为 $M\times N$ 的数字图像信号 $f(x,y)$,由 x-y 平面变换到 DCT 域(u-v 平面),其 2D - DCT 的定义如下

$$\left. \begin{array}{l} F(u,v)=\dfrac{2}{\sqrt{MN}}c(u)c(v)\displaystyle\sum_{x=0}^{M-1}\sum_{y=0}^{N-1}f(x,y)\cos\dfrac{(2x+1)u\pi}{2M}\cos\dfrac{(2y+1)v\pi}{2N} \\[3mm] u=0,1,\cdots,M-1;v=0,1,\cdots,N-1 \end{array} \right\} \quad (2-15)$$

$c(u)$、$c(v)$ 的定义同(2 - 10)。反变换(IDCT)定义为

$$\left. \begin{array}{l} f(x,y)=\dfrac{2}{\sqrt{MN}}\displaystyle\sum_{u=0}^{M-1}\sum_{v=0}^{N-1}c(u)c(v)F(u,v)\cos\dfrac{(2x+1)u\pi}{2M}\cos\dfrac{(2y+1)v\pi}{2N} \\[3mm] x=0,1,\cdots,M-1;y=0,1,\cdots,N-1 \end{array} \right\} \quad (2-16)$$

2D - DCT 属于线性变换,可分解为两个一维 DCT 变换的乘积。即采用两次一维 DCT 实现图像信号 $f(x,y)$ 的二维 DCT,其基本流程是:$f(x,y)\rightarrow F_{列}[f(x,y)]\rightarrow F(u,y)\rightarrow$ 转

置 $\rightarrow F(u,y)^{\mathrm{T}} \rightarrow F_{列}[f(u,y)^{\mathrm{T}}] = F(u,v)^{\mathrm{T}} \rightarrow F(u,v)$。特别地,当 $M=N$ 时, $f(x,y)$ 的正反变换分别为:

$$F(u,v) = [\mathrm{DCT}]f(x,y)[\mathrm{DCT}]^{\mathrm{T}} \qquad (2-17)$$

$$f(x,y) = [\mathrm{DCT}]^{-1}F(u,v)\{[\mathrm{DCT}]^{\mathrm{T}}\}^{-1} \qquad (2-18)$$

式中,[DCT] 为 2D - DCT 的变换核矩阵,[DCT]^{T} 是[DCT]转置矩阵,[DCT]可按变换核的表达式来确定变换矩阵

$$[\mathrm{DCT}] = \sqrt{\frac{2}{N}}[C(K)\cos(2n+1)K\pi/2N] \qquad (2-19)$$

式中 $C(K)$ 定义同上。当是方块时,即有 $K(行)=n(列)=0,1,\cdots,N-1$。因此表 2-5 及式 (2-17) 就可用式 (2-19) 求得。又因为 DCT 是正交变换矩阵,所以根据矩阵的正交性,则有[DCT]^{T} = [DCT]$^{-1}$,即 DCT 的转置等于它的逆矩阵。因此式 (2-18) 可以写成

$$f(x,y) = [\mathrm{DCT}]^{\mathrm{T}}F(u,v)\{[\mathrm{DCT}]^{\mathrm{T}}\}^{-1} = [\mathrm{DCT}]^{\mathrm{T}}F(u,v)[\mathrm{DCT}] \qquad (2-20)$$

2D - DCT 有其明确的物理意义,就 $N=8$ 而言,8×8 的二维数据块经 DCT 变换后成为 8×8 个变换域的系数,当 $u=0,v=0$ 时,$F(0,0) = \sum_{\sqrt{MN}}^{2}\sum_{x=0}^{M-1}\sum_{y=0}^{N-1}f(x,y)$ 是原 64 个样值的平均,相当于直流分量。随着 u、v 的增加,相应的系数分别代表逐步增加的水平和垂直空间频率的大小。当 64 个系数中只有一个系数为 1、其余为 0 时,相应的 64 个像素值组成的图像称为基本图像。之所以把它们称为基本图像,是因为在 DCT 的反变换式中,任何像块都可以表示成 64 个系数的不同大小的组合(加权和)。既然基本图像相当于变换域中的单一系数,那么任何像块也可以看成 64 个不同幅度的基本图像的组合。这与任何信号可以分解成基波和不同幅度的谐波组合具有相同的物理意义。

基图像是基函数 $c(u)c(v)\cos\dfrac{(2x+1)u\pi}{2M}\cos\dfrac{(2y+1)v\pi}{2N}$ 的图像表达方式。从反变换公式 (2-16) 或式 (2-20) 可以看出,$f(x,y)$ 是由 $M \times N$ 个频率分量组成的,每个频率分量与 (u,v) 的一个特定值相对应,且对于每个特定的 (u,v) 值,当 (x,y) 取遍所有值时,构成一幅基图像。对应不同 (u,v) 值的基图像共有 $M \times N$ 幅,且它们与 $f(x,y)$ 无关。在以变换域系数 $F(u,v)$ 作加权的情况下,由正交变换的基图像的组合,可以重新得到原始图像 $f(x,y)$。

值得一提的是,正交变换矩阵大小的选择即阶数的选择,作为变换编码的基本单元是从图像中划分的子图像即变换的块图像 —— 实质就是数据的分组,常用 $N \times N$ 的方阵子块表示。显然,尺寸 N 是变换编码中的一个重要参数,因为:

(1) 从减小失真,提高恢复图像质量的角度看,应增大 N。

(2) 从硬件实现和软件运行时间的角度看,为了图像的局部结构相匹配而采用自适应技术时,应减小 N。

(3) 在实际应用时,图像的相关性很强。统计表明,可利用的相关距离 N 一般在 20 个像素以内。这就是说若子块尺寸大于图像的相关距离,则压缩编码的结果非但得不到较多的改善,反而还会增加实现的复杂度,因此阶数不宜过大。综合多方面因素,目前 N 多数取 8,

即可满足高质量变换的要求。此外,对于一个实际图像不能分成整数个变换块时,针对最后一个变换块不足的像素可以再次用到前一相邻块中的相邻像素补足整像素块(即补足 8×8) 进行变换,或干脆将不足一个变换块的余下几个像素丢掉,影响甚微。但随着新标准的推出,变换的形式除了普通浮点数的变换外,还有整数变换,变换块大小也随着内容的需要而变化,并非固定的。

2D-DCT 的物理概念是:首先将图像的空间像素的几何分布,变换为空间频率分布,经变换后的系数,左上角为直流项;水平方向,从左向右表示空间频率增加的方向;垂直方向,从上向下表示垂直空间频率增加的方向。绝大部分的能量集中在直流分量和少数的低频成分上,大致可以认为,以左上角为圆心,在相同半径之圆弧上的系数基本相等,离圆心越远,能量越小。为了对 2D-DCT 的压缩编解码过程有个清晰的了解,通过举例来说明。

设一个亮度大小为 8×8 的块图像信号,其空域取样值 $f(x,y)$ 为

$$f(x,y) = \begin{bmatrix} 79 & 75 & 79 & 82 & 82 & 86 & 94 & 94 \\ 76 & 78 & 76 & 82 & 83 & 86 & 85 & 94 \\ 72 & 75 & 67 & 78 & 80 & 78 & 74 & 82 \\ 74 & 76 & 75 & 75 & 86 & 80 & 81 & 79 \\ 73 & 70 & 75 & 67 & 78 & 78 & 79 & 85 \\ 69 & 63 & 68 & 69 & 75 & 82 & 82 & 80 \\ 76 & 76 & 71 & 71 & 67 & 79 & 80 & 83 \\ 72 & 77 & 78 & 69 & 75 & 75 & 78 & 78 \end{bmatrix} \qquad (2-21)$$

如果直接在空域中对上式数据编码,其数据量很多。运用式(2-17),对式(2-21)的 $f(x,y)$ 实施 DCT。实际中如果待变换的像素块取样值多数大于128,则在变换前将每个数据减去 $128(2^7)$,使其电平下移以便于变换后的数据处理,接收端恢复时将反变换后的数据加上变换前被减去的数值。本例可以直接变换,得到大小为 8×8 的频率信号 $F(u,v)$ 为

$$F(u,v) = \begin{bmatrix} 619 & -29 & 8 & 2 & 1 & -3 & 0 & 1 \\ 22 & -6 & -4 & 0 & 7 & 0 & -2 & -3 \\ 11 & 0 & 5 & -4 & -3 & 4 & 0 & -3 \\ 2 & -10 & 5 & 0 & 0 & 7 & 3 & 2 \\ 6 & 2 & -1 & -1 & 3 & 0 & 0 & 8 \\ 1 & 2 & 1 & 0 & 0 & 2 & 2 & 0 \\ -8 & -2 & -4 & 1 & 0 & 1 & -1 & 1 \\ -3 & 1 & 5 & -2 & 0 & -1 & 0 & -3 \end{bmatrix}$$

$$(2-22)$$

$F(0,0) = 619$,是变换后的系数中最大者,且绝对值较大者几乎分布在不大的左上区域

即频率域的低频区域。对于 DCT 变换的 $F(u,v)$，可以发现，通过 DCT 可以将时域分布随机的系数空域变换到频率域的系数绝对值较大者集中到矩阵左上区域，且以左上角（能量）最大。其左上角的频率域均为 $F(0,0)$，对于块数据 $f(x,y)$ 是 8×8 矩阵，其 $F(0,0)$ 为：$F(0,0) = \frac{1}{8} \sum_{x=0}^{7} \sum_{y=0}^{7} f(x,y)$。它对应于原信号矩阵的平均值或直流项，由 DCT 的 $F(0,0)$ 系数编码的图像称为 D 帧，因为可以依靠一个 $F(0,0)$ 系数可恢复原信号 $f(x,y)$ 的轮廓，其他任何系数甚至若干个都不行。说明经 DCT 变换后的系数矩阵，其频率域系数都具有集中在左上角的低频区域，且左角为最大者为所有实际信号变换后的都具有的显著特征。据此可以利用人眼的视觉特性，采用阈值编码方法，将在经过量化后的系数绝对值小的不重要的系数丢弃，这样一来再进行熵编码（Huffman 编码或算术编码等），便可大大减少所要编码的数据量，达到压缩之目的。不难看出，若变换前数据域中的数值相差越小，其变换后的系数越是集中到变换域的左上角区域。由于图像结构上存在空间冗余性，使得同一像素块内的相邻像素值相差不大，因此变换后频率域系数主要集中到左上角即低频区域，这也符合视频图像实质是由低频能量贡献的实际情况，绝大多数图像频率域的系数值分布都是如此，这就为在频率域进行图像的压缩编码带来了极大的便利。

　　【知识链接】矩阵乘法。两个矩阵相乘，只要满足前一矩阵的列数等于后一矩阵的行数即可。$A = (a_{ij})_{m \times r}, B = (b_{ij})_{r \times n}$，则 $C = A \cdot B, C = (c_{ij})_{m \times n}, c_{ij} = \sum_{k=1}^{r} a_{ik} b_{kj}$。

2.6.3　基于 DCT 的量化

　　客观上，人眼观看物体细节的相对分解力和其空间频率（物体细小程度）和时间分辨率（物体运动快慢）有关，而且人眼类似于一个低通滤波器。一般情况下，可以粗略地认为人眼在观看物体（或图像）时，对其所能接受的最大空间分辨率与最大时间分辨率的乘积近乎一个常数。因此，在实际的图像编码中充分利用人眼的特点。譬如在量化编码时，就可以利用人眼对运动物体速度高的图像细节分解力低这一特点，对高速运动的物体图像赋予相对较大的量化步长，当然传送的速度要足够高；而对低速运动的物体和静止的物体赋予相对较小的量化步长，传送图像的速度就可放慢，以此来适应人眼的这一特征，既保证图像质量又提高了压缩比。

　　针对 DCT 变换，都是将输入分量的样本分成 8×8 大小的数据块，并且用正向 DCT 把每个块变成 64 个 DCT 系数值，系数中有一个位于矩阵左上角的是直流 DC 系数，其他 63 个是交流 AC 系数。在编码前要进行量化，量化降低了用以表示每一个 DCT 系数的比特数。此外，量化还典型地在 DCT 矩阵中造成多个原来较小系数为零的结果，从而实现一个高压缩比。量化被独立地应用到 DCT 矩阵 64 个像素中的每一个上，对各个像素可以用不同的数值量化，即对直流及较低频率系数被量化的程度总是比较高的频率系数量化更低一些，因为较高频率成分的变化比较低频率成分的变化更少引起人们的注意。因此，利用人眼的视觉特性设计量化表，人眼对亮度高频系数和色度系数不敏感的特性，将亮度 DCT 系数和 DCT 色度系数的高频区（即表的右下区域）的量化系数大于低频区域（左上区域）的量化系数，在此特别指出，任何标准的压缩编码，其变换后都要经过量化。因此，在大量实验和视觉统计的基础上，JPEG 标准推荐的亮度信号和色度信号两种量化表，分别见表 2-6 和 2-7 所列，两个量化表，在实际中得到广泛应用。

表 2 - 6　　亮度量化表 $Q(u,v)$

16	11	10	16	24	40	51	61
12	12	14	19	26	58	60	55
14	13	16	24	40	57	69	56
14	17	22	29	51	87	80	62
18	22	37	56	68	109	103	77
24	35	55	64	81	104	113	92
49	64	78	87	103	121	120	101
72	92	95	98	112	100	103	99

表 2 - 7　　色度量化表 $Q(u,v)$

17	18	24	47	99	99	99	99
18	21	26	66	99	99	99	99
26	26	56	99	99	99	99	99
47	66	99	99	99	99	99	99
99	99	99	99	99	99	99	99
99	99	99	99	99	99	99	99
99	99	99	99	99	99	99	99
99	99	99	99	99	99	99	99

量化步骤是,根据 JPEG 组织给定的量化表 $Q(u,v)$,其中各项都是经过精心设计挑选的,目的是使量化后的系数对信号的恢复失真限定在最小范围内。然后对所含像素为 $F(u,v)$ 的 DCT 矩阵,进行 $[K(u,v)] = \mathrm{round}\left[\dfrac{F(u,v)}{Q(u,v)}\right]$ 的量化计算,式中 $[x]$ 表示小于 x 的最大整数,而且上述公式舍入到最接近的整数。例如:round(8/16) = round(0.5) = 1,round(7/16) = round(0.4375) = 0,等等,也即如果数值小于量化项的一半,那么这个数值被舍入到零。可见"量化"将导致信号损失。因此,式(2-22)经过 JPEG 表 2-6 量化后的矩阵 $K(u,v)$ 为

$$K(u,v) = \begin{bmatrix} 39 & -3 & 1 & 0 & 0 & 0 & 0 & 0 \\ 2 & -1 & 0 & 0 & 0 & 0 & 0 & 0 \\ 1 & 0 & 0 & 0 & 0 & 0 & 0 & 0 \\ 0 & -1 & 0 & 0 & 0 & 0 & 0 & 0 \\ 0 & 0 & 0 & 0 & 0 & 0 & 0 & 0 \\ 0 & 0 & 0 & 0 & 0 & 0 & 0 & 0 \\ 0 & 0 & 0 & 0 & 0 & 0 & 0 & 0 \\ 0 & 0 & 0 & 0 & 0 & 0 & 0 & 0 \end{bmatrix} \qquad (2-23)$$

　　客观上,目前绝大多数图像在编码前都要量化。而量化后,对 DC 系数和 AC 系数是分别进行编码的。因为 DC 系数是反映了一个 8×8 像块的平均亮度,而且一般与邻近块有较大的相关性,因此对其单独编码。而 63 个 AC 系数在编码前,先把它们转换为一维"Z"形序列,如图 2-11 所示。

　　经过上述处理后,把所得系数传给熵编码器,对数据进行进一步压缩。熵编码过程中,如果使用 Huffman 编码,那么必须把 Huffman 码表说明提供给编码器;如果使用算术编码,还必须提供算术编码条件表。DCT 变换编码有一个重要特点是,在将系数按"Z"扫描后,必然随空间频率的增高,0 出现的频率越来越大,即 64 个系数经过上述形式的排列,排在队尾的必然是一串长 0。因此实际编码时,只在位于 0 游程之前的那一个非 0 系数之后加一专用的块结束码 EOB(End of Block),就可以结束这个像块的游程长度编码。采用游程长度编码可以节省编码的码字数,减少了缓存器的存储量,相应地也减小了传输码率和解码时间。所谓游程长度编码是指一个码可同时表示码的值和前面有几个零。这样就可以把"之"字形读出的优点显示出来了。

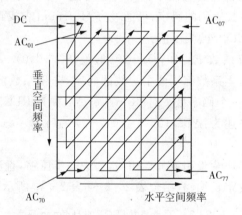

图 2-11　DCT 后的频率分布及 Z 形扫描

　　【知识链接】游程编码。游程编码又称"行程编码",是一种统计编码。行程编码的基本原理是:用一个符号值或串长代替具有相同值的连续符号,即连续符号构成了一段连续的"行程",从而使符号长度少于原始数据的长度。只在各行或者各列数据的代码发生变化时,一次记录该代码及相同代码重复的个数, 从而实现数据的压缩。 例如:5555557777733322221111111,行程编码为(5,6)(7,5)(3,3)(2,4)(1,7)。可见,行程编码的位数远远少于原始字符串的位数。但并不是所有的行程编码都远远少于原始字符串的位数,例如:555555 是 6 个字符,而(5,6)是 5 个字符。这也存在压缩量的问题,自然也会出现其他方式的压缩工具。在对图像数据进行编码时,沿一定方向排列的具有相同灰度值的像素可看成是连续符号,用字串代替这些连续符号,可大幅度减少数据量。行程编码属于无损压缩编码,是栅格数据运行长度编码,对于二值图编码也有效。在多媒体信息量激增和速度飞速发展的网络今天,游程长度编码是一种十分简单的压缩方法,编解码速度也非常快,广泛应用于多媒体信息的存储、传输。

2.6.4　DCT 系数的熵编码

DCT 的最后一步是熵编码用于传输或存储。熵编码是一种基于量化系数统计特性所进行的无损编码,常用的熵编码方法有游程长度编码、霍夫曼编码和算术编码等。针对 DCT 系数特点,采用游程长度编码便于发挥"之"字形(或称 Z 形)读出的优点。因为"之"字形读出,出现连零的机会比较多,特别到最后,如果都是零,在读到最后一个数后,只要给出"块结束"EOB 码,就可以结束输出,因此节省了很多码率。就此,量化后的式(2-23)的游程编码顺序为(39,-3,2,1,-1,1,0,0,0,0,0,-1,EOB),解码端收到 EOB 后自动补 0,直到补足 64 个系数为止。在实施可变长操作时,则可表示为(39,-3,2,1,-1,1,5×0,-1,52×0),经量化后的 DCT 系数中包含直流系数和交流系数,在进行 Huffman 熵编码时,可以根据各个 DCT 系数的概率也可以根据设计的变字长 Huffman 码表进行 Huffman 编码,在此用第二种方法即用设计的 Huffman 码表编码。鉴于实际一帧图像中的背景或平均亮度变化不大(客观上整个图像的背景相差不大),即各个块的直流系数(DC)存在相关性,对它作 DPCM 编码较为合适,即对当前块的直流系数采用差值编码或差分编码,其差分编码表达式为:$\Delta DC_i = F_i(0,0) - F_{i-1}(0,0)$,式中,$F_i(0,0)$ 为当前像块的直流系数,$F_{i-1}(0,0)$ 为前一像块的直流系数。则相应的直流系数用符号可进一步表示为[(Size),(Amplitude)],其中"Size"表示该直流系数编码的码字,可通过查 Huffman 表找到对应的值;"Amplitude"表示差分后的直流系数 ΔDC_i 的幅度值。

本例中当前块的直流系数 $F_{i-1}(0,0) = 39$,假设 $F_{i-1}(0,0) = 14$,则待编码的 $\Delta DC_i = 25$。直流系数后的每个非零系数都用两个参数的码字,非零系数前的数目用"Run"及非零系数的值"Level"表示。一个码字是一对(Run,Level),称为 RLC 码字。上述 RLC 码字形成过程即编码顺序可以描述为:$\Delta DC_i(25)$ ↘$(0,-3)$ ↘$(0,2)$ ↘$(0,1)$ ↘$(0,-1)$ ↘$(0,1)$ ↘$(5,-1)$ ↘EOB。

由于同一帧图像相邻块背景相近甚至相同,为进一步压缩,直流系数实际是取相邻块间的差值,及 RLC 码字的变字长编码,结合表 2-8 ～ 表 2-10 所示的 Hufman 码表。

表 2-8　直流系数(DC)的 Huffman 码表

直流系数差值	分类	亮度的码字	色度的码字
-255 ～-128	8	1111 110	1111 1110
-127 ～-64	7	1111 10	1111 100
-63 ～-32	6	1111 0	1111 10
-31 ～-16	5	1110	1111 0
-15 ～-8	4	110	1110
-7 ～-4	3	101	110
-3 ～-2	2	01	10
-1	1	00	01
0	0	100	00
1	1	00	01
2 ～ 3	2	01	10

（续表）

直流系数差值	分类	亮度的码字	色度的码字
4 ～ 7	3	101	110
8 ～ 15	4	110	1110
16 ～ 31	5	1110	11110
32 ～ 63	6	11110	111110
64 ～ 127	7	111110	1111110
126 ～ 255	8	1111110	11111110

表 2-9　交流系数（AC）范围和分类

分类	系数范围	码　字
NA	0	——
1	$-1;1$	0,1
2	$-3,-2;2,3$	00,01;10,11
3	$-7,\cdots,-4;4,\cdots,7$	000,$\cdots$,011;100,$\cdots$,111
4	$-15,\cdots,-8;8,\cdots,15$	0000,$\cdots$,0111;1000,$\cdots$,1111
5	$-31,\cdots,-16;16,\cdots,31$	00000,$\cdots$,01111;10000,$\cdots$,11111
6	$-63,\cdots,-32;32,\cdots,63$	000000,$\cdots$,011111;100000,$\cdots$,111111
7	$-127,\cdots,-64;64,\cdots,127$	0000000,$\cdots$,011111;1000000,$\cdots$,1111111
8	$-255,\cdots,-128;128,\cdots,255$	00000000,$\cdots$,0111111;10000000,$\cdots$,11111111
9	$-511,\cdots,-256;256,\cdots,511$	000000000,$\cdots$,01111111;100000000,$\cdots$,111111111
10	$-1023,\cdots,-512;512,\cdots,1023$	0000000000,$\cdots$,011111111;100000000,$\cdots$,111111111
11	$-2047,\cdots,-1024;1024,\cdots,2047$	0000000000,$\cdots$,01111111111;1000000000,$\cdots$,1111111111

表 2-10　交流系数（AC）Huffman 码表

0 的游程	分　类	码　长	码　字
0	1	2	00
0	2	2	01
0	3	3	100
0	4	4	1011
0	5	5	11010
0	6	6	111000

（续表）

0 的游程	分　类	码　长	码　字
0	7	7	11110000
⋮	⋮	⋮	⋮
1	1	4	1100
1	2	6	111001
1	3	7	1111001
1	4	9	111110110
⋮	⋮	⋮	⋮
2	1	5	11011
2	2	8	11111000
⋮	⋮	⋮	⋮
3	1	6	111010
3	2	9	111110111
⋮	⋮	⋮	⋮
4	1	6	111011
5	1	7	1111010
6	1	7	1111011
7	1	8	11111001
8	1	8	11111010
⋮	⋮	⋮	⋮
End of Block		4	1010

　　根据直流系数的 Huffman 码表 2-8，由差值为 25 确定分类为 5，其对应的亮度码字为 1110；直流系数（幅度）是 25，对应的二进制编码为 11001。直流系数关系到基本图像即图像轮廓的质量，所以编码时予以特别注意。直流系数的变字长编码（VLC）如图 2-12 所示。

　　交流系数的编码就是针对每一个 RLC 码字进行编码。参照 DC 系数的编码过程，首先根据表 2-9，确定每个 RLC 码字的非零系数值（Level）所对应的分类，再根据表 2-10，找出对应分类和相应的游程（Run）的码长及其码字，即为对应的 RLC 编码。例如，一个 RLC 码字（Run，Level）＝（0，−3），交流系数为 −3 的分类是 2；0 游程且分类为 2 的码长和码字分别为 2 和 01，−3 的二进制编码是 00。对于负数，直接写出其反码。依此类推其他交流系数的

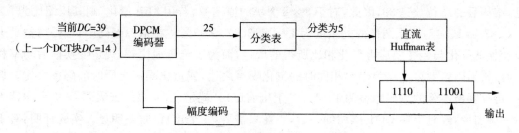

图 2-12　直流系数(DC) 的 VLC 编码

编码,块结束码为 1010。交流系数的 VLC 编码如图 2-13 所示。

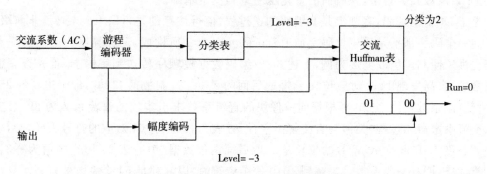

图 2-13　交流系数(AC) 的 VLC 编码

因此,综合上述直流、交流系数编码,基于式(2-21)最后的编码结果如图 2-14 所示。

图 2-14　Huffman 变字长编码(VLC)编码的结果

其间,DCT 变换及其有损压缩编码过程是许多标准中的一个重要步骤,可用如图 2-15 所示的框图描述这一基本过程。

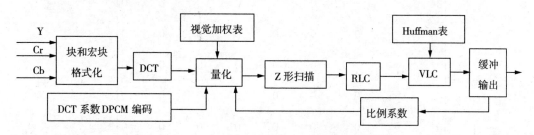

图 2-15　DCT 变换及其有损压缩编码过程

图 2-15 中的比例系数调节是根据信道拥挤状况实时地调整量化步长,用以控制缓冲器的存储量,使其不产生溢出。以上讨论的是亮度信号的 DCT 变换、量化及其压缩编码过程,至于色度信号的 DCT 变换、量化及其编码的过程与之基本一致,区别仅是量化矩阵的系数。

2.6.5　DCT 压缩比计算

DCT 的压缩比是用压缩编码前的总位数与压缩后总位数之比来确定。由图 2-14 可见,编码后的总位数是38,因此,对于8×8像块的原图像,若用8bit量化,则其压缩比为8×8×8/38=13.47,即原图像的冗余度为1−1/13.47≈93%。在信源编码中,编码增益是未经变换就量化与经变换后再量化相比所得的增益,而为了定量地比较,规定变换前后功率相等时,则编码增益可定义为码率相同时的量化噪声之比,或量化噪声相同时的码率之比。据此,可计算出本例的编码增益为13.47(等于压缩比)。就是说,如果原来需要1000个比特表示一幅图像,经过上述DCT压缩编码后,现在只需要74个比特,收益明显。实验证明:对于一幅完整图像仅采用DCT压缩编码,人眼观察不出失真的压缩比一般为13 ~ 40,可见变换、量化、压缩编码的意义是较大的。一般地,DCT的压缩比是不大的,因为它的主要作用是将64个系数归类集中,为后面的量化压缩编码奠定基础。

至于DCT的解码,客观上是其编码的逆过程,值得注意的是,Huffman码是非前缀码,即任何一个码字都不是另一个码字加上若干码元1或0所构成,又称异字头码。这一点为解码提供了便利。仍以上例为例,上述38位编码数据按顺序传送到解码端,首先查亮度直流系数表,容易发现1110对应位长5,即取后面的5位二进制数据11001,即十进制的25,也即亮度直流系数差值为25,再根据前一像块的直流系数求出本块的直流系数为39。之后,进入交流系数解码过程,类似与直流解码一样,查表2-9,只有01对应的符号为(0,2),表示零游程长度为0,非零 AC 系数的位长是2,取后面两位数据00,查表2-10得幅值为−3。依此类推,解出所有交流系数。当解到1010块结束符时,以0补足64个系数即可。

2.6.6　DCT 的反量化与反变换

在接收端,经过二进制解码后(根据 Huffman 码表)得到的64系数(信号),通过反量化(IQ)和反 DCT 恢复原来的信号。其中反量化的量化矩阵为 $R(u,v)=K(u,v)Q(u,v)$。还以上例继续讨论,则解码后的式(2-23)反量化 $R(u,v)$ 为

$$R(u,v)=\begin{bmatrix} 624 & -33 & 10 & 0 & 0 & 0 & 0 & 0 \\ 24 & -12 & 0 & 0 & 0 & 0 & 0 & 0 \\ 14 & 0 & 0 & 0 & 0 & 0 & 0 & 0 \\ 0 & -17 & 0 & 0 & 0 & 0 & 0 & 0 \\ 0 & 0 & 0 & 0 & 0 & 0 & 0 & 0 \\ 0 & 0 & 0 & 0 & 0 & 0 & 0 & 0 \\ 0 & 0 & 0 & 0 & 0 & 0 & 0 & 0 \\ 0 & 0 & 0 & 0 & 0 & 0 & 0 & 0 \end{bmatrix}$$

$$(2-24)$$

$R(0,0)=624$,与式(2-22)中 $F(0,0)=619$ 相比,发现两者之间存在极小的误差,这是量化所致。再对式(2-24)运用 DCT 反变换公式(2-20),得到变换后的重建信号 $f'(x,y)$ 为

$$f'(x,y) = \begin{bmatrix} 74 & 75 & 77 & 80 & 85 & 91 & 95 & 98 \\ 77 & 77 & 78 & 79 & 82 & 86 & 89 & 91 \\ 78 & 77 & 77 & 77 & 78 & 81 & 83 & 84 \\ 74 & 74 & 74 & 74 & 76 & 78 & 81 & 82 \\ 69 & 69 & 70 & 72 & 75 & 78 & 82 & 84 \\ 68 & 68 & 69 & 71 & 75 & 79 & 82 & 85 \\ 73 & 73 & 72 & 73 & 75 & 77 & 80 & 81 \\ 78 & 77 & 76 & 75 & 74 & 75 & 76 & 77 \end{bmatrix} \tag{2-25}$$

不难看出，尽管经压缩和解压后的亮度值在个别位置和源图像灰度值差别较大，但从整个小块看来，两者几乎没什么差别。信号重建式(2-25)的 $f'(x,y)$ 与原式(2-21)的 $f(x,y)$ 相比，两者数据大小极其接近，所产生的较小误差是"量化"所致，可见，DCT 压缩编码是有损压缩算法。个别亮度的不一样并不影响整体的视觉效果，毕竟变换的 8×8 像素块所占画面的面积很小，图像的大部分信息还是通过低频分量保留下来了，这正是 DCT 的伟大之处，也是典型的帧内编码之应用。

所有的 8×8 像素块解码、反量化、反变换结束，再经接收端块图像的重组，一帧(幅)图像解码恢复完毕。至此，通过对整个 DCT 过程的讨论与分析，可得出两个重要结论：

(1) 将时空域信号变换到频域，揭示信号的本质属性，在这里留大去小。因此 DCT 变换在消除空间冗余度的同时，为量化压缩编码节省大量的传输码率创造了条件。

(2) "量化"既是实现较高压缩的重要步骤，也是信源编码中失真的主要来源。根据人眼的视觉特性进行量化，适当降低输入原始图像的分辨率对输出图像的分辨率影响不大。

2.6.7 DCT 应用举例及其发展

根据人眼的视觉特性，即观看目标细节的分辨率是和其空间频率(目标的细小程度)以及时间频率(目标的移动速度)有关，而且类似于一个低通滤波器。因此人眼观看图像的小块面积或精微细节时，只能分辨出较少的灰度级，在陡峭的黑白跳跃处，人眼分辨不出灰度差别。同样观察高速运动的图像时也存在着类似的现象。因此，对高速运动的物体赋予相对较大的量化步长，而对低速运动的物体和静止的物体赋予相对较小的量化步长，以此来适应人眼的视觉特性。DCT 变换就是将低频和高频分量分别取出，并在量化时应用不同的量化策略，量化也为码流的缓冲传输提供了条件。且在一般情况下，简单的视频信号几乎没有高频成分，高通的子带全部为零。在图像信号的压缩编码中，直接采用 DCT 变换编码是帧内编码，而 JPEG 编码标准中图像编码就是典型的 DCT 应用形式。

由 DCT 的定义，其变换核的大小根据实际需要确定，图2-16所示的就是两个 256×256 图像(Panda、Couple)的 DCT 变换实例，通过软件编程实现的。

以上两个图的变换结果(b)和(d)左上区域较亮，表示能量集中的地方，且左上角最亮，表示系数最大，右下很大区域几乎没有能量。DCT 被认为是准最佳变换，被广泛应用在国际多媒体通信标准中，在基于 DCT 正交变换方面，算法上已突破传统的二维和非整数，其数学模型的建立应是三维及以上的整数 DCT。面向区域特别是面向区域的立体彩色视频编

　（a）Panda原图　　　（b）DCT后的Panda频率图　　（c）Couple原图　　（d）DCT后的Couple频率图

图 2-16　DCT 变换的两个实例

码将是图像编码的未来,因为这对医疗、宇航等科学具有特别的意义。在 DCT 的变换域中,一种基于 DCT 域的自适应水印算法,以保护数字作品的知识产权,近几年来在理论和应用中取得了很大的发展,也容易在 DCT 域中实现视频图像特技功能(如缩放、旋转等)的数据处理。还可以在 DCT 域实现不同编码标准间(如 MPEG、H. 264、AVS 等)以及高清晰度电视到标准清晰度电视的视频格式转换等,且失真比在空域中实现转码要小得多。分块数除了 8×8 以外,还应包括其他自适应块大小的变换(自适应的块变换利于消除块效应),以适应各种需要。比如在新标准 AVS、H. 264 等,其 DCT 块有多种形式整数 DCT。至于三维有多种情况:RGB 彩色图像 $f(x,y,z)$, z 代表 R、G、B 彩色分量,其 8×8×3 的分块即块阵列 3D-DCT 表示 $F(u,v,w)$,其中 $0 \leqslant u,v \leqslant 7, 0 \leqslant w \leqslant 2$。由于 3D 彩色 DCT 是 2D-DCT 灰度图像方法的延伸,将 R、G、B 3 帧作为一个整体同时变换时,能极大地去除彼此间的相关性,而当 z 表示时间变量时,即把大小为 8×8 的若干帧(如 8 帧)图像划分为一变换组,此时的水平、垂直和时间方向上的 3D-DCT 系数则为 8×8×8,再将其系数重组为 3 级零树结构,或层式 DCT 结构等,并采用嵌入式零树编码,进一步减少"块效应"的同时,可获得更高的编码性能,目前 3D-DCT 的视频编解码已在立体电视中得到应用,所以多维 DCT 比传统的 2D-DCT 有更大的发展空间,另外实验还证明:

　　(1)无论是帧内视频信号还是帧间残差信号,其 DCT 变换后的频谱在局部范围内(例如一个宏块的单位)不是孤立的,因此利用这种 DCT 域变换系数的相关性,对它们进行子带分解,并对每个子带进一步变换编码以去掉信号的频域冗余很有意义。

　　(2)每一幅图像的每一个子块都以同一个量化表进行量化,而实际上图像的不同子块,其系数特征是不一样的,所以不同子块之间采用不同量化步长的量化表,能达到更好的压缩效果。

2.8　音频信号的压缩编解码

2.8.1　心理声学模型与感知音频编码

　　针对音频信号存在时域冗余、频域冗余和听觉冗余,对音频信号数字化后也要压缩。数字音频压缩充分考虑到心理声学,常见的心理声学模型 I 是指在 MPEG-1Audio layer 1 和 layer 2 里所用到的心理声学模型,MPEG-1Audio layer 3(即 MP3)所用到的是心理声学模型 II。关于 MPEG 将在下一章中介绍。正是由于 MP3 采用了更为先进的心理声学模型分析方法才使得在同样的采样律下,要达到和 MPEG-1Audio layer 1 和 layer 2 相同的音质效果,MP3 需要比 MPEG - 1Audio layer 1 和 layer 2 更小的编码速率。心理声学模型用到的心理声学原理主要有临界子带频率分析、绝对听觉阈值、频域掩蔽、时域掩蔽和感知熵。心理声学模型把整个信号频带按人耳的听觉特性划分出临界频带,然后计算出各临界子带的信掩比、最小掩蔽阈值及感知熵。基于心理声学模型的感知音频编码器则利用信号的感知不相干性和统计冗余进行有损压缩,其目的在于:在无明显听觉失真的前提下,最小化用于表达信号的比特率,便于有效地传输和存储。

　　感知音频编码器的一般结构如图 2 - 17 所示,编码器对信号是分帧处理的,在进行时频分析之前对每一帧数据进行加长,而且为消除边界效应,帧与帧之间往往互相重叠。时频分析模块可以是子带编码或变换编码,取决于编码系统对时间分辨率和频率分辨率的权衡。心理声学模型与时频分析模块并行工作,以临界频带为单位分析信号的掩蔽特性,输出信号掩蔽比,比特分配模块据此分配给该帧临界频带适当的比特数。量化和编码模块协调心理声学模型和比特分配之间的矛盾,是一种二层迭代循环结构,这一过程涉及量化噪声和比特数的动态分配,即在可允许的比特数范围内,使量化噪声低于掩蔽阈值曲线,从而不被人耳感知,而且低于掩蔽阈值曲线的信号也被舍弃,这样在不损伤音质的前提下降低了比特率。编码后的信号以一定的格式进行比特封装以输出码流。声音信号能否被人耳感知主要取决于声音的频率和强度,正常人所能听到的频率范围为 20 ~ 20000Hz,强度范围约为 10^{-12} ~ 1W/m^2。人耳对频率范围在 2.2 ~ 4.3kHz 的声音最敏感。此外,人耳对声音的感知也受到掩蔽特性的影响,掩蔽特性可借助于掩蔽阈曲线来描述。实验证明,只要该信号声压级低于这个掩蔽阈曲线,即使声压级高于绝对阈值也将被掩蔽掉。在 2.2 ~ 4.3kHz 的范围内阈值最低,人耳对这一区域的声音最敏感。还注意到掩蔽阈曲线在低频侧斜率较大,在高频侧斜率较小,因此,按频域计算掩蔽阈值时,低频段采用高分辨率的窄子带,高频段采用低分辨率的宽子带,足见高频信号比低频信号更容易被掩蔽掉。

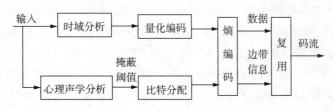

图 2 - 17　感知音频编码器的一般结构

2.8.2　MPEG - 2 AAC 音频编解码特点

　　目前,在数字电视系统中的音频压缩编码,主要采用 MPEG 标准或 AC - 3 标准,MPEG 音频信号数据压缩的基本步骤是:通过多相正交滤波器组实现时域到频域的映射,时频分析主要是快速傅立叶变换,用以将输出的信号转化为亚采样的频率分量为子带信号(如 32 个子带);滤波器组并行的时频变换的输出,根据心理声学模型计算出时变的掩蔽阈值估值;按量化噪声不超过掩蔽阈值的原则将子带量化(使量化噪声听不到)和高效的统计编码;按帧打包成码流包括比特分配信息,一般还要加上 CRC 校验码。

　　在 MPEG 相继推出的一系列音频压缩编码标准中,面向多声道的音频编码标准 MPEG - 2 AAC(Advanced Audio Coding),即 MP4(不同于以储存数码音讯及数码视讯为主的 MP4 播放器),和面向对象的音频编码标准 MPEG-4 音频标准,最具发展潜力。MPEG-4 音频编码的特点是可以对自然声音和模拟声音(虚拟声)进行编码与合成,本节重点介绍 MPEG-2 AAC。ACC 完全是一种音频压缩格式,增加了诸如对立体声的完美再现、多媒体控制、降噪等新特性,最重要的是 ACC 可通过特殊的技术实现数码版权保护,这是 MP3 所无法比拟的。此外,ACC 不仅利用人耳的掩蔽特性来掩蔽有损编码失真,而且利用变换编码除去通道内的统计冗余,压缩率可达 15:1,在 64kbps 声道的编码码率下可达到感知无损的音频编码效果。按照 ITU-R 要求,对 5 个全带宽 20～20000Hz 声道的音频信号 AAC 数据率应为 384kbps 或更低时,其声音质量达到不可分辨出失真。对此,AAC 在 1996 年达到了 ITU-R 的要求,并于 1997 年成为国际标准 ISO/IEC 13818-7。其后的 MPEG-4 的音频标准也引入 AAC 作为其核心,中波及短波的数字声广播,在 DRM(Digital Radio Mondiale) 标准中的音频编码使用了 AAC 音频编码器,可使立体声的比特率为 48kb/s。

MPEG-2 AAC 音频编码的特点有:

(1)MPEG-2 AAC 继承了 MPEG Layer Ⅰ、Layer Ⅱ 和 Layer Ⅲ(MP3)同样的基本编码模式,但在细节上附加了新的编码工具,如支持 5.1 声道和 7.1 声道的环绕声等。

(2)AAC 支持线性 PCM 和 Dolby AC-3 编码,但比 AC-3 具有更大的灵活性,AAC 支持宽的采样率和传输率、0～48 个主音频通道和 0～15 个低频附加通道、多达 8 种语言解说和 0～15 个辅助嵌入式数据流。

(3)AAC 属于变换编码,不同于 AC-3 的子带编码。AAC 利用滤波器组,具有更好的频域解决方案,可实现音频数据压缩的优化。

(4)AAC 编码器使用了时域噪声平滑、后向自适应线性预测、联合立体声编码技术以及量化因子的 Huffman 编码等新的编码方案。

此外,AAC 按照编码的复杂度分为 3 个框架层次,即主子集或主层框架,在该层框架中能对任何给定的比特率提供质量最好的声音,在编码器中除不具备增益控制模块以外,包含所有模块;低复杂性子集或 LC 框架,在这个框架中编码器除去预测和预处理模块,并且 TNS 的阶数也受到限制;可伸缩采样子集或 SSR 框架,该框架中增加了由一个多相正交滤波器、增益检测器和增益调节器组成的增益控制模块。增益控制模块可替代预测模块,并且 TNS 的阶数也受到限制。AAC 中的增益控制模块预处理输出 4 路增益控制时间信号,在 IMDCT 输出是不重叠的时间信号。增益控制模块输入声音时域信号,输出增益控制数据和增益调节信号。所谓增益调节信号是指调节时域-频域变换中改进余弦变换的窗口长度,是由一个多相正交滤波器、增益检测器、增益调节器及改进的离散余弦变换(MDCT) 构成。其中滤波器将输入的时域信号分为 4 个等宽的频段,增益检测器将产生增益控制数据(包括需要调节的频段数、需要调节长短的数量、每段中需要从增益控制数据中计算出的增益控制函数),增益调节器是控制进行 MDCT 操作抽取样本的数量,增益调节步长为 2^n,每频段变换为 256 个频率系数,共有 $256 \times 4 = 1024$ 个频率系数,且每个频段可单独进行增益调节。

2.8.3 MPEG-2 AAC 编解码器原理结构

为了实现低比特率的数据流,提高编码效率,采用去除声音信号中的冗余度及无关分量的做法是基本原则。MPEG-2 AAC 采用音频采样信号和采样样本统计特性之间的关系除去冗余,利用人耳听觉系统即心理声学模型在频域和时域中的掩蔽效应除去不可闻的无关分量以及利用心理声学模型对声音信号进行量化和无噪声编码。具体实现是把高分辨率的滤波器组、预测技术和 Huffman 编码结合在一起,从而在极低的数据比特率下使声音质量达到广播级。图 2-18 就是 MPEG-2 AAC 编解码原理框图。

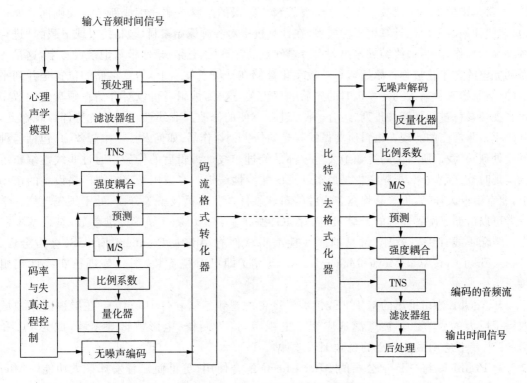

图 2-18　AAC 编码及解码器原理

2.8.4　AAC 编解码原理

在图 2-18 中,输入时域信号,经过滤波器组进行时域-频域变换,把输入信号分解为亚采样频率分量。在采样频率为 48kHz 时,频率分辨率为 23Hz(48kHz÷2÷1024),时间分辨率为 2.6ms。因为变换采用的窗口最长为 2048 个样本,而且前后各有 50% 重叠。依据输入信号经心理声学模型(与 MPEG-1 心理声学模型 Ⅱ 相似)计算出一个当前掩蔽门限的估计值、信号掩蔽比 SMR(它是对输入信号能够掩蔽掉多大的量化噪声估算)。在量化阶段,对任何给定的比特率都可以用 SMR 使量化信号的可闻失真最小。将变换得到的频谱,经TNS(Temporal Noise Shaping)后用预测残差代替频率系数,可使编码器对量化噪声细微的时域结构进行控制。强度耦合即是所谓的人耳高频定位特性,将多声道的高频成分有选择地耦合在一起形成一个公共声道,传输被耦合声道的平均值。增强 M/S(Middle/Side)主立体声编码对,将 L、R 和信号 M 与差信号 S 进行编码传输,进而使多声道实现低比特率的数据流。通过迭代环路在达到给定的比特率下获得高质量声音的编码,最后经码流格式器,将比特流融合为一个 AAC 比特流结构。

至于 AAC 解码则基本上是其对应编码的逆过程。

2.9　非线性编辑

通常,经过摄取的视音频信号需要进入非线性编辑环节。非线性编辑软件又称为电子编辑,通常是指用电子手段按要求先用组合编辑将拍摄的素材按顺序编成新的连续画面。就是说,非线性编辑是应用计算机图像技术,在计算机中对各种原始素材(包括拷贝或下载的)进行各种编辑操作,并将最终结果输出到大容量硬盘的计算机、磁带、录像带等记录设备上,这是一系列完整的艺术化过程。原始素材被数字化存储在计算机硬盘上,信息存储的位置是并列平行的,与原始素材输入到计算机时的先后顺序无关,这样,编辑者可以对存储在硬盘上的数字化音视频素材进行随意的排列、组合,并可进行方便的修改。非线性编辑的优势即体现在此,其效率是非常高的。现在编辑所要做的就是如何去创作作品,如何发挥艺术想象力(包括各种特技处理)。我们所看到的视频绝大多数都是经过非线性编辑后的作品。通过非线性编辑可以实现时空穿越效果,视频广告是最富创意的非线性编辑。在我国数字电视广播设备的市场上,北京中科大洋、索贝等品牌在非线性编辑软硬件及其广播设备等方面,处于领先地位。学习者可以借助于配置尚好的计算机(内存 4G、独立显卡、双核 CPU 等标准参数,是最基本需求),结合非线性编辑软件(常见的非线性编辑软件有 Adobe Premiere、EDIUS、会声会影、Vegas、Final Cut、Avid、Movie Maker、Imovie 等等)即可对视音频、图片等进行非线性编辑练习。

1. Adobe 公司推出的基于非线性编辑设备的视频编辑软件 Premiere 在影视制作领域取得了巨大的成功。其被广泛地应用于电视台、广告制作、电影剪辑等领域,成为 PC 和 MAC 平台上应用最为广泛的视频编辑软件。

将 Premiere 与 Adobe 公司的 After Effects 配合使用,更可使二者发挥最大功能。After Effects 是 Premiere 的自然延伸,主要用于将静止的图像推向视频、声音综合编辑的新境界。它集创建、编辑、模拟、合成动画、视频于一体,综合了影像、声音、视频的文件格式,可以说在掌握了一定技能的情况下,想象的东西都能够实现。

2. EDIUS 是日本 canopus 公司推出的优秀非线性编辑软件。EDIUS 非线性编辑软件专为广播和后期制作环境而设计,特别针对新闻记者、无带化视频制播和存储。EDIUS 拥有完善的基于文件工作流程,可实现实时地、多轨道地多格式混编、合成、色键、字幕和时间线的输出功能。支持所有 DV、HDV 摄像机和录像机,同时 EDIUS 非编软件可以实时编辑标清 SD 和高清 HD 素材,当然,实时编辑 HD 的系统需求,要比实时编辑 SD 时高得多。

EDIUS 对电脑的要求不高,压缩速度快,但对制作要求比较高,上手速度不如"会声会影",且 EDIUS 适合多屏幕编辑(就是说适合 1 台电脑接 3 个屏幕那种),适合做些短小精悍的视频。

3. Corel Video Studio(会声会影)

会声会影是美国友立公司出品的一款视频编辑软件,具有图像抓取和编修功能,通过抓取,转换 MV、DV、V8、TV 和实时记录抓取画面文件,并提供有超过 100 种的编制功能与效果,可导出多种常见的视频格式,甚至可以直接制作成 DVD。会声会影采用目前最流行的"在线操作指南"的步骤引导方式来处理各项视频、图像素材,它一共分为开始、捕获、故事板、效果、覆叠、标题、音频、完成等 8 大步骤,并将操作方法与相关的注意事项以帮助文件显示出来,称之为"会声会影指南",利用它可快速地学习每一个流程的操作方法。

会声会影提供了 12 类 114 个转场效果,可以用拖曳的方式应用,每个效果都可以做进一步的控制,不只是一般的"傻瓜"功能。另外还可让我们在影片中加入字幕、旁白或动态标题的文字功能。绘声绘影的输出方式也多种多样,它可输出传统的多媒体电影文件,例如 AVI、FLC 动画、MPEG 电影文件,也可将制作完成的视频嵌入贺卡,生成一个可执行文件。通过内置的 Internet 发送功能,可以将视频通过电子邮件发送出去或者自动将它作为网页发布。

通过"会声会影"非线性编辑,可以制作新奇有趣的视频影片,达到合家欢乐、保留珍贵回忆之目的。其多样化的输出形式,更可将您的欢乐时光也快速地传播给他人,也是一套最一般的计算机使用者最易于使用的视频编辑软件。相比 EDIUS、Adobe Premiere 的专业性编辑,会声会影非编的专业性较弱。

以上一些视音频非线性编辑软件的绿色版本,可以直接在网站上搜索下载,能够实现绝大多数的编辑功能,若需要一些插件,也可以在网上搜索下载获得,直接安装即可。

非线性编辑的主要目标是提供对原素材任意部分的随机存取、修改和处理,以达到较高观赏性,它的真正推动力来自视频码率压缩。码率压缩技术的飞速发展使低码率下的图像质量有了很大的提高,推动了非线性编辑在专业视频领域中的应用。最初由于硬盘价格较高,因此使用了较高的压缩比,如 10∶1。为了使非线性编辑设备的输出图像质量和专业录像机的输出图像质量相匹配,使用的压缩比逐步下降,采用了 3∶1、2∶1 压缩比,甚至不压缩的非编系统也有很多。根据实验结果,3∶1 及其以下的压缩比,对于所有应用都是透明无损的,压缩比为 4∶1 时仍看不出人工处理痕迹,DV 格式或摄录机 5∶1 的压缩比也是可以接受的。除了压缩比降低外,另一个变化是逐步向直播设备发展,随着 2 个或多个 CPU 的应用,离线编辑逐步发展为直播的在线编辑。综合高速下载技术、计算机网络技术、数字高速接口技术和硬盘阵列技术,非编的另一个发展趋势是向专用非编的方向发展,除了通用型后期节目制作用非编设备外,专用于广告、新闻的非线性编辑系统应运而生,在内容变化快、经常变更的新闻、广告播出中充分发挥了非线性编辑的优点,大大缩短了制作时间,提高了工作效率。

【本章小结】 本章着重讲述的数字视音频信号的压缩原理,是数字电视系统的核心内容之一。利用视音频信号客观存在的空间、时间和频率等方面的冗余,并充分利用人眼视觉特性和人耳听觉特性,分别对视频和音频信号进行预测的帧间压缩编码和直接分块的帧内压缩编码。把当前帧图像划分成若干个宏块,每一宏块在参考帧里的搜索窗中依据判定准则搜索其匹配块,然后传送编码的当前块与匹配块差值(经变换)和两个块之间的位移矢量,达到消除时间冗余。实践中提高压缩比,充分结合各种形式的帧间编码与帧内编码。常见的有改进型三步搜索法、菱形搜索法等快速块匹配算法。把信号在空间上的相关性通过变换法,变换到频率域的左上角几个的低频大系数上,再通过量化、编码达到消除空间上的冗余之目的,对此需要着重了解。了解算术编码和 Huffman 编码是常用的无损统计编码原理。根据心理声学模型,对音频信号进行时频分析计算出各个子带信号时变的掩蔽阈值估值,对其编码达到音频压缩的目的。视音频信号经过压缩后还需进一步通过非线性编辑环节,读者借助计算机可以实现简单的视频非线性编辑。

思考题与习题

1. 为什么要对原始的视音频信号进行压缩？就原始的视频而言,存在哪些可以进行压缩的冗余?

2. 怎样理解视频图像的时间冗余、空间冗余和人眼的视觉冗余?

3. 什么是差分预测编码? 差分预测编码几乎无失真压缩的原理是什么?

4. 何谓帧内编码与帧间编码? 两者有何区别与联系?

5. 比较全搜索法和块匹配法的优缺点。

6. 常见的有哪些快速的块匹配法,各有什么异同?

7. 一个采用菱形搜索算法的结果是$(-4,-2)$。搜索共分 5 步,其最小点分别是$(-2,0)$、$(-3,-1)$ 和$(-4,-2)$。其中使用了 4 次大菱形和 1 次小菱形,总共搜索了 24 个点。请仔细分析搜索过程,并逐次汇出搜索图。

8. 就算术编码和 Huffman 编码进行简要比较,算术编码在哪些方面具有优越性?

9. 阐述变换编码的基本特征和二维离散余弦变换的基本原理。

10. DCT 本身是否具有数据压缩功能? 它是如何实现压缩的? 它有何改进及发展的空间?

11. 针对本书中的例子,请您用 C 语言或其他语言编写一个实现式$(2-21)$到式$(2-25)$的整个程序。

12. 怎样理解心理声学模型? 音频信号压缩有何特点?

13. 简述 MPEG ACC 的特点和编解码原理。

14. 系统欲传送字符{A,B,C,D,E,F,G,! },它们在集合中的概率为{10%,18%,40%,5%,6%,10%,7%,4%},其中"! "为结束标志符。

(1) 按 Huffman 编码要求,写出其编码结果,并计算编码效率;

(2) 根据算术编码原理,写出"BCDAEFG! "编码后的输出区间。

15. 运动补偿预测编码与变换编码主要存在哪些异同?

16. 为什么要进行非线性编辑? 非线性编辑有何特点? 常用的非线性编辑软件有哪些?

第 3 章　视音频压缩编码标准

为了使先进的视音频压缩技术和高性能的数字图像处理技术获得更广泛的应用,必须对压缩编码技术建立一个能在世界范围通用的标准。只有实现标准化,处理后的数据信号才能在相同性能指标和相近容量的数据网络中传送或储存;只有实现标准化,世界各国软硬件产品商的产品才具有兼容性和通用性;也只有实现标准化,才能投入大规模生产,大幅度降低产品成本,才能使视音频、数据压缩技术在世界范围内得到迅速应用和推广。因此,实现数字电视软硬件产品的标准化更为紧迫与必要。

20 世纪 80 年代初,几个世界性的标准化委员会协同工作,先后建立了旨在实现图像压缩编码技术标准化的国际组织,其中包括国际标准化组织 ISO(我国是 ISO 组织的常任理事国)、国际电话电报咨询委员会(CCITT)、国际电工委员会(IEC)、联合图片专家组(JPEG)和活动图像专家组(MPEG)等。经过多年的共同努力,目前已完成并通过了多种图像编码标准化方案。主要有 H.26x 标准、JPEG 标准、MPEG 系列标准,以及我国具有自主知识产权的 AVS 视音频国际编码标准。本章围绕数字电视,有重点地做一些介绍、分析。

3.1　H.261 标准

3.1.1　H.261 标准的基本内容

H.261 标准方案的开发目标是利用 CCITT(Consultative Committee on International Telephone and Telegraph)推荐的综合业务数据网络(ISDN)一次群(即基群)通道,来实现电视电话和电视会议数字图像信号的实时传送。一次群通道容量(北欧标准)为 2048kb/s,包含 32 路数字电话信号,每路数字电话信号的数据位率为 2048kb/s÷32＝64kb/s,此数值称为基本通道位率,以 B 表示。起初,CCITT 推荐图像压缩标准为 $m×384$kb/s,$m＝1～5$。这里 384kb/s 是来自 $6×B＝6×64$kb/s＝384kb/s,称为 H_0 通道(目前手机视频的最低码率要求)。当 $m＝5$ 时,则数据位率为 $m×384$kb/s＝$5×H_0＝5×6×B＝1920$kb/s,这相当于 30 路数字电话的最高位率。后来由于选用 384kb/s 位率作为起点太高,1988 年 CCITT 通过了 $p×64$kb/s$(p＝1,2,…,30)$视音频编码标准。最后,又把 p 扩展到 32,故压缩后的最高位率不应超过 $32×64$kb/s,这实际上又达到了数据综合业务网络(ISDN)一次群的最高位率,约为 2Mb/s。该标准于 1990 年完成,并由 CCITT 正式推荐为 H.261 标准,简称 $p×64$ 标准。国际电话电报咨询委员会 CCITT 于 1985 年开始制定 H.261 标准,这个建议主要针对会议电视、可视电话等应用,且当时考虑到 H.261 标准面临世界上两种不同电视的扫描行数与帧数的标准,即 525/30 和 625/25 两种互不兼容的标准问题,CCITT 为 H.261 找出一种通用的中间格式 CIF(Common Intermediate Format),这样一来,625/25 和 525/30 都可以通过预处理和后处理模块转换到 CIF 或从 CIF 转换而来。

本书之所以还提及 H.261,是因为在现有诸多的信源编码国际标准中,包括 MPEG 系列、H.264 等,基本过程都是沿袭 H.261 模式,即预测、变换、量化与编码,各标准区别主要体现在预测、匹配与编码机制上,这些编码标准的核心部分都有相应的专利保护,特别是最新的编码标准,如 H.264/H.265、MPEG-4、AVS 标准等。

H.261 标准的初期应用,利用 ISDN(综合业务数字网)又称一线通业务,它把多种数字业务综合在一个网内处理并传输,主要应用在会议电视,会议电视是通过电信网络将远在各地的多个会议点连接起来,以互送声音和图像的方式召开会议的一种通信方式,是现代高效、节约的会议形式。此外,H.261 还应用于小区家庭可视电话。

3.1.2　H.261 标准的编码特点

H.261 标准图像层次结构。H.261 标准 CIF 格式规定了图像亮度信号每行 352 个像素,纵向为 288 个像素;而色差 C_b、C_r 的纵横像素数分别为亮度的一半,QCIF 各参数为 CIF 的一半。同一格式其帧率和比特率(64kbit/s 为基准)并非是固定的,后者的量正比于前者。在 H.261 标准中,把一幅/帧图像数据分为四个层次结构,即帧层或图像层、块组层、宏块层和块层。如果选用 CIF 格式,则一帧图像包含 12 个块组,横向 2 个,纵向 6 个;如果选 QCIF,则一帧含 3 个纵向的块组。H.261 的 CIF 一个宏块包括 4 个亮度像块和色差各 1 个像块,共 6 个像块,每块则由 8×8 的像素组成。在宏块中亮度与色差在同一像区时,由于 Y 像块数目为色差的 4 倍,故一个亮度像块的面积是一个色度的 1/4,相反一个色差像素的面积是亮度的 4 倍,一个 H.261 的宏块结构如图 3-1 所示。

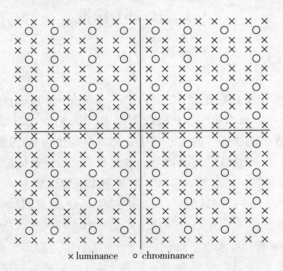

×luminance　○ chrominance

图 3-1　H.261 的 CIF 宏块结构(4:2:0)

宏块是运动估值和运动补偿的基本单位,也是视频处理及编辑的基本单位。H.261(p×64kb/s)数据结构如图 3-2 所示。

H.261 数据结构说明如下:

(1)帧标题包括起始码,编码格式(CIF/QCIF)、帧编号及其他信息。

(2)块组(GOB,Groups of Block)标题包括块组起始码、块组位置编号及其他信息。

(3)第三行的宏块标题包括宏块地址、帧内帧间标记、量化步长、是否有消除运动补偿引

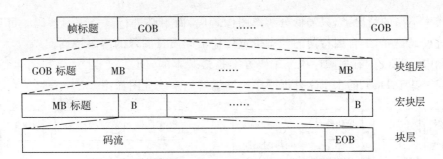

图 3 - 2　H. 261($p \times$64kps)数据结构

起的高频噪声的环路滤波、是否有运动估值及其他附加信息。

　　（4）第四行为块层结构，包含 DCT 变换系数、编码的码流，最后是一个块结束的定长码（End of Block）。构成一幅图像具体的码流即数据流由复用编码器完成。

　　尽管 H. 261 的历史先于 MPEG，但由于两者的编码原理有很大的相似之处，且后者更广泛地应用数字电视领域，所以关于 H. 261 编解码原理，请参考后续 MPEG 的详细说明。

3. 2　JPEG 标准与 JPEG2000

　　彩色图像编码标准化工作是国际标准化组织（ISO）开始制定的，其目的是用现有的64kb/s 通信网络来传送满足一定要求的标准静止数字图像信号。把每个彩色像素用 1 比特的数据表达时，应能获得足够理想的彩色图像质量。于是，1986 年 ISO 组织与 CCITT 联合组成了联合图片专家组 JPEG（Joint Photographic Experts Group），研究连续色调包括灰度和彩色的静止图像压缩算法的国际标准（1987 年又加入了国际电工委员会 IEC），JPEG标准于 1992 年正式通过。在 JPEG 的努力下，该标准已应用到彩色传真、彩色印刷及新闻图片等静止图像的压缩编码中。按照 JPEG 推荐的标准，有以下两种基本压缩算法：

　　（1）以离散余弦变换（DCT）为基础的有损压缩算法，即不可逆的压缩方式，是包括JPEG、MPEG 等许多标准压缩编码的基础，也是应用最广的帧内编码；

　　（2）以二维差值预测脉冲编码为基础的可逆压缩编码方式，该方式解码后能完全精确地恢复原图像采样值，其压缩比低于有损压缩方式。

　　此外，JPEG 还包括多种工作模式：

　　（1）顺序模式。在该模式中每一个图像分量按从左到右、从上到下的顺序扫描，一次扫描完成编码，实际应用中最多的是有损压缩的顺序模式。

　　（2）累进模式。该模式中的每一幅图像的编码要经过多次扫描才能完成，因此为达到累进的目的，在量化器的输出端（即熵编码前）增加一个足够大的图像缓冲区，用于存储量化后的 DCT 系数，这些系数在多次扫描中分批地编码，即第一次扫描只对主要系数进行一次粗压缩编码，接收端可以在较短的时间内重建一幅质量较低的可识别图像。在随后的扫描中再传送增加信息即细节信息，进而可重建一幅质量更高的图像，以此不断累进，直到达到满意的图像质量为止。

　　（3）可分级模式。分级编码模式是将原始图像空间分辨率分成多个分辨率进行锥形的编码，其水平方向和垂直方向分辨率的下降以 2 的倍数改变。当信道传送速率低、接收端显示器分辨率不高的情况下,只需低分辨率图像解码,而不必进行高分辨率解码。可见,该模式与累进模式一样,适合因特网的动态带宽传输不同质量图像的编码特点。

实际中,JPEG 的有损顺序压缩编码方案是最基本的,DCT 变换、量化和熵编码是它的主要内容。基于 DCT 的 JPEG 有损顺序压缩编解码系统框图如图 3-3 所示。

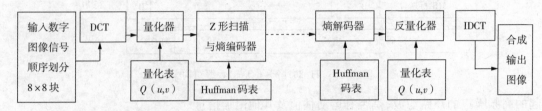

图 3-3　JPEG 有损顺序压缩编解码系统框图

由图可见,JPEG 编解码算法主要有以下几个主要步骤:

(1)DCT 变换。输入端把符合 JPEG 编码标准的亮度数字信号和两个色差数字信号分别有顺序地分成 8×8 像素块之后,送入 DCT 变换器中,JPEG 标准的信号计算方法为

$$\begin{bmatrix} Y \\ C_r - 0.5 \\ C_b - 0.5 \end{bmatrix} = \begin{bmatrix} 0.3 & 0.6 & 0.1 \\ 0.4375 & -0.375 & -0.0625 \\ -0.15 & -0.30 & -0.45 \end{bmatrix} \begin{bmatrix} R \\ G \\ B \end{bmatrix}$$

由于色差信号有正有负,故先将电平上移 50%,即各加 0.5,目的是使 C_r 和 C_b 值均为正值。这样,数字化后的 Y、C_r 和 C_b 均为 0~255,便于降低传输码率。解码端再下移 50%(相当于 128 级电平),即可恢复出原有的色差信号。

(2)量化、Z 形扫描与熵编码,接收端依次解码、反量化和反变换,合成恢复原图像。这部分内容已在第 2.6 节中已完备讲述,在此不再赘述。

JPEG 是典型的静态图像帧压缩标准,也是一种编解码对称的算法语言,压缩影像所需的处理能力大致与解压缩所需的相同。因此,大部分 JPEG 的实施方式是综合编码器与解码器功能的压缩/解压缩。与 MPEG 相比,JPEG 没有利用图像帧间相关信息,压缩比没有 MPEG 高,但 JPEG 图像数据以一帧为基础,使得对其处理较为方便且保真度最高,同时 JPEG 编码器的复杂度及成本都远小于 MPEG。值得一提的是,21 世纪初 ISO 推出的 JPEG2000,是新一代静止图像压缩标准,使用基于小波变换的先进压缩技术,容易将自然图像压缩在 100 倍以上,提供甚低码率下的超级性能,并且在码率下降时,其率失真性能仍能保持最优。实验证明,在低比特率 0.1bpp(0.1bit/像素)时,仍能提供良好的图像质量。不过 JPEG2000 解码比 JPEG 复杂,因而所需的解码时间也比 JPEG 稍长。目前,许多数码产品的图片压缩存储格式,是 JPEG 或 JPEG2000 其中之一。

2002 年提出的 Motion-JPEG2000 是 JPEG 2000 的第三部分,是基于 JPEG2000 核心算法的补充,Motion-JPEG2000 运动图像编码标准是将 JPEG2000 应用扩展到运动图像压缩领域(与 MPEG 不同),压缩时将连续图像的每一个帧视为一幅静止图像进行帧内压缩,从而可以生成序列化运动图像。压缩时不对帧间的时间冗余进行压缩,虽然降低了压缩比,但也同时降低了复杂度,易于硬件电路实现。并综合了小波变换和嵌入式算术编码器的技术优势,相对 JPEG2000 率失真性能有大幅提高,具有最好的帧内压缩性能,硬件实现复

杂度低,易于编辑,具有可缩放功能、在单一码流内同时提供有损和无损压缩功能,基于内容的快速检索、格式兼容性好,可应用于手持设备、远程监控、数码相机、高清晰视频编辑、视频会议等领域。试验证明,Motion – JPEG2000 编码标准,用于甚低码率可视电话系统的视频编码更具优势,所以它具有更好的应用前景。

3.3　MPEG – 1、MPEG – 2 和 MPEG – 4 标准的主要内容

3.3.1　MPEG – 1 标准的主要内容

MPEG(Moving Picture Expert Group)标准是在 H.261、JPEG 标准的基础上,于 1988 年由 ISO 和 IEC 共同组成的活动图像专家组(第 29 研究组的第 11 工作组,即 JICI/SC29, WG11)制定并推荐的,以该专家组的名称 MPEG 作为标准方案的命名,于 1992 年完成了压缩码率达 1.0～1.5Mb/s 的 MPEG – 1 标准方案,1993 年初提出的压缩码率在 4～10Mb/s 的 MPEG – 2 标准。MPEG – 1 标准于 1992 年正式出版,标准的编号为 ISO/IEC11172,其标题为"码率约为 1.5Mb/s 用于数字存储媒体活动图像及其伴音的编码"。MPEG – 1 标准的目标主要包括以下几个方面:

(1)在声像质量上高于电视电话或电视会议的声像质量,至少应达到 VHS 录像机或 CD – ROM 的放像质量。

(2)压缩后的数据量能存储光盘、数字录音带或可改写光盘等媒体中。

(3)压缩后的数据率与目前的计算机网络传输码率相匹配,即为 1.2Mb/s 为宜。

(4)在通信网络上该标准能适应多种通信网络的传输。

(5)该标准充分考虑到更广泛的应用领域,例如电子图像出版物、电子图像双向传递、电子图像编辑及双向电子图像通信等。

MPEG – 1 标准是在 H.261 标准的基础上发展而来,其图像格式的亮度信号和色差信号与 H.261 基本相同,图像格式有两种,即标准中间格式(SIF)的 $352 \times 240 \times 30$ 和通用中间格式(CIF)的 $352 \times 288 \times 25$。MPEG – 1 有如下特点:

(1)相同的像素速率。30 帧每秒的格式为 $(352 \times 240 + 2 \times 176 \times 120) \times 30 = 3.8016M$ 像素每秒;而 25 帧每秒的格式为 $(352 \times 288 + 2 \times 176 \times 144) \times 25 = 3.8016M$ 像素每秒。

(2)8bit 量化后的码率。像素速率×8bit/像素 = 3.8016M 像素每秒×8bit/像素 = 30.4128Mb/s。如果在计算机网络传输,按照网络传输容量为 1.2Mb/s 计算,则需要的压缩比为 30.4128Mb/s÷1.2Mb/s = 25.2。这是理想的压缩,考虑到实际情况需加辅助信息,故压缩比应更高。

(3)编码率。它代表经过编码后平均每个像素所用的比特数,表明了压缩的程度。编码率等于传输码率/像素速率 = 1.2Mb/s÷3.8016M 像素每秒 = 0.316bit/像素。即量化后的每像素用 8bit 编码,则经压缩后每个像素仅用 0.316bit 编码。目前,MPEG – 1 标准主要应用于 VCD、CD – ROM 等一些压缩比较低的且将逐步淘汰的家电设备中。

3.3.2　MPEG – 2 标准的主要内容与特点

MPEG – 2 是对 MPEG – 1 标准的继承和发展,MPEG – 2 标准开始于 1990 年,全称为

"活动图像及有关声音信息的通用编码",该标准完成于 1993 年底,其标准的文件编号为 ISO/IEC13818。由于 MPEG-2 压缩码率达 4~10Mb/s,约为 MPEG-1 的 4 倍,所以 MPEG-2 广泛应用于 DVD、广播电视(SDTV、HDTV)等领域中。同时 MPEG-2 下兼容 MPEG-1,就是说,MPEG-2 标准与 MPEG-1 标准的视音频编码主要内容是相同的。MPEG-2 功能扩展的一种表现是 MPEG-2 允许分层编码,而 MPEG-1 却不允许。MPEG-2 已成为最成熟、应用最广泛的数字视频广播的压缩标准。MPEG-2 目前分为 8 个部分,即系统第一部分解决多个视频、音频和数据基本码流的复用问题,产生两种用于不同环境下的码流,即节目码流和传送码流或传输码流。节目码流是由打包的基本码流组合而成,并共享同一个时基信号,用于误码相对较小的环境,且节目码流的包可变也相对较长。传送包是将时基相互独立的打包的基本码流组合成单一的码流,适用于误码较多的环境,传送包长度固定为 188byte。在第二部分视频中,按清晰度将图像分为 4 个等级,同时按使用的工具和方法不同分为 5 种处理类型,其中普通清晰度数字电视使用主类和主级 MP@ML(@=at),这一级别应用也最广。适于演播室编辑用的 4:2:2 的 MP@ML 也合并于视频标准中。第三部分音频与 MPEG-1 音频标准反向兼容,并支持多通道音频编码。第四部分制定了详细的测试标准,包括地面、有线和卫星等接收条件下的技术参数。第五部分规定软件模拟下的码流原则,注重多媒体兼容性。第六部分是规定数字存贮媒体指令和控制 DSM-CC(Digital Storage Media Command and Control)协议,用以支持单独的或网络环境下的 DSM-CC 模式,将码流从服务器传送给用户。第七部分规定不与 MPEG-1 音频反向兼容的多通道音频编码。第八部分规定了传送码流实时接口的标准。

但 MPEG 只规定了码流格式,统一了解码标准,并未规定信道编码调制方式,也未规定接收机接收数字信号所必需的业务信息,也未规定信息表述方式和传送控制方式,这些标准由其他的标准组织来完成,如 ATSC、DVB、DAVIC、DIBEG 等。所以说 MPEG 标准获得成功的关键在于:将各种应用领域与压缩编码功能实行去相关。MPEG-2 标准之所以能够支持不同性能和不同复杂度的解码器,覆盖广泛的应用范围,且兼容 MPEG-1 标准,是因为它充分考虑了各种应用的不同要求,同时也巧妙地解决了特殊性与通用性的问题。具体实现时,MPEG-2 标准规定了不同的压缩处理方法(即"型")以及编码器输入端不同的信源图像格式(即"级")。

1. MPEG-2 的型与级

MPEG-2 规定了 4 种输入图像格式,称为级(Level)。"级"定义了从有限清晰度的 VCD 图像质量到高清晰度的 HDTV 图像质量,即提供了灵活的信源编码格式;此外,MPEG-2 还规定了不同的压缩处理方法,称为型或档次(Profile)。按照不同的型与级的组合,有 20 种组合方式,但是在实际应用中只有其中的 11 种组合,见表 3-1 所列。

表 3-1 MPEG-2 系统结构

Level \ Profile	简单 Simple	主 类 Main	SNR Scalable	Spatial Scalable	高 类 High
高级 1920 1920×1080×30 1920×1152×25		4:2:0 I,P,B 80Mb/s			4:2:2,4:2:0 I,P,B 100Mb/s

（续表）

Profile / Level	简　单 Simple	主　类 Main	SNR Scalable	Spatial Scalable	高　类 High
高 1440 级 1440×1152×25 1440×1080×30		4：2：0 I,P,B 60Mb/s		4：2：0 I,P,B 60Mb/s	4：2：2,4：2：0 I,P,B 80Mb/s
主级 720×576×25 720×480×29.97	4：2：0 P 15Mb/s SP@ML	4：2：0 I,P,B 15Mb/s MP@ML	4：2：0 I,P,B 15Mb/s SNP@MP		4：2：2,4：2：0 I,P,B 20Mb/s HP@ML
低级 352×288×29.97		4：2：0 I,P,B 4Mb/s	4：2：0 I,P,B 4Mb/s		

按照编解码技术的复杂程度分成的档次每个档次都是 MPEG-2 语法的一个子集。按照图像格式的复杂程度,又将每个档次分为不同的等级,各等级都是对有关参数规定约束条件。MPEG-2 系统中的等级/档次所对应的亮/色取样方式、编码方式、传输速率及像素数等参数见表 3-1 所列。其中主要档次/主要等级(MP@ML)涉及的是标准清晰度数字电视,实用价值最大。低等级相当于 ITU-T 的 H.261 的 CIF 或 MPEG-1 的 SIF;主要等级和常规电视相对应;高等级 1440 粗略地与每扫描行 1440 样点的 HDTV 对应,高等级大体上与每扫描行 1920 取样点的 HDTV 对应。在 MPEG-2 系统结构中,较高档次的编码除使用较低档次的编码工具外,还使用了一些较低档次没有使用的附加工具。因此,较高档次的编码器除能解码本档次编码的图像外,还能解码用较低档次编码的图像,即 MPEG-2 的"档"之间具有向下兼容性。

2. 区分场和帧

在 MPEG-2 编码中为了更好地处理隔行扫描的电视信号,分别设置了"按帧编码"和"按场编码"两种模式,并相应地对运动补偿也作了扩展,这是区别 MPEG-1 的显著标志。MPEG-2 标准要求编码器能根据图像场景内容自动选择基于帧还是基于场处理,含有快速运动成分的图像,基于场内相邻两行像素比基于帧内相邻两行像素的相关性强,此时采用场处理效果更好。而当图像画面中运动极少且有高细节内容时,帧内行间相关性又比场内强。所以 MPEG-2 中把画面分成帧画面和场画面。在帧画面中,宏块既可帧处理也可场处理;在场画面中,宏块只能是场处理(奇偶场或顶底场)。因此 MPEG-2 定义了 4 种运动补偿,即基于帧图像预测,基于场图像预测,16×8 运动补偿(把场图的宏块分成两个的子宏块,仅用于场图)和双基预测(仅用于视频序列中无 B 帧画面的 P 画面)。当一帧图像基于帧处理时,第二场可以用第一场来预测。这样,常规隔行电视图像的压缩编码与单纯的按帧编码相比,其效率显著提高。例如在某些场合,场间运动补偿可能比帧间运动补偿好,而在另外一些场合则相反。类似地在某些场合,用于场数据的 DCT 的质量比用于帧数据的DCT 的质量可能有所改进。可见 MPEG-2 对于场/帧运动补偿和场/帧 DCT 进行选择(自适应或非自适应)就成为改进图像质量的关键措施之一。帧 DCT 编码和场 DCT 编码分别如图 3-4 和图 3-5 所示。

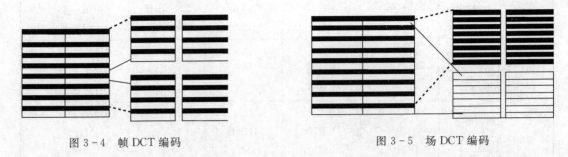

图 3-4 帧 DCT 编码   图 3-5 场 DCT 编码

在帧 DCT 编码和场 DCT 编码图中,都是将一个 16×16 的宏块分成 4 个 8×8 块。

3. 可分级性

由表 3-1 可见,同一档次的不同级别间的图像分辨率和视频码率相差很大。所谓分级编码,是将整个视频数据流分为可逐级嵌入的若干层,不同复杂度的解码器可根据自身能力,从同一数据流中抽出不同层进行解码,得到不同质量、不同时间分辨率、不同空间分辨率的视频信号。MPEG-2 分为时间、空间和信噪比分级性。信噪比分级性的出发点是实现不同质量视频图像服务之间的兼容性,通常信噪比可分级性表示可分级改变 DCT 系数的量化步长来实现;时间分级的出发点是实现不同帧速率视频图像服务之间的兼容性,该分级方式可提供帧速率不同、空间分辨率相同的视频信号。实现时间分级分两步进行:

第一步以一定规律跳过原视频中的某些帧或场,将剩余的帧场组成基本层图像序列,按 MPEG-2 编码,形成基本层数据流,因基本层时间清晰度不太高,要在性能好的通道上传送。

第二步将跳过的帧场,借助已编码基本层图像,采用运动补偿加 DCT 的方法进行编码,形成全帧速率的增强层数据流,借助时间分级,在基本层提供隔行扫描 HDTV,在增强层提供逐行扫描 HDTV。

由于增强层时间清晰度更高些,可在性能差一些的通道上传送。这里,基本层图像可直接作为增强层图像的参考帧,增强层可以没有 I 帧,其可由最近解出的增强层图像或基本层图像预测出来。空间可分级性利用对像素的抽取和内插来实现不同级别的转换,如 HDTV 信号按 MPEG-2 压缩编码后的数据流分成两个子集,对优先权高的子集解码后即可获得 SDTV 电视质量的图像,如主档/主级,约 4.5Mb/s 码率;而对两个子集一起解码就能获得 HDTV 电视质量的图像,上述过程可用示意图 3-6 来说明。

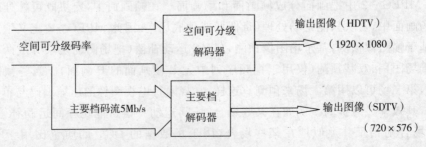

图 3-6 向下兼容的 MPEG-2 解码示意图

分级编码的一个重要目标就是对具有不同带宽、显示能力和用户需求的接收机提供灵活的支持,从而使得在多媒体应用环境中可以实现视频数据库浏览和多分辨率回放的功能。分级编码的另一个重要目标是对视频比特流提供分层的数据结构。也就是说,给数据内容分配优先级,对较重要的内容以高分辨率方式存储。这样在解码端就可以对具有最高优先级的对象以可接受的高质量图像显示;第二优先级的对象以较低的质量(较低的时间和空间分辨率)或常规质量的图像显示,而其余内容即对象则可不予显示。因此接收机可视信道的具体情况对编码数据流进行部分解码。可见,这种方式可最有效地利用有限的资源。

4. 两类数据码流

MPEG-2 中有两类数据码流:传送数据流和节目数据流。两者都是由压缩后的视频数据或音频数据(包括辅助数据)组成的分组化单元数据流所组成。传送数据流的运行环境一般较长,有可能出现严重的差错(比特误码或分组丢失),而节目数据流的运行环境一般在演播室,则极少出现差错。实践中,两种码流由于在字头上做了很多详细规定,使用起来较为方便和灵活,可对每个分组设置优先级;加密/解密或加扰;广告内容的更换;插入多语种解说声音和字幕等。

MPEG-2 标准(包括在编码、复用、传输和解码)的诞生,有力地促进了 DVD、SDTV 及 HDTV 等领域的快速成长,而且 MPEG-2 的编码实践,有力地促进了新一代编码标准 H.264、H.265、AVS 等标准的快速发展。鉴于 MPEG-3 的内容已为 MPEG-2 所包容,所以,MPEG-3 事实上就不存在了。

3.3.3　MPEG-4 标准的主要内容

1. MPEG-4 标准的基本内容

尽管 MPEG-2 已得到广泛应用,但仍需要一个用于表述、集成和变换音视频信息的标准,如在固定的宽带系统及移动通信窄带系统中的应用。MPEG-4 标准的基本特征就是基于内容的交互性,高效的压缩性和通用的访问性,该标准的目标是建立一个通用有效的编码方法,对称之为音视频对象的应用音视频数据格式进行编码,这些音视频对象可以是自然的,也可以是合成的。使用的工具可以是来自已有的标准如 MPEG-1、MPEG-2、H.261 和 H.263,这有利于与原格式反向兼容。事实上在关于低码率视频通信编码中,H.263 与 MPEG-4 是兼容与可互操作的。

MPEG-4 标准初衷是制定一个码率在 64kbps 以下的通用的视频编码标准,包括三大部分:系统、音频和视频。1994 年 11 月,ISO 要求这个新的音像编码标准应具有交互性,高倍压缩,通用的可接入性以及高度的灵活性和可扩展性等。它支持现有标准尚未具有的以下 8 大功能:

(1)基于内容的操作和位流的编辑;

(2)基于内容的多媒体数据的访问工具;

(3)基于内容的可分级性;

(4)自然的或合成数据的混合编码;

(5)多个并发数据流的编码;

(6)改进编码效率;

(7)甚低码率下时轴访问的改进;

(8)压缩数据在差错环境下的坚韧性。

在拟定 MPEG-4 的初期,其主要目标是低码率视像通信,后来发展成为一个更加广泛包罗万象的多媒体编码标准。MPEG-4 已不仅仅是一个低码率的音像编码标准,它的数码率已成功地扩展到 0.1~10Mb/s 的广阔范围。MPEG-4 除了具有广泛的数码率范围之外,它特别注重于建立一个高度灵活的基于内容音像的环境。在此环境下,用户能按照自己的特殊应用需求来构造系统。MPEG-4 与之前的 MPEG-1/2 标准最主要区别在于:MPEG-4 的数据描述是基于内容的或者说是基于对象的编码机制,类似于编程领域中的"面向过程的语言"。MPEG-4 是一个开放的系统,它支持传统的标准又不排斥新标准。从应用层面来看,MPEG-4 包括了传统的方式访问数据库。MPEG-4 支持多种类的 AV 信息:自然的或合成的,二维的或三维的,单频谱的或多频谱的,实时的或非实时的,等等。MPEG-4 最主要的特性在于它具有交互传输能力和网络的上/下载能力,为了保证在不同的网络协议下都能运行工作,MPEG-4 特别强调物理网络的独立性,因此 MPEG-4 将支持 PSTN、TCP/IP、Internet 以及 ATM 等各种网络协议。为了达到上述广泛的目标,必须进一步提高和改善编码效率。为此,MPEG-4 所提供的新功能包括:①具有对音像对象的混合媒体数据的高效编码能力,这些混合媒体数据包括:视频图像、图形、文本、音频、语言的数据。②用合成的文本组合的混合媒体对象来产生多媒体信息表现的能力。③压缩数据在噪声信道传输中恢复差错的坚韧性。④对任意视频对象进行编码的能力,即不要求分块的编码图像是矩形,每块区域内可以包含特定的图像或感兴趣的视频内容即视频对象平面 VOP(Video Object Plane)。VOP 不再是 MPEG 1/2 传统的矩形编码,编码器对任意形状的 VOP 编码时,VOP 被限定在一个长、宽均为 16 整数倍的窗口内,同时保证 VOP 窗口中非 VOP 的宏块数最少,标准的矩形帧可以认为是 VOP 的特例。⑤在网络信道传输所提供的适合于特有对象性质的业务质量下音像对象数据的复用和同步。⑥在接收端具有进行音像场景的交互能力。MPEG-4 所支持的这些功能使其有着广泛应用,诸如从交互式移动可视电话、交互式家庭商店、无线可视监控到基于内容的多媒体数据库的查询、搜索、索引、检索及互联网上多媒体表现,以至数字广播、DVD 接收等。一个能支持各种不同的功能和各种各样的应用标准是十分复杂的,特别指出 MPEG-4 是表现多媒体的一种工具,而不是具体编码算法的一种标准。MPEG-4 由 4 大要素构成。

(1)语法:它是一种可扩充的语言,允许选择,描述和工具标准以及框架的下载。

(2)工具:它是一种特殊的方法。MPEG-4 不仅提供了视频编码的标准化工具,也提供了音频、图形和文本编码的标准化工具。

(3)算法:它是实现一种或多种功能的工具的集合。

(4)框架:它是适用于特殊应用的一个或多个算法。

2. MPEG-4 标准编码特点与流媒体技术

精细可分级编码 FGS(Fine Granular Scalability)是 MPEG-4 提供的一种质量可分级的编码技术。MPEG-4 FGS 编码方法将视频序列编码成两个码流:基本层码流和增强层码流。基本层采用传统的视频编码技术编码,生成一个码率比较低的码流,基本层码流传输必须是正确的;增强层码流采用位平面技术编码源图像和基本层重构之间的差值。由于位平面技术提供了嵌入式的可分级特性,增强层码流可以根据可用的网络带宽进行任意码流的传输,甚至当网络拥塞时不传。MPEG-4 的 FGS 编码是以编码效率的降低来换取码流速率的可分级的。同样码率条件下,经过 FGS 分层编码的码流质量要比直接编码的码流下降 3dB 左右,这个缺点也制约了可分级编码的应用。但随着新一代视频编码方案 H.264 的标准确立,围绕 H.264 的各种算法包括可分级编码方案也相继成为研究的热点。可以预见,MPEG-4 将成为多媒体通信的可实用技术,可以利用电脑操作来随意改变像素与帧速率的情况。而且 MPEG-4 较 MPEG-2 具有更大的应用范围,灵活性也更强。例如,MPEG-4 支持流媒体技术。所谓流媒体是指采用流式传输的方式在因特网/局域网中播放,而流式传输方式则要将整个多媒体文件经过特殊的压缩方式分成一个个压缩包,由视频服务器向用户计算机实时连续地传送。在采用流式传输方式的系统中,用户不必像采用下载方式那样等到整个文件全部下载完毕,那样会因对媒体文件大及网络带宽有限而时间花费过大,而是只需经过几秒到几十秒的启动延时(在终端内存中开辟一个缓冲区),即可在用户的计算机利用解压设备对压缩的多媒体文件解压后进行播放和观看,而剩余部分将在后台的服务器内继续下载。使人们在很低的带宽(如 14.4kb/s)到较高的带宽(如 10Mb/s)环境下都可以在线欣赏到连续不断的较高品质的音频和视频节目。应用 MPEG-4 流媒体技术,可以实现视频信号在 IP 网上的实时传输,如 IP 电视,实现影视点播、教学直播、视频会议、远程医疗、远程监控等。此外,流媒体技术也适应数字版权的保护。流媒体传输协议不再采用 HTTP 或 FTP 协议,而是专门的流媒体协议 RTP、RTCP、RTSP,相应的服务器不再采用 Web 服务器或 FTP 服务器,而是专门的流媒体服务器。RTP 是因特网/局域网中专门用于传输多媒体数据的一种传输协议,RTP 应用于点对点传输或单点到多点传输,目的是提供时间信息和实现流同步;RTCP 和 RTP 一起提供流量控制和拥塞控制任务。RTSP 是应用级协议,在播放过程中扮演着极其重要的角色,它控制着整个流媒体的播放过程,如流媒体的播放、快进、暂停、停止都要靠 RTSP 提供协议上的支持。

目前,像 Hantro、Amphion、Toshiba、Sigma 等公司以及我国的龙晶、华为、数码视讯、苗壮、杭州国芯等电子信息企业,已开发出 MPEG-4 编解码芯片,应用也越来越广泛,网络视频、高清编码、互动电视多数采用 MPEG-4 标准。

3.4 MPEG 标准的视频数据流结构

在 MPEG 的系列标准中,MPEG 对编码的数据规定了一个分层结构,运动图像序列使用 6 层结构,如图 3-7 所示。从最高层到最低层依次为:图像序列(Video equence)、图像组(Group of Pictures)、图像(Picture)、宏块条(Slice)、宏块(Macroblock)和块(Block)。

1. 图像序列层

图像序列是指一个整个被处理的连续图像。在 MPEG-2 中,图像序列不仅有逐行扫描方式,也有隔行扫描方式。不论何种扫描方式,一个编码的图像序列总是从一个序列头开始,后面跟一个图像组的头,然后是一个或几个图像。序列头中包含了图像尺寸、宽高比、图像速率等信息。图像序列以序列中一个图像终止码(EOB)结束。为保证能随时进入图像序列,序列头是重复发送的。

2. 图像组层

图像组是将一个图像序列中连续的几个具有相互关系的图像组成一组,它是为方便随机存取和编辑而加的。一个图像组总是 I 帧开头,图像组包含了时间信息。值得一提的是,

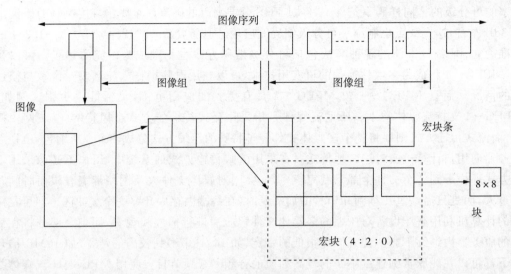

图 3 - 7　MPEG 视频数据流结构

图像组对于 MPEG - 1 总是有效的,但对 MPEG - 2 并非是固定的,也就是说,图像序列在 MPEG - 2 中不一定要分组。

3. 图像层

图像层由图像层头和宏块条层数据组成。图像是基本编码单元,也是一个独立的显示单元,可作为一个整体被显示器显示。在 MPEG - 1 中,图像扫描总是以逐行扫描的帧格式;但在 MPEG - 2 中,图像扫描既有与 MPEG - 1 相同的帧格式,也有隔行扫描的场格式。

4. 宏块条层

图像层下是宏块条层,又称条带层。在图像中,数据分成包括若干个连续宏块的宏块条,其顺序与扫描一致。每个宏块条从条层头开始,后面跟着若干个连续的宏块。宏块条是重新同步单元,当一个宏块条发生误码又不可纠正时,解码器可以跳到下一个宏块条的起始,直到准确地找到下一个宏块条并正确解码。可见,宏块条提供一种方便的机制来限制误码的传播,宏块条的数目影响到压缩效率。

5. 宏块层

宏块条层下是宏块层,是由宏块头加块层数据构成。在 MPEG 中,图像以亮度数据阵列为基准被分为若干个 16×16 像素的单位,称为宏块。宏块是进行运动补偿(帧间编码)的基本单位,其运动补偿所必需的运动矢量的确定(实际是较为精确的估值),是以宏块在参考图像上做匹配为依据。宏块其实不仅包括一个亮度矩阵,还包括两个色度矩阵。

在 MPEG - 2 中,宏块代表构成一个宏块的亮度像块和两个色差像块的数量关系,它定义了 3 种宏块结构:(1)4：2：0 宏块,它表示一个宏块下包含 4 个亮度像块,1 个 C_b 色差像块和 1 个 C_r 色差像块,其中每个色差像块大小为 8×8;(2)4：2：2 宏块中包含 4 个亮度像块,2 个 C_b 色差像块和 2 个 C_r 色差像块,其中每个色差像块大小为 8×16;(3)4：4：4 宏块中包含了 4 个 C_b 色差像块和 4 个 C_r 色差像块,其中每个色差像块大小为 16×16。

6. 块层

宏块层下是块层,是 MPEG 码流中的最低层,每个块是一个 8×8 像素的数据阵列。与宏块不一样,块只包含一种信号元素,即它或是亮度数据阵列,或是某种色度数据阵列。块是进行 DCT 的基本单元,宏块在进行 DCT 处理之前被分成若干块。在帧内编码时,由于不存在预测补偿,直接进行 DCT 编码。

可见,组成 MPEG 视频数据流的各个层次都与一定的信号处理有关。即:视频序列是节目的随机进入点,而图像组则是视频编辑或访问的随机进入点,图像或帧是编码处理的单位,宏块条是用于同步的单位,宏块是运动补偿的单位,像块则是 DCT 处理的基本单元。

3.5　MPEG 标准的编码特点

MPEG 视频定义了 3 类图像:第一,帧内(Intra -)编码图像,在编码时不对其他图像进行参考,它们提供编码序列的直接存取访问点,并从这一点开始解码;第二,预测(Prediction)编码图像,使用运动与补偿预测进行有效编码,预测时使用过去的帧内编码图像,并且 P 图像一般又用作进一步预测的参考;第三,双向预测(Bi-prediction)编码图像,提供最高的压缩比,但是它需要过去参考图像和将来参考图像进行运动补偿,双向预测编码图像从不用作预测时的参考。3 种图像帧编码形式如图 3-8 所示。

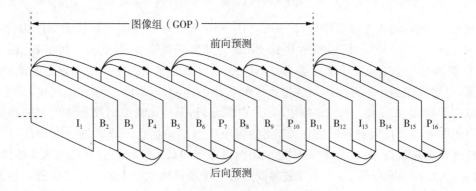

图 3-8　MPEG 编码帧的结构形式

由图 3-8 可见,B 帧图像编码既需要过去的 I 帧,也需要后来的 P 帧,进行有运动补偿的双向预测。虽然 B 帧图像能提供最高的压缩比,但需要的存储器容量大,且等待时间长,代价较高,但采用 B 帧的优点是在极低码率和快速运动下图像质量较好,这是 I 和 P 帧所不及的。但相应地,P、B 帧所携带的信息,依附于 I 帧的存在,P、B 图像的形成主要是利用帧间或场间的相关性。运动补偿的目的是去掉相邻图像之间的位移差异,使两幅图像的内容尽可能相近,更好地利用了活动图像的时间相关性,或者说经过位移后的前帧图像与本帧图像的时间相关性大大增强,从而避免了运动拖尾的现象。

I 帧采用帧内编码模式即 JPEG 标准的编码模式,I 图像帧不考虑其他帧,只利用它自己的信息进行编码。鉴于 I 图像帧是图像组 GOP 中的图像帧的接入点,所以在它们进行编辑或重建时不需要其他图像帧的数据,这种方式可以做到精确的帧定位,且大多数 I 帧只是采用诸如 DCT 之类的变换压缩,因而压缩率低,但信息量大,它是 P 帧和 B 帧图像的参考帧,是恢复其他帧图像的核心帧和关键帧,但 I 帧图像的错误具有很强的传播能力。P 图像帧由一个过去的帧内编码图像帧(I 图像帧)或预测编码图像帧(P 图像帧),采用有运动补偿的帧间预测(场间相关性的预测也称为帧间预测)进行更有效的编码,它通常用于进一步预测之参考。因此在 MPEG 图像组(GOP)的编码中,I 帧编码质量的好坏直接影响到整个 GOP 的重建质量,而且对于运动较缓慢的图像来说,I 帧的复杂度基本上可以代表该 GOP 的复杂度。鉴于 I 帧和 P 帧是产生全部 B 帧的基础,在 MPEG 的编解码中,通常在更换场景后的第一帧即为 I 帧,一个 GOP 通常为 12 帧,且 12 个帧中必有一个 I 帧,3～4 帧中有一个 P 帧,一个 MPEG 编码的图像组中各类帧(I、B、P 帧),从压缩编码到传送、解码直至显示等,其顺序是不同的,即:图像的自然顺序(空间的时间顺序:1,2…)=摄取顺序=显示顺序,编码顺序=传送顺序=解码顺序,但显示顺序≠传送顺序,如图 3-9 所示。

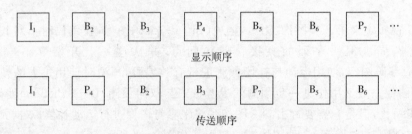

图 3-9　MPEG 视频码流(帧)显示顺序与传送顺序

可见:解码器输入图像顺序是:$I_1 \rightarrow P_4 \rightarrow B_2 \rightarrow B_3 \rightarrow P_7 \rightarrow B_5 \rightarrow B_6$…而显示顺序为:$I_1 \rightarrow B_2 \rightarrow B_3 \rightarrow P_4 \rightarrow B_5 \rightarrow B_6 \rightarrow P_7$…即按顺序 P_4 比 B_2、B_3 先从解码器输出,但显示必须在 B_2、B_3 之后,所以 P_4 要经过一个重新排序缓冲器再显示。所以实现上述编码顺序的调整是在编解码器的前面,设置存储器用以待编码帧的排序或帧重排的。此外,MPEG 图像编码中,每个视频帧都以三种模式(即 I 帧、P 帧、B 帧中的之一)帧编码,其中 I 帧编码没有任何帧间预测,因而在解码时不需要任何以前的信息。I 帧的视频序列字头信息前缀数据之起始端,可作为视频比特流的随机进入点。P 帧图像是采用图像序列中最近已编码的 P 图像或 I 图像进行预测的。B 帧预测的原理是:一个视频帧既与过去出现的帧也与未来出现的帧密切相关,其压缩比在三类预测压缩编码帧中是最高的,应用也最多。

MPEG 的视频编码算法是 H.261 的重要发展和改进,MPEG 虽然规定了视频编码的算法,以及传输的数码流应该符合规定的语法和语义,而且解码器对于符合语法和语义要求的数码流能够正确解码,但是各种编码器中的编码控制策略完全是开放的,而且编码器与解码器具有"主"和"从"的关系。因而解码图像质量除了传输信道的误码情况以外,主要取决于编码器的算法优劣。

(1)H.261 的视频编码采用有运动补偿(由运动估值器计算运动矢量)的帧间预测。对原始图像数据进行 8×8 像素块共 64 个像素的离散余弦变换即 DCT,以利用电视图像在空间域的相关性,在 DCT 变换域中对 8×8 的 DCT 变换系数(64 个)设置自适应量化器,以充分利用人们的视觉特性及电视图像在时间域的相关性;再采用 Huffman 或算术实现变字长熵编码。此外 H.261 建议采用层次化数据结构,将图像数据划分为四个层次,即图像层、块组层、宏块层和块层。然而在视频编码过程中把图像分割成有不同运动的物体是比较困难的,通常采用两种比较简单的方法。一是把图像分成若干矩形块,假设块做平移运动,对块进行匹配运动估计。此法精度低,但它的位移跟踪能力强,且实现容易。二是对每个像素的位移进行递归估计。此法精度高,对多运动画面的适应性强,但它的跟踪范围小,实现复杂。

(2)MPEG 对 H.261 的视频编码算法改进要点。MPEG 标准增加了双向预测编码图像(即 B 图像帧和图像组)的概念,由于在时间域是正负方向进行的,有运动补偿的帧间内插预测可以有更高的图像压缩。随机存取对于电视图像的数字存储和编辑极为重要,此外,还考虑到信道误码的扩散问题。

(3)帧间预测的编码帧数决定视频压缩比。实际情况下 I 帧、P 帧和 B 帧图像的数据量不同,而且差别有时还相当大。大量的实验证明,帧内编码的 I 帧图像比特数约为原图像比特数的 1/12~1/35(仅采用 DCT 变换,获得人眼不易观察出失真的图像)。在编码传输中 I 帧优先级最高;P 图像帧只需要约 1/3~1/2 的 I 图像帧的比特数;B 图像帧提供最高的压缩比,约为 I 图像帧的 1/9~1/7 比特数。显然,这里的编码效率主要由 B 帧的压缩比决定,所以在视频压缩编码中大量使用双向帧间预测的 B 帧编码,在最新编码标准中(如 H.264、AVS 等)也是采用大量的双向预测编码帧。譬如在 MPEG - 2 中,视频编码率为 1.2Mb/s,其中每 I 帧图像含有 152kbit(压缩前数据量约为 4.5Mbit),每 P 帧图像含有 80kbit,每 B 帧图像一般小于 23kbit。由于一个图像组中含有 3 个 P 帧,8 个 B 帧,所以每个图像组共有 $152+3\times80+8\times23=576$kbit,平均每个图像帧为 48kbit,而对于帧频为 25Hz 的电视图像而言,其视频数码率为 $48\times25=1200$kbit$=12$Mb/s,上述计算的是平均数据量及数码率。

另外三类图像如何组合和选定,MPEG 完全是开放的。在一幅图像帧内部的编码之基本单元是宏像素块(运动补偿的基本单元),在每幅图像帧内部,各个宏像素块按下述顺序进行编码,从左到右,从上到下。每个宏像素块包括 6 个 8×8 像素块的分量,4 个亮度像素块,一个 Cb 色度像素块和一个 Cr 色度像素块,色度信号的空间分辨率低于亮度信号。图 3-1 所示的就是一个 4:2:0 宏像素块的结构。值得注意的是,4 个亮度像素块覆盖的图像显示区域与色度像素块中的每一个所覆盖的区域相同。在 MPEG 编码中,由于采用不同压缩比的 I、P、B 帧图像编码,其码率差别较大,如果不设置缓存器控制策略,势必因其输入与输出的不平衡导致缓存器"过满或取不出"。根据缓存器容量和信道速率来调整各编码单位的量化步长,可从图像层和宏块层对量化步长因子进行控制和调整。

显然,MPEG 是基于帧间压缩的一种算法,它除了一些关键图像帧外,许多中间帧仅记录与关键帧不同的内容,称为预测帧,由于视频帧之间的相关性高,所以 MPEG 可获得很大的压缩比,且有较好的图像质量,因而在视频传输、存储等方面有较高的优势。

3.6 MPEG 标准的编解码原理

3.6.1 MPEG 标准的编码原理

在 MPEG 编码中,为了充分利用帧间相关性,有效地提高编码压缩比,采用了 3 种形式的编码帧。事实上,MPEG 的编码就是对这 3 种帧进行编码的过程。MPEG 系列的编码原理基本相同,如图 3-10 所示。许多先进标准的编码原理与该图的编码思想相似。

鉴于 MPEG 帧间图像压缩需要,其显示顺序不同于其编码顺序,编码器的输入端第一任务为帧重排,便于双向预测帧即 B 帧的处理。因为 B 帧需要后向的预测帧,后向预测有利于预测前一帧中未出现的无覆盖区域,且 B 帧压缩比最大,使用也最多。这样在编码时利用帧重排过程将待预测编码 B 帧所用到后面的 I 帧或 P 帧,将其挪到该 B 帧的前面去,或者说待预测编码的 B 帧被挪到相应 I 帧或 P 帧的后面去,而后再进行预测与运动补偿。将

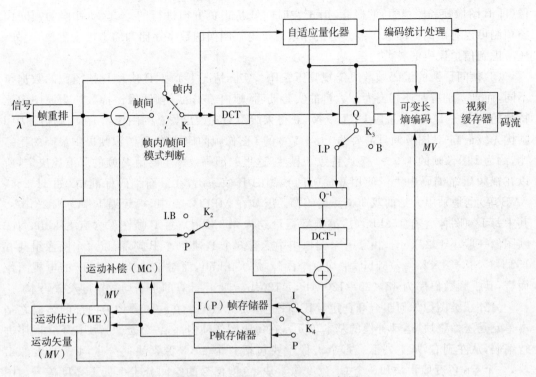

图 3-10　MPEG 压缩编码原理框图

原始图像顺序送入帧重排(存储器)后再进行编码,重排后的帧序作为帧组层内的帧编号。

当输入 I 帧时,在图中 K_1 置于帧内状态,K_2 置于上方的断开状态,K_3 处于连通状态。此时的 I 帧编码就是以宏块为单位直接顺序地输入离散余弦变换,经过 8×8 像素块变换后,输入到量化器进行量化处理,而后一路送入图像复用编码器(Huffman 编码或算术编码等),并加入各种辅助信息,形成码流送入传输缓冲;另一路则向下送入反量化器和反离散余弦变换,经加法器由帧标志符送到 I 帧存储器,以供后面 P 帧或 B 帧预测编码用(I 帧与 P 帧存储器只是容量大小不同)。自适应量化控制器对于 3 种类型的帧都是适用的,作用是及时地检测复用编码器输出的码率,反馈到编码统计处理器,对各图像条、各图像块的码率进行统计,及时计算当前码率与上限码率之间的差距,以便相应地选用或调整量化步长,使总码率始终保持平稳顺畅。因为 I 帧编码无须其他帧做参考,因此 K_2 应断开。当输入 P 帧时,K_1 置于帧间状态,K_2 和 K_3 均接通。P 帧图像以宏块为单位一路送入运动估值器,同时把存储在存储器中的前 I 帧或 P 帧也送入运动估值器,针对当前 P 帧中的宏块在前 I 帧或 P 帧中快速搜索出最接近的块即匹配块,得到相应的运动矢量(MV),该 MV 一路送入编码器作为码流重要的附加信息编码,另一路送入运动补偿电路中,通过与同时送来的 I 帧或 P 帧图像进行运动补偿,在 I 帧或 P 帧中找出当前 P 帧宏块的匹配宏块,将此匹配宏块再送入到减法器中去,与输入 P 帧中对应的宏块取差值,后面的步骤与 I 帧编码类似。

当输入 B 帧图像时,K_1 置于帧间状态,K_2 和 K_3 均置于断开状态,即 K_2 和 K_3 分别向上和向右。对 B 帧编码时,除了用到其前面的 I 帧或 P 帧,还要用到其后面的 I 帧或 P 帧,这一点通过前面的帧重排已经将该 B 帧需用后面的帧存储到相应的 I 帧或 P 帧存储器中去了,因此当 B 帧宏块输入到运动估值器中时,I 帧和 P 帧也按一定的规律先后送入运动估值器,进行以下几个步骤：

① 首先根据 B 帧宏块的位置，在 I 帧内相应位置附近快速搜索匹配宏块，把找到的匹配宏块所对应的运动矢量记为 MV_1，并进行第二步；如果能够搜索到完全匹配的宏块即相等的宏块，不再进行第三步。

② 根据 B 帧宏块位置在 P 帧内快速搜索，同样把找到匹配宏块所对应的运动矢量记为 MV_2，并进行第三步；如果能够搜索到完全匹配的宏块即相等的宏块，也不再进行第三步。

③ 将找到的两个运动矢量分两路输出，一路送到复用编码器编码，另一路送到运动补偿器。由两个运动矢量分别找到 I 帧的匹配宏块和 P 帧的匹配宏块，将它们按一定的比例相加后，再由运动补偿器输出，作为帧间预测值，然后送入减法器与当前被编码的 B 帧对应宏块相减得到预测误差块，然后进行变换、量化与熵编码。B 帧传输的数据量主要为运动矢量，同时由于 B 帧不作为参考帧，所以不必经反变换、反量化到存储。

当编码相应的 I、P、B 帧时，在其帧码流前恰当位置上插入帧 PID 标志符，以便解码。

3.6.2　MPEG 标准的解码原理

MPEG 解码主要就是针对 I、P、B 编码帧的解码，首先通过对接收的输入码流解复用，从接收数据包码流的包头中分别过滤出 PID 信息，根据帧标志符，以此判断当前接收的是何种帧。如图 3-11 所示即是一个 MPEG 解码原理图。

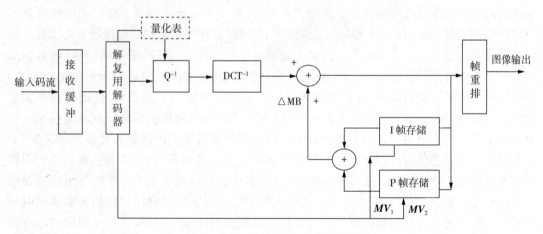

图 3-11　一个 MPEG 解码原理图

1. I 帧解码

I 帧解码是以图像组为解码单位时所必需的第一帧，因为它是其他帧（P 帧或 B 帧）解码时的参考帧。如果该图像组的第一帧 I 帧丢失，则整个图像组其他帧的解码质量将大为下降，甚至无法解码而丢弃。当收到 I 帧送入解码器时，首先经过接收缓冲器和图像解复用解码器，解码后的数据送入反量化器（Q^{-1}）和反离散余弦变换器（DCT^{-1}）。量化器需要的量化表通常存储在解码器中，由于 I 帧采用帧内编码，无须其他帧的参考信息，故经反变换后的数据即为 I 帧图像数据（码流），也无运动矢量输出。但从 I 帧码流中分离出量化步长标识数据，去控制和选择量化的方式，即选择量化表。通过图中上面的加法器输出的 I 帧数据分为两路输出：一路由帧标志符存入 I 帧存储器，以备后来的 P、B 帧解码之用；另一路经过帧重排存储器，复原为编码前的帧顺序显示输出（分组的 I 帧可直接输出显示）。

2．P帧解码

P帧输入解码器的信息数据为宏块预测差值，并具有运动补偿矢量。经过解复用解码器之后，取出运动矢量送入相应的 I 帧或 P 帧存储器（如 DRAM），在对应的帧内找出与发送端编码时相一致的预测宏块。与此同时，由解码器输出的差值数据经过反量化器（Q^{-1}）和反离散余弦变换器（DCT^{-1}）后送入加法器，在加法器中与相应的 I 帧或 P 匹配宏块数据相加，得到当前的 P 帧宏块数据。其输出分为两路：一路存入 P 帧存储器，另一路送入帧重排存储器，直到一个帧组全部解码完成，经过新帧排列，复原为编码前的帧顺序输出。

3．B帧解码

B帧输入解码器的信息数据与P帧相似，也是宏块预测差值，并具有运动补偿。但是 B 帧为双向运动补偿预测，所以经解复用解码后的矢量中，包含有两个分量，即前向与后向运动矢量及相应的补偿比例系数。将运动矢量及比例系数分别送入相应的 I 帧或 P 帧存储器，取出 I 帧或 P 帧中相应的预测宏块并乘以比例系数，再相加之后作为合成运动补偿预测值送入加法器。另外，解复用解码器输出的信息差值数据经过反量化器和反离散余弦变换器后也送入加法器，与合成的预测数据相加得到原 B 帧宏块数据，直接送入帧重排存储器。由于 B 帧不作为预测参考帧，故不再送入运动补偿预测帧存储器。

值得一提的是，由于目前的数字视频编码机制导致在出现同样程度的码流错误时，快速运动的图像比缓慢运动的图像更容易受到影响，且对于快速运动和缓慢运动的图像出现不一样的画面质量是可能的，虽然画面质量出现了劣化，但在快速运动的图像看来要比缓慢运动的图像表现出的明显得多。其原因是视频图像在进行数字化编码时，由于 P 帧和 B 帧保存的都是匹配后的图像残值，所以在解码时他们都需依赖于前后的 I 帧图像的质量。如果 I 帧图像的数据受到错误影响，同时也会影响到其连带的 P 帧和 B 帧图像，使图像出现明显劣化，但如果错误发生在 P 帧甚至是 B 帧，则实际对解码后的显示影响没有那么明显。这种预测编码和熵编码的方式对于缓慢运动的图像和快速运动的图像就有比较大的区别，表现为缓慢运动的图像可以用更多的 P 帧和 B 帧得到更小的体积（码流），而快速运动的图像则需要更多的 I 帧来保证图像的完整性，在体积增大的同时也有更多的 I 帧在出现错误的时候容易受到影响，而导致画面质量受到较大影响。所以在出现同样程度的传输错误时对快速运动的视频图像内容影响更大。也就是说可能在同一频道，对快速运动图像有时出现马赛克甚至停顿现象，缓慢运动则正常图像，当网络拥挤时容易出现上述现象。

3.7　支持 MPEG - 2 标准的常用芯片

3.7.1　MPEG - 2 标准的常用芯片

目前，MPEG - 2 技术应用最为成熟，其编解码芯片的形式也较多，绝大多数芯片把视频解码和音频解码集成于一个芯片内，著名的有 ST、LG Semicon、IBM、LSI Logic、TI、Hyundai 及我国的北京海尔、上海龙晶、杭州国芯等电子公司。MPEG - 2 编码时分为不同档次和不同级别，因而其解码形式也不同。目前单片 MPEG - 2 解码芯片一般均含有解复用等功能的大规模集成电路，代表性的有意法半导体 ST 公司的 STi55 系列以及高清视频解码器 STi71 系列,韩国现代(Hyundai)公司的 ODMB211,富士通公司(Fujitsu)的 MB87L2250 及 LSI 公司的 SC200 系列等,以上各解码芯片主要特点及应用见表 3-2 所列。

表 3-2　典型的 MPEG-2 编解码芯片特点及应用

著名公司	典型的芯片及其主要特点	应用
ST 公司 (全球最大的 半导体公司)	STi5518 是 STi5516 的升级产品,增加了杜比数码和 MP3 音频解码。81MHz 的 32 位 CPU,4kB 字节的 SDRAM 存储器;内置 PAL/NTSC/SECAM 编码器,支持 RGB、CVBS、Y/C 和 YIN 输出;支持 MPEG-2 MPML 音频/视频解码器,高性能在屏显示,片内传输流解复用支持并行/串行输入,DES/DVB 解扰,32 个 PID,支持 MODEM,具有 44 位可编程 I/O 接口,两个智能卡接口,具有 IR 发射/接收器	四川九洲公司、四川长虹集团和深圳同洲公司的卫星和有线电视机顶盒、江苏银河有线、金泰克卫星数字电视接收机,等等
Fujitsu 公司	MB87L2250,包含 32 位 RISC CPU,DVB 解扰,工作频率 54MHz;32 路 PID 及 MPEG-2 音频/视频解码器,1kB 高速缓冲存储器,16MB 的 SDRAM,8 位 OSD,16 位 I/O 通用接口,两个智能卡接口,自动时钟恢复等。最新 MB87M2141 功能更强大,主频 187MHz。 最新的 MB86H 系列芯片,提供可录、交互、高清解决方案	应用于有线、地面、卫星各类机顶盒。如九洲公司、江苏银河和同洲等公司的有线电视机顶盒。该芯片价格相对较低
LSI 公司	SC2000 芯片集成了嵌入式主频为 108 MHz 的 MIPS CPU、MPEG-2 传输解复用与音视频解码器,NTSC/PAL 编码器等,具有强大的多标准音视频处理能力,便于上层应用软件的开发,支持多种外围接口; SC2005 是最新的主芯片,集成了一个嵌入式 32 位 CPU 和 32 位 RISC 系统,3 个 RS232 接口,IEEE1394/1284 接口各 1 个,Smart 卡接口,1 个 10Base-T 以太网接口及若干通用 I/O 接口,两大总线以供扩展等	采用 SC200 * 系列芯片的有四川九洲公司的 DVC 数字有线电视解码器,深圳华为技术、同洲等公司的 CDVBC 数字有线电视机顶盒及数字卫星接收机等

RISC:Reduced Instruction System Computer,即精简指令系统计算机。

在机顶盒构成方面,ST 公司的 Sti55 芯片系列与现有的其他芯片组相比,具有更强大的运算能力与丰富的接口,非常适合各种形式的数字电视机顶盒的功能开发和系统集成以及增值业务开发平台。ST 芯片较同类芯片的市场占有率超过 50%,国内的众多机顶盒均以 ST 芯片为核心,其主要特点有:

(1)该芯片组处理能力强,速度快,适合 SDTV 到 HDTV 机顶盒的应用。能处理多达 5 路独立流,其中包括 2 路 MP@HL MPEG 流(1 路高清,1 路标清)。最大解码率为 315000MBs/s(1 路 30Hz 的 1920×1080MP@HL 流为 244800MBs/s,1 路使用 HD-PIP 模式的 30Hz 的 1920×1080MP@HL 流为 61200MBs/s,1 路 30Hz 的 720×480MP@ML 流为 40500MBs/s)。宏块有 4 个 8×8 的亮度数据块和两个(4:2:0)色度块或 4 个(4:2:2)色度块或 8 个(4:4:4)的 8×8 色度块。

（2）图像图形显示功能强。可提供多种显示流水线、显示表管理、多种调整显示大小的水平和垂直过滤、色调调整以及 2D 图形加速引擎等功能，能够驱动多种视频格式应用（如电视内容、互联网内容、IP 视频及 H.26x 等）。

（3）可配置的存储空间大，64Mbytes 的 DDR SDRAM 能够通过 MPX 协议配置为代码空间。此外，Flash 在 8Mbits 以上。

3.7.2　STi5518 机顶盒芯片的原理分析

STi5518 是意法半导体（ST）公司研发推出的数字电视解码芯片，也是目前应用最为广泛的芯片之一，该芯片共有 208 个引脚，采用 PQFP 封装（市价约 40 元），其功能模块如图 3-12 所示。

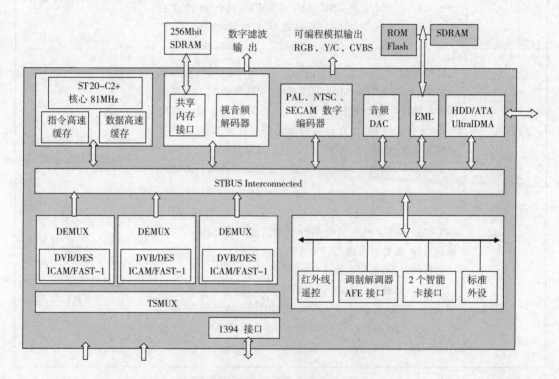

图 3-12　STi5518 芯片的功能模块结构图

1. STi5518 内部硬件环境

包括一个 32bit 位的嵌入式 CPU，主频为 81MHz，工作于 STLite/OS20 操作系统平台上（系统也支持 Linux 操作系统）；6 个分离配置的内存块，可选择 8、16 或 32 位宽；支持 SRAM、SDRAM、MPX 和 Flash；支持总线主从模式。此外，STi5518 提供 3 个可编程传输接口，支持 DVB 和 DIRECTV，集成的 DES-ECB、DVB 解扰器，满足 NDS 随机访问加扰流协议；提供满足 ATA-5 的硬盘接口，支持 Ultral DMA mode 4 以下几乎所有的传输模式，最大数据传输率 66Mbytes/s；支持存取硬盘数据的 DES 加密和解密；STi5518 提供 PAL/NTSC/SECAM 编码器，MPEG-2 MP@ML 视频解码器，提供图形模块，音频子系统，还有支持键盘、遥控器和条件接收模块等的外设接口。STi5518 除了具有 STi5500/5514 特点外，还具有 3D 环绕立体声即杜比数码和 MP3 等特点，芯片外观如图

3-13 所示。

2. STi5518 主要接口

(1)Flash 接口。FLASH 处于 STi5518 的外部存储接口 EMI 上,系统启动代码固化在 Flash 的指定区域中。另外一些信息、文件系统及其他数据也保存在 Flash 中。STi5518 有两个存储器接口,系统存储接口 SMI 为 STi5518 本地存储器接口,且在单一的存储系统中应用,包括图形、视频和音频等缓存。该接口用来完成所有的 STi5518 数据请求,在高性能的非单一存储系统中,外部的数据 SDRAM 能够放在 EMI 上。启动时,指令能够从 Flash 中执行,也可以装载到 SMI 上的

图 3-13　STi5518 芯片

SDRAM 中(单一存储系统中)或 EMI 上的 SDRAM 中(高性能的非单一存储系统中)执行。

(2)EMI SDRAM。EMI 能提供 SDRAM、SRAM、Flash 和外设的无缝接口,有 6 个 32 位宽的可配置的内存块。系统 EMI 能够从总线主模式或者从模式运行,允许 STi5518 与其他总线控制器共享系统总线。总线周期选定时,对慢速外设能够从 0 到 15 个相位编程。EMI 也支持符合 MPX 协议标准的突发模式处理。

(3)链路接口或传输流接口。接收来自 DVB 或 DSS 的传输流输入,从传输码流中提取用于解码和播放的基本码流包,并存入由解码器控制单元使用的缓冲器中。链路连接前端接口到 MPEG 解码器和 ST20,主要由下述单元组成:获取 RAM 以及 NRSS(可恢复安全系统)接口、解扰器单元和高速数字音视频(SDTV)/1394 接口。STi5518 包含 3 个可编程传输接口,能够用于 3 路传输流同时解复接和解扰,其传输流通过并/串和一个串行接口输入,传输流接口(PTI)完成传输流解扰、解复接和数据过滤。PTI 模块通过混合运用硬件和运行在传输控制器上的软件来实现传输流的解扰和解复用。PTI 通过寄存器来设置,可以被其内部的两块共享存储器来编程,两个存储器一个用来存放指针,一个用来存放数据。

(4)硬盘驱动接口。IDE(ATA)硬盘接口是 STi5518 上连接一个或两个外部存储设备(如硬盘、DVD ROM 和 DVD RAM,每个都有专门的协议)的专用接口。该接口支持 PIO 模式 0 到 4、DMA 模式 0 到 2 和 Ultra DMA 模式 0 到 4 的 ATA-5 接口规范,支持最大的突发模式数据传输率为 66Mbytes/s。该接口给基于数字电视机顶盒上硬盘录放功能的实现提供了必需的硬件保证,提供了硬盘部分的支持。

(5)STi5518 为了适应不同的机顶盒应用,来自于一些外设的输入和输出信号不直接和设备的端口相连。可以通过设置 PIO 口的两个控制位来设置不同的功能,同时采用不同的软件来驱动各种外设,具有很大的灵活性。遥控器、键盘、智能卡以及调制解调器(Modem)等都是通过 PIO 来控制的,针对不同的外设,需要对 PIO 接口进行配置,同时提供底层的驱动。

另外,还有两个用于条件接收的智能卡接口,两个通用异步收发器接口等。STi5518 供电电压为 2.5V 或 3.3V,其他电路采用 5V 供电。

3. STi5518 基本工作流程

数字电视机顶盒的系统程序通过 DCU 装载于 Flash ROM 内,加电启动后,各芯片进行上电复位,主控芯片 STi5518 从 Flash ROM 中将程序加载到 SDRAM 并开始进行程序。

首先,完成系统软硬件初始化,包括时钟初始化、系统内存初始化、硬盘初始化以及视音频解码芯片初始化等过程,同时建立多个任务和中断。完成初始化后,系统可以响应用户的遥控器指令,通过 I^2C 总线设置调谐器搜索节目。调谐器锁定频道后产生中频信号,中频信号经信道解调解码器处理后输出 TS 码流,主控芯片 STi5518 首先完成 TS 流解复用(DEMUX),滤出需要的基本码流分别送入视频、音频解码器,经过解码之后产生视频信号和音频信号,通过链路接口存入外部 SDRAM 中,再按实际播放顺序读出,或者通过STi5518 将选中的节目通过硬盘接口存储到硬盘中。

系统也可以响应用户的遥控器指令,列出硬盘上的所有节目信息,供用户选择。STi5518 从硬盘读取用户选中的节目 TS 码流信息,解复接并将得到的基本流送入视音频解码器中解码播放。STi5518/5514 均为 5500 的升级产品,除集成了 STi5500 所有功能外,还增加了更多的功能,且性能也更加稳定。

4. 芯片的发展

目前,视频编解码芯片以高清双向、多功能以及融合多标准为发展方向。主频 200MHz的 STi7710 是 ST 公司用于单芯片、低成本、高清双向应用的数字机顶盒解码芯片,该芯片集成了众多高清解码的特性,包括增强型的安全特性。STi7710 还支持 HDMI 和 HDCP 标准,支持高速 USB 接口,支持 3 路 TS 信号输入,其中 1 路有双向功能。可支持高清显示的视频编码格式有:1080i/720p、480p 和 480i;模拟 RGB 或 YPbPr HD 输出,HDMI 编码,数字视频 HD 输出;标清显示有模拟 YPbPr、CVBS 和 Y/C SD 输出。在音响方面,STi7710除有 MPEG - 1 层 I/II、MP3、MPEG - 2 层 II、AAC、AC3 等功能外,还提供了 Dolby Pro Locig 和 SRS TruSurround XT 虚拟环绕声功能。ST 公司新近推出的 STi7105/7109 主频266MHz,可支持 MPEG - 2、H. 264 标准双向的高清解码;以及推出的一款解调器和解码器二合一芯片 STi7167,以互联网电视、地面或有线机顶盒为目标,应用 STi7167 可让设备厂商能够使用更少的元器件制造入门级的"zapper"机顶盒,节省材料和组装成本。片上集成的 H. 264/MPEG - 2 解码器的设计与意法半导体的 STi7105 独立解码器完全相同。此外,为提高应用灵活性,降低产品成本,片上集成用户可选的 DVB - C 和 DVB - T 解调器。

3.8　H. 264、H. 265 标准简介

1999 年 ITU - T 以 H. 263 为基础,开始研究新一代的低码率视频压缩标准 H. 26L。H. 26L 标准运动补偿算法可预测块大小可变,有基于 1/4 像素(QCIF)和基于 1/8 像素(CIF)精度的 MC,预测帧可选多个参考帧等,这些都可以有效提高运动预测精度。为了响应 ISO/IEC MPEG 对先进视频编码技术的需求,ISO/IEC 与 ITU - T 在 2001 年成立联合视频工作组,在 H. 26L 的基础上开发新的标准,即 JVT 标准。在 ISO/IEC 中,该标准的正式名称为 MPEG - 4 AVC 标准,作为 MPEG - 4 标准的第十部分,而在 ITU - T 中的正式名称为 H. 264 标准。2002 年 12 月,JVT 形成最后的标准草案。

3.8.1　H. 264 标准的主要内容

作为新一代运动图像压缩标准,H. 264/AVC 的主要目标是提供比 H. 263 和 MPEG - 4 更高的编码性能,据数据分析,在同等的画质下,H. 264 比上一代编码标准 MPEG - 2 平

均节约 64％的传输码流,而比 MPEG－4 ASP 要平均节约 39％的传输码流,有利于存储与网络传输;在专利许可政策上,H.264 也吸取了 MPEG－2 及 MPEG－4 part 2 的经验和教训,推出了较之前标准更低和操作性更强的许可政策。引入面向数据包的编码有利于将数据打包在网络中传输,支持流媒体服务应用;具有较强的抗误码特性,以适应在噪声干扰大、丢包率高的无线信道中传输,正好适应目前国内运营商接入网带宽还非常有限的状况;对不同应用的时延要求具有灵活的适应性,且编码与解码具有可扩展性,等等。因此,H.264 是一个较好地面向 IP 和无线环境下的数字视频压缩编码标准。

1. H.264 的特点

H.264 在预测、变换、量化及熵编码等方面较以前的 MPEG－4 和 H.263 有了重要改进,使其更适合网络传输,抗干扰更强。H.264 新特点有:①按功能进行分层;②基于宏块的运动补偿预测;③采用更小块进行整型变换编码;④多种变换和量化方式的使用;⑤采用块间滤波器提高性能等。

H.264 标准将图像压缩系统分为网络抽象层 NAL(Network Abstract Layer)和视频编码层 VCL(Video Coding Layer),其中 NAL 的作用是把用于承载 VCL 数据的网络传输层抽象出来,为 VCL 提供一个与网络无关的接口。NAL 定义了数据封装的格式和统一的网络接口,数据承载在网络抽象层单元中,这有利于对数据进行打包并在网络中传输。VCL 的作用是通过时域与空域的预测,变换编码和熵编码等压缩技术来完成对视频信息的压缩,并可以根据当前的网络情况调整编码参数(如帧率)来适应网络的变化。此外,这种分层结构有利于压缩编码和网络传输之间的分离,使编码层可以移植到不同的网络结构中。

2. H.264 图像压缩系统

H.264 标准压缩编码的系统结构与 H.263 以及 MPEG－2 相差不大。但在具体细节上,如运动预测、帧内预测、变换量化及熵编码方面有鲜明个性。

关于预测。帧间预测用于降低图像的时域相关性,通过采用多帧参考和更小运动预测区域等方法对下一帧进行精确预测,从而减少数据量。目前 H.264 只有 4∶2∶0 的格式,4∶2∶2 和 4∶4∶4 以及超过 8 比特解析率的相应标准部分尚在制定中。在 4∶2∶0 模式中,每个宏块包含一个 16×16 亮度样本和两个 8×8 的色度样本。其中 H.264 为亮度提供如图 3－14 所示的 16×16、16×8、8×16 和 8×8 等宏块划分模式,其中 8×8 宏块还能进一步划分为 8×8、8×4、4×8 和 4×4 子宏块,每种划分中的各分块均有各自的运动矢量。

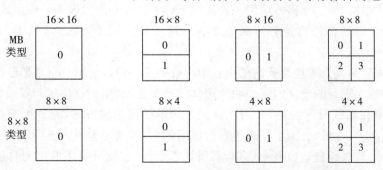

图 3－14　H.264 为亮度提供的 4 种宏块划分模式

　　为了得到更高的压缩编码性能,H.264 将运动矢量的精度提高到 1/4 像素。1/4 像素采样值的获得分两步:第一步由多个整像素点的采样值经过 FIR 滤波器输出得到 1/2 像素精度插值,再用已得到的 1/2 像素值继续通过相同的 FIR 滤波器得到余下的 1/2 像素值;第二步用 1/2 像素值进行双向线性插值得到 1/4 精度的像素值。

　　H.264 有多种预测模式,如对亮度帧内预测,支持 INTRA16×16(适合平滑区域)和 INTRA4×4(适合图像细节部分)预测模式,且在帧间预测编码中支持帧内预测模式。帧内空间域预测是用邻近块的参考像素(即当前块的左边和上边)做外推来实现对当前块的预测。为了保证数据帧的独立性,帧内预测只能在当前帧中进行,包括编码输入的第一帧。帧内预测以绝对误差和为标准选取最佳预测模式,去除空间上的冗余。

　　(1)块间滤波器。视频信息编码重构以后块间亮度落差较大,会产生使人敏感的块效应。H.264 通过引入块间自适应滤波器,能够有选择地对块间信号进行平滑,以平滑块间亮度落差,提高图像质量。块间滤波器使重构帧更贴近原始帧,有利于下一帧的运动预测与补偿,同时减少了预测残差。

　　(2)变换与量化。H.264 采用了亮度块直流变换、色度块直流变换与普通块(残差值)变换相结合的变换方式。对于经帧内/帧间预测所得的残差数据 H.264 采用 4×4 的整数变换,整数变换避开了常规 DCT 变换的浮点运算带来误差之不足,且整数变换有只需移位操作、不需乘法等优点。变换也是可分离的整数变换,性质与 4×4 DCT 相同。

　　具体变换时,对于 INTRA 16×16 的宏块,16 个 4×4 亮度块的直流系数在量化以后组成一个新的 4×4 块,再进行一次 4×4 变换,其结果在该宏块所有交流系数之前发送。对于色度块,量化后的 4 个直流系数组成 2×2 的块,再进行一次 2×2 的 Hadamard 变换。在有损压缩中,量化是为了将亮度、色度的频率系数除以量化矩阵的值,取其商数最近的整数。H.264 基本量化器的运作按照 $Z_{ij} = \text{round}(Y_{ij}/Q_{\text{step}})$ 进行,其中 Y_{ij} 是变换系数,Q_{step} 是量化器的步幅大小,Z_{ij} 是量化器的系数。量化值 Q 增加 1,Q_{step} 则增加 12.5%;Q 值每增加 6 时,Q_{step} 值大约成倍增长。这种量化器步幅大小调整保证了编码器精确度的同时,还灵活控制比特速率和品质的平衡性。

　　(3)熵编码。H.264 制定了基于信息量的熵编码,一种是对所有的待编码符号采用统一的可变长编码 UVLC(Universal VLC),另一种是采用基于内容或上下文的自适应二进制算术编码 CABAC(Content-Aptive Binary Arithmetic Coding),这样大大减少了块编码相关性冗余,提高了编码效率。UVLC 使用一个无限长的码字集进行编码,而所有进行编码的语法元素都使用一个码表,该码表是根据 Exp-Golomb 码生成的。使用该码表,编解码简单,解码器在出现比特错误的情况下能够迅速地获得同步,从而增强了 H.264 的容错能力。

　　对于量化后的差值变换系数则使用基于内容的 CABAC 编码。它根据已传输的语法元素的出现概率,在现有的变字编码中切换选择编码参数,利用相邻块间非零系数的个数相关和零系数集中在高频段等特性,采用从高频开始的逆向扫描方式,充分挖掘数据的统计特性,进一步提高了压缩比。为了达到更好的压缩效果,根据元素内容选择语法元素的概率模型,根据统计结果进行自适应概率估计,采用算术编码,这就是基于内容的自适应二进制算术编码。其基本步骤是,首先进行二进制化,然后选择内容模型,再通过算术编码器进行二进制算术编码,最后更新概率,如图 3-15 所示。

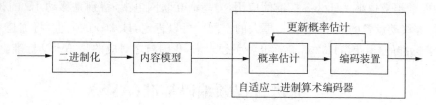

图 3-15 CABAC 编码器结构框图

编码器先将语法元素的值从简单的变长编码映射成二进制位串,这个过程称为二进制化,即把非二进制的符号如运动矢量、宏块类型、参考帧号及经变换后的残差数据等,映射成若干位二进制符号串。这种二进制化方法能区别对待出现概率悬殊的不同符号,非常符合熵编码原则。接着根据二进制位的特点选择内容模型,然后用自适应二进制算术编码对每一位的值进行编码,即得到 H.264 的输出码流。与 UVLC 编码相比,在相同视频图像质量下,编码电视信号使用 CABAC 将会使比特率减少 10%~15%。

目前在世界,H.264 已成首选标准。ST 公司已推出支持 H.264 的单芯片 STB71＊＊机顶盒解决方案,深圳茁壮与北京芯晟公司联合推出支持 H.264 解码的 CSM12＊＊系列,等等。

3.8.2 H.265 标准引领新未来

在 21 世纪信息爆炸的社会,新技术、新标准高速发展,H.265 新标准应运而生,ITU 于 2013 年 1 月批准了 H.265 标准,这个标准的正式名称是 HEVC(High Efficiency Video Coding)。尽管 H.265 在编码架构上与 H.264 相似,但 H.265 引入可变量的尺寸转换以及更大尺寸的帧内预测块、更多的帧内预测模式减少空间冗余、更多空间域与时间域结合、更精准的运动补偿滤波器等手段,计算处理多核并行速度快,适应高清实时编码,其峰值计算量达 500GOPS,H.264 仅 100GOPS,其在性能与功能上远超出 H.264。MPEG-2、H.264 及 H.265 标准在 8MHz 带宽内(64QAM)利用率比较见表 3-3 所列。

表 3-3 三种编码方式在 64QAM 模式下带宽利用率比较(8MHz 内)

	MPEG-2	H.264/AVS	H.265/AVS2
SDTV	8 套,剩余 1.4Mb/s,带宽利用率 96%	17 套,剩余 1Mb/s,带宽利用率 97.1%	27 套,剩余 0Mb/s,带宽利用率 100%
HDTV	2 套,剩余 0.4Mb/s,带宽利用率 97.1%	3 套,剩余 5Mb/s,带宽利用率 85.7%	5 套,剩余 2.5Mb/s,带宽利用率 93%
4K	不支持	1 套,剩余 0Mb/s,带宽利用率 100%	1 套,剩余 12Mb/s,带宽利用率 66%

可见,H.265 标准将让网络视频也跟上了显示屏"高分辨率化"的脚步。此外,H.264 核心算法目前已固化,难以调整或扩充以更好地满足当前多元化的数字视频,尤其是难以满足在线欣赏移动高清视频。不过 H.265、AVS2 比 H.264 复杂许多。

当前存储不成问题,重点解决速度问题,芯片架构已经从单核性能逐渐向多核并行化方向发展,H.265 标准就引入了很多并行运算的优化思路,实现高效并行算法对实时编码很重要。随着云计算技术及纳米技术的改进与提高,芯片处理能力越来越强,算法的复杂性对应的影响因素越来越小。H.265 标准的应用,为高清互联网电视,特别是移动 4G 的智能化手机、平板机等移动设备的应用,提供了更大的空间。可以肯定,H.265 的问世,将加速 MPEG-2 等一些老标准的"退市",H.265 新标准将引领未来,我国与之对应的是 AVS2 标准。

3.9　先进音视频编码标准(AVS)

AVS 标准是《信息技术先进音视频编码》系列标准的简称,其核心是把数字视频和音频数据压缩为原来的几十分之一甚至百分之一以下。数字音视频编解码技术标准工作组(简称 AVS 工作组)由中国国家信息产业部于 2002 年 6 月批准成立。工作组的任务是:面向我国的信息产业需求,联合国内企业和科研机构,制(修)订数字音视频的压缩、解压缩、处理和表示等共性技术标准,为数字音视频设备与系统提供高效经济的编解码技术,服务于高分辨率数字广播、高密度激光数字存储媒体、无线宽带多媒体通信、互联网宽带流媒体等重大信息产业应用。AVS 标准包括系统、视频、音频、数字版权管理等 4 个主要技术标准和一致性测试等支撑标准,于 2006 年 3 月正式成为国家标准 GB/T 20090.2-2006。

3.9.1　AVS 视频编解码的主要内容

与 H.264 等现有的国际视频标准类似,AVS 标准采用了一系列技术来达到高效率的视频编码。AVS 视频中具有特征性的核心技术包括整数变换、量化、帧内预测、1/4 精度的像素插值、特殊的帧间预测运动补偿、二维熵编码、去块效应环内滤波等。AVS 标准中视频解码过程的基本处理单元是宏块,一个宏块包括 16×16 的亮度样值块和对应的色度样值块,宏块可进一步划分到最小 8×8 的样本块来进行预测,共有 4 种用于运动补偿的宏块划分:16×16,16×8,8×16,8×8,如图 3-16 所示。

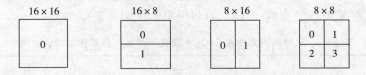

图 3-16　AVS 中 4 种用于运动补偿的宏块划分

H.264 标准中变换是基于 4×4 块的整数变换,而 AVS 中的变换以 8×8 样本块为基本单元,变换系数采用标量量化。整数变换、标量量化计算及其逆过程可以完全通过整数运算实现,与原先的浮点运算相比能有效提高计算速度,也有利于硬件实现实时系统;同时由于是整数变换,运算结果精确度高,不存在浮点运算及取整,因而可以有效地避免反变换误匹配问题,即消除了编码器与解码器之间的失配现象。AVS 中采用的整数变换系数矩阵。

不难验证,整数变换系数由 DCT 8×8 系数矩阵发展而来,这里 $T_8T_8^T$ 是对角阵,但非单位阵。即 $T_8f(x,y)T_8^T$ 并未完成所有的变换工作,整个正向 DCT 变换由 $F=(T_8f(x,y)T_8^T)\otimes E$ 给出,E 为缩放因子矩阵,$f(x,y)$ 为空域待变换的 8×8 系数矩阵,F 为变换后的频域系数,符号 $\otimes$ 代表矩阵对应位置元素相乘。通过缩放因子之后的变换才具有正交性。在实际编码器设计中,缩放因子和量化放在了一起。在解码端,反量化事实上也完成了补偿反向缩放因子的工作,而后进行反向的 DCT 变换 $T_8^t FT_8$。

　　AVS 标准对于帧内编码块亮度系数、帧间编码块亮度系数和色度系数分别定义了多个变长码表。根据解析所得语法元素的值,通过查变长码码表可以得到量化系数值(Level)和量化系数游程(Run)。解码得到一个系数值和游程后,下一个解码量化系数所参考的码表将根据前一个解码量化系数值进行选择。

　　在预测方面,AVS 同样支持多帧参考,但其 P 帧或 B 帧最多可有两个参考帧图像。对于亮度块和色度块的帧内预测,AVS 分别定义了 5 种和 4 种模式(H.264 支持 7 种模式),其中亮度帧内 8×8 块的 5 种预测方向如图 3-17 所示,图中数字表示预测方向的值。不使用 8×8 以下的模式,是因为这些模式对编码性能的影响极小。与 H.264 标准类似,AVS 在编码 Intra 图像时可以用帧内预测,帧内预测使用空间预测模式消除图像间的冗余,进一步提高压缩比。

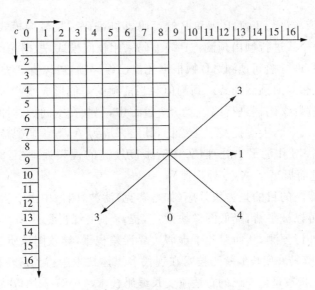

图 3-17　AVS 帧内 8×8 块的预测方向

　　帧间预测使用基于块的运动矢量消除图像间的冗余,其预测运动矢量的精度达到 1/4 像素(H.264 支持达到 1/8 像素精度)。在亮度解码时,首先进行 1/2 样本和 1/4 样本的插值,然后根据运动矢量得到相应的参考样本;色度样本插值使用对应亮度块的运动矢量,利用被插值样本周围的 4 个整数样本值进行线性插值。至于 1/4 像素样本值的获得可以分两步:第一步是由多个整数点像素样本值经过 FIR 滤波器输出得到部分 1/2 像素精度插值,再利用得到的 1/2 像素值继续通过相同的 FIR 滤波器得到余下的 1/2 像素值;第二步是利用 1/2 像素值进行双向线性插值得到 1/4 像素值。在低分辨率移动应用中,AVS 帧间预测只有 P 帧类型,与 MPEG-4/H.264 的 Baseline Profile 一样,性能也相当。

　　AVS 采用自适应环路滤波,即以宏块为单位,根据块边界两侧块类型确定边界强度,采取不同滤波策略,消除边界上产生的失真现象。在解码器中,去块滤波器在重建和显示宏块之前发生作用,根据宏块类型,宏块中 8×8 亮度块的运动矢量,求得边界滤波强度,再由块水平或垂直边界两侧样本点求得块边界阈值,根据两者关系,确定是否进行滤波以及滤波的方式。去块滤波可以使边界变得平滑,提高在高压缩比下解码图像的视觉效果。AVS 视频编码器原理框图如图 3－18 所示。

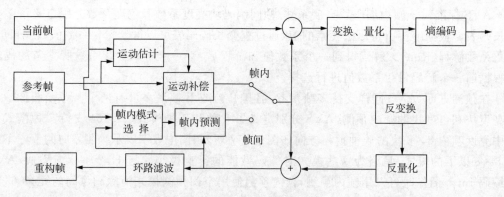

图 3－18   AVS 编码器框图

输入视频序列依次进行 I 帧、P 帧和 B 帧编码，I 帧编码采用帧内模式，其预测模式有 5 种，选择最佳的一种模式进行帧内预测。P 帧编码采用帧间模式，根据先前已编码的参考帧（可以是 I 帧或 P 帧）进行帧间预测。B 帧根据先前已编码帧，可以有 3 种模式进行预测，即跳过模式、直接模式和双向预测模式。预测值与当前帧的差值形成残差信号，其残差经过变换、量化以后，再经过熵编码器进行编码。这个过程中，视频在空间域、时间域以及统计上的冗余信息得到了有效去除，大大提高了压缩比，其结果成为 AVS 编码码流。与 H.264 不同的是，AVS 采用了 8×8 作为最小处理块，在清晰度较高的视频处理中，8×8 已经足够了，没必要采用 4×4，进而提高了 AVS 处理速度。

图中设置环路滤波的目的是去块效应（如马赛克）滤波，图像中由于运动补偿、变换及量化产生的虚假边界可以被平滑，降低图像块效应，提高了主观视觉效果。此外，滤波后的帧用于后续帧的运动补偿预测，从而避免了虚假边界误差积累，导致图像质量的进一步下降。

关于 AVS 的熵解码。变长编解码技术在现代多媒体技术中得到广泛的应用，AVS 熵编码采用其特有的基于指数哥伦布码的自适应变长编码技术。AVS 采用该技术的优势在于：一是它的硬件复杂度比较低，可根据闭合公式解析码字，无须查表；二是它可根据编码元素的概率分布灵活地确定以 k 阶指数哥伦布码编码，如果 k 选得恰当，则编码效率可以接近信息熵。鉴于 AVS 中的指数哥伦布码，其理论分析较为抽象，建议有兴趣的读者参阅相关文献。

AVS 与 MPEG－2 兼容的问题。正如 MPEG－2 没有定义编码器结构一样，只要 AVS 编码器生成的比特流符合 ISO/IEC 13818－1/－2/－3 部分中定义的比特流语法和语义的要求，利用 AVS 与 MPEG－2 系统部分的高度兼容性，实现符合 AVS 标准的节目流与传输流复用，在 Stream-id 中采用不同的比特来区分 AVS 流与 MPEG－2 流，即分别用 1110＊＊＊＊和 110＊＊＊＊来表示符合 MPEG－2 或者 AVS 标准的音/视频流。因此地面广播系统只要更换为 AVS 编/解码器即可，目前国内各级电视台广泛使用国产化的国标 AVS 制播设备。

3.9.2   AVS 与相关编码标准的比较

实验证明，采用 AVS 标准的标清（625/50i）编码图像质量达到优秀，其码率小于 3Mb/s，而采用 MPEG－2 标准达到同样图像质量码率至少 5Mb/s；高清（1125/50i）AVS 只需 6～10Mb/s，而采用 MPEG－2 则为 20Mb/s 以上。可见，AVS 编码效率是 MPEG－2 的 2～3

倍（HDTV 达 4 倍），就是说在一个模拟电视频道上可以传输 16 套标清电视节目。信道利用率更高，优于国际上的 MPEG - 4 AVC/H. 264 标准。虽然 AVS 继承了 H. 264 不到 10％的内容（90％以上是创新），但 AVS 编码方案简洁，且复杂度均低于 H. 264，尤其在高清部分处于明显的领先地位。传统的 MPEG - 1、MPEG - 2 及 H. 26x 压缩倍数普遍不足 50 倍，即使按此值计算，如果以百分之百的数据压缩，剩下 2％的数据需要传输；而同样的数据，对于 H. 264、AVS、标准，仅需不足 1％的数据。所以 AVS、H. 264 共同成为 IPTV 国际标准中的三个视频编码格式标准（又称第二代信源编码技术）。为进一步了解 AVS 与世界上相关标准性能上的差异，表 3 - 4 给出了主要技术参数的比较。

表 3 - 4　AVS 与其他主要标准的技术参数对比

编码工具	AVS	H. 264	MPEG - 2
帧内预测	基于 8×8 块，5 种亮度预测模式，4 种色度预测模式	基于 4×4 块，9 种亮度预测模式，4 种色度预测模式	只在频域内进行 DC 系数差分预测
多参考帧预测	最多 2 帧	最多 16 帧	只有 1 帧
变块大小运动补偿	16×16，16×8，8×16，8×8	16×16，16×8，8×16，8×8，8×4，4×8，4×4	16 × 16，16 × 8（场编码）
B 帧宏块直接编码模式	时空域结合，当时域内后向参考帧中用于导出运动矢量的块为帧内编码时，使用空域相邻块的运动矢量进行预测	独立的空域或时域预测模式，若后向参考帧中用于导出运动矢量的块为帧内编码时，只是视其运动矢量为零，依然用于预测	无
B 帧宏块双向预测模式	称为对称预测模式，只编码一个前向运动矢量，后向运动矢量由前向导出	编码前后两个运动矢量	编码前后两个运动矢量
1/4 像素运动补偿	1/2 像素位置采用 4 拍滤波；1/4 像素位置采用 4 拍滤波、线性插值	1/2 像素位置采用 6 拍滤波；1/4 像素位置采用线性插值	仅在半像素位置采用双线性插值
变换与量化	8×8 整数变换，编码前进行变换归一化，量化与变换归一化相结合，通过乘法与移位实现	4×4 整数变换，编解码都需要归一化，量化与变换归一化相结合，通过乘法与移位实现	8×8 浮点 DCT，除法量化
熵编码	适应性 2D VLC，编码块系数过程中进行多码表切换	CAVLC：与周围块相关性高，实现较复杂 CABAC：计算较复杂	单一 VLC 表，适应性差
环路滤波	基于 8×8 块边缘进行，简单的滤波强度分类，滤波较少的像素，计算复杂度低	基于 4×4 块边缘进行，滤波强度分类繁杂，计算复杂度高	无
容错编码	简单的 Slice 划分机制足以满足广播应用中的错误隐藏，恢复需求	数据分割，复杂的 FMO/ASO 等宏块，条带组织机制，强制的 Intra 块刷新编码，约束性帧内预测等	简单的 Slice 划分

注：CAVLC：基于上下文的自适应变长码；CABAC：基于上下文的自适应二进制算术编码；VLC：变长编码。

须指出,AVS 在性能上接近 H.264,但复杂性低于 H.264 近 50%,目前在 AVS 基础上发展提升的 AVS+,已经迅速应用到所有的卫星电视直播中,原来一套标清节目码流平均在 2.5Mb/s 以上,现在一套标清节目码流平均在 1.9Mb/s 以下。

2014 年 12 月,面向高清/超高清视频应用的新一代 AVS2 编码标准正式定稿,AVS2 编码效率比上一代标准 AVS+ 和 H.264/AVC 提升了一倍,综合编码性能超越了由国际标准化组织 ISO/IEC MPEG 和 ITU-T VCEG 联合制定的 HEVC/H.265,成为目前国际上最先进的视频压缩标准。但同时 AVS2 编码复杂度比上一代标准大幅升高,AVS2 编码加速技术需求迫切,高清实时编码器 uAVS2 研制成功为 AVS2 标准进入产业应用扫清了技术障碍。2015 年初,成功推出首款基于 AVS2 标准的高清实时编码器 uAVS2,性能大幅超越 HEVC/H.265 编码器 x265。此外,AVS2 超高清实时视频编码器和移动高清编码器也于 2015 年底推出。

针对不同的应用场景,uAVS2 支持不同的编码效率和速度配置选项。Preset 0 是编码效率很高的配置,其编码效率和 AVS2 的最优性能相当;Preset 1～6 的编码速度依次翻倍,例如 Preset 1 的编码速度是 Preset 0 的 2 倍,Preset 2 的编码速度是 Preset 1 的 2 倍,等等,Preset 6 的编码速度可以满足 1080P 视频实时编码需求。基于不同编码效率和速度配置的测试数据表明:在相同的编码效率配置条件下,uAVS2 的编码速度是 x265 的 2～10 倍;在相同的编码速度配置条件下,uAVS2 的编码效率比 x265 高 10%～30%;在高清实时编码配置条件下,uAVS2 比 x265 编码效率高出近 25%。

3.9.3　AVS 的音频编解码

AVS 音频专家组制定的具有国际先进水平的中国音频编码/解码标准,音频采用双声道(AVS-P3)达到或超过 AC-3,使 AVS 音频编解码技术的综合技术指标达到或超过国际先进的 MPEG AAC 音频编码技术。AVS 采用一系列技术达到高效音频编码,如时频变换、长短窗切换、帧内和帧间预测、变换、量化、熵编码等。其音频编码器支持 8～96kHz 采样的单/双声 PCM 音频信号作为输入信号,编码器输出码率为 16～96kb/s 每信道,在 64kb/s 每信道编码时可以实现接近透明音质,编码后文件可以压缩为原来的 1/10～1/16。目前所有标准的音频压缩编码技术,都是基于时域顺序的,因此编解码仅存在显示时钟标签,而无解码时钟标签。如图 3-19 所示就是一个 AVS 音频编码/解码流程图。

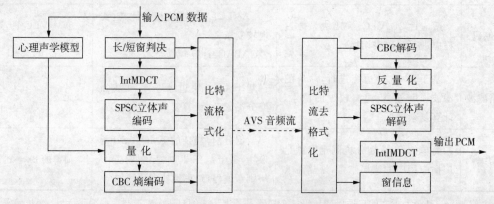

图 3-19　AVS 音频编码/解码流程图

1. 长/短窗判决

AVS 音频标准在编码端推荐一种基于能量与不可预测度的两极窗判决法,即把输入的一帧音频信号划分为若干个子块,首先在时域内进行第一级判决,简单分析子块能量的变换情况,满足特定条件后才进行第二步的不可预测度判决。该方法具有能量判决简单和基于不可预测度判决准确的优点,同时克服了基于能量判决不准确和基于不可预测度计算复杂的缺点,从而在迅速确定瞬息万变信号的同时减少了误判。

2. 整数点改进型离散余弦变换(IntMDCT)

AVS 音频专家组在制定标准时考虑到与 MPEG 音频保持同步及其以后的无损压缩扩展,选定整数 MDCT 作为分析滤波器。整数 MDCT 变换可用来实现无损音频编码或混合感知编码无损音频编码,它继承了 MDCT 变换的所有特点,即临界采样、数据块叠加、优良的频域表示音频信号、对整数点的输入信号经过正向和反向 IntMDCT 后可以没有误差地重构原始信号。

3. SPSC 立体声编码

SPSC(Square Polar Stereo Coding)是一种比较高效的立体声编码方法,当左/右两个声道有比较强的相关性时,采用 SPSC 能够带来比较大的编码增益。这是由于当左/右两个声道有比较强的相关性时,一个声道传大值信号,而另一个声道传两个声道的差值信号,编码端的 SPSC 模块和解码端相对应的重建模块构成无损变换对。

4. 量化

AVS 音频标准采用和 MPEG AAC 相近的量化方法。基本目标是对频谱数据进行量化,使得量化噪声满足心理声学模型的要求。同时,量化频谱进行编码的比特数必须低于一个给定的限制。量化处理才真正降低了比特率。AVS-P3 量化处理采用非均匀量化,即利用不同的码表对频谱值进行 Huffman 编码,通过放大各组频谱值(即所谓的比例系数频段,有关放大的信息存放在比例系数值中)从而进行噪声整形。非均匀量化器的特征是,随着信号能量的增大,量化器中信噪比的增长远低于线性量化器中信噪比的增长,量化值的范围限制±8191,量化阶代表了量化器的全局步长。因此,量化器可以以1.5dB 的步长为进行调整。

5. CBC 熵编码

AVS 熵编码模块采用了高编码效率的上下文位平面编码(CBC)的方法,并且音频解码器可以在低于编码比特速率下解码 CBC 比特流,而复杂度比通用的 AAC 的量化熵编码模块略大,具有精细颗粒可调特征,可调步长为 1kb/s,编码速率可以从 16～96kb/s 连续可调。音频解码器可以根据解码能力,在低于编码比特率下解 AVS 编码码流。当解码速率从编码速率到较低比特速率时,解码音乐信号的音质从高到低逐级衰减。CBC 编码效率要优于 MPEG AAC 中 Huffman 编码,在 64kb/s 每信道编码时,CBC 平均编码比特数较 MPEG AAC 中的 Huffman 编码节省 6%。

为了满足不同的应用需求,AVS 音频编码技术采用分模式策略,主要有高质量、高复杂度和可分级的码率与编码质量两种形式。在可分级模式下,编码比特流由基本层和多个增强层组成,这样可以在最小音质损失情况下,动态地自适应网络带宽的变化以及用户终端的解码能力,极大地提高了系统的灵活性。AVS 音频编码技术与 MPEG AAC 技术相比,存在 AVS 音频编码的 Main Profile 可以获得与 MPEG AAC LC Profile 相当或更高的编码质量,但编解码复杂度前者均略高;AVS音频支持可分级编码,而 MPEG AAC 不支持可分级编码。至于 AVS 音频的解码过程,基本上是其编码的逆过程。目前,工作组正在制定移动音频业务即 AVS-M 音频部分的工作,采用了先进的多速率码激励线性预测和时频变换的变换矢量编码,集成到一个混合正交编码器的编码框架中,充分利用人耳听觉的掩蔽特性与心理声学特性,采用各种先进的数字信号处理技术和压缩技术充分去除音频信号的冗余,在 $10\sim20\text{kb/s}$ 的编码码率下能达到高保真音质。这样在实现高压缩比的同时仍能保持高质量的声音效果,最大限度地节省了系统带宽。

3.9.4　AVS 标准的应用前景

AVS 标准是我国牵头创制的先进音视频信源编码标准,是对先进 MPEG-4、H.264 等标准的优化与创新,是数字电视、宽带网络流媒体、移动多媒体通信、激光视盘等数字音视频产业群的共性基础标准。作为中国创制的第二代信源编码标准,其达到了当前国际先进水平。AVS 标准制定过程对国内外企业和相关单位完全开放,从而为国内外产业界创造最大发展机会。目前,AVS 已形成专利池管理机构,其使命是把实施 AVS 标准所需的必要专利组织成 AVS 专利池,并进行"一站式"许可,我国的企业避免了生产、出口像 DVD 产品那样,须向 6C 联盟缴纳巨额的专利费。此外,AVS 的编解码芯片已成功应用于数字电视的卫星直播、基于 IP 网络以及地面广播的音视频传输中,AVS 比 MPEG-2 的压缩效率提高一倍,意味着一颗星可以当成两颗星来用。

由于 AVS 兼容现有的 MPEG-2 系统,所以现有电视台的基于 MPEG-2 编辑和传输系统基本不需要改变。AVS 唯一要求修改的是播出环节,数字电视播出设备包括编码器、复用器以及信号调制设备等。对于已经开播数字电视的电视台,如果要换成 AVS,需要替换编码器,其他设备不需要改变,如广电领域的数字设施前端、演播室现有的数字采编系统、现有的编码系统以及现有的复用器和播出服务器等无须改变,即用 AVS 编码器替换 MPEG-2 编码器,或在 MPEG-2 编码器的基础上增加 MPEG-2 到 AVS 的转编码模块,从而实现 AVS 码流输出,从而实现 AVS 码流输出,AVS 会对 MPEG-2 有一个自然替代过程。

AVS 产业化的主要产品有:(1)高清晰度和标准清晰度 AVS 编码、解码芯片。(2)AVS 节目制作与管理系统,Linux 和 Window 平台上基于 AVS 标准的流媒体播出、点播、回放软件。(3)AVS-IPTV 设备、测试设备。(4)基于 AVS 的机顶盒、硬盘播出服务器、编码器、高清晰度激光视盘机、高清数字电视机顶盒和接收机、手机、便携式数码产品等。此外,一种基于 ARM-Linux 的嵌入式平台实现 AVS 的高帧速、低分辨力的实时解码,效果也不错。

在产业化方面,联合信源数字音视技术(北京)有限公司及 AVS 联盟的其他成员,如上海龙晶、杭州国芯、华为、中兴通讯、TCL、海信、中芯国际等公司,以及联合信源的 AVS 标清/高清编码器、AVS 嵌入式编码器、转码器、AVS 多通道编码器等方面都有出色表现。其中,上海龙晶基于 AVS 解码芯片的数字电视机顶盒方案,可以同时支持 MPEG-2 和 AVS 两种解码格式,数字电视机顶盒可以支持有线数字电视、地面无线数字电视、卫星数字电视等多种应用模式。展讯通信有限公司成功推出世界首颗 AVS 音视频解码芯片 SV6111,该芯片同时支持高清和标清两种模式下的实时解码,具备当前和未来数字电视机顶盒产品所需的主流功能,可应用在网络电视、有线数字电视、卫星数字电视和地面传输数字电视等领域。中国网通 AVS - IPTV 的测试结果表明,AVS 在技术层面不存在任何问题,而且在机顶盒、编码器产品层面,AVS 表现出来的图像质量也优于 H.264 等国外标准。2008 年 10 月北京芯晟推出的 CSM1200 是兼容 MPEG - 2、H.264、AVS 标清/高清的芯片。北京数码视讯最新推出的 AVS+ 编码器等,有极高的视频压缩比率,同时支持 CIF 到高清各种分辨率的实时编码,产品广泛应用于数字电视、IPTV、视频监控等领域。

目前,面向移动视频的 AVS - M、视频监控的 AVS - S 标准正逐渐成熟,其中 AVS - S 标准是全球范围内首个针对视频监控需求制定的视频编码标准,并已得到应用。加强档次 AVS+ 是在基准档次的基础上,从 AVS 新工具集中选择了高级熵编码和自适应加权量化两项技术而形成的,能够更好地满足存储、下载等应用中对电影等高清晰度节目编码的需要,目前正在研发与 H.265 性能相当的 AVS2 最新标准,成效不错。

此外,全球最大的机顶盒芯片供应商意法半导体(ST)宣布利用其已投入量产的电视机顶盒解码器芯片,开发出一个支持中国 AVS 标准的具有成本效益的网络电视解决方案。ST 公司的 STi520x 和 STi710x 系列产品采用一种利用解码器的多媒体处理引擎实现性能优异的软硬件混合架构,首次将 AVS1 - P2 基准档次 4.0 级别标清视频解码功能引进到芯片中。目前,德州仪器(TI)与联合信源数字音视频技术(北京)有限公司宣布推出业界首款同时支持 AVS 和 H.264 双解码的 IPTV 机顶盒单芯片解决方案,该方案基于 TI 创新的达·芬奇平台,适用于支持中国 AVS 标准的家庭音、视频娱乐应用。美国博通公司、日本 NEC 也一直在跟踪 AVS,在新一代的产品中已经支持 AVS。国际半导体芯片大厂博通推出的支持 AVS 标准的高清晰度单芯片解决方案 BCM7405,BCM7405 的设计采用 65 纳米 CMOS 工艺制造,使产品功耗更低,集成度更高。此外,BCM7405 还将支持高速 DDR2 及 NAND 闪存技术,使设备制造商更加节约成本等,标志着以 AVS 标准的产业化已经在世界范围内展开。

目前,已推出超清标准 AVS2,并应用于 OTT 领域。2014 年 4 月,工业和信息化部与国家广电总局联合发布《广播电视先进视频编解码(AVS+)技术应用实施指南》。《指南》按照"快速推进、平稳过渡、增量优先、兼顾存量"的原则,明确了分类、分步骤推进 AVS+ 在卫星、有线、地面数字电视及互联网电视和 IPTV 等领域应用的时间表。同时,《指南》对加快实现 AVS+ 技术端到端的应用推广,推动 AVS+ 标准在广播电视领域的应用,带动电子信息产业发展,加快自主创新 AVS 标准产业化和推广应用,具有重要意义。未来,AVS2 标准将主要面向超高清视频和互联网视频两个方面,通过借助超高清和第四代移动通信等平台,让中国的音视频标准在下一个产业竞争阶段中处于有力位置。

【本章小结】没有规矩不能成方圆,标准伴随着数字电视的诞生且一直快速发展着。H.261 标准的压缩编码思想为后续许多先进的编码标准奠定了基础。目前,MPEG - 2 是最成熟的、应用最广的编码标准。MPEG 标准的编码特点是,把待编码的视频图像分成图像序列层、图像组层、图像层、宏块条层、宏块层和块层,在每一图像编码组中,充分利用前后帧之间的相关性,在每个编码图像组中,通过帧重排实现大量 B 帧、少量 P 帧的帧间编码和第一帧为 I 帧的帧内编码。H.264 和 AVS 的编码效率是 MPEG - 2 的一倍以上,而 AVS 是我国具有自主知识产权的新一代视音频编码标准,已成为全球 IPTV 的标准之一,在国内外很有发展空间,且与 H.265 相当的 AVS2 进展尚佳,读者应重点关注。从学习和应用的角度,本章就主要标准如 MPEG – 2、H. 264、H. 265、AVS 及其进展与应用等内容,做了清晰的描述并给出了相应的主流应用芯片及其发展方向。

思考题与习题

1. H. 261 编码标准有何特点? 有何应用?

2. JPEG、Motion JPEG2000 有何特点与应用? 举例说明。

3. 如何理解 MPEG – 2 的型与级、场与帧、可分级性等概念?

4. 帧、宏块、块三者有何区别和联系? 按照我国数字电视标准,有 1 帧 SDTV 图像,按照 H. 261 宏块划分法,分别能划分成多少个宏块与块?

5. "一般地,在不可察觉的失真情况下,I 帧编码的数据量是原图像数据量的 $1/10 \sim 1/30$,P 帧的数据量是 I 帧的 $1/2 \sim 1/3$,而 B 帧的数据量是 I 帧的 $1/7 \sim 1/9$。"对此,应如何理解?

6. 在 MPEG 编码中,为什么要分组? 每一个编码组中,是如何实现帧间编码和帧内编码的?

7. 帧重排是怎么回事? 就收发端两种情况分别予以画图演示帧重排。

8. 简述 STi5518 芯片的功能及主要接口组成,简述其基本原理。

9. 相对于 MPEG – 2 标准,H. 264 标准有何特长?

10. AVS 与 H. 264 编码标准有何异同? AVS 应用前景如何? 举例论证。

11. 分别举例说明,MPEG – 2 和 AVS 有哪些集成芯片? 目前有哪些具体的应用终端?

12. AVS 编码标准在国内外市场竞争中,如何进一步拓展其应用空间、大规模产业化? 结合网站(www. avs. org. cn)提供的信息做一些深入思考和讨论。

13. 查阅相关资料,对 AVS2 与 H. 265 性能及应用上进行较为深入的比较。

14. 为什么说 AVS2、H. 265 将引领视音频编码的新未来?

附录: 　　　　　　　视频格式及其转换技术

视频格式实质是视频编码方式,可以分为适合本地播放的本地影像视频和适合在网络中播放的网络流媒体影像视频两大类。尽管后者在播放的稳定性和播放画面质量上可能没有前者优秀,但网络流媒体影像视频的广泛传播性使之正被广泛应用于视频点播、网络演示、远程教育、网络视频广告等互联网信息服务领域。实际视频格式很多,这里仅就应用广泛的几个主要格式进行简要的介绍与比较,以期对实践有所帮助。

一、主要视频格式及其简介

1. MPEG(-1、-2、-4 等)格式、H. 264 及 AVS 标准

本章正文已经分析与讨论。

2. AVI 格式、nAVI 格式

AVI(Audio Video Interleaved)是音频视频交错的英文缩写,将视频和音频封装在一个文件里,且允许音频同步于视频播放。它于 1992 年被 Microsoft 公司推出,随 Windows3. 1

一起被人们所认识和熟知。这种视频格式的优点是图像质量好，可以跨多个平台使用；其缺点是体积过大，而且更糟糕的是压缩标准不统一，最普遍的现象就是高版本 Windows 媒体播放器播放不了采用早期编码编辑的 AVI 格式视频，而低版本 Windows 媒体播放器又播放不了采用最新编码编辑的 AVI 格式视频，所以在进行一些 AVI 格式的视频播放时常会出现由于视频编码问题而造成的视频不能播放或即使能够播放，但存在不能调节播放进度和播放时只有声音没有图像等一些莫名其妙的问题，如果用户在进行 AVI 格式的视频播放时遇到了这些问题，可以通过下载相应的解码器来解决。与 DVD 视频格式类似，AVI 文件支持多视频流和音频流。它对视频文件采用了一种有损压缩方式，但压缩比较高，因此尽管画面质量不是太好，但其应用范围仍然非常广泛。

nAVI 是 New AVI 的缩写，是一个名为 Shadow Realm 的地下组织发展起来的一种新视频格式。它是由 Microsoft ASF 压缩算法修改而来的，视频格式追求的无非是压缩率和图像质量，所以 nAVI 为了追求这个目标，改善了原始的 ASF 格式的一些不足，让 nAVI 可以拥有更高的帧率。可以说，nAVI 是一种去掉视频流特性的改良型 ASF 格式。

3. ASF 格式

ASF(Advanced Streaming Format)高级流格式是 Microsoft 为了和现在的 Real Player 竞争而发展出来的一种可以直接在网上观看视频节目的文件压缩格式。用户可以直接使用 Windows 自带的 Windows Media Player 对其进行播放。它使用了 MPEG - 4 的压缩算法，其压缩率和图像质量都很不错。因为 ASF 是以一种可以在网上即时观赏的视频流格式存在的，所以它的图像质量比 VCD 差一点，但比同是视频流格式的 RAM 格式要好。

4. MOV 格式

MOV 即 QuickTime 影片格式，它是 Apple 公司开发的一种音频、视频文件格式，用于存储常用数字媒体类型。当选择 QuickTime(* . mov)作为保存类型时，动画将保存为 . mov 文件。QuickTime 原本是 Apple 公司用于 Mac 计算机上的一种图像视频处理软件。QuickTime 提供了两种标准图像和数字视频格式，即可以支持静态的 * . PIC 和 * . JPG 图像格式，动态的基于 Indeo 压缩法的 * . MOV 和基于 MPEG 压缩法的 * . MPG 视频格式。

QuickTime 视频文件播放程序，除了可播放 MP3 外，还支持 MIDI 播放，并且可以收听/收视网络播放，支持 HTTP、RTP 和 RTSP 标准。该软件支持 JPEG、BMP、PICT、PNG 和 GIF 主要的图像格式。还支持数字视频文件，包括 MiniDV、DVCPro、DVCam、AVI、AVR、MPEG - 1、OpenDML 以及 Macromedia Flash 等。QuickTime 文件格式支持 25 位彩色，支持领先的集成压缩技术，提供 150 多种视频效果，并配有提供了 200 多种 MIDI 兼容音响和设备的声音装置。它无论是在本地播放还是作为视频流格式在网上传播，都是一种优良的视频编码格式。QuickTime 因具有跨平台(MacOS/Windows)、存储空间要求小等技术特点，而采用了有损压缩方式的 MOV 格式文件，画面效果较 AVI 格式要稍微好一些。现在这种格式有些非编软件也可以对它实行处理，其中包括 Adobe 公司的专业级多媒体视频处理软件 After Effect 和 Premiere 等。

QuickTime 是苹果公司提供的系统及代码的压缩包，它拥有 C 和 Pascal 的编程界面，更高级的软件可以用它来控制时基信号。应用程序可以用 QuickTime 来生成、显示、编辑、拷贝、压缩影片和影片数据，就像通常操纵文本文件和静止图像那样。QuickTime 可以用于实现播放电影和其他媒体，比如 Flash 或者 MP3 音频对电影和其他媒体进行非破坏性的编辑。在不同格式的图像之间进行导入和导出,比如 JPEG 和 PNG 对来自不同数据源的多个媒体元素进行合成、分层和排列,把多个依赖于时间的媒体同步到单一的时间线上,捕捉和存储来自实时源的数据序列,如音频和视频输入以编程的方式将制作完成的数据转换成电影,使用智能化和脚本化的动画制作精灵创建与阅读器,远程数据库和应用程序服务器相互交互的演示创建包含定制形状的窗口,以及各种控件的电影在网络上实时生成电影流广播,从诸如相机和麦克风这样的直播源得到的实时流分发位于磁盘,或者在网上可下载媒体。

5. WMV 格式

WMV(Windows Media Video)是微软推出的一种流媒体格式,它是在 ASF 格式升级延伸来得。在同等视频质量下,WMV 格式的体积非常小,因此很适合在网上播放和传输。WMV 一种独立于编码方式的在 Internet 上实时传播多媒体的技术标准,Microsoft 公司希望用其取代 QuickTime 之类的技术标准以及 WAV、AVI 之类的文件扩展名。WMV 的主要优点在于:可扩充的媒体类型、本地或网络回放、可伸缩的媒体类型、流的优先级化、多语言支持、扩展性等。

6. 3GP 格式

3GP 是"第三代合作伙伴项目"制定的一种多媒体标准,即一种 3G 流媒体的视频编码格式,主要是为了配合 3G 网络的高传输速度而开发的,也是目前手机中最为常见的一种视频格式。其核心由包括高级音频编码、自适应多速率和 MPEG - 4 和 H. 263 视频编码解码器等组成,目前大部分支持视频拍摄的手机都支持 3GP 格式的视频播放。Real VIDEO (RA、RAM)格式一开始就是在视频流应用方面的,也是视频流技术的始创者。它可以在用 56K MODEM 拨号上网的条件实现不间断的视频播放,当然,其图像质量不能和 MPEG - 2、DIVX 等相比较,毕竟要实现在网上传输不间断的视频是需要很大的频宽的,在这方面它是 ASF 的有力竞争者。

7. RM 格式与 RMVB 格式

RM 格式是 Real Networks 公司所制定的音频视频压缩规范,全称为 Real Media。用户可以使用 RealPlayer 或 RealOne Player 对符合 RealMedia 技术规范的网络音频/视频资源进行实况转播,并且 RealMedia 可以根据不同的网络传输速率制定出不同的压缩比率,从而实现在低速率的网络上进行影像数据实时传送和播放。这种格式的另一个特点是用户使用 RealPlayer 或 RealOne Player 播放器可以在不下载音频/视频内容的条件下实现在线播放。另外,RM 作为目前主流网络视频格式,它还可以通过其 Real Server 服务器将其他格式的视频转换成 RM 视频并由 Real Server 服务器负责对外发布和播放。一般地,RM 视频更柔和一些,而 ASF 视频则相对清晰一些。

RMVB 格式是由 RM 视频格式升级而来的视频格式,它的先进之处在于 RMVB 视频格式打破了原先 RM 格式那种平均压缩采样的方式,在保证平均压缩比的基础上合理利用比特率资源,就是说静止和动作场面少的画面场景采用较低的编码速率,这样可以留出更多的带宽空间,而这些带宽会在出现快速运动的画面场景时被利用。这样在保证了静止画面质量的前提下,大幅地提高了运动图像的画面质量,从而图像质量和文件大小之间就达到了微妙的平衡。另外,相对于 DVDrip 格式,RMVB 视频也有着较明显的优势,一部大小为 700MB 左右的 DVD 影片,如果将其转录成同样视听品质的 RMVB 格式,其个头最多也就

400MB 左右。不仅如此,这种视频格式还具有内置字幕和无须外挂插件支持等独特优点。RMVB 较上一代 RM 格式画面要清晰很多,原因是降低了静态画面下的比特率,可以用 RealPlayer、暴风影音、QQ 影音等播放软件来播放。RMVB 将较高的比特率用于复杂的动态画面(歌舞、飞车、战争等),而在静态画面中则灵活地转为较低的采样率,合理地利用了比特率资源,最终在牺牲少部分察觉不到的影片质量情况下最大限度地压缩了影片的大小,拥有接近于 DVD 品质的视听效果。

8. FLV/F4V 格式

FLV 是 Flash Video 的简称,也是一种视频流媒体格式。由于它形成的文件较小、加载速度很快,使得网络观看视频文件成为可能,它的出现有效地解决了视频文件导入 Flash 后,使导出的 SWF 文件体积庞大,不能在网络上很好地使用等缺点,应用较为广泛。

F4V 是继 FLV 格式后 Adobe 公司推出的支持 H. 264 的高清流媒体格式,它和 FLV 的主要区别在于,FLV 格式采用的是 H. 263 编码,而 F4V 则支持 H. 264 编码的高清晰视频,码率最高可达 50Mbps。F4V 更小更清晰,更利于网络传播,已逐渐取代 FLV,且已被大多数主流播放器兼容播放,而不需要通过转换等复杂的方式。如目前主流的土豆、56、优酷等视频网站都开始用 H. 264 编码的 F4V 文件,黑豆和酷 6 发布的视频大多数已为 F4V,但下载后缀为 FLV,这也是 F4V 特点之一。相同文件大小情况下,清晰度明显比 MPEG - 2 和 H. 263 编码的 FLV 要好。由于采用 H. 264 高清编码,相比于传统的 FLV,F4V 在同等体积下,能够实现更高的分辨率,并支持更高比特率。但由于 F4V 是新兴的格式,目前各大视频网站采用的 F4V 标准非常之多,也决定了 F4V 相比于传统 FLV,兼容能力相对还较弱。需要注意的是,F4V 和 MP4 是兼容的格式,都属于 ISMA MP4 容器,但是 F4V 只用来封装 H. 264 视频编码和音频 AAC。FLV 是 Adobe 私有格式,但是也可以用来封装 H. 264 视频编码、AAC 音频编码或 H. 263 视频编码、MP3 音频编码。

此外,目前也有许多著名公司推出性能优异的视频格式,如 SONY 公司新近推出适合高清领域的 MTS 格式,等等。

二、视频格式转换及常用工具

实际中不同视频格式适合场合有所差异,常见的视频转换的软件工具有"格式工厂""MP4/RM 转换专家""万能视频格式转换器""视频转换大师""超级转换秀""Windows Movie Maker"等等,可在网上直接下载使用。视频格式转换可对视频参数(如分辨率)、帧速率、音频参数(如采样率、比特率等)进行选择。视频格式转换应用非常广泛,如 H. 264 编码的 F4V 文件,需要 H. 264 视频编解码器或更高版本的 Flash Player 9 才能够播放。如果视频格式不能被识别的话,可以试试直接把后缀名改成". flv",再用支持 H. 264 解码的播放器播放。"MP4/RM 转换专家""超级转换秀"和"格式工厂"等软件可以完成 F4V 格式转换其他格式,"格式工厂"支持对 F4V 进行编码和解码,使用最新的 Adobe Media Encoder CS4 软件即可编码 F4V 格式的视频文件。须指出的是,转换一般是有损的,且较为耗时,尤其是高压缩率的文件。

目前视频格式转换工具都能够实现视频、音频、图片等内容的转换。作为举例,附图 3 - 1所示为最新"格式工厂"3. 8 版本的界面。

就视频格式转换而言,基本的操作步骤为:①首先点击界面左边需要转换成的目标视频

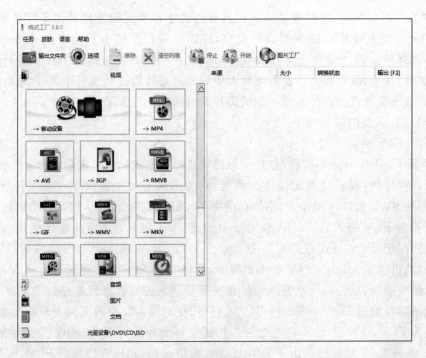

附图 3-1 "格式工厂"3.8 版本视频格式转换主界面

图标；②在弹出的窗口里，点击"添加文件"即添加源文件；③再点击"输出配置"对其输出参数重新设置；④在其窗口右下区域点击"添加文件夹"按钮，在弹出的窗口下通过"浏览"按钮设置转换后文件输出的位置，这一点很重要；⑤然后点击"开始"按钮，则开始转换。如果该文件转换成功，则在"转换状态"栏下弹出绿色的"√"标志，否则为红色的"×"。

第 4 章　数字电视信号的复用与信道编码

4.1　数字电视的复用系统

4.1.1　PID 识别号及其作用

"复用"是通信技术中常用的手段,意思是能在同一传输媒质中同时传输多路信号,而互不干扰的技术,用以提高通信线路的利用率。常用的有频分复用、时分复用、码分复用,等等。目前应用较多的是频分多路复用和时分多路复用技术。频分多路复用的各路信号是并行的,多数情况下,频分多路复用用于模拟通信,例如载波通信。时分多路复用是指各路通信信号在同一信道上占有不同的时间间隙进行通信,就是把时间分成一些均匀很小的时间间隙或时间片,再将各路信号的传输时间分配在不同的时间片,以达到互相分开,互不干扰的目的。时分多路复用是串行的,多用于数字通信。

与模拟电视传输显著区别的是,一套模拟电视节目须调制在一个射频上,占用 8MHz 带宽传输,而若干套数字电视节目经时分复用后调制到一个射频上,就是将多路各种待传输的视音频、数据等码流通过复用器按标准严格有规律地重新封装与排列,组织成一路传输流。目前,不管数字电视采用何种信道传输,基本上都是采用 MPEG - 2 标准系统层的复用技术,其过程是数字电视源信号经过符合 MPEG 标准(或其他标准)压缩的视音频等各种信号,进入卫星、有线或地面传输前将该路节目流进行复用,形成一路打包的 PES 传输流即 PES 传输包。在这 PES 包中,用来识别该流性质的识别符 PID(Packet Identifier),就在传送包的包头中,它的作用就好比是一个人的身份证,有了标识码的传输包,会丢进一个叫节目映射表(PMT)的控制信息中。PMT 本身也有一个 PID 号,与 PES 包一样,也被分段打成固定长度用于传输的 188Byte 的传输包中,这个固定长度为 188Byte 的传输包有固定的一个字节的同步字节,也有自己的 PID,这个 PID 值与该路节目基本流的 PID 音频、PID 视频、PID 数据一一对应,以确认该流的性质。PID 对应的码流成分是事先按 MPEG 标准所规定的,最后将与该路节目有关的传送包复接起来,共同形成单路节目传送流。在多路节目传送流中,除了将单路节目再复用外,还有一个特殊控制信息即节目关联表 PAT,PAT 中包含的是与每路节目传输流相对应的 PMT 表所在的传送包的 PID 信息,通过对它译码,可以对单个节目传送流进行译码了,这也是 PID 变化的核心所在。传送 PAT 的传送包有其独特的 PID 号,即 PAT PID=0,一个 TS 流下的任何其他比特流不得再使用这个号,最后再把同类型的其他节目或传送信息复接起来,形成一个系统级的传送流,再调制到某一载频上或者说某一频点上,这就是系统复用。数字电视节目的采集平台将各种信息进行格式转化,制作成 TS 流,并对不同信息分配不同的 PID 号。在复用过程中,PID 号非常重要,根据 MPEG 标准,数字电视系统复用后相关信息的 PID 号使用规律,见表 4 - 1 所列。

表 4 - 1　数字电视系统复用后相关信息的 PID 号描述

PID	类型描述
0×0000	PAT(节目关联表)
0×0001	CAT(条件接收表)
0×0010	NIT(网络信息表)
0×0011	SDT/BAT(业务描述表)
0×0012	EIT(事件信息表)
0×0014	TDT/TOT(时间、日期表)
0×0101~0×0107	PMT(节目映射表)
0×0200~0×0206;0×028a~0×02c6	MPEG - 2 视频、音频
0×0211,0×1f40	EMM(授权管理信息)
0×038c~0×07d7	ECM(授权控制信息)
0×1ffe	未知
0×1fff	空包

注意:表中未提及的如 SDT、BAT 等符号的意义在第 7 章介绍。

没有这些表格和描述符,传输流中的各个 PID 就是一盘散沙,机械盲目地把各个 PID 转发在一个传输流里是没有任何意义的。事实上,一个网络上承载着许多传输流,也即存在许多个频点即物理频道(非模拟电视节目常说的频道),因此每一个传输流都有其自己的 PID 号即各自的 TSID,这些都在网络信息表 NIT 中反映。表 4 - 1 中,SDT 与 BAT 以及 TDT 与 TOT 具有相同的 PID,但它们各自还有不同的表标示符,即 table-id 的不同。PID 号的作用类似于寄信的信封上的地址与姓名一样,是正确寄信和收信的先决条件。此外,在解码端通过对 PID 的识别,可判断出此包属于哪一个基本比特流,此传送包是否出错。PID 信息用于在发送端的调制器和接收端的分接器之间作为错位标识,标识一旦确定,则表示此传送包有错,则所携带的净荷信息不可利用。

4.1.2　数字电视系统的分层结构

为便于接收解码,在发送端,复用系统就是将各路基本业务,如视频、音频、辅助数据等编码器送来的数字比特流,经过一定的处理后,复合成单路串行的比特流,送给调制解调器;在接收端,它则从调制解调器送来的单路串行比特流中,依据 PID 号分离出各种基本业务的编码比特流,然后分送给各自的解码器进行解码,所以复用系统又称为"信息基地"。数字电视系统是一个分层(图像层、压缩层、传送层和传输层)结构,其复用系统对应其中的传送层。有了复用系统,将大大增加数字电视系统的功能和灵活性,数字电视系统功能层次结构如图 4 - 1 所示。

在图 4 - 1 中,信源编码器对应于压缩层,复用系统对应于传送层,信道编码和调制对应于传输层。整个分层系统的主控由计算机实现,首先它控制系统与外界其他系统的接口,其次它对节目复用器、系统复用器、信道编码器、调制解调器等进行管理,在系统开始工作之前对它们进行初始化,将相应的各种参数写入,然后系统的各部分在对应参数的控制下开始工作。系统复用器对各路节目复用器进行控制,将多路节目复用器输出的节目传送流和系统

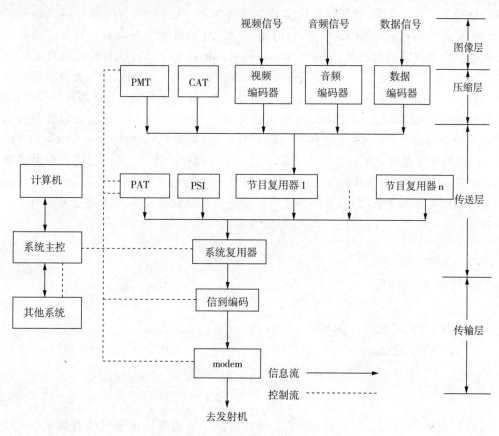

图 4-1　数字电视系统功能层次结构图

控制信息(如 PAT 表等)一起复用成系统级传送流与时钟信号一起送给信道编码器和调制解调器。节目复用器将视频、音频和数据编码器等送出的 ES 流或 PES 流进行打包,然后与节目控制信息如 PMT 和 CAT(Condition Access Table)一起复用并同时进行码速调整,形成节目传送流,送给系统复用器。复用系统将从压缩层来的多个具有不同速率和时基的码流进行时分复用,从而形成单路串行的码流,然后送给传输层。因为传输层只能对串行码流进行处理,所以从数字电视系统的结构上看,复用系统是必不可少的。其中 PAT、PMT、CAT 等信息为复用系统控制信息,控制信息分别与系统复用器及节目复用器对应,所以复用系统可进一步细分为节目复用和系统复用两个层次,即节目传送比特流的多路复用和系统层比特流的多路复用。

4.1.3　节目复用、多路复用与解复用

多路模拟信号复用采用频分复用(不同频段)同时传输,而多路数字信号采用时分复用(不同时段)同频传输,极大地节省了宝贵的频率资源。在单路或单节目的复用中,先将组成该路节目的每一路基本业务比特流(压缩后的视频、音频及数据),打成具有固定长度(188字节)的传送包,同时给每一路基本业务比特流形成的传送包赋予唯一的包识别号 PID(即与该路节目对应的视频、音频或数据),然后将这些 PID 的赋值信息写入一个称为 PMT(Program Map Table)的控制信息表中,PMT 表本身也打成长度为 188 字节的传送包,而

且有自己的 PID 值。实际中有的节目流是一路音频和一路视频,有的是一路视频两路音频;有的 PCR - PID 与视频 PID 一样,有的则不同。最后将所有与该路节目有关的传送包复用起来形成单路节目传送流,如图 4 - 2(a)所示。将若干个节目的传输码流再复用成一个串行码流,即为传送流(TS),该复用过程称为多路复用(传输复用或传输流再复用),如图 4 - 2(b)所示。在传输复用中,除了多路节目传送流外,还包含每路节目的系统级控制信息,此控制信息在 PAT(Program Association Table)中。此外,在 PAT 中,也还包含与每路节目传送流相对应的 PMT 表所在的传送包的 PID 信息,传送 PAT 的传送包有独特的 PID=0 信号。如果节目提供者还有一些业务信息(SI)需要提供给用户,系统复用器也可将业务信息复制进来,作为最后形成的系统级中传送流的一部分。多路复用实现多个信号在同一个信道传输而不相互干扰,只有复用器才有足够的信息对众多业务信息进行编辑而不产生新的冲突。

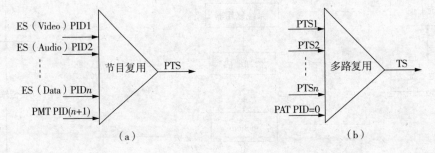

图 4 - 2 节目复用与多路复用

传输复用过程中的节目关联表 PAT 包含了用于节目复用的节目映射表的各个 PID 值,PAT 本身也有自己的 PID=0 包识别符。这样一来,要识别或还原一个节目,通过对 PID 进行逐级译码,就可以对单个节目传送流进行译码,主要分两步:

第一步,利用 PID=0 的码流中的节目关联表(PAT)来找出带有节目映射表(PMT)的那个码流;第二步,从所选的 PMT 中找到组成该节目的各个基本码流的 PID。完成上述两步后,解复用的滤波器就可以被设置到接收感兴趣的节目中的基本码流上了。以上过程如图 4 - 3 所示。

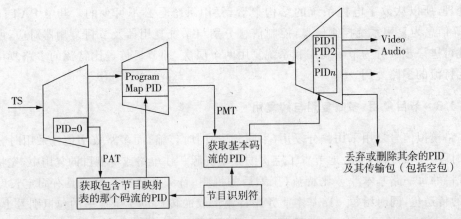

图 4 - 3 基本(节目)码流的还原过程

可见,PAT 表是信道内全局唯一的表,描述信道内所有节目号和与它相关的 PMT 表;PMT 描述与该节目相关的基本流 PID 号,通过它可以得到访问各基本流的入口。与系统层复用的只有 PAT 和 PMT,解复用或解码器锁定节目的能力取决于上述辅助信息发送的频率。

【知识链接】任意一套节目主要包含视频、音频和数据,这些类似于一本书中的具体内容(题目)。全书的内容不会混乱无序,其内容一定是在相关的某一"节名称"下,该节名称即为此处的 PMT - PID;而若干个节名称又放在某一"章名称"下,该章名称即为 PTS - PID;而若干个章名称组成一本书的书名(提纲),该书名即为此处的 TS,也即 PAT - PID,平时我们找书一般也是先找书名、看章节目录再看其内容。

4.2　复用传输流的组成特点

4.2.1　复用传输流的形成

1. 基本流形成与特点

整个复用系统的底层是压缩层,压缩后的视频、音频和数据等信号形成基本码流(ES),ES 流并不以应用目的而直接传输或存储。其中视频 ES 流的一般结构如图 4 - 4 所示。

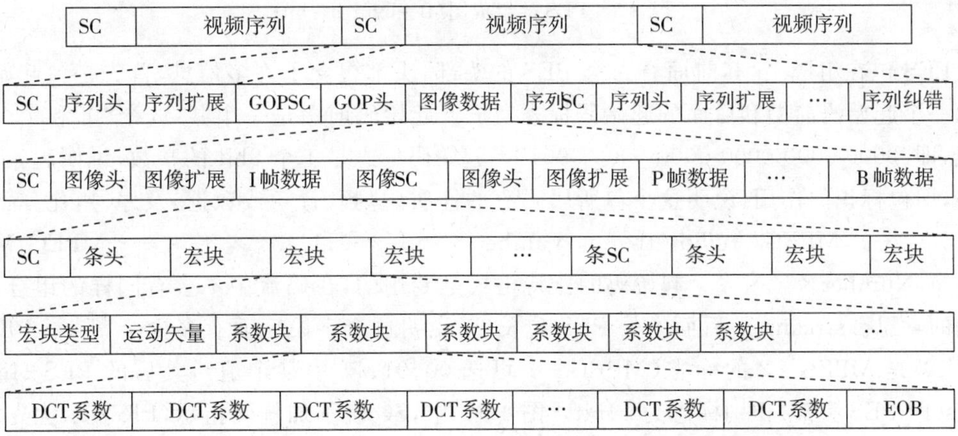

图 4 - 4　视频 ES 流的组成

图 4 - 4 中,ES 流组成的上 4 层里都有各自相应的起始码 SC(Start Code),起始码有其独特的比特模式,不允许出现在数据流中,可作同步识别用,即一旦误码或其他原因使接收码流失去同步时,重新同步的过程就是从码流中寻找新的起始码。

(1)在视频序列层中,一个编码的视频序列由一个序列信头开始,后面跟随一个图像头,然后是由许多图像帧(I、P、B)组成的一系列图像组(GOP),视频序列结束于一个序列终止码。其中,序列头给出了图像尺寸、宽高比、帧频和比特率等数据。后面的序列扩展码给出了类/级、逐行/隔行和色度格式(即 4:2:0,4:2:2 或 4:4:4)等信息。

(2)在图像组层中,图像组头中的信息给出了时间码和紧跟在 I 帧后面的 B 图像或 P 图像的预测特性等信息。

(3)在图像层中,图像头中给出了时间参考信息、图像编码类型和视频缓存校验器延时等信息,图像头后面的图像扩展码给出了运动图像、图像结构(顶场、底场或帧)、量化因子类型和可变长编码 VLC 等信息。

(4)在像条层中,像条头中给出了像条垂直位置、量化因子码等信息。

(5)在宏块层中,宏块类型码中给出了宏块属性、运动矢量等信息。

(6)最后一层是块层,给出了 DCT 系数。

视频 ES 中完全包含了供接收端正确解码的一切信息(辅助数据和图像数据),它与压缩后的音频 ES 一起传输时,还须分别打包形成视/音频 PES 包。

2. 打包的基本码流(PES)

基本码流 ES 经过打包器将连续传输的数据流按一定的长度分段(亦即分组),切割成一个个单元包,形成打包的基本码流 PES,PES 是编码器和解码器的直接连接形式。PES 组成及其意义如图 4-5 所示。

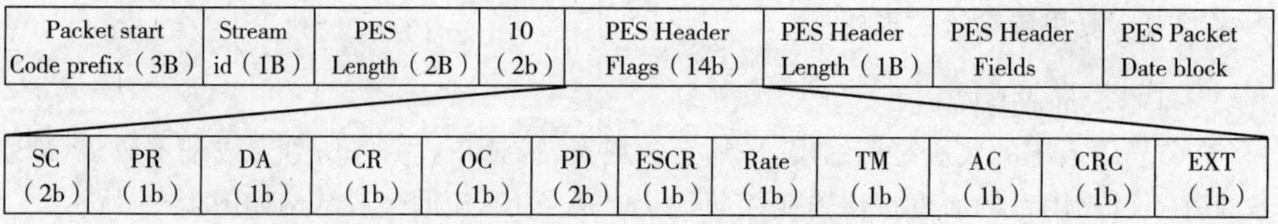

Packet start Code prefix (3B)	Stream id (1B)	PES Length (2B)	10 (2b)	PES Header Flags (14b)	PES Header Length (1B)	PES Header Fields	PES Packet Date block

SC (2b)	PR (1b)	DA (1b)	CR (1b)	OC (1b)	PD (2b)	ESCR (1b)	Rate (1b)	TM (1b)	AC (1b)	CRC (1b)	EXT (1b)

图 4-5 PES 的组成图(B=byte,b=bit)

PES 包在组成上,其前面有一个 PES 的头部,头部包含了许多信息,首先是包起始码,它由一个起始码前缀和后面的起始码标志组成。起始码前缀是一串共 23 个"0"和 1 个"1"组成,即"0000 0000 0000 0000 0000 0001"。起始码标志是 1 个 8bit 的整数,说明起始码的种类,即包标识的作用,说明这个包所属码流的性质(视频、音频或数据)及序号,比如:1100 ××××——MPEG Audio stream,Number ××××;1111 ××××——MPEG Video stream,Number××××。起始码的比特格式是专用的,在码流中不会有同样的组合是代表别的意思。stream_id 后面的是 PES 包长度,说明这个字段后面有多少个字节。PES 中 2bit"10"是 MPEG-2 的标志(MPEG-1 可选 00、01、11 中某个值),其后的 PES Header Flags(即 PES 头部)识别标志为 14bit。图 4-5 中,SC 表示加扰码指示,PR 表示优先级指示,DA 说明相配合的数据,CR 表示有无版权指示,OC 表示原版或拷贝,PD 表示是否有 PTS 及 DTS(00 时,PTS/DTS 不出现;10 时,出现 PTS,音频 PES 只有 PTS;11 时,PTS/DTS 均出现,01 禁止),为了实现解码的同步,每段之前还需插入相应的时间标记即相应的标志符,如显示时间标签(PTS)或时间戳、解码时间标签(DTS)或时间戳及段内信息类型和用户类型等标志信息,即 PES 打包层提供 ES 流的同步。ESCR 表示 PES 包头部是否有基本码流的时钟基准信息,Rate 表示 PES 包头部是否有基本码率信息,TM 指出是否有 8 比特的字段说明 DSM(Digital Storage Media)的模式,AC 未定义,CRC 表示是否有循环校验码,EXT 说明是否有扩展标志。PES Packet Date block 为 PES 的包净荷,PES 包在理论上属于传送层功能的一部分,实际中它由信源编码器产生。PES 包中包含了码率、定时以及数据描述等由编码器设置的信息。PES Length(2B)表示 PES 包是非定长的,最长为 2^{16} 字节。因此,PES 包的有效负载主要由视频或音频编码器来的一个个访问单元 AU(Access

Unit)构成,对视频一个 AU 为一幅图像,而视频一般一帧(I、P、B)为一个 PES 包,对音频 ES 的一个 AU 为一个音频取样帧,且音频 PES 包不超过 64k 字节。其中视频帧频若为 29.97Hz,则其持续时间为 33.76ms;若为 25Hz,则持续时间为 40ms。而音频一般以 44.1kb/s 取样,每个显示单元为 1152 个样本,则其持续时间为 26.12ms,可见视音频持续时间相差较大。PES 包是一种逻辑结构,其包结构侧重编解码的控制,它不是按交换和互操作定义的。根据 PES 包应用环境的不同,再打包成节目流或传送流,如图 4-6 所示。

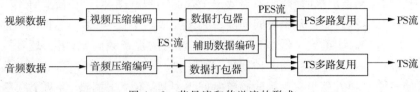

图 4-6　节目流和传送流的形成

3. 节目流 PS

将一个或几个具有公共时间基准的 PES 包组合成单一的码流,称为节目流(PS)。在 PS 流中,PS 数据包的长度相对比较长而且不固定,一旦失去同步易造成严重的信息损失,因此它适应于误码小、信道较好的环境,如演播室、家庭环境和交互式多媒体环境、存储媒介(如 DVD 盘片)及其管理系统中。

4. 传送流 TS 及特点

PES 流进入复用器中封装成一个个固定长度为 188 字节的包,称为传送包或传输包,由传送包组成的数据流称为传送流(TS 流)。TS 流是各传输系统之间的连接格式,是传输设备间的基本接口。在 TS 流中,所有 PES 包的数据(包括包头)都作为 TS 包的净荷数据,一个新的 PES 包数据总是开始于一个新的 TS 包,如果一个 PES 包在一个 TS 包的中间结束,那么 TS 包余下的长度内就用空包字节或其他业务填充以确保传送包长为常数,在解复用时被丢弃。TS 包结构如图 4-7 所示。(图 4-7 中 Itw 表示合法时间窗口)

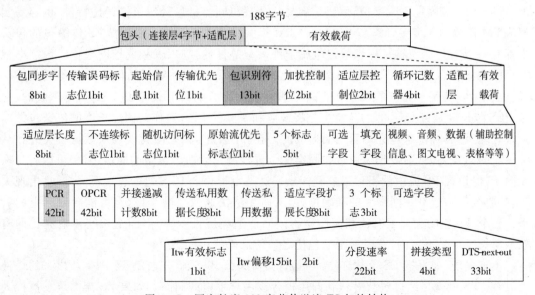

图 4-7　固定长度 188 字节传送流 TS 包的结构

由图 4 - 7 可见,TS 流包分为包头和有效载荷两大部分。PES 包进入传输系统,要被分割成一个又一个固定长度为 188 字节的传输包,其 PES 包的数据,包括头部都是作为传输包的净负荷数据一个接一个地传送。

值得一提的是,在 TS 流的包头中有个 2 比特的传送加扰控制位——为数字电视的有条件接收奠定基础,这个字段在 MPEG - 2 中没有完全定义,在 DVB 的标准中作了见表 4 - 2 所列的规定,即该段的第一位比特为 0 时表示未加扰,如果为 1 时表示 TS 包的有效负荷已加扰。一般当码流被加扰时,解码器需要一个控制字来解扰,同时还需要解出下一个控制字。这就是说,每个解码器在每个时间间隙中必须完成两个任务:第一是根据当前所拥有的控制字对码流进行解扰,得到可供 MPEG 解码器解码的视音频码流;第二是对授权控制信息进行解密,解得下一个时隙所用的控制字,为下一阶段的解扰做好准备。因此为了正确安排好次序,使控制字和需要用它解扰的码流时间上对准,不至于搞错,将两个顺序的控制字规定为奇数位和偶数位,即奇密钥加扰和偶密钥加扰。

表 4 - 2　TS 流传送加扰比特位及其描述

比特值	描　　述	比特值	描　　述
00	TS 包不加扰(MPEG - 2 规定)	10	TS 包偶密钥加扰
01	预留将来使用	11	TS 包奇密钥加扰

可见,原始流数据由包括分组标题和分组数据的 PES 分别携带,PES 分组标题以一个 8 位标识该分组属性。TS 流分组以一个 4 字节前缀开始,内含一个 13 位的 PID 分组标识。TS 流分组可以是空分组即空包,空包用于填充 TS 流,它们可能在重新多路复用时被插入或删除。加扰可以在 TS 层的有效负载加扰,此前 PES 流是透明的;也可以在 PES 层加扰,PES 包头不加扰且 PES 包头小于 184 字节。

TS 流侧重于传输,易于在环境较差的信道中传输,其 TS 流加入了同步、纠错等比特流。由于 TS 包固定 188 字节,解码器容易定位找出同步信息及纠正错误比特位,也容易实现 ATM 传输($4 \times 47 = 188$,47 字节为 ATM 模式的有效负载)。在每个 TS 传输包的包头中都有一个 PID 标识符来标识数据包属于哪一个节目的视频、音频或辅助数据。数字电视节目的采集平台将各种信息进行格式转化,制作成 TS 流,并对不同信息分配不同的 PID 号。其中 PS 流是对完整的视频和音频等基本比特流形成的 PES 包进行复用而形成的,尽管 PES 包长度是可变的,但 TS 流则是将视频和音频的 PES 包作为固定长度的传送包的净荷来处理,然后对传送包进行复用而形成的。在 TS 流中,如果因为误码或数据丢失导致从某一包的同步丢失,则接收端通过在固定的位置检测它后面的包中的同步字,仍可以容易恢复同步,但是在 PS 流中就不可以恢复同步。这是由于每个 PES 包的长短不一,一旦出现失步,接收机不知道下一同步字的准确位置,从而无法快速恢复同步,这有可能导致严重的后果。整个 TS 包的头部因有效载荷性质不同而使适配层长度不定,固定长度传输流包的有效载荷长度也是不定的,有时就是空包使之与传输码率匹配。

不难发现,如果把 ES 流比作产品的原材料,那么 PES 流就是工厂刚刚生产出来的一件产品,而 TS 流就是经过包装好送到商店柜台或用户手里的商品。如果 ES 流的重量被称为净重,那么 TS 流的重量就被称为毛重。

4.2.2　传输流 TS 包头信息的作用

符合图 4-7 结构的 TS 流即为 MPEG-2 系统复用层包结构,其传输包的头部结构分为两层,一层是固定长度 4 字节的连接层,另一层是长度可变的适配(应)层。考虑到加密是按照 8 字节顺序加扰的,则适应层和包数据的长度应该是 8 字节的整数倍,即适应层和包数据为 23×8＝184 字节。TS 包头信息对接收端解复用、信息重组与恢复至关重要。

(1)连接层的作用:①包同步。它是包中的第一个字节,固定为 01000111＝(0×47)$_{16}$＝(71)$_{10}$,用于建立包同步。②包识别符(PID)。包之所以能被复用和解复用,就是靠特定的基本码流和控制码流的包识别符号,由于 PID 在头部的位置是固定的,要提取某个基本码流的包很容易,只要同步建立后靠 PID 滤出这个包就行。③误码处理。解码器中的打包层能够做误码检测是靠连续计数的字段来实现的,在发送端对所有的包都做 0 到 15 的重复计数,在接收机终端如发现连续计数器的值中断,即表明数据在发送中丢失了,此时解码器的传输处理器就会告诉解码器某个基本码流丢失了数据。④条件接收。MPEG-2 传输格式允许包的数据作扰乱处理,各个基本码流都可以独立地进行扰乱。传输包的连接头信息要说明包中的净负荷数据是否被扰乱了,若是则要标志出解扰的密钥。需强调的是,头部信息总是清楚的、不被扰乱的。

(2)适配层的作用:①同步和定时。压缩后各帧图像的数据量相差较大,这就不可能从图像数据的起始部分直接获取定时信息,所以在数字码流中没有像在模拟电视中有"同步脉冲"的概念。解决上述问题的方法是选择一些包的适配头传送时间信息,这就是节目时钟参考 PCR(Program Clock Reference),它是一个 27MHz 的时钟信息(与第一章摄像机系统时钟频率一致,图 1-4 所示),指出在传输解码器从码流中读完这个字段时的期望时间,在发送端利用计数器对系统时钟进行计数形成 PCR;在解码器中通过锁相环电路对当地 27MHz 时钟的相位和接收的瞬时 PCR 相比较,决定解码过程是否同步。②随机进入压缩的码流。在节目调谐或节目更换时需要随机进入音频和视频,即随机进入 I 帧(在 I 帧前面的视频序列头部应该有一个随机进入点)。③业务信息、当地节目、广告等的插入等。

4.3　复用系统的同步技术

数字电视信号在传输过程中,由于实际信道噪声的存在,将不可避免地影响传输中的码流,可能引起误码,甚至导致系统同步的丢失。复用系统同步性能的好坏,是影响整个系统质量的关键环节之一。此外数字电视信号在编解码过程中,因采用大量帧间编码需要存储参考帧,存储就要引起信号的延时,因此数字电视系统的同步机制与模拟电视系统不同。对于模拟电视系统而言,由于图像信号是以同步方式传输的,因而接收机可以从峰值最高或最低的复合信号中直接获得时钟信号即复合同步信号,其每一帧端到端的传输延时自然是固定的值,同步系统相对简单;但在数字电视系统中,每一帧图像所占的数据量是不同的,且依赖于图像的复杂度和图像的编码方式,一般信道传输的码率是固定的,而每一帧(I、P、B)是变化的编码码率,编码后帧字节数相差悬殊,容易造成帧图像信号的传输延时是不定的,因而不能从图像数据的开始处获得同步信息,就是说传输和显示之间没有普通的同步概念。为了解决这一问题,MPEG-2 采用了在 ES、PES 和 TS 包的 3 个码流层次中设置相关的时钟信息,并通过其联合作用达到编解码的同步和音视频的同步。

在 MPEG-2 码流的 ES 层,和同步有关的主要是 VBV-Delay(Variable B Video-Delay),通过它确定解码起始,这是一个 16bit 无符号整数,表示 MPEG-2 所定义的一个假设的解码视频缓存校验器在收到图像起始码的最后一个字节后,至当前解码帧解码开始所应等待的时间,VBV-Delay 对于视频缓存器的容量控制策略的设置是非常重要的。在 PES 层主要是 PES 头信息中的 PTS 和 DTS 域,由二者确定解码和显示次序。在 TS 层中,TS 头信息包含了 PCR,用于恢复出与编码端一致的 STC。接收端利用计数器形成本地时钟参考 LCR,再利用 PCR 重建和编码端同步的 27MHz 系统时钟,当每一个新的 PCR 到达时,解码器都会将其和自己本地 27MHz 系统时钟的采样值比较,利用两者的误差生成控制本地 27MHz VCO 的误差电压,从而使本地 27MHz 系统时钟和编码端的 27MHz 系统时钟同步。

恢复了 27MHz 系统时钟,解复用后,再恢复到 PES 流后,利用 PES 头信息中的 PTS 和 DTS 进行视音频的同步,同时利用 VBV-Delay 在解码器的缓冲器充盈到相应程度后启动初始解码。在 TS 层中主要为传送包头中的 PCR 域(含有 PCR 的 TS 包比不含 PCR 包的优先级高)。这些信息在解复用和解码时被提取出来,控制解码器的系统时钟和解码的某些行为,从而达到同步。对于视频数据来讲,鉴于不同 I、P、B 类型解码时间和显示时间的关系是不同的,B 帧的 PTS 和 DTS 相同,所以只有 PTS;而对于音频数据来讲,由于音频的传输是严格按照顺序传输的,所以音频没有 DTS,只有 PTS。系统的同步信息在编码器的码流合成器和信道复用器中生成并完成插入。当码流合成器在 PES 打包时,重要的操作就是插入 DTS 和 PTS 信息。如果 DTS 和 PTS 值不正确,对于按照 MPEG-2 标准设计的时钟恢复机制,在进行音视频同步解码器将会失去同步。由于实际帧率是个常数,故不是每个 PES 包头中都插入时间戳。一般地,PCR 值是由同一节目的 PTS 的共同时间基点推出的,TS 流中每隔 100ms(DVB 推荐 40ms)加入一次。且每路节目要有 PCR,可单独用一个 PID 的 TS 包传,也可和视频 PID 一样。PCR 共占 6Bytes,其中 6bits 预留,42bits 有效位分为 33bits 的 PCR-Base 和 9bits 的 PCR-Ext 两部分。其中 PCR-Base 由 27MHz 脉冲经 300 分频后的 90kHz 脉冲触发计数器,再对计数器状态进行取样得到的。而 PCR-Ext 是由 27MHz 脉冲直接触发计数器,再对计数器状态进行取样得到的,即以 27MHz 为基准在 0~299 之间循环计数,PCR-Ext 每计到 300 时清零,同时基值加 1。PCR 的具体编码方式如下:

$$PCR-Base(i) = 90kHz \times t(i), \bmod(2^{33}) ; \quad PCR-Ext(i) = 27MHz \times t(i), \bmod(300)$$

$PCR(i) = PCR-Base(i) \times 300 + PCR-Ext(i)$。在 $PCR(i)$ 中的编码数值代表了 $t(i)$,这里 i 指包含 PCR-Base 字段的最后一位的字节。MPEG-2 规定 PCR 在与节目流复用时,必须在 PCR 域(或字段)最后离开复用器的那一刻进行,同时把 27MHz 系统时钟的采样作为 PCR 字段插入相应的 PCR 域中,在此之前插入的 PCR,可能由于系统存在缓存,其缓存过程中各字节的延时会造成 PCR 的抖动,影响解码器的时钟恢复,影响终端解码的关键因素,采取多种措施克服超出容限的抖动。此外,PCR 取样时钟 27MHz,单个时钟周期 37ns,要求 PCR 插入误差不得大于 37ns。每个节目均有其本身的时间基准,包含多节目的传送码流,对每个节目各有其本身的 PCR 域值。解码器中失去同步将造成解码缓冲器的上溢或下溢,导致出现图像时有时无或花屏现象,要保证收发端的正常工作,在接收端必须恢复出与发送端频率和相位完全一致的时钟,要恢复时钟,必须给接收端提供编码端的节目时钟参考(PCR)。在发送端,利用计数器对系统时钟进行计数,形成 PCR 值。然后每隔一段时间将 PCR 值随数据一起传送给接收端。在接收端设计一个 27MHz 本地时钟,使其工作时的额定频率与发端系统相等,它同样用一个计数器进行计数,形成本地时钟参考(LCR)。这时发端会将 PCR 从传送流中提取出来与音频帧、视频帧的编码信息插入 PES 包中,接收端将音频帧、视频帧中的 PCR 值放在缓存器中,等待比较发端的音视频中的值出现,与 LCR 进行比较,求 LCR 与 PCR 差值的比较结果经过滤波后,去控制本地压控振荡器(LVCO),通过锁相环控制系统调整使 LVCO 输出的频率与发端同频同相。通过调整使收发端的频率锁相,实现收发端声音和图像完全同步。接收端系统时钟恢复原理如图 4-8 所示。

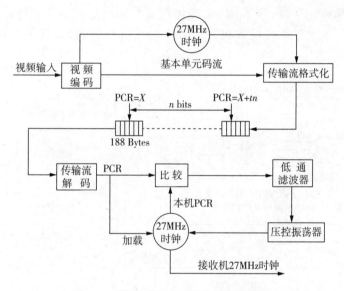

图 4-8 接收端系统时钟恢复原理框图

PCR 实际是计数器的抽点打印,被节目时钟所驱动。PCR 以一定时间间隔插入 TS 流的包头,在其头信息中包含了用于恢复出与编码端一致的系统时序时钟 STC 即 PCR。STC 是视音频同步控制的基准,它是一串频率为 27MHz 的脉冲,触发计数器而形成一个二进制表示的时间基准,再通过对该时间基准 SCT 进行取样得到 PCR、PTS 和 DTS。在编码和解码端,系统时钟脉冲是由振荡器等硬件产生,在解码端 STC 通过在码流中定时传送的 PCR 利用锁相环(PLL)技术来与编码端 STC 保持一致。为了解决同步问题,MPEG-2 采用在 ES、PES 和 TS 三个码流中设置相关的时钟信息,并通过联合作用达到编解码同步和视音频同步。当新节目的 PCR 到达解码器时,需要更新时间基点,STC 就被置位。通常第一个从解复用器中解出的 PCR 被直接装入 STC 计数器,其后 PLL 闭环操作。每当一个新节目的 PCR 到达解码器时,此值被认为是锁相环的参考频率,用来与 STC 的当前值比较,产生的差值经过脉宽调制后被输入低通滤波器并经放大,输出控制信号用来控制本机振荡器(LVCO)的瞬时频率,LVCO 输出的频率是在 27MHz 左右振荡的信号,作为解码器的系统时钟。27MHz 时钟经过波形整理后输入计数器中,产生当前的 STC 值,其 33bits 的 90kHz

部分用于和 PTS/DTS 比较,产生解码和显示的同步信号。PCR – Base 的作用是在解码器切换节目时,提供解码器 PCR 计数器的初始值,让该 PCR 值与 PTS、DTS 最大可能地达到相同的时间起点;PCR – Ext 的作用是通过解码器端的锁相环电路修正解码器的系统时钟,使其达到和编码器一致的 27MHz。

4.4　电视台的再复用系统

　　电视台除了自办节目外,更多的是通过卫星接收、转发其他电视台的节目,所以需要传输再复用。传输再复用就是对符合标准的 TS 流进行过滤和重新复接,更改相关的 PSI/SI 表格。从功能上来说,主要包含 PSI 提取、PID 的过滤、PID 的映射、PCR 校正、附加信息以及增值业务信息的插入和修改等。其中 PID 过滤就是保证无论是否出现 PID 冲突,再复用器都需要重构 PSI 信息,以确保收端的码流正确分离、解码。作为对上述复用内容的总结,一个含有条件接收机制的数字电视节目复用、系统复用功能结构框图如图 4 – 9 所示。

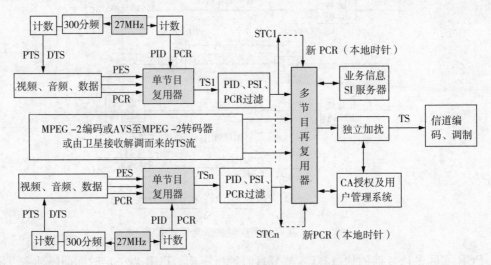

图 4 – 9　电视台前端复用系统结构框图

　　每路传送流都有一个 PAT 和多个 PMT,但是最后合成的传送流中只有一个 PAT 和与之相对应的多个 PMT;而且在不同的传送流中可能定义了相同的 PID,例如,TS_1 的视频原始流的 PID 有可能与 TS_2 的音频原始流的 PID 相同(不同传送流具有不同的载频)。所以,在对各路传送流进行复用时,须先将原来各路 TS 流的 PSI 进行搜集、解析,过滤出各节目原始流中的 PID,经分析整理,并为每个节目流分配新的 PID 号,生成总的 PAT 和 PMT,作为合成传送流的节目特定信息。总之,复用系统在数字电视系统中"建立系统同步,保证音视频同步(插入时间戳),提供实现条件接收的机制,保证后向兼容,提供系统抗误码性能,提供接收端 EPG 信息,为各种传输媒体提供公共接口"等方面起着极其重要的作用。

　　MPEG – 2 的复用理论与框架,是目前世界上几乎所有数字电视传输系统的理论与实践基础,MPEG – 2 传输流可以承载采用 MPEG – 2/MPEG – 4/H. 264/AVS 等格式压缩和编码或经转码的高清与标清节目。一个实际传输流再复用器性能参数的标配如下：

（1）符合 ISO13818 和 EN300 468 标准即 MPEG－2 系统层标准，支持多路（至少 8 路）ASI 输入单节目或多节目传送流的复用，可级联使用。

（2）每路输入支持的实际数据速率可达 155Mb/s，最大输入码率 270Mb/s，支持包突发模式。输入 TS 流包长（188/204）自适应。

（3）输出码率连续可调，且支持多路（或独立）ASI 输出，输出实际数据速率达到 120Mb/s。输出 TS 流包长（188/204）可由用户设定，复用器能保持输出总码率恒定不变。

（4）具有输入 SPTS/MPTS 码流分析（PSI/SI 信息）、码速率实时统计功能。

（5）高精度 PCR 校正。

（6）PID 过滤、PID 重新定义功能，用户可方便地增/删节目，输出 PID 范围 0000～1fff，方便实现 EPG 及数据广播等增值业务，可方便地扩展 EPG、SI 等业务。无论是否出现 PID 冲突，复用器都需要重构 PSI 信息，所以对原节目复用时，必须进行 PID 过滤。

（7）具有 RS232/RS485 接口、EMM 和 ECM 等信息插入接口、以太网接口，可通过 PC 远程控制复用器运行，人机界面。

（8）具有参数存储功能，开机时可自动调用参数并开始复用。

（9）具有 PSI 自动生成功能，通过以太网口，可外接独立加扰器和 DVB 通用加扰，适用于各种数字电视广播系统。

（10）具有 SDT 表映射功能。

（11）自动监测错误信息，并自动报警。高可靠性设计和强大的后台控制软件支持。

在接收端，可以通过"码流分析仪"或其他的数字测试仪（类似示波器）设备，对一个实际传输流的组成及其码率大小进行分析、显示，码流分析仪对指导实践很有帮助。

传统的复用器是基于时分复用的，编码器输出的码率是固定的，编码器与复用器之间的关系是单向的，而比较先进的复用器具有统计复用功能，编码器和复用器双向通信，编码器的输出码率可变的。比如在有线数字电视复用中，根据节目数据量，复用器将 38Mb/s 的有效速率合理分配给不同节目。在 GY/T226—2007《数字电视复用器技术要求和测量方法》中，规定了我国广播电影电视行业关于数字电视复用器技术要求和测量方法的标准。

【知识链接】数字化的制播系统，按传输接口形式，可分为两大类：一是传统电视频道采用串行数字接口即 SDI；二是适应新兴的数字付费电视频道，采用异步串行接口即 ASI。SDI 串行数字接口，传输的是无压缩的数字化信号，最高码率达 270Mb/s，也可以说，SDI 处理的是原始的数字化电视信号，与模拟信号有着密切的关系，SDI 信号的可操作性和编辑性强。ASI 异步串行接口属传输流数据信号的接口类型，主要功能是将 MPEG－2 的传送流数据用 DVB－ASI 接口以恒定码率传送出去，ASI 传输的是经压缩和编码的 TS 流，TS 流由包头和包数据两部分组成。所以，ASI 的许多功能和特性都源于 TS 流的特性，以 TS 流为基础，其最高码率 44.2Mb/s。ASI 处理的是以 DVB 为标准的压缩数字电视信号，传输性好且适应性强，ASI 连线简单、传输距离长等优点，适应高速点对点数据传输，应用非常广泛。ASI 传输系统为分层结构，最高层、第 2 层使用 MPEG－2 标准 ISO/IEC 13818－1，第 0 层和第 1 层是基于 1SO/IEC CD 14165－1 的 FC 纤维信道。FC 支持多种物理传输媒介，如同轴电缆传输等。传输信号时经常要进行 SDI 和 ASI 接口的互相转换。

4.5　信道编码的必要性及其组成

　　数字信号的传输同模拟信号一样,也存在传输中的衰落与各种干扰,特别是在地面广播和卫星广播中。这是因为:(1)所有信道传输均存在不同程度的损耗;(2)不同频率传输的衰落不相同导致平坦衰落与频率选择性衰落;(3)发射的信号经不同路径(直射、反射和折射)到达接收机的时间不同造成的多径衰落与干扰;(4)地面数字电视广播接收的信号常受到室外高大建筑物或天然的遮挡物及室内墙壁的阻挡而产生阴影衰落;(5)接收机相对于发射机作运动会造成接收到的信号相对于发射的信号有频率偏移,卫星通信最为明显,即多普勒扩展引起的衰落;(6)各种强脉冲的干扰对数字信号传输会造成一连串的误码即脉冲干扰;(7)当卫星、地球与太阳处于一条直线上且地球挡住了太阳时,卫星在地球的阴影区即为星蚀,而当卫星处于太阳与地球之间且三者在一条直线上时即为日凌,此时大量的太阳噪声进入卫星接收设备;(8)抖动是数字信号传输过程中的一种瞬时不稳定性,而漂移则是传输信号在时间上偏离理想位置可能给接收判决带来误判,即抖动与漂移;(9)其他干扰等。总之,任何实际信道对信号的正常传输都存在不同程度、不同类型的干扰因素,况且信号从甲地传输到乙地更多的是需要经过多种信道的接力传输。

　　数字信号传输产生的误码对视频质量的影响是明显的。以预测编码为例,当在差分脉冲编码调制 DPCM 的传输信道中产生误码时,接收机输入端在输入差值信号的基础上叠加了一个误差值,经加法器后,当这一误差值又作用于接收端的预测器时,根据预测编码的原理,使下一个及其后续抽样点的预测值产生误差,从而引起误差扩散。在视频图像的帧间编码中,如 MPEG、AVS、H. 264 等标准的编码组中,由第 2 章关于 MPEG 的编码原理可知,若帧内编码 I 帧的数据,因传输出错的话,将导致整个一个图像组的无法正确恢复,连续若干个 I 帧数据出错,可能导致整个图像的马赛克或静止。衡量数字信号传输质量高低的一个重要指标是误码率(BER),其定义是单位时间内误差比特与总比特之比。例如,当以 4:2:2 方式取样时,Y 信号取样频率为 13.5MHz/s,Cr、Cb 以 6.75MHz/s 取样,每个样值采用 10bit 量化,则总的视频传输码率为(13.5MHz/s+2× 6.75MHz/s)×10bit=270Mb/s,如果每一电视帧内有 1bit 的误差,根据 BER 的定义,可求出 NTSC 制和 PAL 制两种情况下的 BER:$BER_{NTSC} = 30/(270×10^6) = 1.11×10^{-7}$,$BER_{PAL} = 25/(270×10^6) = 0.93×10^{-7}$。

　　客观上,信道质量越高,其传输误码率越小,所传输的信号质量也就越高。实践证明,要求在接收端难以察觉到有误码的图像,传输误码率须优于 $5×10^{-6}$。总之,为提高图像信号的传输质量,采用抗干扰的纠错编码是必不可少的,且针对不同传输信道,采取相应的调制方式也很重要,因为先进的数字调制技术能在相同的带宽内传送更高的数码流。因此,为了使传输的数字电视信号尽可能安全、可靠地解码还原,必须进行信道纠错抗干扰编码即信道编码,而且针对不同的传输信道采用针对性的信道编码。所以,信道编码的目的是提高数字电视信号传输的可靠性,主要是通过增加额外的用于监督纠错的码率等方法,来保证有用信息的可靠传输。信道编码如同运输商品一样,增加一些泡沫或海绵等保护材料。实质上,信道编码就是找到使源信号的频率特性与传输介质的频率特性相适应或相匹配的方案,以减小有用信息的能量损失以及误码的增加。须强调的是,通过信道编码引入的冗余度与信源编码压缩的冗余度是两个性质完全不同的概念,前者所增加的冗余度(码率),在实际有扰信道传输中,对有用信号具有保护监督作用,其增加的冗余度数值也远小于压缩掉的冗余度数值,换言之,即使不压缩原信号中的冗余度,信道编码也必不可少。

数字卫星、有线、地面电视的传输具有相近或相同的核结构,这个"核"就是我们将要传输的"视音频、数据"等信息。它的周围包裹了许多保护层,因信道的不同,对应的保护层也存在差异,目的都是使信息在传输过程中有更强的抗干扰能力。视音频、数据等被放入固定长度的 MPEG－2 传输流中,然后进入相应信道里作编码处理。不同传输信道因其主要干扰形式不同,信道编码存在差异,但信道编码的一般组成框图如图 4－10 所示。

图 4－10　信道编码的一般结构框图

在图 4－10 中,信道编码的前端,复用与能量扩散是将多路节目流复接为便于信道编码与传输以及接收端便于纠错的码流形式。在纠错编码的关键结构中:(1)前向纠错是关键的第一步,有的传输系统如我国地面传输国标中前向纠错编码由 BCH 和 LDPC 级联编码组成,有的采用外码编码多为具有很强突发纠错能力的 BCH 码或其子集集,如 RS 编码(如有线、卫星),且 RS 外码编码的特点是只纠正与本组有关的误码,尤其对纠正突发性的误码最有效,适合前向纠错。(2)卷积交织使原来顺序发送的数据按一定分布规律发送,从而使突发性干扰造成的成片错误分散开来,便于接收端在纠错能力的范围内纠错。交织的过程不增加信号的冗余度,它是对 RS 编码的很好补充,即增强了 RS 码的纠错能力。(3)内信道编码是指纠错用的监督比特混在信息比特内,不像 RS 码那样,加在信息比特后,如采用(n,k,N)形式的卷积码,内码可以根据信道采用不同的编码效率,譬如 1/2、2/3、3/4、5/6、7/8 等形式,7/8 即是内码加入的纠错码只占外码送来的码流的 1/8,虽然纠错能力有所下降,但信息传输速率或效率以及信道利用率也得以提高。内编码和外编码构成级联编码,增强了信道的纠错能力。

前向纠错之信道编码,形象地说,如同给人(如婴儿、小孩)打预防针一样,投入不多但效果很好。经过信道编码后便于匹配信道传输以减少差错,找到适合数字信号在相应信道中的安全传输模式,提高了传输信号的可靠性。从系统的角度,对于给定的误码率,希望进行差错编码后所需要的码元信号功率与噪声功率比要低于差错编码前的,后者与前者之差即为信道编码增益,其值越大,系统越容易实现。事实上,传输信道是很复杂的,从数字电视系统层面上说,信道编码的技术难度较信源编码更大些,主要是不确定因素较多,且信道编码的形式也因业务质量而多样。不同传输信道的质量差别较大,引入纠错编码的类型不尽相同,如有线广播较地面广播具有较高的信道质量,所以有线广播引入纠错编码的冗余度较少。此外,不同的调制形式适合不同信道的传输,因此只有将调制技术与信道编码技术结合起来,方能更好地抵御各种干扰,当前的各类数字通信都是这样做的。

4.6 差错控制编码

4.6.1 差错控制编码的形式与特点

1. 反馈重发方式

接收端发现误码后通过反馈信道请求发送端重发数据,因此接收端需要有误码检测和反馈信道。由于信息码元序列是一种随机序列,接收端无法预知,也无法识别其中有无误码,所以发送端在信道中必须对信息码元加入能检错的监督码元,以供接收端检查发现错误。显然,当信道质量较差而干扰频繁发生时,自动请求重发方式的通信系统处于重发信息状态,使信息的连贯性和实时性很差,而纠错能力较强,它适合于在干扰不严重的点对点通信系统中应用。电视信号是实时传输与接收的,所以不宜采用此法来纠错。

2. 前向纠错方式

这种方式中,发送端发送的数据内包含信息码元以及供接收端自动发现错误和纠正误码的监督码元。它不需要反馈信道,且能进行单点对多点的同步通信,译码实时性较好,但编译码电路较为复杂。为获得较低的接收误码率,设计中必须按最差的信道情况附加较多的监督码元,从而使传输的可靠性提高,但编码效率降低。然而,随着纠错编码理论的发展及其编译码电路所需大规模集成电路性能改善及价格下降,这种防患于未然的前向纠错方法,在实际中还是得到了极为广泛的应用。

3. 混合纠错方式

这种方式中,发送端发出的信息内包含有给出检错纠错能力的监督码元,误码量少时接收端检测后能自动纠错,误码量超过纠错能力时接收端能通过反馈信道请求发送端重发有关信息。其优点在于,编译码电路的复杂性比前向纠错方式简单,又可避免自动请求重发方式中信息连贯性差的缺点,且能得到较低的接收误码率。

4.6.2 纠错码的分类

一般地,无论哪类信道,其干扰主要有"随机性干扰"和"突发性强干扰"两类形式;前者造成错误长度不大,但频度较高,后者频度不高但造成的错误长度较长。因此,在差错控制编码的理论与实践中,纠错码按照误码产生原因的不同,可分为纠随机误码的纠错码和纠突发误码的纠错码两种基本形式;前者主要应用于产生独立性随机误码的信道,后者应用于易产生突发性局部误码的信道。而纠错码按照信息码元与监督码元之间的检验关系,可分为线性码和非线性码,如果信息码元与监督码元存在线性关系,可用一组线性方程式表示,就称为线性纠错码。反之,两种码元间不能用线性方程描述时,就称为非线性码,非线性码因分析复杂应用较少,包括数字电视信道编码中。此外,纠错码按照信息码元与监督码元之间约束方式的不同,可分为分组码和卷积码两种。在分组码中,将信源编码输出的信息码元序列以 k 个码元为一组,对每 k 个信息码元按一定规律附加上 r 个监督码元,输出码长为 $n=r+k$ 个码元的一组组分组码。每一组码中 r 个监督码元的码值只与本码组内的 k 个信息码元有关,与其他码组中的信息码元无关。在卷积码中,将信源编码输出的信息码元序列以

k_0个(k_0通常小于分组码中的k值)码元为一组,通过编码器输出码长为n_0($n_0 \geqslant k_0$)个码元的一组组卷积码。

纠错码按照信道编码之后信息码元序列是否保持原样不变,又可分为系统码和非系统码两种。在系统码中,编码后的信息码元序列保持原样不变,监督码元位于其后;非系统码中,编码后的信息码元序列会发生改变。显然,后者的编译码电路要复杂些,纠错能力要强些。综上,信道纠错码分类形式如图4-11所示。

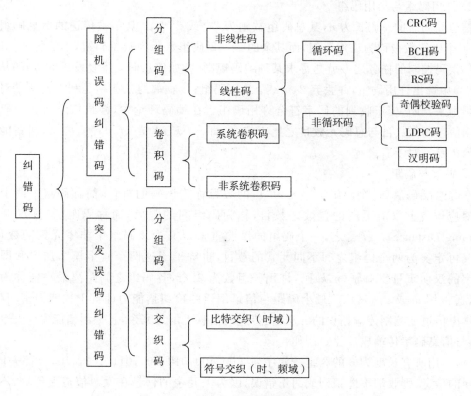

图4-11　若干种信道纠错码分类形式

在差错控制编码中,纠错码按照检错纠错能力的不同,可分为检错码、纠错码和纠删码三种。其中检错码只能检知一定的误码而不能纠错;纠错码具备检错能力和一定的纠错能力;纠删码能检错纠错,对超过其纠错能力的误码则将有关信息删除或采取误码隐匿措施将误码加以掩蔽。

4.6.3　误码控制的基本概念

在信道编码中,经常用到如下一些重要的基本概念。

1. 信息码元与监督码元

信息码元又称信息序列或信息位,这是发端由信源编码后得到的原始被传送的信息数据比特,通常以k位表示一个信息组,则对于二进制情况下,每个信息码元的取值非"0"则"1",故总的信息码组数共有2^k种组合形式。

监督码元又称冗余位、监督位或监督数据比特,这是为检纠错码而在信道编码时加入的判断数据位,通常以 r 表示。一般地,r 越大纠错能力越强。r 的引入既是保证信息码元可靠传输的必要条件,又是区别信源压缩编码的主要特征。监督码元 r 与信息码元 k 相加即为信道编码后信息码组内的总码元数,或称码字长度,以 n 表示码长,即 $n=k+r$。经过分组编码后的码又称 (n,k) 码,表示总码长为 n 位,其中信息码长为 k 位,监督码长为 r 位。从空间角度,每码字可看成 n 维线性空间中的一个矢量,因此习惯上又把码长为 n 的码字称为码组或码矢。

2. 许用码组与禁用码组

信道编码后的总码长为 n,其总码组数则为 2^n(或 2^{k+r})。其中被传送的信息码组数为 2^k 个,2^k 个码组数被称为许用码组,而其余的 2^n-2^k 码组数称为禁用码组,不被传送。因此,发送端误码控制的任务之一就是寻求某种编码规则(譬如信息码元重复发送的方式)从总码组 (2^{k+r}) 中选出许用码组,并丢弃 2^n-2^k 个禁用码组;接收端的任务则是利用发送端对应的编码规则来判断、校正收到的码字符合许用码组。在编码理论中,衡量信道纠错编码效率 (η),用信息码元数目与总码元数目之比来定义,即 $\eta=k/n=k/(k+r)$。可见,纠错能力与编码效率是一对矛盾。

3. 码重与码距

在分组编码后,每个码组中码元为"1"的数目称为该码的重量,简称码重。两个等长码组对应位置上取值不同的位数之数目,称为码组间的距离,简称码距(又称汉明距离 Hamming Distance)。换言之,一个码组的汉明重量定义为该码组中非零元素的数目,而码距又可定义为两个码组之间不同元素的数目,也等价于这两个码字模 2 加之和即第三个码字的汉明重量。对于 (n,k) 码,许用码组数为 2^k 个,各码组之间距离最小值称为最小码距,通常用 d_0 或 d_{min} 表示。最小码距与信道编码的检纠错能力即抗干扰能力密切相关。

噪声信道上控制传输错误的方法:在传递的信息上增加冗余,且检纠错能力与冗余度成正比,与信息码率传输成反比。例如:

(1)若用所有长度为 3 的 8 组二元序列"000,100,010,001,011,101,110,111"去传输 8 种不同的信息,则收端不能识别或纠正错误,因为无冗余的信息在噪声信道上传输,不能保证每个接收的信息是正确的。

(2)若仅使用"000,011,101,110",则可识别一个错误但不能纠正错误。因为 4 个不同的信息也可以用"00,01,10,11"表示,传递序列中有 1/3 是冗余。

(3)若仅使用"000,111",则可识别两个错误,也能纠正一个错误。因为 2 个不同的信息也可以用"0,1"表示,传递序列中有 2/3 是冗余。

4.6.4　检错与纠错基本原理

设有"晴天"和"雨天"两种天气信息需要传送,分别用 A、B 表示,现在赋予它们各 1 位编码信号,且 A(晴天)=0,B(雨天)=1,直接在有扰信道上传输。若发生 1→0,0→1,收端无法辨别,容易发生误判,因为它们均为许用码组,且码距 $d=1$。当增加 1 比特进行信道编码时,即 $(n,k)=(2,1)$,则总码组为 $2^2=4$,许用码组为 $2^1=2$,且有两种选择 00 与 11,或 01 与 10,其结果相同,但信息码元与监督码元的约束规律不同。若采用"信息码元重复一次得到许用码组的编码"既定方式,即 00(A),11(B)。此时 A(晴天)、B(雨天)都具有 1 位检错能力。因为无论 A、B 发生 1 位错误,必将变成 01 或 10,均为禁用码,接收端可以按不符合信息码重复一次的准则来判断误码,但不能纠正其错误,因为无法判断误码 01/10 是 A(00)错误造成,还是 B(11)错误造成,即无法判断原信息是 A 还是 B,或说 A 与 B 形成误码(01/10)的概率是相同的。此外,如果产生两位误码,即 00 错为 11,或 11 错为 00 时,接收端将无法判断其错否。

以上不足:一是不能纠错;二是当产生两位错误时,则不能判断是否有错。解决的办法只能是增加监督码元来提高纠错能力。一般地用 e 表示检错位数(或检错能力),t 表示纠错能力,许用码组在信道编码后之间的最小码距越大,其检纠错能力越强。上例中的 $d=2$,$e=1$,$t=0$。就上例而言,再增加 1 位监督码元构成(3,1)码,其禁用码组=总码组−许用码组$=2^3-2^1=6$,而满足最小码距为最大的条件有 4 种选择:000/111,001/110,010/101,011/100。它们的抗干扰能力相同。为分析的方便,仍选择二重复编码的方法,用 000 表示A,111 表示 B,则码距 $d(A,B)=3$,其他为禁用码。上述编码具有 1 位纠错能力:因为若000/A 变为 001/010/100 时,均为禁用码,可确定是误码。且这 3 个误码距离最近的许用码组是 000,与另一个许用码组 111 最远,根据"误码少的概率总是大于误码多"的规律,则判断原来正确码组应为 000,即只要将误码中 1 改为 0。同理,111/B 产生 1 位错:110/101/011,也可纠正为 111。

如果 A、B 产生两位错,虽然根据禁用码组判别其错误,但纠错可能出错,造成误纠;如果 A、B 产生 3位错:A→B 或 B→A,此时,既检不出错,也无法纠错了。事实上,许用码组构成多维空间,如图 4-12 所示。任何一个许用码组只要不落入另一许用码组为中心,误码个数为半径的空心球内,即可检出该码组的错误。

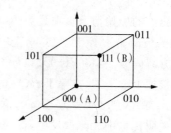

图 4-12 许用码组的多维空间

关于检错与纠错码的关系,存在以下三个重要的结论:

(1)在一个码组内检测 e 个误码,最小码距 d 满足:$d \geqslant e+1$。

(2)在一个码组内纠正 t 个误码,最小码距 d 满足:$d \geqslant 2t+1$。

(3)在一个码组内为纠正 t 个误码,同时检测 e 个误码($e>t$),最小码距 d 满足:$d \geqslant e+t+1$。

4.7 循环冗余校验原理与应用

CRC(Cyclic Redundancy Check)为循环冗余校验,它是一类重要的线性分组码,编码和解码方法简单,检错和纠错能力强,在数字通信领域、数据存储格式 GIF、TIFF 及 RAR 和ZIP 解压等领域,得到广泛应用。循环码的特点是其中任意一个码组循环一位,将最右端的码元移置左端或反之,仍然为该码中的一个码组。$(a_{n-2}a_{n-3}\cdots a_0a_{n-1})$,$(a_{n-3}a_{n-4}\cdots a_{n-1}a_{n-2})$,$\cdots$,$(a_0a_{n-1}\cdots a_2a_1)$也是该编码中的码组。表 4-3 所列的就是典型的(7,3)循环码,读者自己给予验证。

表 4 - 3　(7,3)循环码形式

信息位 $a_6a_5a_4$	监督位 $a_3a_2a_1a_0$	信息位 $a_6a_5a_4$	监督位 $a_3a_2a_1a_0$
000	0000	100	1011
001	0111	101	1100
010	1110	110	0101
011	1001	111	0010

4.7.1　CRC 检错原理

CRC 进行检错的基本原理是:在发送端根据要传送的 k 位二进制码序列,以一定的规则产生一个校验用的 r 位监督码,附在原始信息后边,构成一个新的二进制码序列数共 $k+r$ 位,然后发送出去。在接收端,根据信息码和 CRC 码之间所遵循的规则进行检验,以确定传送中是否出错。这个规则,在差错控制理论中称为生成多项式。在代数编码理论中,将一个码组表示为一个多项式,码组中各码元可看作多项式的系数,即一组常数比特流。例如 1100101 表示为 $1 \cdot x^6+1 \cdot x^5+0 \cdot x^4+0 \cdot x^3+1 \cdot x^2+0 \cdot x+1 \cdot x^0$,即 $x^6+x^5+x^2+1$。设编码前的原始信息多项式为 $P(x)$,$P(x)$ 的最高幂次加 1 等于 k。生成多项式为 $g(x)$,$g(x)$ 的最高幂次等于 r。CRC 多项式为 $R(x)$;编码后的带 CRC 的信息多项式为 $T(x)$。发送方编码方法:将 $P(x)$ 乘以 x^r(即对应的二进制码序列左移 r 位,等于 $P(x)$ 的二进制数后直接加上 r 个零,也等于 $P(x)$ 的十进制值乘以 2^r),再除以 $g(x)$,所得余式即为 $R(x)$。用公式表示为 $T(x)=x^rP(x)+R(x)$。接收方解码方法:将 $T(x)$ 除以 $g(x)$,如果余数为 0,则说明传输中无错误发生,否则说明传输有误。

举例,设信息码为 1100,生成多项式为 1011,即 $P(x)=x^3+x^2$,$g(x)=x^3+x+1$,计算 CRC 的过程为

$$\frac{x^3P(x)}{g(x)}=\frac{x^3(x^3+x^2)}{x^3+x+1}=(x^3+x^2+x)+\frac{x}{x^3+x+1} \tag{4-1}$$

即 $R(x)=x$。注意到 $g(x)$ 最高幂次 $r=3$,得出 CRC 为 010。CRC 的本质是进行异或(即二进制下的模 2 加)运算,运算的过程并不重要,因为运算过程对最后的结果没有意义;我们真正感兴趣的只是最终得到的余数,这个余数就是 CRC 值。CRC 码所采用模 2 加减运算法则,即不带进位和借位的按位加减,这种加减运算实际上就是逻辑上的异或运算,加法和减法等价,乘法和除法运算与普通代数式的乘除法运算是一样,符合同样的规律。因此有:$T(x)=(x^6+x^5)+(x)=x^6+x^5+x$,即 $1100000+010=1100010$。如果传输无误,则有:$T(x)/g(x)=x^3+x^2+x$,即无余式。可见,如果被除数是 1100010,显然在商第三个 1 时,就能除尽。

实践证明,若生成多项式 $g(x)$ 的最高幂次等于 r,则该 CRC 校验码的检错性能如下:

(1)可检出所有 2^r-1 比特个错误和所有奇数个错误;

(2)可检出所有长度 $\leqslant r$ 比特的突发错;

(3)对于长度 $=r+1$ 个比特的突发错,其漏检概率仅为 $1/2^{r-1}$;

(4)对于长度 $>r+1$ 个比特的突发错,其漏检概率仅为 $1/2^r$。

CRC 的差错控制理论是在代数理论基础上建立起来的,在算术运算中,除法运算就是将被减数重复地减去除数 X 次,然后留下余数。在整数运算中,一般来说,若一整数 m 的按模 n 的运算可以表示为 $\frac{m}{n}=Q+\frac{p}{n}$,$p<n$。式中,$Q$ 是整数。则在模 n 的运算下,一个整数 m 等于其被 n 除得之余数,即 $m\equiv p$。码多项式也有类似的算法,即任意多项式 $F(x)$ 被一 n 次多项式 $N(x)$ 除,得到商式 $Q(x)$ 和一个次数小于 n 的余式 $R(x)$,即 $F(x)=N(x)Q(x)+R(x)$,也即:$F(x)=R(x)$,模 $N(x)$。这时码多项式系数仍按模 2 运算,取值非 0 即 1。

在进行 CRC 计算时,采用二进制(模 2)运算法,即加法不进位,减法不借位,其本质就是两个操作数进行逻辑异或运算。例如 x^3 被 (x^3+1) 除得余项 1,所以有 $x^3\equiv1$;同理有 $x^4+x^2+1=x^2+x+1$(模 x^3+1)。

4.7.2　CRC‐32 循环码生成与应用

CRC 因其编码和解码方法简单,检错和纠错能力强在数字电视的信道编码中应用广泛。CRC 可以通过低成本的微处理器硬件系统实现,其编译码电路对称、近乎相同,主要结构是通过简单的反馈移位寄存器及模 2 加法器来实现。或用 VHDL 硬件描述语言、C 语言等编程实现,但直接用软件的办法效率不高。数字电视的信道编码中,除了节目信息外,还有许多辅助信息,如在节目关联表 PAT、节目映射表中 PMT 等表中插入的信息非常重要,规定用 CRC‐32 作为效验检测码。CRC‐32 循环冗余校验是最常用的,其 CRC‐32 生成多项式为 $g(x)=x^{32}+x^{26}+x^{23}+x^{22}+x^{16}+x^{12}+x^{11}+x^{10}+x^8+x^7+x^5+x^4+x^2+x+1$。CRC‐32 码由 4 个字节构成,在开始时 CRC 寄存器的每一位都预置为 1,然后把 CRC 寄存器与 8bit 的数据进行异或,之后对 CRC 寄存器从高到低进行移位,在最高位(MSB)的位置补零,而最低位(LSB,移位后已经被移出 CRC 寄存器)如果为 1,则把寄存器与预定义的多项式码进行异或,否则如果 LSB 为零,则无须进行异或。重复上述的由高至低的移位 8 次,第一个 8bit 数据处理完毕,用此时 CRC 寄存器的值与下一个 8bit 数据异或并进行如前一个数据似的 8 次移位。所有的字符处理完成后 CRC 寄存器内的值即为最终的 CRC 值。具体计算过程是:(1)设置 CRC 寄存器,并给其赋值 $ffff$(hex)。(2)将数据的第一个 8bit 字符与 32 位 CRC 寄存器的低 8 位进行异或,并把结果存入 CRC 寄存器。(3)CRC 寄存器向右移一位,MSB 补零,移出并检查 LSB。(4)如果 LSB 为 0,重复第三步;若 LSB 为 1,CRC 寄存器与多项式码相异或。(5)重复第三步与第四步直到 8 次移位全部完成。此时一个 8bit 数据处理完毕。(6)重复第二步至第五步直到所有数据全部处理完成。(7)最终 CRC 寄存器的内容即为 CRC 值。一种在接收端的 CRC‐32 解码电路结构如图 4‐13 所示。

图 4‐13 中,D 代表延迟单元,"+"代表模 2 加,即二元域上的加。基本工作过程是,32 位延迟器由 14 个加法器和 32 个延迟单元 D(i)组成,按比特操作。CRC 解码器的输入加在延迟单元 D(31)的输出上,结果传送到延迟单元及其加法器的输入端。当每一个加法器的输出端连接到单元的输入端时,那么每一个加法器的输入就是单元的输出,$i=0,1,3,4,6,7,9,10,11,15,21,22,25$。当 CRC 解码器输入端接收到字节数据时,接收数据每次移入一位进入解码器,采用最高位优先的原则。例如当接收数据为 0×01 时,首先是 7 个 0 进入解码器,然后才是 1。在 CRC 解码器数据处理前,每个延迟单元 D(i)的输出初始化为 1,在初始化完成后,包括 4 个 CRC‐32 字节在内的每一个字节送入 CRC 解码器的输入端,当最

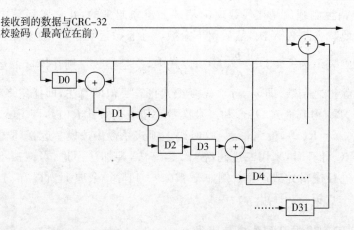

图 4-13 一种 CRC-32 解码电路结构

后一个 CRC-32 字节的最后一位移入解码器后,即 D(31)的输出加入 D(0)后,所有延迟单元 D(i)的输出均被读出,如果没有错误出现,每一个 D(i)的输出端数据应该为 0。在 CRC 编码器中,CRC-32 字段的编码值对此做出了保证。因为在 CRC 编码器的 CRC-32 字段使用相同的数据编码。目前许多地方采用软件实现 CRC-32 的编解码。

在信道编码中,用经过移位寄存器运算后的一组循环冗余检测码即 CRC 码来检测 PSI/SI 各表中信息的错误,占 32bit。一旦这些表中 CRC 错,则表明这些表中的信息有错,就不再从出现错误的表中得出其他错误信息。实际检测纠错电路(或软件)的形式很多,像把信源编码后的信息数据流分成等长码组,在每一信息码组之后加 1 比特监督码元作为奇偶校验位,使总码长($a_{n-1}, a_{n-2}, \cdots, a_1, a_0$)中的码重为奇数或偶数的一种奇偶校验码检错原理,等等。

4.8 基带处理与能量扩散技术

4.8.1 基带处理技术

信源压缩编码后的信号即由"1"和"0"组成的基本码流,其频谱特性可从直流分量一直扩展到很高的频率分量,属于基带信号。无论是基带信号直接在信道中传输,还是经载波调制后进行传输,均要将数字基带信号的码元波形或码元序列的格式进行适当变换,其目的是匹配信道,便于适合信道传输的码型,特别是适合交变信道传输的特点。主要是因为:

(1)实际信道均存在耦合电容或耦合电感(变压器)等对直流及低频信号难以通过的器件,所以对于传输频带低端受限的信道,传输信号码型的频谱中不应包含直流或低频成分;

(2)应尽量减少码型频谱中的高频成分,以节省频带提高频谱利用率;

(3)接收端便于从基带信号中提取出定时信息,以再生出准确的时钟信号供数据判决使用;

(4)所使用的码型应使基带信号具有内在的检错能力或便于检测码流中错误的信号状态,以便实时检测信号的传输质量;

(5)信道中发生误码时要求所选码型不致造成误码扩散;

（6）码型变换过程中不受信源统计特性影响，即码型变换对任何信源具有透明性。此外，码型变换设备尽量简单易行。

目前，选择适合信道传输的编码码型主要有单极性非归零（NRZ）码、双单极性非归零（INRZ）码、双相码、密勒码和密勒平方码等，而所有的其他类型的码可由单极性非归零码 NRZ 转换。其中，在 NRZ 码中用低电平表示 0，高电平表示 1，这称为绝对码，这种码的特征是含有低频或直流成分；在 NRZI 码中，用数据周期内电平跳变表示 1，不跳变表示 0，这又称为相对码或差分码，如图 4-14 所示。

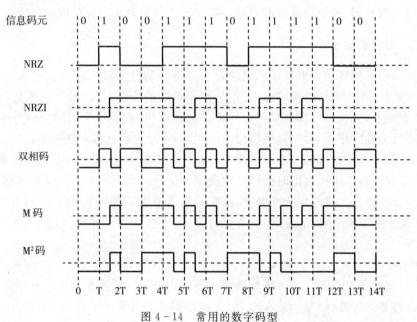

图 4-14　常用的数字码型

NRZI 码的优点在于：接收端对数据流的极性不敏感，只响应于极性的变换，容易解码和提取时钟信息。

（1）双相码又称曼彻斯特码或调频码，其特点是无论何种码元，每一码元比特的边缘都有电平跳变。而当码元为"1"时，在每比特中央又有一次跳变，故属于归零码；当码元为"0"时，在其比特周期内保持电平不变，即或为高电平或为低电平。可见，这种码型的码元"1"的电平变化频率为码元"0"的 2 倍，具有调频码属性。此外，编码信号中不但不含直流成分，而且每比特上保留有位定时信息，接收端易于从中提取出时钟信号。

（2）密勒码是双相码的一种变形，凡是"1"时在位周期中央发生电平转换，紧接在"1"后面的"0"不发生电平转换，紧接在"0"后面的"0"在位周期开始的边界上发生电平转换。即单个"0"时码元周期内不发生电平跳变，连"0"时在相邻的"0"交界处出现电平跳变。这样一来，即使在连"1"或连"0"时，电平转换最快也要在一个周期以后，最慢在两个周期后也必然发生电平转换。因此使频谱中出现"高频不高，低频不低"向中频集中的情况。可见，密勒码不但无直流成分和保留有位定时信息，而且基带上限频率明显降低；又鉴于它的最大脉冲宽度为两个码元周期，利用该特点可以检测传输误码。

（3）密勒平方码是密勒码的改进，其区别在于无论"1"还是"0"，当连续出现的相同码元超过 2 个时，省去最后一个比特上的电平跳变（转换），即对于"1"省去其中央电平转换，对于

"0"省去最后一个码元"0"的前沿跳变。可见,它比密勒码电平变换速率进一步降低,相应的基带信号频率也减小了。

通过以上分析,容易得出如下结论:不归零码在传输中难以确定一位的结束和另一位的开始,需要用某种方法使发送器和接收器之间进行定时或同步;归零码的脉冲较窄,根据脉冲宽度与传输频带宽度成反比的关系,因而归零码在信道上占用的频带较宽;单极性码会积累直流分量,这样就不能使变压器在数据通信设备和所处环境之间提供良好绝缘的交流耦合,直流分量还会损坏连接点的表面电镀层;双极性码的直流分量大大减少,这对数据传输是很有利的。双相码、密勒码及密勒平方码在实际中已得到更广泛的应用。

4.8.2　能量扩散技术

为了使压缩编码后的数据流不因出现较长的连"1"或连"0"而包含较大的低频成分,影响传输的可靠性,在正式信道编码前,无论是何种形式的传输,都将数字信号进行随机化处理,又称数据加扰(或扰乱),即能量扩散处理。实践证明,如果将待传输的信号变成具有白噪声统计特性的数字序列,会明显提高抗噪声能力,对系统的性能有很大帮助。理论与实践也证明:经过扰乱后数据流的"1"和"0"出现的概率基本相等,这样一来数据流的频谱向高端散开,同时也较容易从中提取出时钟信息即位定时信息。在接收端只要经过解扰或去加扰,即可恢复原始数据流。实现加扰或解扰,需要应用伪随机二进制序列(PRBS)发生器产生 m 序列(或称伪噪声 PN 序列)。为此,本节先讨论 m 序列的产生和性质,然后再解释加解扰原理。

1. n 序列的产生

如图 4-15 所示的就是一个 n 级反馈移存器所构成 m 序列发生器的电路结构,该图中 D 是移位寄存器即移存器(Delay Circuit),每级移存器状态的输出用 a_i 表示,$a_i=0,1,i=0,1,\cdots,n-1$;C_i 表示控制开关,$C_i=1$ 为接通,$C_i=0$ 为断开。

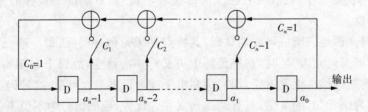

图 4-15　线性反馈移位寄存器 m 序列发生器电路结构

假设电路的初始状态为 $a_{-1}a_{-2}a_{-3}\cdots a_{-n}$,经过一次移位后状态变为 $a_0a_{-1}a_{-2}a_{-3}\cdots a_{-n+1}$,经过 n 次移位后变为 $a_{n-1}a_{n-2}a_{n-3}\cdots a_0$,图 4-15 中所示的即为这一状态。再经过一次移位时,左端新的输入 a_n 可写为:$a_n=c_1a_{n-1}\oplus c_2a_{n-2}\oplus\cdots\oplus c_{n-1}a_1\oplus c_na_0=\sum_{i=1}^{n}c_ia_{n-i}$(模 2 加)。

因此,一般地,对于任一状态 a_k,有 $a_k=\sum_{i=1}^{n}c_ia_{k-i}$(模 2 加),该式又称为递推方程,它给出了一个移位输入 a_k 与移位前各级状态间的逻辑关系。这里,c_i 的取值决定了反馈连接和序列的结构,它是一个非常重要的参量,其方程式为

$$f(x) = c_0 + c_1 x + c_2 x^2 + \cdots + c_{n-1} x^{n-1} + c_n x^n = \sum_{i=0}^{n} c_i x^i \qquad (4-2)$$

式(4-2)称为特征方程式。式中的 x^i 只是给第 i 级移存器的 c_i 值提供一种表达或描述,也即这里是否连接线,x 本身无物理意义,不存在计算 x 值问题。例如,当 $f(x) = 1 + x^3 + x^4$,表示开关系数中 $c_0 = c_3 = c_4 = 1$,而 $c_1 = c_2 = 0$。按这一特征方程设计的便是一个 4 级移存器 m 序列发生器,其递推关系式为 $a_4 = a_1 \oplus a_0$。同样,分析其工作过程时必须先假设一个初始状态:

(1) 若设初始状态 $\{a_3, a_2, a_1, a_0\}$ 为 $\{0,0,0,0\}$ 即全 0 状态的话,则在时钟控制下,不论多少次移位,其输出仍为全 0。故这一初始状态为禁用状态。容易证明,一个 n 级反馈移存器可能产生的 m 序列,其最长周期为 $2^n - 1$。

(2) 设初始状态为 $\{a_3, a_2, a_1, a_0\} = \{0,0,0,1\}$,则在时钟节拍控制下,$a_k$ 的状态将逐次改变,作为输出的 a_0 序列的也随之变化,其变化的具体情况见表 4-4 所列。

表 4-4　输出的 a_0 序列与 a_k 的状态关系

时钟	a_4	a_3	a_2	a_1	输出 a_0	时钟	a_4	a_3	a_2	a_1	输出 a_0
0	1	0	0	0	1	9	1	1	0	1	0
1	0	1	0	0	0	10	1	1	1	0	1
2	0	0	1	0	0	11	1	1	1	1	0
3	1	0	0	1	0	12	0	1	1	1	1
4	1	1	0	0	1	13	0	0	1	1	1
5	0	1	1	0	0	14	1	0	0	1	1
6	1	0	1	1	0	15	1	0	0	0	1
7	0	1	0	1	1	16	0	1	0	0	0
8	1	0	1	0	1	17	0	0	1	0	0

由表(4-4)可见,移位 15 次以后又回到初始状态,即 $\{a_3, a_2, a_1, a_0\} = \{0,0,0,1\}$,输出序列 a_0 为

$$a_0 = \underbrace{100010011010111100}_{\text{周期}=15} \cdots$$

容易求得 4 级移存器实际共有 $2^4 - 1 = 15$ 可用状态。

此外,不难看出特征方程与输出序列 a_0 的周期有密切关系。可以证明,一个线性反馈的 n 级移存器要得到最长周期的 m 序列,特征方程式 $f(x)$ 必须是 n 次本原多项式。一个 n 次多项式若满足下列条件,便称之为 n 次本原多项式:

(1) $f(x)$ 为既约的,即不能再分解因式的;

(2) $f(x)$ 可以整除 $x^m + 1$,$m = 2^n - 1$;

(3) $f(x)$ 不能整除 $x^q + 1$,$q < m$。

因此,需要构成 m 序列发生器时,首先就是要找到本原多项式。一个常用的本原多项式见表 4-5 所列。

表 4-5 常用的本原多项式

n	本原多项式	n	本原多项式	n	本原多项式	n	本原多项式
2	x^2+x+1	6	x^6+x+1	10	$x^{10}+x^3+1$	14	$x^{14}+x^{10}+x^6+x+1$
3	x^3+x+1	7	x^7+x^3+1	11	$x^{11}+x^2+1$	15	$x^{15}+x+1/x^{15}+x^{14}+1$
4	x^4+x+1/x^4+x^3+1	8	$x^8+x^7+x^2+x+1$	12	$x^{12}+x^6+x^4+x+1$	16	$x^{16}+x^{12}+x^3+x+1$
5	x^5+x^2+1	9	x^9+x^4+1	13	$x^{13}+x^4+x^3+x+1$	17	$x^{17}+x^3+1$

注：同一 n 值，在满足本原多式条件的情况下，其本原多项式可有不同形式。

2. m 序列的性质

(1)均衡性。在 m 序列的一个周期 $m=2^n-1$ 中，"1"和"0"的个数基本相等，确切地说，1的个数比0的个数多一个。因为 n 位二进制数字的序列 $\{a_k\}$ 具有 m 种状态，对应于 $1\sim2^n-1$(全0除外)中 m 个不同二进制数字，而由于1和 2^n-1 都是奇数，故这 m 个整数中奇数比偶数多1个，且二进制奇数的末位必为"1"，偶数的末位必为"0"，所以若以 a_0 的序列作为输出序列，在周期 m 内，其"1"的个数将比"0"的个数多一个。

(2)游程分布。将一个周期序列中连续相同码元的长度称为游程长度，包括1游程和0游程。如在上例 $n=4$ 的输出序列中，即在 $a_0=100010011010111$ 中，此15个码元的周期内长度为3的游程和长度为2的游程均有两个，长度为1的游程为5个。一般地说，长度为 k 的游程占游程总数的 2^{-k}，这里共有9个游程，各种游程长度中连"1"的游程和连"0"的游程大致各占一半。

此外，m 序列还具有模2加的封闭特性以及伪噪声特性等。正是由于 m 序列具有上述诸多特性，才使得 m 序列属于伪噪声(PN)序列或伪随机二进序列(PRBS)的研究，应用也较广。比如，码流分析仪中的 PRBS 产生是其重要组成部分。

3. 数据序列的加扰与解扰

数据加扰原理是以 m 序列为基础的，加扰电路的一般结构如图 4-16 所示，图中，$\{a_k\}$、$\{b_k'\}$ 和 $\{b_k\}$ 分别为数据序列、m 序列和加扰数据序列。

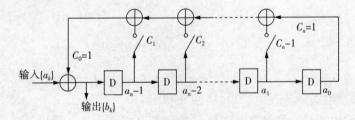

图 4-16 加扰电路结构图

由图 4-16 可以写出 $\{b_k\}=\{a_k\}\oplus\{b_k'\}=\{a_k\}\oplus\sum_{i=1}^n c_i x^i\{b_k\}$。式中，$x^i$ 仅是个符号，表示 $\{b_k\}$ 延时 i 位，即当 $c_i=1$ 表示该延时不连接到模2和逻辑门上。利用 m 序列的特点，对于会包含连"1"或连"0"的数据序列，经过 PRBS 产生的 m 序列进行模2加后，将变为伪随机型的数据序列，从而使其功率谱更适合于传输信道之特性，并且接收端也容易从数据流中提取出时钟信号。正因为如此，加扰电路在数字电视信号的传输中，得到普遍应用。例如，在欧洲数字电视广播中,其卫星、有线及地面数字电视广播,也包括我国地面国标中,普遍采用如图 4 - 17 所示的加扰电路。

$$1\ 0\ 0\ 1\ 0\ 0\ 1\ 0\ 0\ 0\ 0\ 0\ 0\ 0\ 0\ （初始化）$$

$$f(x)=1+x^{14}+x^{15}$$

加扰数据输出

原始数据输入

图 4 - 17　15 级移存器的 PRBS 加扰电路

即通过 15 级移存器的 PRBS 对数据序列进行模 2 加运算,进而对数字基带信号实施同样的能量扩散。由图 4 - 17 可见,采用的本原多项式为 $f(x)=1+x^{14}+x^{15}$。其实,由于 PRBS 发生器本身是一个带有反馈连接的闭合回路,所以原理图上输出点从任一点输出均可以,正如前面的 m 序列性质中也讲到了这一点。

4. 解扰电路原理

解扰电路的一般形式如图 4 - 18 所示。它的输入序列为 $\{b_k\}$,m 序列发生器与编码器端完全一样,输出序列为 $\{c_k\}=\{a_k\}$。

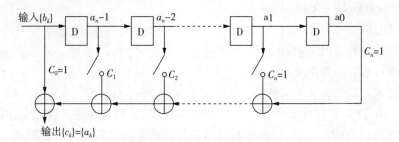

输入$\{b_k\}$

图 4 - 18　解扰电路的一般结构

由图 4 - 18 可见,$\{c_k\}=\{b_k\}\oplus\sum_{i=1}^{n}c_i x^i\{b_k\}=\{a_k\}$。对于模 2 加运算,存在:若 $a\oplus b=c$,则 $c\oplus a=b,b\oplus c=a$。即采用同一种 m 序列解扰的基本原理是,一个序列 $\{a_k\}$ 两次加上同一序列 $\{b_k\}$,则依然等于 $\{a_k\}$,因为:$\{b_k\}\oplus\{b_k\}=0$。通过解扰后,即可恢复加扰前的数据序列。

4.9　外码编码 RS 码的基本特性

RS 码是 Reed 和 Solomon 提出来的,属于非二进制循环码,也是 BCH 码的一种,BCH 码是能够纠正多个错误的纠错码,纠错能力强、构造方便、易于实现,在短码和中等码长的条件下性能接近 Shannon 限。二进制的 BCH 码的码长都为奇数,我国地面数字电视传输标准中采用 BCH 码作为外码编码的形式之一。研究发现,只要找到循环码的生成多项式,则该码的编码问题就解决了,但在系统设计中往往是在给定纠正随机错误个数的条件下来寻找码生成多项式,从而得到满足抗干扰性能要求的码,BCH 码就是这种形式的编码。RS 码是以符号为单位来进行纠错的,通常一个符号为 8bit 二进制码元,若 RS 码中即使一个比特出错,也要做一个符号出错来处理。RS 码的码元由 m 个比特组成,m 是大于 2 的任意正整数,只有所有的 n 和 k 都满足 $0<k<n<2^m+2$ 条件时,m 比特码元的 $RS(n,k)$ 码才存在。其中,k 是已编码分组的数据码元数,n 是已编码分组中总的码元数即码组长度。对于多数 $RS(n,k)$ 码,有 $(n,k)=(2^m-1,2^m-1-2t)$。其中,t 是 RS 码能够纠正的错误码元个数,且 $n-k=2t$ 是监督码元个数。

为便于理解非二进制 RS 码的编码与译码,首先必须了解关于伽罗华域 GF(Galois Field)的概念。伽罗华域 $GF(q)$ 又称有限域,有限域是指该"域"的元素个数有限,其元素的个数称为域的阶,用 $GF(q)$ 则可表示包含 q 个元素的 q 阶有限域,该域至少包含 0 和 1 两元素的有限个元素之集合。实际应用中的伽罗华域 $GF(q)$ 中的元素个数一定是某一素数即任意质数的幂,以 $GF(2^m)$ 形式最普遍,m 为整数。常用的是 $GF(2)$,即二元域。伽罗华域 $GF(2^m)=GF(q)$ 中有"0"和"1"及其他 $(q-2)$ 个非零元素,它们各不相同,其非零元素的最高次数即阶数小于等于 $q-1$。若某一元素 α 其 $\alpha^{q-1}=1$,则称元素为本原元素或本原元。有限域都存在本原元,即域中的非零元素都可以用本原元的若干次幂表示。如果将元素个数按幂次扩展,则有 $GF(2^m)$,称其为 $GF(2)$ 的 m 次扩展。因此,BCH 码是基于 $GF(2)$ 的,但 RS 码是基于 $GF(2^m)$ 的,即扩展域 $GF(2^m)$ 中的码元用于构造 RS 码。对于每一扩域,都是由其中的一个非零元素(生成元的所有幂次)加上零元素构成的。在扩展 RS 码由 $n=2^m$ 或 $n=2^m+1$ 比特组成,但 n 不能再大。

二进制域 $GF(2)$ 是扩展域 $GF(2^m)$ 的一个子域,类似于实数域是复数域的一个子域。除了数字"0""1"之外,在扩展域中还有特殊的元素,用一个新的符号 α 表示。$GF(2^m)$ 中任何非 0 元素都可由 α 的幂次描述。元素的无限集 F,就是根据元素集 $\{0,1,\alpha\}$ 而形成的,后一个元素通过前一项乘以元素 α 而得。$F=\{0,1,\alpha,\alpha^2,\cdots,\alpha^j,\cdots\}=\{0,\alpha^0,\alpha,\alpha^2,\cdots,\alpha^j,\cdots\}$。

为了从 F 中得到有限元素的集合 $GF(2^m)$,必须对 F 域施加一个条件,使它只能包含 2^m 个元素且对乘法封闭。因此,域元素集对乘法封闭的条件可由不可约多项式 $\alpha^{(2^m-1)}+1=0$ 或 $\alpha^{(2^m-1)}=1=\alpha^0$ 表示,根据这个多项式限制条件,任何幂次等于或超过 2^m-1 的域元素都可降阶为如下的幂次小于 2^m-1 的元素:$\alpha^{(2^m+n)}=\alpha^{(2^m-1)}\alpha^{n+1}=\alpha^{n+1}$。因此,从无限序列 F 中形成有限序列 F',$F'=\{0,1,\alpha,\alpha^2,\cdots,\alpha^{(2^m-2)},\alpha^{(2^m-1)},\cdots\}=\{0,\alpha^0,\alpha,\alpha^2,\cdots,\alpha^{(2^m-2)},\alpha^0,\alpha,\alpha^2,\cdots\}$。所以,可以看出有限域 $GF(2^m)$ 的元素由 $GF(2^m)=\{0,\alpha^0,\alpha,\alpha^2,\cdots,\alpha^{(2^m-2)}\}$ 给出。

可见,有限元素构成 RS 码,其扩域 $GF(2^m)$ 中的元素必有循环性。$GF(q)$ 域内的元素满足逻辑的"乘"和"加"。对于常用的二元域,即元素 1,0,这里定义的加法是模 2 加,即相同得 0,不同得 1;乘法则是普通乘法。对于 $GF(2^m)$,加法是将二元域的算法扩展,就是进行逐比特作异或运算,得到的二进制序列就是结果。可见,RS 码是 q 进制 BCH 码的特殊子类。从逻辑电路上实现的结果看,就是多个异或门并联,输出端的输出就是结果,而没有进位的概念。

RS 码的重要性质是真正的最小距离与设计总是相等的,没有一种 (n,k) 线性分组码的最小距离可以大于 $n-k+1$。其最小距离等于 $n-k+1$ 的码叫作最大距离可分(MDS)码,或简称最大码,因此每种 RS 码都是一个 MDS 码。且对任何相同输入输出分组长度的线性编码,RS 码可以达到最大可能的码本最小距离($d_{min}=n-k+1$)。对于非二进制编码,两个码字间的距离定义为序列间的不同码元数目(类似于汉明距离)。理论证明,省掉 RS 码的某些信息符号后,分组长度缩短,但其最小距离不减少,故任何一种缩短的 RS 码仍是一个 MDS 码。此外,在其码字内的任何 k 个位置都可用做信息集合,即任何一个有限伽罗华域 $GF(q)$ 上的 $RS(n,k)$ 码,对任意 k 个符号位置,将只有一个与这 k 个位置内 q^k 种符号组合之一相对应的码字,通常,在 RS 码的编码中,$q=2^m$,m 为自然数。RS 编码在有线数字电视信道传输中得到广泛的应用作为外码编码,就是把 1 字节的任意数据映射成伽罗华域 $GF(q)$ 中的元素,在 k 个字节的 MPEG-2 传送复用包后加上 $2t$ 个校验字节,组成码长为 n 的 $RS(n,k,t)$ 误码保护数据包传输,多数是 $RS(204,188)$。

4.10　低密度奇偶校验码(LDPC)特点

1948 年,Shannon 发表了题为"A Mathematical Theory of Communication"的具有划时代意义的学术论文。他指出了在不可靠的信道下可以进行可靠通信传输的界限和达到这些界限的方法:对于任一通信信道,当传输速率 R 低于信道容量 C 时,则存在一种编码方法,当码长 n 充分长并采用最大似然译码时,传输的错误概率趋近于零,从而数据可以可靠传输,而速率高于这个容量时,将不可能能进行可靠传输——这就是 Shannon 的信道编码定理。

LDPC 码(Low Density Parity Check Code)即低密度奇偶校验码,它是由 Robert G. Gallager 博士于 1963 年提出的一类具有稀疏校验矩阵的线性分组码,不仅在码率低于信道容量下可以随着码长的增加无限逼近 Shannon 限的良好性能,而且译码复杂度较低,结构灵活,是近年来信道编码领域的研究热点。事实上,LDPC 码最早在 20 世纪 60 年代问世时,限于当时的技术条件,缺乏可行的译码算法,因为基于迭代译码算法的 LDPC 码相对复杂,此后的 35 年间基本上被人们忽略,其间由 Tanner 在 1981 年推广了 LDPC 码并给出了 LDPC 码的图表示,即后来所称的 Tanner 图。1993 年 Berrou 等人发现了 Turbo 码,在此基础上,MacKay 和 Neal 等人受 Turbo 码成功的启示,对 LDPC 码重新进行了深入研究,提出了可行的译码算法,从而进一步发现了 LDPC 码所具有的良好性能,迅速引起强烈反响和极大关注。该编码的译码性能可与 Turbo 码媲美甚至优于 Turbo 码,二进制 LDPC 码译码复杂度比 Turbo 码低。由于 LDPC 码是基于线性分组码的校验矩阵构造的,译码时校验方程组的各个校验方程在进行后验概率运算时可以并行进行,具有潜在的快速译码优势。同时,为保存校验矩阵所需要的存储量器也不大(只需要存储非零元素以及相应的索引值)。目前人们已经将该编码从最初的二进制推广到多进制编码,发现非规则码比规则码可以得到更好的性能,找到了许多行之有效的编码构造方法,并且将 LDPC 码和多进制调制技术联合起来实现带宽有效传输。基于有限域 $GF(q)$ 的多进制的 LDPC 码在译码时能够使用快速 Hadamard 算法来实现,这使得人们采用该码完成高的频谱效率传输时,译码复杂度也不会很高。经过十几年来的研究和发展,研究人员在各方面都取得了突破性的进展,LDPC 码的相关技术也日趋成熟,已经在诸多方面得到应用,并进入了无线通信等相关领域的标准。

一般地,码长 n、信息位 k 的 LDPC 码,由它的校验矩阵 H 来定义,H 是一稀疏矩阵即低密度矩阵,也就是说矩阵中除很少一部分元素非零外,其他大部分的元素都是零。一个矩阵的密度表示矩阵中非零元素所占的比例,一个矩阵的密度小时可以被认为是稀疏的,而当矩阵元素数目增大,它的密度却逐渐减小时,这个矩阵被认为是非常稀疏的。比如说矩阵一行向量或一列向量中含有固定数目的非零元素,并且这个数目远小于向量长度。低密度校验码的校验矩阵正是这样一个稀疏矩阵。在最新的数字电视卫星、地面传输的信道编码中,一般是将经过 BCH 编码(或 RS 编码)和字节交织的传输数据按照低位比特优先发送的原则将每字节映射为 8 位比特流,送入 LDPC 编码器。LDPC 码的编译码器都是根据稀疏校验矩阵 $H_{m \times n}$ 来进行,稀疏校验矩阵非零元素的随机排列和稀疏性直接影响着码的性能。全下三角形式的矩阵 H 虽然是系统形式,但是这样形式的编码复杂度不是线性的,而近似下三角形式可使编码复杂度几乎呈线性增长。LDPC 码是通过校验矩阵定义的一类线性码,为使译码可行,在码长较长时需要校验矩阵满足稀疏性,即校验矩阵中 1 的密度比较低,也就是要求校验矩阵中 1 的个数远小于 0 的个数,并且码长越长,密度就要越低。LDPC 码属于线性分组码的一种,而它与传统线性分组码的最大区别就在于,LDPC 码的校验矩阵中非零元素的个数与码长 n 是同阶的,而传统线性分组码对校验矩阵则并没有这样的要求,因此矩阵中非零元素的个数一般是与 n^2 同阶的。作为举例,这里给出一个 LDPC 码校验矩阵 H 的示例如下

$$H = \begin{bmatrix} 1 & 1 & 1 & 0 & 0 & 1 & 1 & 1 & 0 & 0 & 0 & 0 & 1 & 0 \\ 1 & 1 & 1 & 1 & 1 & 0 & 0 & 0 & 0 & 0 & 0 & 0 & 0 & 1 \\ 0 & 0 & 0 & 0 & 0 & 1 & 1 & 1 & 0 & 1 & 1 & 1 & 1 \\ 1 & 0 & 0 & 1 & 0 & 0 & 0 & 1 & 1 & 1 & 0 & 1 & 0 \\ 0 & 1 & 0 & 1 & 1 & 0 & 1 & 1 & 1 & 0 & 0 & 0 \\ 0 & 0 & 1 & 0 & 1 & 1 & 0 & 0 & 1 & 1 & 1 & 0 \end{bmatrix}$$

该 H 矩阵中每一列有且仅有 3 个非零元素,因此总的非零元素个数为 $3n$。Turbo 码使用的是卷积编码器,编码结构简单,但是 LDPC 码的编码如果在码设计时不注意编码结构,特别是系统码,那么它的编码会变得非常复杂。原因是稀疏的校验矩阵产生的生成矩阵,其密度会很高。换言之,LDPC 是一种具有校验矩阵中 1 的个数比较少的线性分组码,而译码复杂度只与码长呈线性关系,编码复杂程度适中,在码长较长的情况下,仍然可以保证有效译码。一般地,经过 RS 或 BCH 编码和交织的传输数据按低位比特优先发送的原则,将每字节映射为 8 位比特流送入 LDPC 编码器。

LDPC 码是基于图的迭代译码算法的码,在各方面得到蓬勃发展,其低密度校验码的译码算法及其简化,码的构造、码的性能分析,目前在很多领域如无线通信、深空通信、光纤通信、图像传输、磁存储器等的应用研究非常广泛。LDPC 码已经被 DVB 组织列为 DVB - S2 标准,在我国先进卫星传输标准 ABS - S 及地面数字电视传输标准 DTMB 中采纳;在磁记录、信道环境较差的移动通信、卫星通信等深空领域方面应用中,实践证明 LDPC 码是最好的码,具有广阔的应用前景,且 LDPC 码已成为 4G 移动通信标准物理层的应用方案,在 5G 通信中也是备选方案。

4.11　信道编码中的交织技术

4.11.1　交织技术的基本原理

一般地,如果消息数据按照原顺序按部就班地传输,当信道受到强干扰时,容易造成大面积数据出错,这将容易导致因接收端的纠错能力有限而无法正确纠错,其后果可想而知。如果把原传输的消息数据,按照某种规则打乱后再传输,把这种有规则打乱称之为"交织技术",接收端纠错前按照相应规则,即解交织技术,还原数据的原顺序,再纠错,此时即使在传输中产生大面积错误,经过复原后的出错数据得到分散,接收端又可以正常纠错。

图 4-19 所示即为一个简单的交织与解交织的过程。

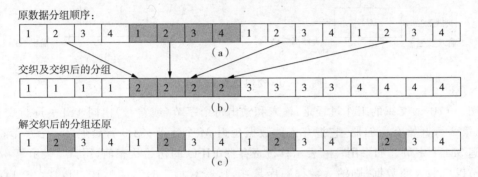

图 4-19　简单的交织与解交织过程

在图 4-19 中,若数据按正常传输顺序,在第二个时间段出现突发性的大面积干扰,图 4-19(a)所示的阴影区域,该大面积干扰很有可能超出接收端的纠错能力范围,而无法纠错。若将正常传输的数据码流或码组经过交织技术后再传输,如图 4-19(b)所示,则此时在同样的时间段内,出现突发性的大面积干扰,问题就不再难解决了。因为接收端在解码前,经过解交织恢复原顺序后,在传输信道上所产生的大面积干扰码组,将被分散开来,如图 4-19(c)所示,其错码的表现形式处于接收端的纠错能力范围内,容易纠错了。

4.11.2　卷积交织、解交织原理及其应用

交织方式主要有随机交织、块交织、卷积交织等形式。随机交织实际上是伪随机交织,通过把数据进行伪随机排序处理,得到近似随机的输出,多用于保密通信和扩频通信领域。

块交织也称矩阵交织,是通过将待交织序列存储在 $m \times n$ 矩阵中,按照行(列)写入、列(行)读出的原则,每次对 $m \times n$ 个数据进行交织,这种交织的优点是结构简单、易于实现,缺点是需要的存储空间大、交织和解交织的延时长。比如,美国的 ATSC 系统采用 TCM 编码和块交织方式,比卷积交织简单。卷积交织由延时成等差递增的 B 路移位寄存器组成,输入数据依次进入 B 路不同的输入端,输出数据经过延时从相应路读出。由于延时不同,相邻的输入数据在输出端被离散化。卷积交织的优点是输入输出同步,性能相同的情况下,所需的存储空间是块交织的一半。解交织则是按照与交织相反的方式把数据重新排列回原来的顺序,一般需要与交织相同的存储器,结构上类似。

在数字电视的信道编码中,应用最广的交织就是卷积交织。其基本点是将输入的数据先按行读入存储器,然后按列读出。交织器的关键参数有:交织的总支路数即分支数定义为交织深度 B,一个延迟缓存器中的缓存单元数定义为交织宽度 M(有的文献对此定义相反)。它们与 $RS(n,k)$ 的关系为:$n=M\times B$。先举一个简单的例子:设交织深度 $B=3$,$M=4$,因此这个卷积交织器有 4 行,第一行直通,其余 3 行分别延迟 3、6、9 字节,其卷积交织/解交织的原理图及输入与输出数据结构图如图 4-20 所示。

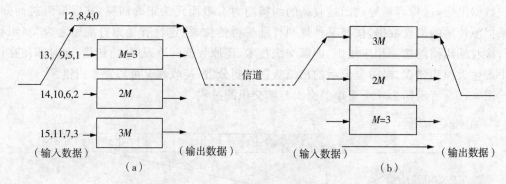

图 4-20 交织与解交织结构图

图 4-20(a)交织的工作过程是:输入和输出每个字节(或符号)由同步开关逐行交替切换,从第 2 行开始有存储器,它把存入的数据延迟 M 个字节;第 3 行延迟 $2M$ 个字节;第 4 行延迟 $3M$ 个字节。如果用" $*$ "表示移位寄存器 FIFO 的初始状态值,用"&"表示第 0~16 个字节以后输入的数据,则输入数据顺序是:0,1,2,3,4,5,6,7,8,9,10,11,12,13,14,15,16,&,&…按照图示的交织原理,在时钟节拍作用下,其交织后的输出数据的顺序为:0,$*$,$*$,$*$,4,$*$,$*$,$*$,8,$*$,$*$,$*$,12,1,$*$,$*$,&,5,$*$,$*$,&,9,$*$,$*$,&,13,2,$*$,&,&,6,$*$,&,&,10,$*$,&,&,&,3,&,7,&,&,&,11,&…这样就把原来有序发送的数据变成分散发送。

在图 4-20(b)的解交织数据结构图中,类似地,如果用"♯"表示解交织的移位寄存器 FIFO 的初始状态值。同样在输出数据端,数据读出顺序用实竖线表示,解交织的写入数据顺序对应卷积交织输出数据则为斜对角线方向。不难看出,输出数据为 ♯ ♯ ♯ $*$ ♯ ♯ ♯ $*$ ♯ ♯ ♯ $*$ ♯ ♯ ♯ $*$ $*$ ♯ ♯ ♯ $*$ $*$ ♯ ♯ $*$ $*$ $*$ ♯ $*$ $*$ $*$ 0,1,2,3,4,5,6,7,8,9,10,11,12,13,14,15,16,& & & &…可见,原来发送端分散的发送数据顺序,经接收端的去卷积交织后又恢复到交织前的写入顺序。

交织技术因为不需要增加额外的比特符号,提高了纠错能力,在移动通信、数字电视等领域中得到广泛的应用。如在第一代 DVB-S 卫星数字电视传输中,误码保护包 RS(204,188,8),其中,$L=204$ 字节是包的长度(或称纠错帧长),$B=12$ 是分支数,为交织深度,寄存器 $M=17(M=L/B=17)$ 字节,在发送端交织器设计为包含 12 个 FIFO 移位寄存器,寄存器的长度(或深度)依次 jM,j 为分支号。去交织器也有同样的分支,但寄存器的长度为 $(11-j)M$。12 个相继进入的字节编号为 $j=0,1,2,\cdots,11$,将通过相应编号的分支支路,每个分支支路视其寄存器的长度不同各延迟 0,17,34,$\cdots$,187 个字节周期,并发送出去。原相邻字节被分散在 17 个字节的序列中,起到了交织的作用。在接收端经过相同的过程,发送时延迟 $j\times17$ 个字节周期的数据再延迟 $(11-j)\times17$ 字节周期。故对所有字节其延迟字节周期均是相同的,相等于$(j+11-j)\times 17=187$个字节周期,反交织后恢复原来的顺序。同步字节总是在$j=0$的支路中通过。收发两端整个交织器延迟 2244 字节,因为每个交织器容量为$17\times(1+11)\times 11/2=1122$字节。

　　显然,交织本身不纠错,但引入交织技术可以大大提高纠错能力。如$RS(204,188,T=8)$在一个包中只能纠正连续 8 个字节的错误,经过分支数是 12 的卷积交织后,大于 8 个字节的错码被分散在两个相邻的包中,可以纠错$12\times 8=96$个字节的突发错误长度。

　　由上可见,交织技术之所以具有较强的纠错能力,在于本身可以纠正t个随机错误码字序列,经交织后就可以纠正长度不小于$B\times t$个的突发错误。可见,经过加交织后的卷积码纠错性能至少比不交织提高一个数量级。在应用数据交织技术时,关键是交织深度B的选择。选择过大,寄存器数量大,时延也大,有时达数百毫秒,在频道转换时图像出现较长的过渡期,且交织、解交织系统也复杂。交织深度越大,其纠错能力越强,但需寄存器容量越大,且延时也越大。一般地,交织/解交织的总时延为$M\times(B-1)\times B$符号。通常交织深度根据编码信道的差错统计规律性、RS 码的纠错能力和系统对误码率的要求等因素来确定,在满足系统对误码率要求的情况下,应尽可能减少译码的约束度以降低成本。当已知信道的平均衰落时间、衰落速度、平均误码率的情况下,就可计算出交织深度的大小。而对于存在随机错误和突发错误的地面信道,交织深度可达 100 以上。所以引入交织技术,在提高纠错能力的同时,也带来接收端解交织、解码的延迟加大。

　　【本章小结】信息只有通过传输或存储才有价值和意义。由于实际信道存在无法消除、也难以预测的各种干扰,为了保证编码的有用信号可靠地传输到接收端,针对信号传输的信道特点,有针对性地把被传输的信号进行保护性"包装、重组"即信道编码。一般地,信道编码包括复用适配与加扰、外编码、卷积交织和内编码。为了收端的内容识别、同步和附加功能的实现,复用是信道编码前重要的一步,复用后传输流中的每个基本流 PID 号的设置是非常重要的,无论数字电视信号采用何种形式的传输,组成复用码流的表示方法是一样的。外码编码通过引入冗余码且纠突发性干扰强的 RS 码或 BCH 编码,卷积编码不仅纠本组码还可纠其他组码,交织便于将超出接收端纠错能力的码按照一定规律错开传送,接收端经去交织后还原为原顺序,从而达到在纠错能力内纠错,内编码根据信道采用不同形式。需要了解复用后码流传输特点、编解码的同步和音视频的同步及系统时钟恢复等内容,LDPC 码在地面和卫星等无线信道编码中积极采用的外码编码,值得重点关注。

思考题与习题

　　1. 何谓传输再复用? 现有 1~7 套电视节目,其中第一套视频加密。如何实现这 7 套节目复用为一路传输流,接收端如何解码出第一套视频? 画图描述。

　　2. 在数字电视系统的前端即电视台,结合图 4-9,为什么在节目复用时,必须进行 PID 过滤以及重新设置?

　　3. 为什么要进行信道编码? 与信源编码相比,存在哪些主要差异?

　　4. 为什么 I 帧图像出错,会导致严重后果? 如何避免?

　　5. 就有线数字电视的信道编码,大体上要有哪些必要的组成? 简述为什么。

　　6. 何谓码间干扰? 有哪些因素可能产生码间干扰? 在显示端,其后果最可能的是什么?

7. 在数字电视系统中,如何实现编解码的同步和音视频的同步?

8. 编解码的同步和音视频的同步是个非常重要的问题,如何实现?

9. 已知四个码组为 110001000、100010111、000101111、001011110,若将此码用于检错最多可以检出多少位错码? 若用于纠错,最多纠正几位? 若同时用于检错和纠错,能检出几位? 纠正几位?

10. 简述 CRC-32 解码或编码的基本原理。

11. 设生成多项式 $g(x)=1+x^2+x^3+x^4$,检验以下两个纠错码是否有错。

(1)1101101　　　　　　(2)1010011

12. 阐述 RS 码纠错的基本原理,并简要说明 $RS(204,188)$ 码的实现过程。

13. LDPC 码有何特点? 通过查阅资料,LDPC 码已应用在哪些领域?

14. 卫星与有线数字电视的信道编码存在哪些异同? 作简要解释,画图描述。

15. 一个交织深度和交织宽带分别为 4 和 3 的交织器,当输入为 a,b,c,d,e,f,g 时,经过交织后输出是什么? 与此对应的解交织呢? 可以提供纠(仅突发性的)错误多少个?

第 5 章　数字电视信号调制与单频网广播

5.1　传输系统特性与滚降滤波

5.1.1　传输系统特性与码间干扰

经过信道编码后的数字信号在传输前,以何种形式便于在相应信道上传输,是一个需要慎重考虑的实际问题。如果以数字信号的矩形脉冲为代表,则由于它的频谱是无限长的,因此要无失真地传送这样的信号需要无限宽的信道,而实际信道的带宽都是受限的,即矩形脉冲的信号通过受限信道后要产生频谱失真,同样在时域的波形也会产生畸变并且会造成波形展宽,因此相邻的脉冲波形在时间上互相重叠,导致码间干扰。如果基带脉冲是某种适当的波形,那么虽然通过实际信道传输后相邻脉冲波形仍然会相互重叠,但是可以保证接收端对脉冲在进行抽样识别时,其抽样点上不存在符号干扰,因而能够正确地恢复出所要传输的信息。所以一般在调制发送前实施基带成形处理,所谓基带成形就是产生符合实际信道频率特性的基带脉冲波形。数字电视系统一般在截短卷积码经过数据流由串到并的转换后,做基带成形处理。一个频带受限的基带传输系统如图 5-1 所示,当调制和解调过程看作为信道的一部分时,调制传输系统也可以用基带传输系统等效。

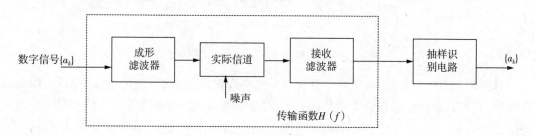

图 5-1　基带传输系统

图 5-1 中,从成形滤波器输入到接收滤波器输出的传输函数 $H(f)$ 称为基带传输特性。

作为一个理想化的情况,如果基带传输特性为理想低通特性,截止频率为 f_H,如图 5-2 所示。设传输系统的延时 $\tau_d = 0$,则理想低通传输特性为

$$H(f) = \begin{cases} 1 & |f| \leqslant f_H \\ 0 & |f| > f_H \end{cases}$$

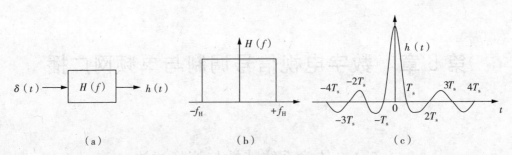

图 5 - 2　理想低通滤波器频率特性及冲激响应($T_s = 1/2f_H$)

当用单位脉冲 $\delta(t)$ 去激励上述低通滤波器时（图 5 - 2(a) 所示），滤波器的输出 $h(t)$ 就是滤波器的冲激响应。即 $h(t) = \int_{-f_H}^{f_H} H(f)e^{j2\pi ft}\,df = 2f_H\dfrac{\sin 2\pi f_H t}{2\pi f_H t}$。可见，$\delta(t)$ 在 $t = 0$ 时刻加到滤波器上，其输出在 $t = 0$ 时刻最大，而在 $t = k/2f_H (k = \pm 1, \pm 2, \cdots)$ 时均为零。这意味着如果发端每隔 $1/(2f_H)$ 时间发出代表传送码 $\{a_k\}$ 的脉冲，即 $a_{-1}\delta(t), a_{-0}\delta(t), a_1\delta(t), \cdots$ 则滤波器输出将由每一个输入脉冲响应波形组成，而每个脉冲响应波形的峰值出现在其他脉冲响应的过零点时刻，如图 5 - 3 所示。在接收端对某一个发送脉冲的输出波形峰值取样时，前后脉冲的输出波形恰好为零，因此取样值只代表确定的某个码，与前后码无关，也就是说无码间干扰。

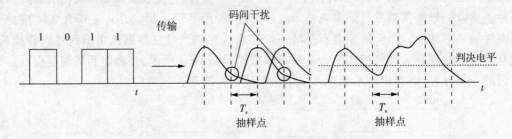

图 5 - 3　数字接收系统中的码间干扰示意图

只要码间干扰不大，接收端取样及其判决电平设置恰当，就可恢复原数字信号，即原基带脉冲，否则就会产生误判。上述分析表明，对于带宽为 f_H 的系统不产生符号间干扰所允许的符号间隔为 $T_s = 1/(f_s) = 1/2f_H$，相应的符号传输速率为 f_s，频带利用率为 2bit/Hz，这是在无符号间干扰条件下所能达到的最高频带利用率。换言之，如果当码元间隔为 T_s 时无符号间干扰，则所需要的最小传输频带为 $1/(2T_s)$，此处的 $1/(2T_s)$ 即为 Nyquist 频率。

5.1.2　实际滤波器的升余弦滚降滤波

虽然采用理想低通滤波器冲激响应作为接收数字信号时不存在符号间干扰，但这种滤波特性实际上是不可能实现的，因为它要传输函数具有无限陡峭的即急剧变化的过渡带，而实际采用的滤波器都存在一个缓变的过渡带，即进行了适当的滚降。那么这样的滤波特性是否仍然具有无符号间干扰的输出响应呢？检验的标准即奈奎斯特第一准则。奈奎斯特第一准则的物理意义是，把从发送端滤波器输入到接收端滤波器输出的传输函数 $H(f)$ 在频率(f)轴上以 $1/T_s$ 为间隔分割，T_s 为码元间隔，然后分段沿 f 轴平移到 [$-1/(2T_s)$,

1/(2T_s)]区间将它们叠加起来,只要能叠加出理想滤波器特性来,则这样的 $H(f)$ 就能消除符号间干扰。分割、平移、叠加过程如图 5-4 所示。

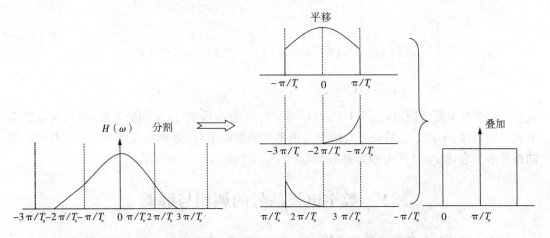

图 5-4　满足无符号间干扰条件 $H(f)$ 的形成(图中横坐标均为频率)

显然,满足奈奎斯特第一准则的 $H(f)$ 有无穷多种,前面讨论的理想低通滤波器就是其中的一个特例。实际中广泛应用的滤波特性是以 $f_N = 1/(2T_s)$ 为中心,具有奇对称的升余弦滚降特性,如图 5-5 所示。只要频谱过渡特性对 f_N 奇对称就可以满足无符号间干扰条件件。图中,滤波器截止频率为 $(1+\alpha)f_N$,α 为滚降系数,其定义为 $\alpha = \Delta\omega/\omega_c$,则 $0 \leqslant \alpha \leqslant 1$。滚降系数 α 的大小由数字传输频带和对性能的要求来确定,它影响着频谱效率,α 越小,频谱效率就越高,当 $\alpha = 0$ 时,所需要信道带宽就是最窄的理想奈奎斯特滤波器,为 $f_N = 1(2T_s)$,但无法实现;当 $\alpha = 1$ 时,传输带宽为理论最小带宽的两倍($2f_N$),容易实现,但因频带利用率太低也不使用。上述满足无符号间干扰的升余弦滚降特性是包括发送滤波器、信道和接收滤波器的总的滤波特性,根据最佳接收原理,滤波特性在发射机和接收机之间的最好分配方案,是把满足奈奎斯特第一准则的滤波器响应在收发两端均分,也即如果发射机输入端为冲激序列,则每个滤波器的冲激响应是总特性的均方根。因此在这种情况下,能满足在取样时无符号间干扰,且接收滤波器与接收信号匹配。

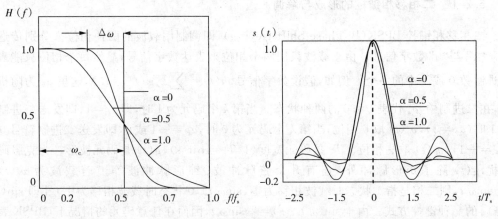

图 5-5　升余弦滚降特性示例图

一般地,在数字信号调制前,为匹配信道传输进行的升余弦滚降滤波,其滤波器的理论传输函数符合如下的定义

$$H(f)=\begin{cases} 1 & |f|<f_N(1-\alpha) \\ \left[\dfrac{1}{2}+\dfrac{1}{2}\sin\dfrac{\pi}{2f_N}(\dfrac{f_N-|f|}{\alpha})\right]^{1/2} & f_N(1-\alpha)\leqslant|f|\leqslant f_N(1+\alpha) \\ 0 & |f|>f_N(1+\alpha) \end{cases} \quad (5\text{-}1)$$

式中,f_N 为奈奎斯特频率,$f_N=1/(2T_s)=f_s/2(f_s$ 为符号率);α 为滚降系数,针对实际数字电视传输系统,不同的传输业务与信道采用不同的滚降系数,通常取 $0.05\sim0.50$(表明在相同符号率下它比 $\alpha=0$ 所需频带要扩大 $1.05\sim1.5$ 倍)。

5.2　数字电视信号的调相与解调

数字电视信号经信源压缩编码和信道纠错编码后,就要面临信号的传输问题,传输的目的就是最大限度地提高电视覆盖率。针对信道(地面、卫星、有线)的特点还要进行信道的编码调制,就是将数字信息映射成与信道特性相匹配的模拟波形,才能传输。和模拟调制一样,数字调制也有调幅、调频和调相三种形式,并可以派生出多种其他形式。因此,数字调制与模拟调制在本质上没有什么区别。不过模拟调制是对载波信号的某参量进行连续调制,在接收端则对载波信号的调制参量连续地进行估值;而数字调制都是用载波信号的某些离散状态来表征所传送的信息,在接收端也只要对载波信号的离散调制参量进行检测。习惯上将数字信号的调制称为键控信号,因此存在对应的振幅键控、移频键控和移相键控。数字调相即移相键控(PSK),它是用数字信号调变载波信号相位的一种调制方式,分为绝对调相和相对调相两种基本形式。所谓绝对调相就是用未调载波的相位作为基准的调制,比如在两相调制中,设码元取 1,表示已调载波的相位与未调载波的相位相同,即 0° 相位差;码元取 0 时,表示反相即 180° 相位差。而相对调相是用相邻的前一个码元的载波相位作为基准的。目前数字调相更多地应用在卫星数字电视广播中。

5.2.1　二相移相键控的形成与解调

二相移相键控 BPSK(Bi-Phase Shift Keying),即调制用载波的两种相位来分别传送二进制"1"与"0"数字信息。由于载波只用两个相位来表达数字信号,显然每个相位只能表达二进制数 0 或 1 中的一个。例如,假设数字信号 $m(t)=\sum\limits_k a_k g(t-kT_s)$,这里 a_k 为随机变量,在二进制中,a_k 代表 1 和 0 的两种状态。当第 k 个码元为 1 时,即 $a_k=1$,即发送二进制符号 1 时($a_k=1$),$v_0(t)$ 取 0 相位;当第 k 个码元为 0 时,$a_k=-1$ 或 0,即发送二进制符号 0 时($a_k=-1$),$v_0(t)$ 取 π 相位。T_s 是码元宽度($1/T_s=$ bit/s),$g(t)$ 是码元波形。为克服码间干扰,$g(t)$ 除了矩形脉冲外,还有升余弦脉冲波、钟形脉冲波等。若载波为 $v_c(t)=V_{cm}\sin\omega_c t$,则二相是指 1 状态时载波相移为零($\sin\omega_c t$),0 状态时载波相移为 180°[即 $\sin(\omega_c t-\pi)$]的一种键控方式。由于 $\sin(\omega_c t-\pi)=-\sin\omega_c t$,因而在任意码元的情况下,BPSK 表示为 $v_0(t)=V_{cm}m(t)\sin\omega_c t=V_{cm}\sum\limits_k a_k g(t-kT_s)\sin\omega_c t$。假设 $g(t)$ 为矩形脉冲波,则数字信号

$m(t)$、载波信号 $v_c(t)$ 和相应的 BPSK 信号形成的框图和波形图分别如图 5-6(a) 和图 5-7 所示。

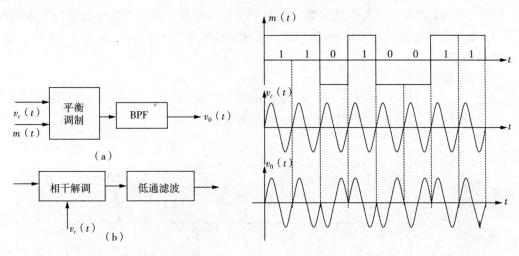

图 5-6　BPSK 信号的调制与解调　　　　图 5-7　二相移相键控信号调制波形

在图 5-6 中,平衡调制的核心就是乘积调制,乘积后的信号经过带通滤波器(BPF)滤除掉载波频带以外的噪声信号,便形成基本的二相移相键控信号。二相移相键控信号的解调就是从图 5-6 或图 5-7 输出信号 $v_0(t)$ 中,恢复出原数字信号 $m(t)$ 来,因为 $v_0(t)$ 实质是一种乘积调制的过程,所以接收端的解调借助于本机振荡器恢复出的载波,采用相干解调或称同步检波的形式,就非常容易地达到解调的目的。设本机恢复出的载波为 $v_r(t) = V_m \sin \omega_c t$,接收到的信号 $v_i(t) = V_{cm} m(t) \sin \omega_c t$,将它们一同送到相干解调电路,实质就是相乘器,即 $v_i(t) \times v_r(t) = V_{cm} m(t) \sin \omega_c t \times V_m \sin \omega_c t = V_{Am}[m(t) - m(t) \cos 2\omega_c t]$,其中,$V_{Am} = V_{cm} \times V_m / 2$。不难看出,再将所得的 $v_i(t)$ 信号通过低通滤波器,滤除掉高频项 $V_{Am} m(t) \cos 2\omega_c t$,即得解调后的信号 $v_r(t)$ 输出为 $v_0(t) = V_{Am} m(t)$。这一过程分别用图 5-6(b) 和图 5-7 表示。

须指出,同步解调的关键是:接收端必须恢复一个与发送端被抑制掉的、同频同相的载波。此外,从二相移相键控信号的调制及解调的过程,容易发现,二相移相键控信号的载波利用率不高,即调制效率不高。因为每一个载波的相位一次只能传送一个二进制数,那么如何提高数字相移键控信号的效率,这一问题在后面分析。

5.2.2　2DPSK 调制与解调

用载波的固定相位传送二进制数据,叫绝对调相,这种调制与解调均较为简单,正是由于发送端是以某一个相位为基准的,所以在接收系统中也必须有这样一个固定基准相位做参考才能实现正确解调即相干解调。如果这个参考相位发生变化,如 0 相位变 π 相位或 π 相位变 0 相位,则接收恢复的数字信息就会发生 0 变 1 或 1 变为 0,从而造成错误的恢复。这种错误恢复的情况又称为"倒 π 现象"。基于实际信号在信道中传送时因某种原因(如突然的冲激、锁相环路稳定状态发生转移等情况)造成基准相位发生变化,因此 2PSK 应用极少,而采用一种所谓的相对(差分)移相即 2DPSK 方式。

2DPSK 方式即是利用前后相邻码元的相对载波相位值来表示待发送数字信息的一种方式,或者说,根据前后相邻码元的载波相位之间的不同差值来表示不同的数字符号。例如,设相对载波相位值 $\Delta\Phi$ 为 0 代表数字信息"0",当 $\Delta\Phi$ 为 π 时代表数字信息"1",也可相反表示,则数字信息序列与 2DPSK 信号的码元相位关系可表示如下。

数字信息:　　　　　0　0　1　1　1　0　0　1　0　1

2DPSK 信号相位:　0　0　0　π　0　π　π　π　0　0　π

或:　　　　　　　　　π　π　π　0　π　0　0　0　π　π　0

作为比较,图 5-8 描述了 2PSK 与 2DPSK 的波形。

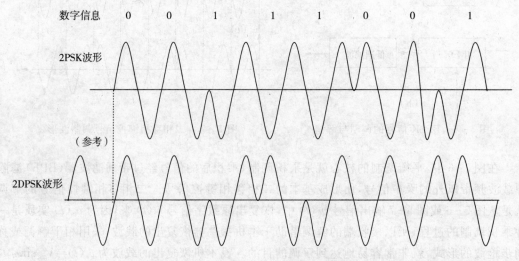

图 5-8　2PSK 与 2DPSK 信号的波形

由图 5-8 可见,2DPSK 的波形与 2PSK 的不同,2DPSK 波形的同一相位并不对应相同的数字信息符号,而唯一前后码元相对相位的差才决定信息符号。这也说明,接收端 2DPSK 信号的解调也并不依赖于某一固定的载波相位参考值,这就避免了 2PSK 解调中可能出现的倒 π 现象。此外,单纯从信号波形上无法区分 2PSK 与 2DPSK。如图 5-8 中 2DPSK 也可以用绝对移相而形成 2PSK 信号(为 000101110)。因此,只有已知移相键控方式是绝对的还是相对的,才能正确解调。一种 2DPSK 信号的调制与解调原理如图 5-9 所示。

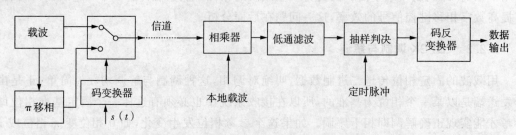

图 5-9　一种 2DPSK 调制与解调原理图

在图 5-9 中,2DPSK 调制部分与 2PSK 基本相同,只是多了一个码变换器,其作用是将原始数字信息 $s(t)$ 的绝对码波形变换到相对码波形。在接收端,其 2DPSK 解码部分也可

采用同步检测法解调,但必须将输出序列换成绝对码序列。

5.2.3　多进制相位调制与应用

1. 多进制相位调制

在实际应用中,为了提高载波的传输效率,无论采用哪种调制方式,它们都是多进制的调制方式,多进制数字调制是利用多进制数字信号去调制载波的振幅、频率或相位。由于多进制数字已调信号的被调参数在一个码元间隔内有多个可能取值,按照 Nyquist 第一准则,信道带宽为 f_N 时,最高可传送的波形速率为 $R=1/T$ 波特($T=2f_N$ 每秒多少个变化波形),即对于二进制符号,每 1Hz 频带最高可以传输 2 波特的信息。对于采用多进制 $r,r=2^D$,一个波形相当于 D 个二进制符号。例如四进制符号(可相当于 2 个二进制符号,用 00、01、10、11 来表示)在加到理想滤波器冲激信号相应地用 1、3、-1、-3 的幅值来表示,接收端在相应时刻抽样所得抽样值也按着 1、3、-1、-3 的关系就可正确恢复四进制符号。因此在多进制情况下,每 Hz 就可以传输 2Dbit/s 数字信息,与二进制相比,频率利用率提高了。因此,多电平调制具有下述特点:

(1)在相同的码元传输速率下,多进制系统的信息传输速率显然比二进制系统高,如四进制是二进制的两倍。

(2)在相同的信息速率下,由于多进制码元传输速率比二进制的低,因而多进制信号码元的持续时间要比二进制的长,即增大码元宽度,会增加码元能量,并能减小信道特性引起的码间干扰的影响等。

(3)但多进制缺点是由于相邻码组的相移差别以及欧氏距离相对减小,因此总的来说其抗干扰减弱,且接收机比二进制复杂。

因此,所谓多进制的数字调相就是利用载波的不同相位(或相位差)来表征多位数字信息的调制方式,有绝对调相和相对(差分)调相两种,后者由于抗干扰较强而应用较多。对于多相制相位调制已调波可用式 $e_0(t)=A\sin(\omega_c t+\Phi_n)$ 表示,式中 A 为已调波振幅,对于调相(频)制,A 为常数;ω_c 为载波角频率,Φ_n 是调相波第 n 时刻的相移,对 $N=2^L$ 相制,L 为对应每个载波相位的电平数即二进制符号数。Φ_n 有 N 种离散值,$\Phi_1,\Phi_2,\cdots,\Phi_N$。将 $e_0(t)=A\sin(\omega_c t+\Phi_n)$ 展开,得 $e_0(t)=A\sin\Phi_n\cos\omega_c t+A\cos\Phi_n\sin\omega_c t$。可见,多进制相位调制的已调波相当于是对两个正交载波进行多电平的双边带调幅,其中 $A\cos\Phi_n$、$A\sin\Phi_n$ 分别称为同相分量和正交分量。而且多进制相位调制的已调波,每个调制的载波相位含有 L 个二进制数,N 越大,L 也越大,载波的利用率就越高。以四相制为例,即 Φ_n 有四种离散值。因此,只要先把单极性的输入码元转换为双极性波形,然后分别对两个正交载波进行 2 电平双边带调幅就能实现四相移相键控或称正交相移键控信号(QPSK)。4 相差分相位调制可以用直接调相或码变换加相位选择法实现。将串行的输入数字信号中的二元码每两个作为一组,有 00、01、11、10 四组,用这四组对载波信号进行相移键控形成 QPSK。图 5-10(a)、图 5-10(b)分别表示了两种相位变换规则,即 0、π/2、π、3π/2 和 π/4、3π/4、-3π/4、-π/4。相邻相位对应的星座点仅一位码元发生变化。

例如,按后一种相位变换规则,QPSK 可能有 4 种信号为 $\sin(\omega_c t+\pi/4)$、$\sin(\omega_c t+3\pi/4)$、$\sin(\omega_c t-3\pi/4)$、$\sin(\omega_c t-\pi/4)$,用三角函数展开 $\sin[\omega_c t+(i-1)\pi/2+\pi/4]=\cos[(i-1)\pi/2+\pi/4]\sin\omega_c t+\sin[(i-1)\pi/2+\pi/4]\cos\omega_c t$,其中 $i=1\sim4$。i 值不同时,$\cos[(i-1)\pi/2+$

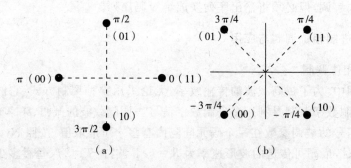

图 5 - 10 QPSK 相位变换规则

$\pi/4$ 和 $\sin[(i-1)\pi/2+\pi/4]$ 均等于 $\pm 1/\sqrt{2}$，相当于二元制中的 1 和 0 两个状态，即 $+1/\sqrt{2}$ 对应于 1；$-1/\sqrt{2}$ 对应于 0，或反之。因此，QPSK 信号实际上就是两个正交的二进制移相键控信号之和。不过，它们的相移是由二位码组键控的。QPSK 信号形成电路及波形分别如图 5 - 11、图 5 - 12 所示。

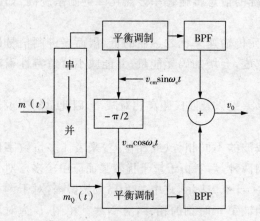

图 5 - 11 QPSK 信号产生电路

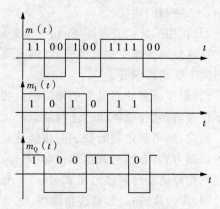

图 5 - 12 QPSK 信号形成波形

在图 5 - 11 中，由于 $m_I(t)$、$m_Q(t)$ 分别对载波 $V_{cm}\sin\omega_c t$、$V_{cm}\cos\omega_c t$ 进行调制，所以 $m_I(t)$、$m_Q(t)$ 分别称为同相分量和正交分量。而后在平衡调制器中对载波信号 $V_{cm}\sin\omega_c t$ 和 $V_{cm}\cos\omega_c t$ 进行双边带调制，经带通滤波器后叠加便得到所需的 QPSK 信号。输入数字信号 $m(t)$ 先由串到并的变换电路分成两位码组流 $m_I(t)$ 和 $m_Q(t)$，它们分别按 $\cos[(i-1)\pi/2+\pi/4]$ 和 $\sin[(i-1)\pi/2+\pi/4]$ 规则变换，见表 5 - 1 所列。

表 5 - 1 $m_I(t)$ 和 $m_Q(t)$ 的变换规则

$m_Q(t)$ ＼ $m_I(t)$	11($i=1$)	01($i=2$)	00($i=3$)	10($i=4$)
$m_I(t)=\cos[(i-1)\pi/2+\pi/4]$	$+1/\sqrt{2}$	$-1/\sqrt{2}$	$-1/\sqrt{2}$	$+1/\sqrt{2}$
$m_Q(t)=\sin[(i-1)\pi/2+\pi/4]$	$+1/\sqrt{2}$	$+1/\sqrt{2}$	$-1/\sqrt{2}$	$-1/\sqrt{2}$

2. 多进制相位解调制

多相位的调制属于平衡调制,因此解调仍然采用同步解调方案。图 5 - 13 就是 QPSK 的解调电路,该图中由载波提取电路提取同步信号 $v_r(t) = V_{rm}\sin\omega_c t$,并经 $\pi/2$ 相移网络产生正交同步信号 $V_{rm}\cos\omega_c t$,将它们分别加到上、下两个同步检波器中,并通过取样判决电路取出 $m_1(t)$ 和 $m_Q(t)$,最后由数据选择器交替选择 $m_1(t)$ 和 $m_Q(t)$,就可得到解调后所需的数字信号,如图 5 - 14 所示。

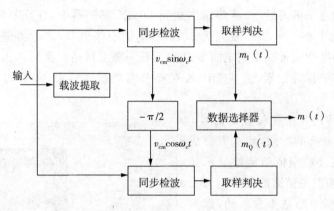

图 5 - 13　QPSK 信号解调电路

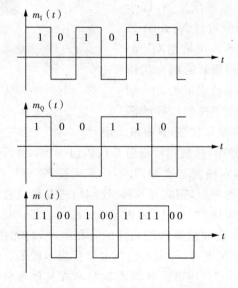

图 5 - 14　QPSK 信号解调信号

多进制是以抗干扰的相对降低换取调制效率的提高。比如由于相邻码组的相移差别减小了 L 倍,其抗干扰也大约降低 L 倍,即四相制相移差 90°为二相制相移差 180°的两倍。

5.2.4　QPSK 相位调制的应用

目前,在卫星数字电视广播(DVB - S)标准中,广泛采用成熟的 QPSK 调制技术。图 5 - 15 就是一个含有 QPSK 数字调制的卫星信道编码及其传输系统的结构框图。

图 5-15　DVB-S 信道编码与传输系统

在图 5-15 中,被压缩的(MPEG、H.264、AVS)数字视音频信号送入 RS 纠错编码电路,经数据交织和卷积编码后,分两路输出送到 QPSK 调制器中,进行差分数字调相,输出一个以 70MHz 为中心频率,3dB 带宽为 6.73MHz 的中频信号,之后再进行上变频和功放后,经较大直径的抛物面天线发送至同步卫星或下一级工作站。实际中由于空间传输存在较大的干扰、频率偏移等因素,造成 QPSK 星座分布离散性较大,实测的 QPSK 星座如图 5-16 所示。

只要代表被传送 4 个相位点的信号 00、01、11、10 不越过彼此的界限,到对方形成码间干扰,一般地在接收端依然能够显示稳定清晰的图像。说明卫星信道的纠错能力及卫星接收机的容错能力都是非常强的,因为卫星数字电视接收技术开展最早、也最成熟。

升余弦滚降系数用于基带成形器,因为在调制之前要对 I 和 Q 信号进行 Nyquist 升余弦平方根滤波。DVB-S 系统采用 QPSK 调制方式和卷积码与 RS 码级联的前向纠错方式,并通过收缩配置,使系统误码性能达到基本上无误码水平,满足数字视频广播的需要,QPSK 使转发器工作在饱和状态,具有最大增益。

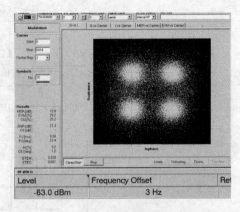

图 5-16　数字测试仪实测的 QPSK 星座图

须指出,在 QPSK 信号中,载波相移是由 2 位码组键控,2 位码组的速率为码元速率的一半,因此与 BPSK 相比,在频谱宽度相同时,码速可提高一倍,即 QPSK 等效于 4QAM。如果输入码流中每 3 位作为一组,则共有 8 种组合,用这 8 种组合对载波相移键控,就可构成 8 相调相,依此类推,还可构成 16 相、32 相等移相键控信号。移相数目越多,电路实现就越困难,同时因移相数目多造成相邻状态之间的移相减小,码元抗干扰能力下降。在实践中,多相调制一般都用软件实现,这种实现比较方便且成本较低。理论上,QPSK、16QAM、64QAM 三种调制方式的频谱利用系数分别是 2、4、6,在其他参数相同的条件下,其传输的有效净码率是 QPSK 最低,64QAM 最高。可是,与其对应的是接收的 C/N 门限值是 QPSK 最低,64QAM 最高。提高信道的净码率,必然提高接收的 C/N 门限值,降低有效的覆盖面积。这说明获得较高码流传输效率,则需要以牺牲覆盖性能为代价。实践中在满足有效的覆盖或足够传输距离,并取得良好接收的条件下,尽可能提高传输码流的效率,如开路数字电视传输,抗多经干扰,提高接收质量放在首位。有线数字电视传输系统的质量最高,必须最大限度提高其传输效率。

一个典型的 QPSK 调制器的主要技术参数有:(1)输入最大速率 270Mb/s;(2)输出符号速率 3~45Mb/s;(3)中频频率 70MHz/140MHz(由软件确定);(4)中频输出电平-25~

0dB$_m$;(5)中频谐波范围(70±18)MHz 或(140±36)MHz(由软件确定);(6)谐波步长10kHz;(7)升余弦滚降系数 0.2~0.4(通常约为 0.35,由软件确定);(8)谐波输出功率:(20±10)dB(由软件确定);(9)数据接口符合 DVB 推荐标准的串行或并行数据口;(10)环境条件为,工作温度 5℃~45℃,工作湿度在 25℃ 时小于 95%。

为了达到最大的功率利用率而又不过于降低频谱利用率,卫星系统采用 QPSK 调制并使用截短卷积码的前向纠错合 RS 码级联纠错的方式,可取得较好的效果。卫星通信具有覆盖范围大,通信距离远等优点,尤其是卫星通信实现跨海洋、越高山的远距离现场直播更是其他通信手段无法实现的,也是一个国家综合国力的体现。目前,我国中央电视台以及各省市级电视台都已有上星节目,中央电视台上星的数字电视节目以及数字音频广播节目最多。其次,上星电视节目也为各地方台的丰富节目资源,提供了保障。

5.3　DVB-S2 与 ABS-S 卫星传输标准

5.3.1　DVB-S2 与 DVB-S 的性能比较

2004 年由 DVB 组织提出第二代卫星电视传输标准 DVB-S2,较第一代 DVB-S 标准支持更广泛的应用业务,如广播服务、交互式服务、数字卫星新闻采集和其他专业服务等,并且与 DVB-S 兼容。新的 DVB-S2 与 DVB-S 相比在技术上有许多改进:

(1)具备灵活的输入接口匹配,可接受各种格式的单输入流或多输入流。与 DVB-S 或DVB-DSGN 仅支持唯一的 MPEG-2 传送流数据格式不同,DVB-S2 扩展了信号输入模式匹配,可接受含 MPEG-2 传输复用流在内的各种格式的单输入流或多输入流,输入信号可以是离散的数据包或连续的数据流,大大拓展了应用领域。

(2)采用了高性能前向纠错系统,内码编码采用低密度校验(LDPC)码,外码编码采用BCH 码,这种编码方式在性能上距 Shanon 极限只有 0.7~1dB 的差距。而该编码系统的参数选择取决于调制方式的选择和系统的需要。它可采用 11 种编码码率,包括 1/4、1/3、2/5、1/2、3/5、2/3、3/4、4/5、5/6、8/9、9/10。

(3)采用多种自适应调制方式。一般的广播业务应用使用非线性的卫星转发器,DVB-S2 采用了 3 种调制方式:BPSK、QPSK、8PSK,对于专业应用,使用半线性的卫星转发器,采用 16APSK 和 32APSK 两种调制方式。

(4)采用可变编码和调制(VCM)。可对不同应用提供不同级别的误码保护,在交互式服务和端到端应用中,VCM 和回传信道结合可以实现自适应编码调制(ACM)。ACM 技术可根据不同终端反馈的不同信道传播条件自适应调整,对不同帧采用不同的误码保护和调制类型,以提供更精确的信道保护。ACM 系统允许卫星容量增益高达 100%~200%,并且业务的可用性可以扩展。DVB-S2 性能分析作为 DVB-S 的升级,与 DVB-S 相比具有很多优点。通过性能仿真可以得出,DVB-S2 在相同的载噪比(C/N)和符号率下,比特速率增加了 25%~35%。相当大的灵活性使得它可以适应各类特性的卫星转发器,频谱效率范围为 0.5~4.5b/s/Hz,基于加性高斯白噪声信道载噪比范围可达到-2~16dB。试验数据表明:在相同的卫星发射功率 51dBW,C/N 为 5.1dB,调制方式均为 QPSK 时,DVB-S2 相对于 DVB-S 可用比特率提高了 39%,在相同的卫星发射功率 53.7dBW,C/N 为 5.1dB 码率均为 2/3 时,DVB－S2 相对于 DVB－S 可用比特率提高了 32%。

(5)信号调制部分主要完成基带整形和正交调制两大功能。对于加扰过的物理帧,根据不同的业务需求选用不同的滚降系数 α(0.35、0.25、0.20)进行平方根升余弦滤波整形。

新一代具有回传信道的 DVB 系统,即 DVB－RCS2 标准,是针对卫星数据业务的发展需求,所制定的一套结合 DVB 广播业务和 VSAT 双向交互业务的基于卫星交互式应用而定义的行业标准。它既能够通过卫星 DVB 系统向客户终端提供广播业务,同时又可以利用 VSAT 专网快速、方便地接收客户终端最直接的请求信息,真正实现基于卫星信道的宽带交互式应用。其前向链路不仅支持 DVB－S 标准,还兼容 DVB－S2 标准,因此在子站接收方面也将做出相应调整。而且现在的 DVB－S2 接收设备已经很成熟,这样 DVB－RCS2 的子站会更加灵活。第二代回传系统其前向链路相对于第一代回传系统就有很大的变化,而这种变化主要体现在 DVB－S2 相对于 DVB－S 的变化。

5.3.2　中国先进的卫星电视广播系统 ABS－S

以国家广电总局广播科学研究院为主研制的先进卫星电视广播系统(Advanced Broadcasting System-Satellite),与 DVB－S2 标准比较,ABS－S 具有如下优势:(1)没有 BCH 码,减小了编码及系统的复杂度;(2)采用较短的帧长,降低了实现系统的成本;(3)更好的同步性能(基于优化的帧结构);(4)更简化的帧结构;(5)固定码率调制、可变码率调制及自适应编码调制模式可以无缝结合使用,自适应编码调制可应用于互联网技术中。ABS－S 具有如下特点:(1)高质量信号采用无导频的模式,而对于由于使用低廉射频器件引起的噪声信号,可以采用有导频模式;(2)FEC 只使用具有强大纠错能力的 LDPC 编码;(3)对于不同的应用,可以使用不同的码率,并具有 QPSK、8PSK、16APSK 和 32APSK 四种调制方式;(4)三种成形滤波滚降因子:0.2、0.25 和 0.35;(5)ABS－S 系统能够支持基于用户端的综合接收解码器、PC 或其他专业级双向卫星通信设备的交互式服务。

1. ABS－S 系统结构特点

ABS－S 是卫星直播应用的传输标准,定义了编码调制方式、帧结构及物理层信令、多种编码及调制方式,以适应不同卫星广播业务的需求。ABS－S 传输系统的功能框图如图 5－17 所示,基带格式化模块将输入流格式化为前向纠错块,然后将每一前向纠错块送入 LDPC 编码器,经编码后得到相应的码字,比特映射后,插入同步字和其他必要的头信息,经过根升余弦滤波器脉冲成形,最后上变频至 Ku 波段射频频率。

图 5－17　ABS－S 传输系统功能框图

实践证明,在纠错码领域,LDPC 码字长度较长时,具有更好的逼近香农极限特性,可以减小突发差错对译码的影响。DVB－S2 系统中,为了降低误码率,减小错误平底,采用了内码为 LDPC 码,外码为 BCH 码的级联码结构,在每个 LDPC 码字内,BCH 码可以纠正 8~12 个比特的错误。ABS－S 系统中的 LDPC 码,具有与 DVB－S2 中长码基本相同的性能。ABS－S 系统采用了一类高度结构化的 LDPC 码,该结构的 LDPC 码,其编解码复杂度低,并可以在相同码长条件下,方便地实现不同码率的 LDPC 码设计。与 DVB－S2 系统相比,ABS－S 具有以下两个优势：(1) ABS 的 LDPC 码的码长度为 15360，且不同码率时，码长固定，而 DVB - S2 的 LDPC 码分长码与短码，其长度分别是 64800 和 16200。同时，短码在硬件设计时具有编解码简单及硬件成本低廉的特点，更易于被市场接受。(2) ABS - S 系统能够实现低于 10^{-7} 的误帧率要求。与其相比，DVB - S2 中的 LDPC 码不能提供低于 10^{-7} 的误帧率，必须通过级联 BCH 外码才能降低错误平底，达到 10^{-7} 的误帧率要。同时，通常短码字的 LDPC 码具有较高的错误平底，然而，ABS - S 中的 LDPC 码能够提供低于 10^{-7} 的 FER，并具有较低的错误平底。在接收信号载噪比高于门限电平时，可以保证准确无误接收(PER＞10^{-7})。

2. ABS - S 的创新与优势

ABS - S 有以下几方面创新与优势：

(1) ABS - S 在信道编码的设计上比 DVB - S2 更加优化。在 ABS - S 中仅使用 LDPC 作为信道编码，而没有采用 BCH 作为外码(用来增强主要编码技术纠错能力的辅助编码)，提高了传输效率，同时仍然实现了 10^{-7} 以下的差错平底，充分体现了较高的技术水平与技术优势。

(2) ABS - S 的 LDPC 码型设计在性能与复杂度之间进行了更好的折中，在性能相当的前提下，ABS - S 的码长还不到 DVB - S2 的四分之一，这一优化工作大大降低了 ABS - S 的实现难度，并缩短了信号传输延时。

(3) ABS - S 采用了更为合理、更为高效的传输帧结构。该结构保证了传输帧长度不随调制方式的改变而变化，具有统一的符号长度。这一独特设计使得接收机能够具有更好的同步搜索性能，同时还可以实现不同编码调制方式的无缝连接，提供了更大的业务配置灵活性，特别是能够更好地适应未来直播卫星或接收机技术的进步。另外，ABS - S 帧结构在设计原则上还可以支持不同长度的导频信号的插入，以适应不同的高频头器件特性。

(4) ABS - S 在比特交织和符号映射等信号处理环节上同样采用了独特的技术，这些技术能够充分发挥 LDPC 的优势，进一步优化整个系统的性能，体现了合理设计、全局优化的设计理念。

实验结果表明：ABS - S 在性能上与 DVB - S2 基本相当，载噪比门限相差约 0.3dB 以下，接近理论极限，而传输能力则略高于 DVB - S2，ABS - S 支持符号率 1～45MS/s，同时复杂度远低于 DVB - S2，更加易于实现。

总之，ABS - S 在技术方面，采用先进的信道编码方案、创新的传输帧结构等技术，具有更低的载噪比门限要求和更强的节目传输能力。在适应性上，ABS - S 标准一是提供了 14 种不同的编码调制方案，结合多种滚降系数选择，可最好地适应不同的业务和应用需求，充分发挥系统效率；二是提供高阶调制作为广播方式下的备选调制方式，同时支持专业应用，并适应卫星技术和接收机技术的发展；三是解调芯片可以支持 8PSK、45MS/s 的工作模式，以充分适应我国直播卫星转发器配置。在安全性上，ABS - S 标准采用专用技术体制，不兼容目前国内外任何一种卫星信号传输技术体制；机顶盒无法接收其他制式的广播电视节目，可有效防止其他信号攻击以及可对关键器件、设备进行有效控制等安全措施与手段，以达到卫星安全之目的。

3. 应用范围

ABS - S 可提供以下业务：

(1) 广播业务。可支持电视直播业务，包括高清晰电视直播。

（2）交互式业务。通过卫星回传信道，很容易满足用户的特殊需求，例如：天气预报、节目、购物、游戏等信息。

（3）数字卫星新闻采集业务。

（4）可提供双向 Internet 服务。

目前 ABS－S 已成功应用于"中星9号"卫星的电视广播。

中天联科(北京)、杭州国芯、海尔集团、上海高清等公司推出 ABS－S 芯片。其中中天联科推出的 ABS－S 卫星信道接收芯片 AVL1108，主要功能包括基带信号解调和信道解码，用于将卫星调谐器输出的 ABS－S 基带信号转换成 TS 流，并通过简单的接口提供给后端解码芯片。AVL1108 是业内首款在 8PSK 解调模式下，符号速率达到 45MSps，净码流速率达到 120MBps 的卫星信道接收芯片，可提供更多频道接收和高清晰度电视传输。AVL1108 目前易被许多厂家用于生产"中星9号"专用机顶盒，应用广泛。

【知识链接】2015 年 9 月，我国自主研发了"机载卫星直播广播电视接收与服务系统"，该技术将能够支撑全国民航客机实现卫视节目直播，已成功投入使用。这一系统具有国际领先水平，填补了我国民航客机飞行过程实时接收广播电视节目的空白，具有广阔的应用前景。在未来 3 年间，该技术将部署在全国民航的 2400 多架飞机上，我国民航业信息化水平将全面提高。为每年 4 亿多人次的飞机旅客提供广播电视直播和海量内容服务，还可在机场、高铁等高速移动公共交通载体广泛应用。通过直播、推送、卫星双向互动电视技术满足旅客全媒体互动广播电视需求，并为民航业提供大数据推送、生产运行数据、大数据挖掘、旅客精准数据服务等，全面提升民航业信息化水平。这一系统获得中国民航局适航批准后，经过多次空中试验飞行，用户体验良好。2015 年 9 月 3 日国航由北京飞往三亚的航班上，300余名旅客在万米高空实时观看了纪念中国人民抗日战争胜利七十周年阅兵活动直播，整个过程机载设备运行平稳、接收画面清晰稳定、伴音清晰流畅，直播测试圆满成功。

5.4　振幅键控的基本原理

1. 二进制的振幅键控

设信息源发出的是由二进制符号 0、1 组成的序列，且假定 0 符号出现的概率为 P，1 符号出现的概率为 $1-P$，则一个二进制的振幅键控（2ASK）信号可以表示成一个单极性矩形脉冲与一个正弦型载波的相乘，即 $e_0(t)=[\sum a_n g(t-nT_s)]\cos\omega_c t$。式中，当概率分别为 P 和 $1-P$ 时，a_n 取值分别为 0 和 1，T_s 为脉冲持续时间。如果令 $s(t)=\sum a_n g(t-nT_s)$，则有 $e_0(t)=s(t)\cos\omega_c t$。可见，2ASK 调制形式与模拟调制的表达式类似，都是以调制信号控制载波的振幅，其信号产生如图 5－18 所示。

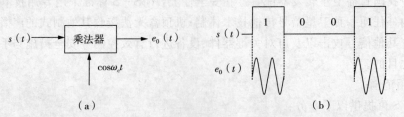

图 5－18　2ASK 信号的产生及输出波形

如同 AM 信号的解调方法一样，2ASK 解调既可以采用非相干解调，也可以采用相干解调。无论何种形式，在原理上都是较为简单，本节不再叙述了。

2. 多进制振幅键控（MASK）

将数字信号组成多种电平形式进行的 ASK，即为多电平振幅键控（MASK）。一般地，将串行的数据流变换成若干路（比如 k 路）并行的数据流，再进行 ASK，即为多电平 $M(M = 2^k)$ 的振幅键控。一个 M 进制的 ASK 基本表达式为 $e_0(t) = [\sum b_n g(t - nT_s)]\cos\omega_c t$，这里

$$b_n = \begin{cases} 0 & \text{概率为 } P_1 \\ 1 & \text{概率为 } P_2 \\ 2 & \text{概率为 } P_3 \\ \vdots & \vdots \\ M-1 & \text{概率为 } P_M \end{cases}$$

当 $k = 2$ 时，为 4ASK 的调制形式。据此，一个 4ASK 信号的产生及其波形如图 5 - 19 所示。

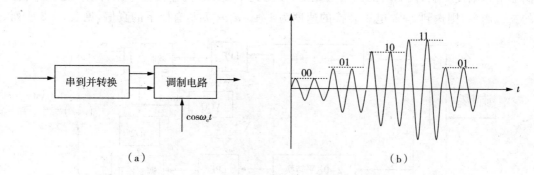

（a）　　　　　　　　　　　　　　　　（b）

图 5 - 19　4ASK 信号的产生及其信号波形

M 种电平的调制信号带宽与二电平调制的相同。就是说多电平调制较二进制频谱利用率高，即 4ASK 是 2ASK 调制效率的 2 倍，而 8ASK 分别是 4ASK 和 2ASK 调制效率的 1.5 倍和 3 倍。由于多电平调制使得载波电平之间的级差小于 2ASK，因而其抗干扰能力将下降。为了弥补其不足，将多电平调制与编码结合起来，能较好地解决这个问题。

5.5　多电平正交幅度调制与解调制

5.5.1　多电平振幅键控原理

通过上文的讨论，多电平调制可以提高频谱利用率，如将二电平振幅键控进一步发展为多电平（比如 4 电平、8 电平、16 电平等）正交振幅键控，可获得更高的频谱利用率。所以多电平正交幅度调制目前更多地应用在有线数字电视广播中。振幅相位联合键控 APK（Amplitude-Phase Keying）技术，在解决频谱利用率和增大信号点的空间距离方面，有着独到之处，其中正交振幅调制 QAM 就是广泛应用在通信领域的具体 APK 形式。一般 L 个电平的 QAM，在二维信号平面上产生 $m = 2^L$ 个状态，m 是指信号的总状态数。正交振幅调

制就是用两个独立的基带信号对两个相互正交的同频载波进行抑制载波的双边带调制,利用这种已调信号在同一带宽内频谱正交的性质来实现两路并行的数字信息传输。如果 $m_1(t)$ 和 $m_Q(t)$ 是两个独立的带宽受限的基带信号,$\cos\omega_c t$ 和 $\sin\omega_c t$ 是相互正交的载波,则发送端形成的正交振幅调制信号为 $e_0(t)=m_1(t)\cos\omega_c t+m_Q(t)\sin\omega_c t$,其中 $\sin\omega_c t$ 项称为正交信号或称 Q 信号,$\cos\omega_c t$ 项称为同相信号或称 I 信号。显然,当 $m_Q(t)$ 是 $m_1(t)$ 的希尔伯特变换时,正交振幅调制就变成了单边带调制;同时当 $m_1(t)$ 与 $m_Q(t)$ 的取值分别为 $+1$ 和 -1 时,正交振幅调制和四相移相键控(QPSK)完全相同,即四相相位键控信号实际上是一种正交幅度键控。当上式中输入的基带信号为多电平(如 16 或 32 等)时,那么便可以构成多电平正交振幅调制。以 16QAM 为例来讨论其调制特征,一个 16QAM 信号的基本表达式为 $s_i(t)=A_i\cos(\omega_c t+\Phi_i)$,这里 $i=1,2,\cdots,16$。16QAM 信号的产生有两种基本方法:一种是用两路正交的四电平振幅键控信号叠加而成或称正交调幅法;另一种是用两路独立的四相移相键控信号叠加而成。图 5-20 是实现 16QAM 一种方法的示意图。二进制串行数据输入以后,以 4bit 为一组,分别取出 2bit 送入上下两个 2-4 电平转换器,再分别送入调制器进行幅度调制,调制后的两信号相加,便得到 16QAM 的输出信号。若以一定速率输入的二进制数,则送到 2-4 电平转换的速度为 1/4。a_1a_2,b_1b_2 有以下的真值,见表 5-2 所列。

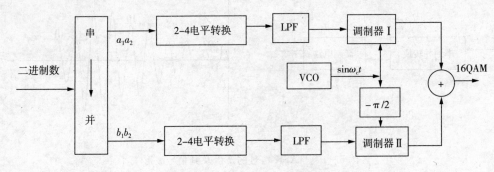

图 5-20 16QAM 调制原理图

表 5-2 a_1a_2 与 b_1b_2 真值

输入	输出	输入	输出
a_1a_2		b_1b_2	
00	$+3$	00	$+3$
01	$+1$	01	$+1$
11	-1	11	-1
10	-3	10	-3

可见,QAM=AM+PM,即幅度和相位的同时调制。

经过 2-4 电平转换后,可得到 -1,-3,$+1$,$+3$ 四个电平,则调制器 I 输出的四个信号为 $+3\sin\omega_c t$,$+1\sin\omega_c t$,$-1\sin\omega_c t$,$-3\sin\omega_c t$;调制器 II 输出为 $+3\cos\omega_c t$,$+1\cos\omega_c t$,$-3\cos\omega_c t$,$-1\cos\omega_c t$。两路已调信号相加便得 16QAM 的星座图,如图 5-21 所示。

这里的发送端两路输入的基带信号均为经过转换后的四电平信号:$+1$,-1,$+3$,-3,具体如图 5-22 所示,在该图中,T_s 为每符号电平间隔或周期。接收端将解调后的信号再进行并到串的转换即还原为原来的信号。

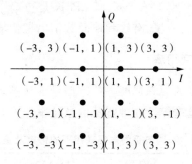

图 5-21　16QAM 星座图

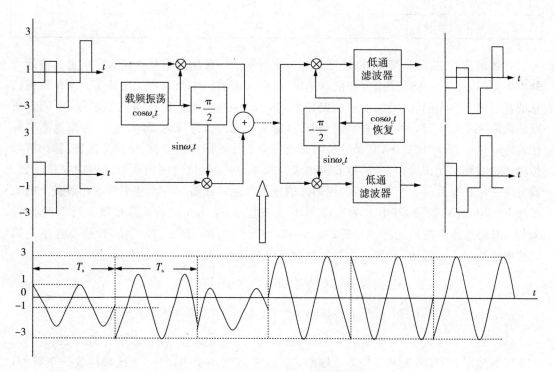

图 5-22　16QAM 信号调制及解调部分的示意图

16QAM 的调制形式在数字电视传输中应用较多,其带宽和频谱利用率可以进行如下的简单讨论:设输入的二进制速率为 10MHz/s,经 2-4 电平转换的输入为 10MHz/s/4＝2.5MHz/s,当二进制数 1 和 0 等概率发生时,它的基带信号最高为 2.5MHz/2＝1.25MHz。根据平衡调制理论可知,已调波的带宽为调制信号最高频率(Ω)的两倍即 2Ω。则当 $\Omega＝1.25$MHz 时,$2\Omega＝2.5$MHz,即 10Mbit/s 的二进制数,经 16QAM 调制的模拟信号带宽为 2.5MHz,则频谱利用率为 10Mbit/2.5MHz/s＝(4bit/s)/Hz。为提高单位频谱利用率,必须降低已调波的带宽,所以采用更高的 $m(m＝2^L)$,如 32QAM(2-5电平转换)、64QAM(2-6电平转换),甚至 128QAM、256QAM 等。

须指出的是,随着数字调制技术的发展,正交相移键控(APSK)是一种幅度相位调制方式,与传统方型星座 QAM(如 16QAM、64QAM)相比,其分布呈中心向外沿半径发散,所以又名星型 QAM。与 QAM 相比,APSK 便于实现变速率调制,因而很适合目前根据信道及业务需要分级传输的情况。当然,16APSK、32APSK 是更高阶的调制方式,可以获得更高的频谱利用率,这些调制技术在卫星、有线和地面数字电视传输中已得到广泛应用。

5.5.2　传输速率与频带利用率

带宽是信道所能传送信号的频率宽度。数字信号本身频谱的宽度决定了传输信道的最小频带宽度。不同电平的振幅键控下的带宽及信息速率见表 5-3 所列。

表 5-3　不同电平的振幅键控下的带宽及信息速率

调制方式	16QAM		32QAM		64QAM		128QAM		256QAM	
信息速率(Mb/s)	20	28	25	35	30	42	35	49	40	56
占用带宽(MHz)	6.75	8.05	6.75	8.05	6.75	8.05	6.75	8.05	6.75	8.05

在数字信道中,除了带宽外,还有传输速率等概念。传输速率是衡量数字信道传输能力的重要指标,它又分为码元速率和信息速率,前者又称波特率而后者又比特率。携带数据信息的符号单元叫作码元,码元的单位是波特(Baud)。一个码元所携带的信息量,由码元所取的离散值个数决定,对于二进制码元来说,每个码元的信息量为 1bit。信息传输速率又称比特传输速率,简称比特率,它是单位时间内信道上传送信息的数量,单位是比特/秒。符号传输速率又称码元传输速率,简称波特率或符号率,是指单位时间内信号波形的变化次数,或者说一个符号就是一个单元传送周期内的数据信息。比特率与波特率两者在数量上的关系为 $R=B\log_2 N(\text{b/s})$,其中 R 为比特率,B 为波特率,N 为 n 比特的符号数。当 $N=2$ 时,$R=B$,即信息速率与码元速率相等;当 $N=2^8=256$ 时,$R=B\log_2 N=8B$,即信息速率是码元速率的 8 倍。一般地,计算有线与卫星数字电视传输的当前传输码率分别为

$$\left.\begin{array}{l}\text{有线数字电视传输码率}=B\times\log_2{}^N\times\text{RS 编码率}\\\text{卫星数字电视当前传输码率}=B\times\log_2{}^N\times\text{FEC}\times\text{RS 编码率}\end{array}\right\} \quad (5-2)$$

式(5-2)应用较多,对于 $RS(n,k)$ 的编码,其 RS 编码率为 k/n,多数为 188/204。FEC 为前向纠错率,多数为 1/2、2/3、3/4 等形式。在多进制调制中,将 k 个比特构成一个符号,得到一个个 $2^k=M$ 进制的符号,而后逐个符号对高频载波做多进制的 ASK、FSK 或 PSK 调制。符号率的单位为符号/秒,也称为波特。已调波的高频调制效率这时用 Baud/Hz 表示。波特和比特一样,都是数据通信中用作信息量的度量单位,比特用于二进制中,而波特用于三元及以上的多元数字码流的信息传输速率(baud/s),表示每秒可传输多少个码元。在多进制即多状态中,每个码元所含的信息量大于 1bit,信号传输速率和信息传输速率在数值上不相等。如多状态或多码元的 4 相或 8 相调制信号,4 相信号用 2bit 代表 4 个相位(0°,90°,180°,270°)中一个,或者说任何一种状态代表某一个 2bit 信息(00,01,10,11);同样,8 相信号用 3bit 代表 8 个相位(0°,45°,90°,135°,180°,225°,270°,315°)中一个,而任意状态代表某一个 3bit 信息(000,001,010,011,100,101,110,111)。

多进制调制频带利用率的提高,是通过牺牲功率利用率来换取的。理论和实践证明:

(1)在平均功率相等的条件下,16QAM 信号距离超过 16PSK 大约 4.19dB;

（2）当 16QAM、16PSK 已调波矢量点数相同时，具有相同的功率谱，即相同的频带利用率。

（3）在相同进制的情况下，误码率 ASK>PSK>QAM。

5.5.3　多电平振幅键控的应用

多电平振幅键控（2^nQAM）频谱利用率较高，抗噪声能力较强，且调制、解调电路简单。在数字电视的有线传输、无线传输以及微波多路分配系统中，广泛采用的就是 2^nQAM 调制方式，其中 2^6QAM 调制形式应用最多，若传输远、噪声大的信道可选较低的调制速率，如选用 16QAM、32QAM。64QAM 每个状态是 6bit。与 QPSK 的 2bit/s/Hz 频谱利用率、信号点之间距离 $\sqrt{2}$（单位长度）相比，64QAM 频谱利用率是 6bit/s/Hz，信号点之间距离 0.281（单位长度）。抗干扰下降了，由于电缆模式的工作环境不像地面广播系统那样苛刻，因此能以更多的数据点平（比特/符号）方式来传输更高的数据率。考虑到接收机的复杂性与价格，系统不再采用格形编码的内码编码，当然也不排除特殊情况下仍采用格形编码或像 RS 码的前向纠错形式，如信道性能劣化或干扰过大等情况下。此时就是将编码器和调制器综合起来考虑，使系统在多电平 mQAM 调制下的欧几里得距离和汉明距离达到最佳，使系统编解码做到最优化，最后对信号进行滤波和调制后送至发送器的数据接口。一个典型的含有 QAM 调制结构的有线数字电视传输系统的框图如图 5-23 所示。

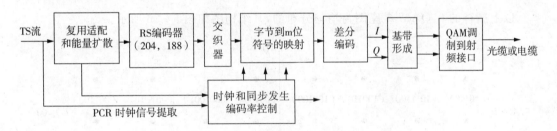

图 5-23　DVB-C 中的信道编码与传输系统

为了实现 QAM 调制，需将交织器的串行字节输出变换成适当的 m 位符号，即字节到符号的变换或映射。通常传输流中的每个字节大小固定为 8bit，符号指的是送到数字调制器去的一组数据，一般是并行送出的。由于所采用的调制方法不一样，所以一个符号的比特数目不相等。一般地，在将从 k 个字节映射到 n 个符号对应 2^m 电平的调制中，有映射关系式：$8k=m\times n$。比如在 64QAM 调制中，因为 $m=6$，即将字节变换成 6 比特符号输出，再进行数字调制；在 8VSB 中，$m=3$，即将字节变换成 3 比特符号输出，再进行数字调制，等等。在卷积交织后，字节到符号的映射要精确地进行。在调制系统中，映射依赖于比特边缘，在每一种情况下，符号（用 Z 表示）的 MSB 由字节（用 V 表示）的 MSB 所取代，相应地，下一个符号的有效位将被下一个字节的有效位取代。根据上述字节到符号的映射理论，图 5-24 是 64QAM 为字节到符号的转换过程图。

在字节到符号的转换过程中 b_0 与 a_0、b_7 与 a_2（64QAM 中为 a_5）分别是每个字节与字符（号）的最低有效位（LSB）和最高有效位（MSB），符号 Z 在符号 $Z+1$ 之前传输。接收端的解码则反过来，即作符号到字节的映射。64QAM 数字调制原理如图 5-25 所示。

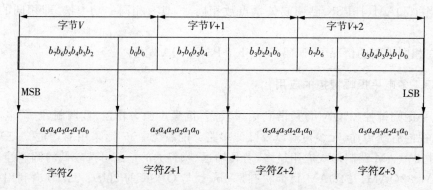

图 5-24 64QAM 字节到符号的转换过程

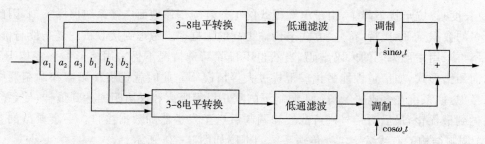

图 5-25 64QAM 数字调制原理图

以上所得的 64QAM 星座图为均匀分布的,其结构图如图 5-26 所示。

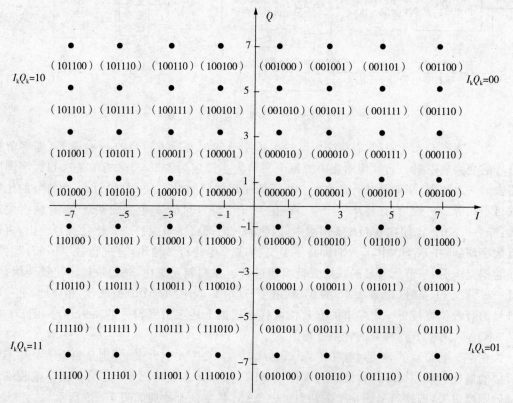

图 5-26 64QAM 均匀分布星座图

由图 5-26 不难发现:在 64QAM 方形星座图中有 10 种不同的振幅和 44 种不同的相位,QAM 实质就是相同幅度不同相位,或者相同相位不同幅度的调制,实现高效率码率传输,显然 256QAM 效率更高,但符号间距离缩短、抗干扰能力下降。在常规的 8MHz 信道中,64QAM 最高可以支持 38Mbps 的比特流。目前国内有许多公司已开发出成熟的 QAM 调制解调产品,应用于数字电视市场。美国 LSI Logic 电子公司研制开发的 L64767 和 L64768 两种型号的集成块就是分别用于(16,32,64,128,256)QAM 编解码的,而且 L64767 和 L64768 还分别含有前向纠错 FEC(RS 编码)和 FEC 解码等功能。此外,ST 公司的 Stv029x、Philips 公司的 TDA10021、Intel 公司的 STEL - 2176 以及 Broadcom 公司的 BCM3118B 等 QAM 解调芯片,具备很好的性能,用于多种机顶盒接收。

现在,在我国各个城市开通的有线数字电视中,64QAM 是主要的调制传输形式。接收端可以借助码流分析仪,对 64QAM 等调制形式的传输流进行分析、显示,实际显示的星座不再均匀,是因为传输干扰所致。

5.6　第二代有线传输标准 DVB - C2

DVB 组织开发的第二代有线数字电视标准 DVB - C2,于 2009 年 4 月以蓝皮书的形式发表,并且已由 ETSI 于 2009 年 7 月作为正式标准(ETSI EN 302 769)发布。DVB - C2 采用最新的编码和调制技术,能高效利用有线电视网,提供高清晰度电视、视频点播和交互电视等未来广播电视服务所要求的更多容量,以及一系列能为不同网络特性和不同服务要求而优化的模式和选项。在与 DVB - C 的同等部署条件下,其频谱效率提高 30%。关闭模拟电视后,对于优化的 HFC 网,下行容量将增加 60% 以上。

1. DVB - C2 的商业需求

作为新一代有线数字电视标准,DVB - C2 应该满足不断发展变化的新商业需求:

(1)有更多的传输信道容量,来满足 HDTV、VOD 等新业务以及更加人性化和更具互动性的业务需求;

(2)使有线网络经营者在数字电视市场不断成熟的过程中始终保持竞争力;

(3)使用更高的调制模式保证有能力传输接收来自卫星网络或地面无线网络的各种复用格式的节目;

(4)使用更好的技术保证向商用市场和消费市场提供新的应用。表 5-4 为 DVB - C2 与 DVB - C 的比较分析。

表 5-4　DVB - C2 与 DVB - C 的比较分析

	DVB - C	DVB - C2
输入接口	单一 TS 流	多通道 TS 流
模式	固定编码调制	可变编码调制,自适应编码调制
前向纠错编码	RS 编码	BCH＋LDPC
交织	位交织	位交织,时频交织
调制	单载波 QAM	COFDM

(续表)

导频	NA	离散,连续导频
保护间隔	NA	1/64,1/128
星座映射	16 - 256QAM	16 - 4096QAM

由表 5 - 4 可知,DVB - C2 系统在 DVB - C 的基础上,对每个部分都进行了改进。DVB - C 采用 16 - 256QAM,而 DVB - C2 系统模式配置组合更加方便灵活,同时采用一种灵活的输入码流适配器,适用于各种格式(打包或连续)的单一或多输入码流;DVB - C2 采用自适应编码和调制(ACM)功能,逐帧优化频道编码和调制;采用基于 LDPC＋BCH 级联码的强大 FEC 系统,信道传输效率已接近香农极限;而 DVB - C2 采用 COFDM,并增加了更高阶 QAM;支持较大的码率范围(2/3 ～ 9/10),6 个星座,频谱效率为 1～10.8(bit·s^{-1}·Hz^{-1}),用于有线电视网运行,使其频带资源及效率发挥到最大,在 750MHz 内传输 300 套以上数字电视节目。

2. 应用特性

DVB - C2 为实现宽带业务的高效与灵活应用提供了强大的技术保障。其可支持的具体业务举例如下:

(1)高清晰电视。在结合新型的信源编码技术后,DVB - C2 支持在单个 8MHz 的有线电视信道带宽内传输 10 路以上的 MPEG - 4 高清电视业务,而 DVB - C 只能支持最多 3 路高清电视。

(2)双向业务。由于引入了回传通道,DVB - C2 可以支持交互等双向业务,例如互动电视、电子商务等。上述业务形态可以极大地增强有线系统的竞争力。

此外,DVB - C2 系统还可以提供高效的业务质量控制。DVB - C2 可以在不同的时间范围内,根据需要来改变业务的稳健性。即使在 1 路信号传输范围之内,DVB - C2 也可以根据不同的需要来改变单个业务的稳健性。DVB - C2 可以根据用户的反馈意见来调整针对个人业务的稳健性。由于引入了回传信道,网络中心可以与用户之间建立双向链接,这样就能够检测服务的质量,根据回传信息及时改变 QoS,保障用户的接收体验。

建立在 DVB - C 系统基础上的 DVB - C2 传输系统应用成功之后,现有接收能力将会提高 30％～50％。和 DVB - C 相比,DVB - C2 的频谱效率得到了提高,尽管目前 DVB - C2 的基本带宽只有 6MHz 和 8MHz 两种,但是 DVB - C2 具有支持更大下行传输带宽的性能。同时,DVB - C2 采用了在 DVB - S2 和 DVB - T2 中使用的一些技术,这些先进技术的应用使得系统鲁棒性也得到了增强。广播机构研发的 DVB - C2 传输系统将会推出更多新频道,多渠道提供高清晰度电视服务及新数据广播业务。DVB - C2 将会使未来的广播电视网络具备宽带、双向、全业务的传播特性,能够帮助广播电视网络运营商把自己从单一的节目传输运营商转变为综合信息服务运营商,极大地扩展了广播电视网络的服务功能。

5.7　正交编码频分复用(COFDM)

在传统的串行数据系统中,数字电视需要甚高的数据率,这不仅增加了信道带宽,而且易发生码间干扰,增加了误码率,特别是当多径时延散步与传输数字符号周期处于同一数量级时,符号间的干扰就变得严重起来,比如环境较差的地面传输容易导致这种情况发生,限制数字信道传输质量的主要问题之一是多径传播效应。若最大多径时延差 τ_{max} 较大时,其相关带宽 $\Delta f = 1/\tau_{max}$ 很小,传输波形的频谱就会大于 Δf,造成明显的频率选择性衰落,使得信道的冲激响应在时间上展宽,从而使数字信号的传输产生严重的码间干扰,且在多径传播的环境中因受瑞利(Rayleigh)衰落的影响而造成突发误码。若将高速率的串行数据系统转换为由若干个低速率数据流组成的且同时传输的并行数据系统,此时总信号的带宽被划分成 N 个频率不重叠的子通道(类似信号的子带分解一样),N 个子通道采用正交频分多重调制(OFDM),就可克服上述串行数据系统的缺陷。一个典型的地面数字电视(DVB-T)信道编码、调制与传输结构框图如图 5-27 所示。

图 5-27　DVB-T 信道编码与传输系统结构框图

OFDM 技术的高效信道编码,其基本原理是 OFDM 通过多载波的并行传输方式将 N 个单元码同时传输来取代通常的串行脉冲序列传输,使每个单元码所占的频带小于 Δf,从而有效地防止了因频率选择性衰落造成的码间干扰。而编码正交频分多重调制,即编码正交频分复用 COFDM(Coded Orthogonal Frequency Division Multiplex)技术,是基于使信息在频域和时域扩展的思想,通过编码使传输时各单元码信号受到的衰落可认为统计独立,从而对消时间选择性衰落及多普勒频移的影响。因此,实际中 OFDM 是将串行传输的数据流分成若干组(段),每组或每段待传输的数据中再分成 N 个符号,对每个符号分配一个彼此正交的载波进行调制后,一并发送出去。可见,通过这种形式的调制发送传输,可使每个载波的符号(比特)持续时间或周期延长 N 倍。

5.7.1　OFDM 的原理及实现方法

OFDM 的形成特点是,将串行数据流分成等长的若干段,将每段内 N 个符号分别调制 N 个载波一起发送,这 N 个载波相互正交。为了说明 N 个载波正交的物理意义,为此先定义一组载波数为 N 个的表达式为:

$$\psi_{j,k}(t) = g_k(t - jT) \quad (-\infty < j < +\infty) \tag{5-3}$$

式中,$g_k(t) = \begin{cases} \exp(j2\pi f_k t) & 0 \leqslant t < T \\ 0 \end{cases}$ ᅠᅠᅠᅠᅠᅠᅠᅠᅠᅠᅠᅠᅠᅠ(5-4)

式中,$f_k = f_c + k\Delta f$,f_c 为发射载波,$k = 0,1,2,\cdots,N-1$,$\Delta f = 1/T = 1/(N \cdot T_s)$,$T$ 为 N 个载波周期,T_s 为每个载波的周期(或符号间隔)。因此 N 个载波正交,即有

$$\begin{cases} \int_{-\infty}^{\infty} |\psi_{j,k}(t) \cdot \psi*_{j',k'}(t)| d_t = 0, 当 j \neq j' 或 k \neq k' 时 \\ \\ \int_{-\infty}^{\infty} |\psi_{j,k}(t)|^2 d_t = T, 当 j = j', k = k' 时 \end{cases} \tag{5-5}$$

式中 $\psi *_{j',k'}(t)$ 与 $\psi_{j',k'}(t)$ 互为共轭。作为举例，3 个正交载波波形如图 5-28 所示。

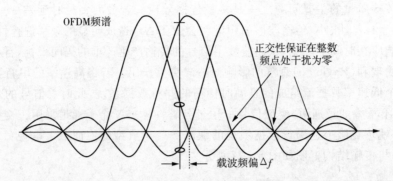

图 5-28　3 个正交载波的波形

设待发射的信号周期为 $[0,T]$，期间传输 N 个符号为 $(C_0, C_1, \cdots, C_{N-1})$，符号间隔为 T_s，C_k 为复数。由式(5-4)，第 k 个载波为 $\exp(j2\pi f_k t)$，因此调制（调制的实质也是一种变换，因为调制的本质就是频谱搬移）后的 OFDM 信号为：

$$X(t) = \sum_{k=0}^{N-1} R_e\{C_k \exp(j2\pi f_k t)\}, t \in [0,T] \qquad (5-6)$$

则式(5-6)可进一步写成

$$X(t) = Re\{\sum_{k=0}^{N-1} C_k \exp[j2\pi(f_c + k/T)t]\}$$

$$= Re\{\sum_{k=0}^{N-1} C_k \exp(j2\pi \frac{k}{T}t)\exp(j2\pi f_c t) \qquad (5-7)$$

因此可求出 $X(t)$ 的复包络 $S(t)$ 为：

$$S(t) = \sum_{k=0}^{N-1} C_k \exp(j2\pi \frac{k}{T}t) \qquad (5-8)$$

考察式(5-8)，可以理解为以抽样频率 $f_s = 1/T_s$ 对 $S(t)$ 的抽样，在 $[0,T]$ 内共有 $T/T_s = N$ 个样值，即：

$$S_n = S(t)_{t=nt_s} = \sum_{k=0}^{N-1} C_K \exp(j2\pi \frac{k}{T}t) \quad 0 \leqslant n \leqslant N-1 \qquad (5-9)$$

由式(5-9)可知，f_s 对 $S(t)$ 抽样所得的 N 个样值 $\{S_n\}$ 正是 $\{C_k\}$ 的逆傅氏变换。因此 OFDM 系统在发送端形成 OFDM 信号时，先由 $\{C_k\}$ 的逆离散傅氏变换（IDFT）求得 $\{S_n\}$，再通过低通滤波器即得所需的 OFDM 信号 $S(t)$。

OFDM 信号由大量在频率上等间隔的载波构成，各载波可用同一种数字方式调制，如 QPSK、QAM 调制，或者采用其他的数字方式进行调制，即 OFDM 弃用传统的用带通滤波器来分隔子载波频谱的方式，改用跳频方式选用那些即便频谱混叠也能保证正交的波形。换言之，OFDM 既可以当作调制技术也可以当作是复用技术。当每个子信道的复信号由矩形时间脉冲组成时，每个调制载波的频谱为 $\sin x/x$ 形状，其峰值相应于所有其他载波的频谱中的零点，如图 5-28 所示。

OFDM 信号的解调是上述调制过程的逆过程。接收到的信号经过一个串行-并行的转换器,并且把循环前缀即保护间隔清除掉,清除循环前缀并没有删掉任何信息,循环前缀中的信息是冗余的。信号将会经过一个快速傅立叶变换模块,把信号从时域转变回频域。信号经过一个并行-串行转换模块进行并串变换,就完成了对原始 OFDM 信号的接收。根据上述理论,一种实现 OFDM 调制与解调的原理如图 5-29 所示。在这个图中,输入的串行数据流每 N 个数据单元码或符号分成一组(若设每个单元码持续时间为 T_s,每组信号传送周期为 T,则 $T = NT_s$),经串行-并行转换,再经差分编码后,送到快速离散傅氏反变换器中,实施快速离散傅氏反变换。

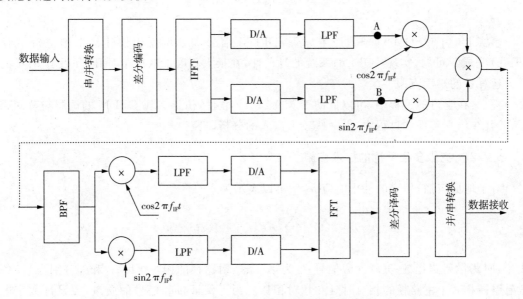

图 5-29　OFDM 的调制、解调原理电路图

图 5-29 中,LPF、BPF 分别为低通和带通滤波器,A 点的基带 OFDM 信号可表示为

$$X_I(t) = \sum_{k=0}^{N-1} \text{Re}\{C_k \exp(\text{j}2\pi f_k t)\} \qquad (5-10)$$

式中,N 为载波数,且各载波相互正交;f_k 为第 k 个载波的频率,满足

$$f_k = f_c + k/T \quad k = 0,1,2\cdots, N-1 \qquad (5-11)$$

f_c 是系统发送的频率,T_s 是单元码的持续时间。当满足 $t = nT_s (T_s = T/N, n$ 为整数) 时,式(5-10)的信号为

$$X_I(nT_s) = \sum_{k=0}^{N-1} \text{Re}\{C_k \exp(\text{j}2\pi f_k n T/N) \qquad (5-12)$$

式(5-12)的右边是复数 $C_0, C_1, \cdots, C_{N-1}$ 的反离散傅立叶变换(IDFT)的实部,因此可以在时域采用 IDFT 获得基带 OFDM 信号,抽样信号经低通滤波后可得。同理可得 B 点的基带 OFDM 信号在时域抽样值为 IDFT 输出的虚部。所以最后的中频(f_{IF})信号可表示为

$$X_{IF}(t) = \sum_{k=0}^{N-1} \left[a_k \cos 2\pi (f_{IF} + f_k)t - b_k \sin 2\pi (f_{IF} + f_k)t \right] \quad (5-13)$$

式中，$C_k = a_k + jb_k$。当 $N = 2^m$（m 为正整数），可用快速离散傅氏反变换（IFFT）与其正变换（FFT），且实现极其简单。所以在目前多数的数字通信系统中，都采用 $N = 2^m$ 的形式。这样一来把多载波概念转换成基带信号的数字处理，实际调制时只采用单载波。

至于 OFDM 的接收解码端，利用反调制即反变换可恢复原信号，即

$$C_k = \frac{1}{T} \int_{-\infty}^{\infty} X_{IF}(t) \psi *_{j,k}(t) d_t \quad (5-14)$$

事实上，由 OFDM 信号的产生原理，OFDM 信号的解调就由快速离散傅立叶变换（FFT）完成。可见，实现 COFDM 系统的复杂性，在很大程度上取决于对 IFFT 及其 FFT 的巨大运算量的难度克服。

提示：在学习的过程中，可以借助于 MATLAB 软件，仿真实现 OFDM 的调制与解调原理，并且在仿真实现的过程中，做一些较为深入的分析研究。

5.7.2　克服多径干扰的技术措施

对于地面广播，信道的冲击响应 $h(t)$ 可以表示为

$$h(t) = \delta(t) + \sum_{i=1}^{M} b_i \delta(t - \tau_i) \exp(-j\theta_i) \quad (5-15)$$

式中，M 为散射路径数；$\delta(t)$ 冲激信号；b_i 为第 i 条散射路径的相对幅度；τ_i 和 θ_i 分别为第 i 条散射路径相对于主路径的相对时延和相对相移。为了保证接收信号的质量，在设计数字电视的地面广播系统时，要选择最不利的参数，并且应保证传输信号在经过 M 个散射路径的信道时，系统的性能仍在额定指标之上。散射路径强度的分布具有如下特性：短时延多径干扰的强度大，长时延多径干扰的强度小。因此设计 OFDM 传输系统，最关键的是找到克服多径干扰时延分布的方法，主要是克服短时延的方法。克服多径时延干扰，其 OFDM 的实质是一种并行调制方案，即将符号周期延长 N 倍，从而提高了对多径传输的抵抗能力，如果在指定频带内共设 N 个子载波，则每个子载波上的调制符号的周期就将被延长 N 倍。所以 OFDM 用许多并行信道传输，对多径信道有一定刚坚性或鲁棒性，这是通过增大符号周期与多径时延的相对比值达到的。OFDM 调制的一个鲜明特点，就是在已调后的 OFDM 信号中引入了一个保护间隔 Δ，使实际调制波形的周期变为 $T_s = T + \Delta$，T 为有用信号周期。信号特点如图 5-30 所示。

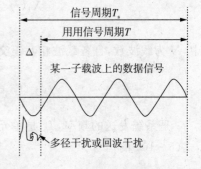

图 5-30　OFDM 信号特点

保护间隔 Δ 越大，保护时间越长，系统抵御符号间干扰的能力越强，但频带资源利用及信号传递效率下降了。通常 $\tau_{max} < \Delta < T/4$，使并行码元周期是串行的 N 倍，或者说有用信号周期是保护间隔的整数倍。在 DVB-T 系统中规定了 4 种保护间隔，即 $\Delta = T/32, T/16,$

$T/8$ 和 $T/4$。

在实际地面数字电视的 OFDM 调制传输中,一个 OFDM 符号由持续信号周期 T_s($T_s =$ $T + \Delta$)的 k 个载波构成,一般地,不同模式 k 取值不同。在欧盟的 DVB-T 中,常用的 2K 模式,$k = 1705$;对 8K 模式,$k = 6817$。按照保护间隔与有用信号周期的关系,可知 8K 模式比 2K 模式具有更大的保护间隔。实际 DVB-T 中,定义 68 个 OFDM 符号组成一个 OFDM 帧,在该帧中,并不是每个符号都用于节目信息数据的传输,有些符号要用于传输散布导频、连续导频和传输参数信令(即 TPS)等便于接收端作信道估计、动态信道均衡、各种同步作用的信号。其中 TPS 信号用于给出与传输方案参数,即与信道编码和调制参数有关的信令,比如调制星座图的类型、保护间隔、卷积编码率、OFDM 模式、超帧内的帧序号等。如图 5-31 就是 DVB-T 系统的信号特点。

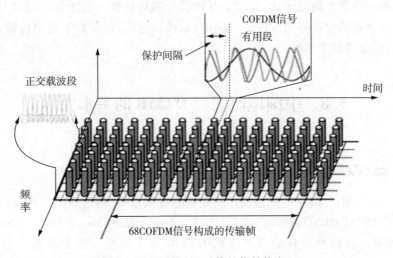

图 5-31　DVB-T 系统的信号特点

为了克服地面广播的多径传输以实现刚坚的传输性能,具体的方法是采用加保护间隔(Δ)或加基准电平,或者采用两者的组合。需指出的是,加保护间隔虽可消除码间干扰,但造成了发射功率损失,其损失的数值为 $L_p = 10\lg[1 + \Delta/T]$,式中 T 为 OFDM 信号每个信道的符号周期,等于载波频率间隔(Δf)的倒数,Δ 为保护间隔。OFDM 信号的频谱利用率降至原来的 $T/(T + \Delta)$ 倍。例如对于 8MHz 带宽 512 个载波,$T = 64\mu s$,$\Delta = 2\mu s$,可以消除大多数相对幅度较大(时延可达 $2\mu s$)的多径干扰,功率损失 0.13dB,频谱利用率变为原来的 97%;若要消除路径时延达 $20\mu s$ 的多径干扰,功率损失为 1.2dB,频谱利用率降为原来的 76%,较短时延多径干扰下降较多,好在实际长时延的多径干扰不多。

又如在欧洲数字音频广播 DAB 工程中,为消除多径传输的影响,采用了一个 448 路子载波的 OFDM 系统,最小子载波间隔是 15626Hz,而 OFDM 信号周期 T 为 $64\mu s$,加入 $16\mu s$ 的保护间隔 Δ,因此实际发射信号的周期 T_s 为 $80\mu s$。这样一来,此 OFDM 信号一方面能在 $16\mu s$ 的 Δ 内较为充分地消除回波干扰,另一方面因实际发射信号的周期延长带来传输效率的下降,即实际传输速率为最高速率的 0.8 倍(64/80),即功率损失为

$$L_p = 10\lg[1 + \Delta/T] = 10\lg[1 + 16/64] = 0.969\text{dB} \qquad (5-16)$$

可见，OFDM 是以损失较小的功率换取抗多径干扰能力的提高。为提高信道的净码率，必然提高接收的 C/N 门限值，降低有效的覆盖面积。这说明获得较高码流传输效率，则需要以牺牲覆盖性能为代价。另外，为进一步降低功率损失，提高频谱利用率，一个简单的解决办法是增大符号周期，如 $T = 128\mu s$，$N = 1024$，功率损失和频谱利用率都得以改善，系统复杂性随之提高。克服地面广播的多径传输，OFDM 信号也可采用在每个子信道交替插入基准电平求得信道逆响应，对接收信号进行幅度和相位校正的办法来消除多径干扰。若 OFDM 信号共 N 个载波（对应一个 DFT 块），分为 N_1 组，每组 N_2 个载波，即 $N = N_1 N_2$，每组采用轮流发送的方式加入基准电平，则频谱利用率降低了 $1/N_2$（每组1 个基准电平）。

总之，COFDM 系统用加保护间隔来克服地面广播信道的多径干扰，发生在保护间隔内的任何回波均不会产生码间干扰，提高了开路信号的鲁棒性及抗干扰性，正因如此，OFDM技术在高速数字通信中获得非常广泛的应用，如移动通信，包括数字电视传输、一些军事通信、数字声音广播等诸多领域。

5.8 中国地面国标 DTMB 的基本内容

5.8.1 地面国标 DTMB 的基本内容

2006 年 8 月，我国"数字电视地面广播传输系统帧结构、信道编码和调制"，即地面数字电视多媒体广播 DTMB（Digital Terrestrial Television Multimedia Broadcast）GB 20600—2006 标准颁布。该标准是在清华大学的 DTMB 和上海交大的先进数字电视地面广播ADTB - T 两种方案的基础上融合而成的。DTMB 系统在保护间隔中插入 PN 码，这与ADTB - T 系统的数据帧头部采用 PN 码，在理论上是相似的，这个重要的共同点构成了我国地面国标把这两个系统进行融合的理论基础之一，客观上 DTMB 在国标中占主要内容，其信号构成特点类似图 5 - 31。融合方案在带宽、传输码率、定时时钟、系统信息和帧结构等大多数格式上完全一致，但在调制方案的参数中，设有互为选项的两个参数，即单载波 C =1 和多载波 C=3780。该标准支持高清、标清电视和多媒体数据广播等多种业务，满足大范围固定覆盖和移动接收需要，是我国自主创新的一项新的重要成果。实践证明：单载波适合远距离、固定方式的农村地区覆盖；多载波则适合高楼林立的城市环境、车载移动方式的传输与接收。

各地根据自身业务的特点自主选择其中任一种方案。实践还证明，中国地面国标的多种模式显著优于欧美的对应典型工程组合（DVB - T 和 ATSC）。这正是因为国标采用了多项先进技术的综合成果，例如采用 LDPC 纠错编码和有扩频保护的系统信息。考虑到今后可能的地面数字电视业务的需要，为减少产业界的开发成本和生产成本，国家广电总局在大量试验结果的基础上，初步确定了我国地面数字电视广播应用的工作模式，即在现有 330 种工作模式中，确定了当前开展地面数字电视广播，优先建设表 5 - 5 中的7 种工作模式。

表 5-5　地面数字电视传输系统应用的工作模式

序号	工作参数（载波数，调制，LDPC 码率，帧头）	净码率（Mb/s）	核心方案	主要服务
1	$C=3780$、16QAM、0.4、$PN=945×720$	9.626	DMB-T	移动接收、标清数字电视
2	$C=1$、4QAM、0.8、$PN=595×720$	10.396	ADTB-T	
3	$C=3780$、16QAM、0.6、$PN=945×720$	14.438	DMB-T	
4	$C=1$、16QAM、0.8、$PN=595×720$	20.791	ADTB-T	高清、标清数字电视
5	$C=3780$、16QAM、0.8、$PN=420×720$	21.658	DMB-T	
6	$C=3780$、64QAM、0.6、$PN=420×720$	24.365	DMB-T	
7	$C=1$、32QAM、0.8、$PN=595×720$	25.989	ADTB-T	

　　2008 年初,基于地面数字电视国标的高清和标清节目在北京正式开始试验播出。其中采用 $C=1$、16QAM、0.8、$PN=595$ 和交织 720 工作模式在 33 频道播出一套全新的 CCTV 高清综合节目;采用 $C=3780$、16QAM、$LDPC=0.8$、$PN=420$ 和交织 720 工作模式在 32 频道播出 6 套正在开路播出的电视节目:CCTV-1、CCTV-2、CCTV-少儿、CCTV-音乐、BTV-1 和 CETV-3。实践证明,采用 AVS＋编码、$C=3780$、16QAM、$PN=420$、$LDPC=$ 0.4 可以实现 1080i 高清电视直播。

　　目前,全国绝大多数的大中城市按国标开通地面电视广播以及移动电视广播,服务也覆盖了相关城郊区域。当然,为了深入推进地面数字电视应用与发展,不同于模拟电视广播,地面数字电视广播,如同有线数字电视一样,各地采用加密的方式有所差异、接收的节目形式也有差异。地面国标规定了在 UHF 和 VHF 频段中,每 8MHz 数字电视频带内,数字电视地面广播传输系统信号的帧结构、信道编码和调制方式。标准适用于地面传输的数字多路电视/高清晰度电视固定和移动广播业务的帧结构、信道编码和调制系统。地面数字电视业务采用技术必须符合该标准定义。地面国标系统的总体结构如图 5-32 所示。

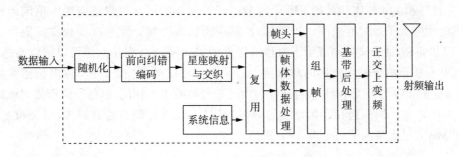

图 5-32　地面国标系统的总体结构

5.8.2　地面国标 DTMB 的创新性

　　在融合方案的地面国标中,ADTB-T 与 DTMB 在许多方面存在共性。相似的信号帧结构、相近的信道编码方式,具有自主知识产权。但 DTMB 所采用的能够有效提高系统性能的 TDS-OFDM 关键技术及其和绝对时间同步的复帧结构、信号帧的头和帧体保护等技术更是突出国标的创新性。

（1）前向纠错编码。国标采用了与国外现有三个地面数字电视广播标准完全不同的前向纠错编码技术。它采用纠错能力优异的 LDPC 码作为内码，LDPC（7493,3048）、LDPC（7493,4572）、LDPC（7493,6096）辅之以 BCH 码作为外码的级联而成，能提供比已有国际标准性能更好的纠错能力。其中 BCH 码是由 BCH（1023,1013）截短的 BCH（762,752），其作用除速率适配外，还可有效降低误码平层，该 BCH 码可以纠 1bit 的突发错误。三种码率的前向纠错码使用同样的 BCH 码。

（2）星座图方式。各种符号映射均加入相应的功率归一化因子使平均功率趋同。其中，64QAM 作为高阶调制模式，最高有效传输速率可达 32.4Mb/s，可作为固定接入、固定广播等领域的应用；4QAM 具有较高的抗干扰能力、灵敏度和移动特性，接收灵敏度为 －97dBm，C/N 门限 1.9dB，支持 120km/h 以上的高速移动，可作为大范围、高接通率的覆盖使用；16QAM 则是适应高效传输和高速移动的一种折中，在提供每个符号可传输 4 比特数据的同时也可以提供较高性能的移动特性，可作为大中城市中小范围（20～50km 半径）移动覆盖使用。

（3）交织。对于 $C=3780$ 多载波模式支持信号帧内的时间域和频率域两种交织（多载波系统属性），将调制星座点符号映射到帧体包含的 3780 个有效载波上。在多载波模式下，使用了基础性发明的时域同步正交频率复用（TDS－OFDM）的技术。

（4）帧结构。国标信号采用了基本结构单元为信号帧的分层帧结构。以多载波模式为例，一个信号帧由总数为 3780 个子载波的帧体和保护间隔构成。其中，3744 个子载波传输载荷数据，36 个 BPSK 调制的子载波传输 TPS 信号。TPS 信号传输发射端的载波方式、调制方式、纠错码率、交织和保护间隔长度等信息，在接收机端通过对 TPS 信号的解调可以得到发射机端信息以方便接收机端自动适应发端的工作模式，实现自动接收功能。对于 3780 个子载波，每个子载波占有的带宽均相同。在国标所使用的 8MHz 带宽信道中每个子载波占有 2kHz 带宽，3780 个子载波总共占有 7.56MHz。国标系统中，信号帧的帧体时间长度固定为 500μs 而使用了 PN 序列的帧头长度（保护间隔）有三种模式：1/9 帧体长度（420 个符号），1/6 帧体长度的 595 个符号和 1/4 帧体长度的 945 个符号。保护间隔的增加可以适应更大范围的单频组网，但同时也降低了系统的效率，需要根据实际应用认真选择。譬如：1/9 保护间隔可以提供 56μs 的保护间隔，适合在城市环境下组建地区性的单频网，1/4 保护间隔可以提供高达 125μs 的保护间隔，适合组建较大范围的单频网。若干个信号帧构成帧群，在 1 秒内包括整数个帧群。由于保护间隔的长度不同，帧群里面包含的信号帧数也不相同，但每个信号帧内可以包含整数个 MPEG 包。国标最顶层帧结构是日帧，日帧与北京时间自然日同步，每天重复一次。国标 DTMB 方案支持的业务见表 5－6 所列。

表 5－6　DTMB 方案可以实现的服务

服务类型	数据速率	视 频	音 频	数 据
移动	5.4Mb/s	2.8Mb/s 用来传输一路标清数字电视（如循环新闻）	192kb/s 用来传输两路视频通道立体声 512kb/s 用来传输四路立体声音乐服务（每对 128kb/s）	500kb/s 用来传输节目表或者电子节目指南 1.4Mb/s 用来传输标题新闻、体育快报、股票信息、天气预报、交通路况等

（续表）

		1Mb/s 传输 5 路节目的音频信号（每对 192kb/s）	700kb/s 用来传输节目表或者电子节目指南
移动和固定　16.2Mb/s	12.5Mb/s 传输 5 路标清视频	1 Mb/s 用来传输 8 路音乐节目（每对 128kb/s）	1Mb/s 用来传输标题新闻、体育快报、股票信息、天气预报、交通路况等
	20 Mb/s 用来传输 8 路标清数字视频节目（或者 20Mb/s 用来传输 1 路高清和 1 路标清）	1.9 Mb/s 传输 10 路视频节目的立体声信号（每对 192kb/s）	1Mb/s 传输节目表或者电子节目指南
固定　24.4Mb/s		1 Mb/s 传输 8 路音乐节目（每对 128kb/s）	500kb/s 用来提供标题新闻、体育快报、股票信息、天气预报、交通路况等

　　DTMB 的多载波在抗数字邻频干扰以及抗多径干扰的能力等方面更具优势。而 ADTB - T 的单载波技术具有大面积固定覆盖和单频网广播无须 GPS 导航的优势，也具有抗模拟、数字邻频或同频干扰的能力。上海高清推出的国标产品 HD 系列芯片，广泛用于机顶盒、数字电视一体机及移动接收设备中，支持高清和标清电视。同时还推出了符合各地不同业务需求的移动电视、高清广播示范工程，包括上海城区五点单频网车载移动电视、山东威海车载公交移动电视和上海城区的高清数字电视地面广播示范工程。此外，国标在接口方面也作了改进，因国内电视台制作、存储、传输等各阶段都普遍使用 MPEG - 2 格式的编码器、复用器、解码器芯片等产品产业化工作已经完备，地面数字电视广播传输标准采用了 MPEG - 2 接口。但为了音、视频编码标准 AVS 的应用，国标并没有采用整个 MPEG - 2 的结构，在保证系统现有成熟性之外还提供了双国标的扩展性。目前国内有众多企业开发出兼容双国标的单芯片，如清华凌讯、上海高清、杭州国芯、上海龙晶、卓胜微电子，等等。

　　值得指出的是，目前老挝、柬埔寨、古巴、委内瑞拉、埃塞俄比亚、西班牙、香港地区等 10 多个国家或地区已经采纳我国地面传输标准。此外，相比较欧洲最新第二代 DVB - T2 地面数字电视传输技术，我国也积极跟进并推出第二代地面传输标准，即 DTMB - A，增加了 256QAM 的调制方式，传输码率都在 38.6Mb/s 左右，数据相当，指标也差不多，在一个 8MHz 通道内最多可传 20 套标清以上节目，且 DTMB - A 正在完善各项性能测试之中。若需进一步了解我国地面数字电视标准的进展与应用情况，可登录"数字电视国家工程实验室（北京）"网站（www. dtnel. org/♯close）和数字电视国家工程研究中心（上海）网站（www. nercdtv. org/Research. aspx）。

5.9　DMB - T 系统关键技术

5.9.1　DMB - T 技术特点

　　清华大学借鉴并吸收了欧盟地面数字电视传输标准（DVB - T）的研究与实践经验，提出地面数字多媒体电视广播传输协议即 DTMB。DTMB 系统的核心技术采用了独创的

mQAM/QPSK 的时域同步正交频分复用 TDS－OFDM（Time Domain Synchronous Orthogonal-Frequency-Division-Multiplex）调制技术（该技术获得 2005 年度国家发明二等奖），其频谱效率可以高达 4b/s/Hz，高于 DVB－T 近 10％，并有 20dB 以上的同步保护增益。DTMB 传输协议中每个频道的有效净荷的信息传输码率在 8MHz 的带宽下高达 33Mb/s，能够满足 SDTV、HDTV 广播的要求。对于地面数字电视广播来说，DTMB 传输系统具有较高的要求：首先要求有足够高的传输码率，以便在单个信道中提供高质量 HDTV 节目；其次要求现有分配的电视频道中 DTV 节目，实现数字和模拟电视节目的同播；更重要的特性是要支持移动接收。其他的要求包括：抵抗各种干扰/失真；易于和其他媒介或服务器连接；支持多节目/业务；高度灵活的操作模式（通过选择不同的调制方案，系统能够支持固定、便携式、步行或移动接收）；具有交互性；高度灵活的频率规划和覆盖区域，能够使用单频网和同频道覆盖扩展/缝隙填充；需要先进的信道编码（例如级联码、平行级联系统卷积/网格码、网格编码）和信道估计方案以及性能更优的 LDPC 信道解码，以便降低系统 C/N 门限，以此降低发射功率，从而减少了对现有模拟电视节目的干扰；对于便携终端，它要优先支持低功耗模式，等等。电视节目或数据、文本、图片、语音多媒体信息经过信源编码、传输编码、信道编码后，通过一个或一个以上的发射机发射出去，覆盖一定的区域。这些发射机可以灵活地组网，既可以组成多频网，也可以组成单频网。前已述及，数字电视的系统结构通常由压缩层、传送层和传输层组成，传输层的具体构成由传输信息的媒介决定，对于各种传输媒介，目前数字电视广播系统的压缩层和传送层基本上是一致的，区别主要在传输层上。DTMB 传输系统结构框图如图 5－33 所示。

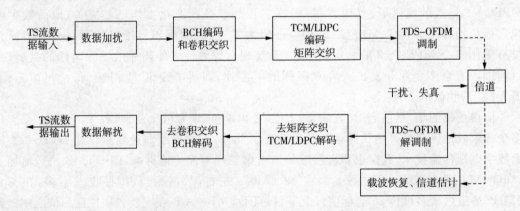

图 5－33　DMB－T 传输系统结构框图

5.9.2　DMB－T 物理信道帧技术要点

　　DTMB 协议是基于 TDS－OFDM 技术，其物理信道帧结构如图 5－34 所示，帧结构是分级的，一个基本帧结构称为一个信号帧，是 DTMB 传输系统的基本单元。帧群定义为 255 个信号帧，其第一帧定义为帧群头，帧群中的信号帧有唯一的帧号，标号从 0 到 254，信号帧号被编码到当前信号帧的帧同步序列中。超帧定义为一组帧群，帧结构的顶层称为超帧群。超帧被编号，从 0 到最大帧群号，超帧号与超帧群号一起被编码到超帧的第一个帧群头中，超帧群号被定义为超帧群发送的日历日期，超帧群以一个自然日为周期进行周期性重复，它被编码为下行线路超帧群中一个超帧的第一个帧群头中的前两个字节。在太平洋标准时间或北京时间 00：00：00AM,物理信道帧结构被复位并开始一个新的超帧群。

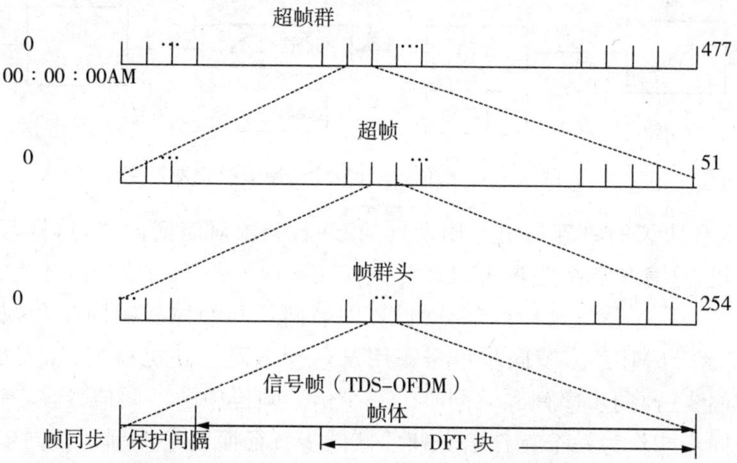

图 5 - 34　TDS - OFDM 的物理信道帧结构

5.9.3　DTMB 的调制技术

DTMB 的一个信号帧长度定义为 $550\mu s$,其信号帧可以称为时域同步的正交频分复用 (TDS - OFDM)调制,或者称为以 PN 序列为保护间隔的正交频分复用调制。TDS - OFDM 是 DMB - T 的一种创新的多载波调制方式。一个信号帧可以作为一个正交频分复用(OFDM)块,一个 OFDM 块进一步分成一个保护间隔和一个离散傅氏逆变换块(IDFT)。对于 TDS - OFDM 来说,PN 同步序列作为 OFDM 的保护间隔,保护间隔的长度为 $50\mu s$ (满足时延分布的条件),而帧体作为 IDFT 块。实质上 PN 序列也就是与 IDFT 块的正交时分复用。由于 PN 序列对于接收端来说是已知序列,PN 序列和 IDFT 块在接收端是可以被分开的。PN 序列除了作为 OFDM 块的保护间隔以外,在接收端还可以被用作以下情形:信号帧的帧同步,载波恢复与自动频率跟踪,符号的时钟恢复,时域信道均衡以及信道频率相应估计。接收端的信号帧去掉 PN 序列后可以看作是具有零填充保护间隔的 OFDM。业已证明,具有零填充保护间隔的 OFDM 与具有循环前缀保护间隔的 OFDM(例如 DVB - T 的 COFDM)是等价的。DVB - T 与 ISDB - T 都是采用具有循环前缀保护间隔的 COFDM 调制。为了进行同步和信道估计,COFDM 必须在数据流中插入导频信号。可见,TDS - OFDM 与 COFDM 相比有较高的频谱效率。在 DTMB 中,其 TDS - OFDM 调制步骤如下:

(1)输入的 MPEG - 2 TS 流经过信道编码处理后在频域形成长度为 3780 的 IDFT 数据块;

(2)采用 DFT 将 IDFT 数据块变换为长度是 3780 的时域离散样值帧体,7.56Mb/s 个样值;

(3)在 OFDM 的保护间隔内插入长度为 378 的 PN 序列作为帧头;

(4)将帧头和帧体组合成时间长度为 $550\mu s$ 的信号帧;

(5)采用具有线性相位延迟特性的 FIR 低通滤波器对信号进行频域整形;

(6)将基带信号进行上变频调制到 RF 载波上。

TDS－OFDM 调制原理如图 5－35 所示。

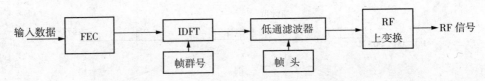

图 5－35 TDS－OFDM 调制器原理图

可见,DTMB 协议的物理信道是周期性的,并且和绝对时间同步,这样可使接收机能在需要的时候开机,这意味着接收机可以设计成只在接收所需的信息时才进入接收状态,以达到省电的目的。一个信号帧由两部分组成,即帧同步和帧体。帧同步和帧体的基带符号率相同,规定为 7.56Mb/s。帧同步信号采用沃尔什编码的随机序列,以实现多基站识别。帧同步包含前同步、帧同步序列和后同步。一个信号帧群中的不同信号帧,有不同的帧同步信号,所以,帧同步能作为一个特殊信号帧的帧同步特征而用于识别。帧同步采用 BPSK 调制以得到稳定的同步。帧体的基带信号是一个 OFDM 块,它可以进一步分成保护间隔和一个 DFT 块,DFT 块在其时域中有 3780 个取样,它们是频域中 3780 个子载波的逆离散傅氏变换。有 5 种可选的保护间隔,即 DFT 块大小的 1/6、1/9、1/12、1/20 和 1/30,保护间隔的信号相同于 DFT 块时域信号的最后一段。

本系统采用的调制技术 TDS－OFDM 属于多载波技术,为了更好地满足以上所提出的要求,DTMB 传输协议设计了相应的标准与参数,见表 5－7 所列。

表 5－7 DMB－T 传输协议设计了相应的系统参数

带宽与有效带宽	8MHz、7.56MHz
视频源编码	ISO/IEC 13818－2(MPEG－2)语法
音频源编码	ISO/IEC 13818－3 第 I、II 层或 Dolby AC－3
传送码流	ISO/IEC 13818－1TS 流(MPEG－2 TS)
调制方案	TDS－OFDM
子载波调制 均匀星座图 非均匀星座图	TDS－OFDM QPSK、16QAM、64QAM 64QAM、256QAM
载波数目	3780
子载波数目	2kHz
保护间隔	OFDM 符号的 1/6、1/9、1/12、1/20、1/30($16\mu s\sim80\mu s$)
信道编码 内码 内码交织 外码 外码交织	级联编码 卷积码、网格码、LDPC 码 时间交织和频率交织 BCH(762,752) LDPC(7493,3048)、LDPC(7493,4572)、LDPC(7493,6096)
数据随机化	16b PRBS

（续表）

净荷数据码率	
QPSK	6.4～6.5Mb/s
16QAM(均匀星座图)	10.7～12.3Mb/s
64QAM(均匀/非均匀星座图)	16～26Mb/s
256QAM(均匀/非均匀星座图)	28～32Mb/s
信道估计	时域帧同步序列

5.10　地面数字电视单频网广播技术

5.10.1　地面数字电视单频网广播特点与构成

目前,地面数字电视广播系统的组网方式有单频网和多频网两种。地面数字电视单频网(Single Frequency Network,SFN)是由多个位于不同地点、处于同步状态的发射机组成的数字电视覆盖网络,以相同频率、在相同时刻发射相同节目,以实现对特定区域的可靠覆盖。多频网(Mutli-Frqeuency Network,MNF)是指同一网络中相邻发射机以不同的频段发射相同的电视节目,每个发射机覆盖一个区域。受技术限制,传统的模拟电视广播采用了多频网的组网方式,否则收端因对各发射机的远近不同,同一信号接收时间的先后差异,产生"重影"而无法收看。组建单频网的一个关键技术难题是如何克服多径效应造成的干扰,这也是传统单载波调制发射碰到的瓶颈。随着 OFDM 等多载波方式的提出,以及其在理论和实践中抗多径效应性能的证实,采用单频发射模式组建地面数字电视广播系统成为可能。DVB 组织在经过研究后决定采用 OFDM 作为其地面标准的信道调制方式,又使得这种可能变成了现实,目前,采用单频网的基本上是基于 DVB-T 标准的。单频网组网中另一个需要解决的是同步发射问题,DVB 组织为此专门制定了相应的标准以解决这一问题,即通过单频网适配器插入 SIP 包。因此,与已经发展较为成熟的多频网相比,单频网的优点主要表现在:

(1)单频网有利于频率规划,大大提高频谱效率。相对于传统多频网而言,单频网在发射一路数字电视信号时只需一个频段,因此能节约宝贵的频率资源。而多频网为了避免相互干扰,同一频率的重用受到发射机距离的极大限制。

(2)单频网能有效提高覆盖质量,降低发射机设备的成本。由于是单频发射,因此单频网允许重叠覆盖,这将大大改善单一发射机覆盖边缘的峭壁效应。同时,相邻发射机的信号不仅不会对本区域接收信号造成干扰,相反还对本地接收机接收质量有建设性贡献。

(3)单频网能进行蜂窝式组网,解决覆盖盲区问题。将电视发射台进行蜂窝式分布化建设,不仅可以用较小的发射功率覆盖较大的区域从而减小电磁污染,而且能极大地消除大城市内高楼林立造成的"遮蔽效应"。

地面广播的频率资源是很宝贵的,使用的用户及其形式很多。COFDM 在多径衰落下具有较好的性能且可组成单频网,因而我国地面数字电视传输的多载波调制吸收了这一技术。为节省频率资源,同一节目采用同一频率对某一大地区进行广播是一个非常好的办法。

一般来说,根据射频信号的产生方式,有两种数字电视单频网结构形式:射频信号集中产生和射频信号分散产生。对于前者,为保证各个发射点信号完全同步,可以使用同一调制器来产生地面数字电视射频信号作为主站信号,并通过无线方式传送到其他各个从发射站点。这种结构的单频网相对简单,无须同步信号,但要求主站发射的信号质量能够充分保证。而基于射频信号分散产生的地面数字电视单频网广播是目前普遍采用的方式,其基本过程是来自复用器的 TS 流首先送入用于时间同步的单频网适配器进行适配,完成码率适配和秒帧初始化包插入功能,适配后形成包含秒帧初始化包的 TS 流通过节目分配网络传送到各个发射台,经过地面数字电视调制器同步处理后变成射频信号在进行发射。这种方式的单频网需要依赖全球定位系统(GPS)来完成各个发射点信号的同步。采用单频网组网,对广播覆盖区中的某些遮挡比较严重的地区,适当采用同频小功率发射机进行弥补,这种新型广播方式对地面数字电视频率规划提供了便利。无论是何种形式的单频网,为了保证分配到各个发射点的 TS 流完全同步,即各发射点单独覆盖区域的性能与单发射点覆盖性能一致,必须要求地面数字电视单频网节目分配网络透明传输。中国地面数字电视传输标准中的多载波技术单频网系统结构如图 5 - 36 所示。

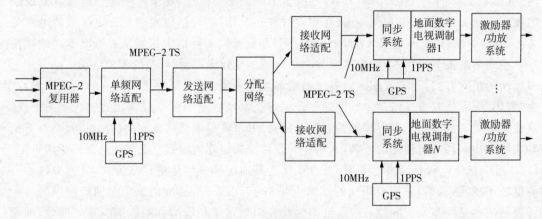

图 5 - 36　GPS 导航系统的单频网结构

　　工作原理:在符合我国地面国标规定的数字电视单频网中,来自复用器的 TS 码流首先送入单频网适配器,完成码率适配和秒帧初始化包(SIP)插入,适配后形成包含秒帧初始化包的 TS 流,通过 TS 流分配网络传送到各个发射台,经各发射台的激励器(调制器)进行时钟同步处理,再完成信道编码、上变成射频信号进行发射。在地面数字电视单频网的构建过程中,需要依赖 GPS 全球定位系统来完成各个发射点信号的同步,也可以由其他时间同步系统提供同步时钟。

　　激励器的时间同步调整,主要调节激励器的发射时延,根据接收到的 TS 流中的 SIP 包,分析时间信息,可以计算出由主站信号到该发射台的码流传输时间,由此时间指导各发射台调整各自的时延,从而达到一起发送信号的目的。

　　可见,单频网广播主要由单频网适配器、GPS 接收机和支持单频网地面广播调制器。在系统中,单频网适配器是将时间信息包(TIP)和组帧所需的空包插入输入的 TS 流中。根据不同的模式将每秒所需传输的 MPEG 包组好,同时在一秒中插入 N 个带有时间信息和系统信息的 TIP 包,$N=2^m$,$m=0\sim6$。用于调制器端的比特同步和系统信息检测。调制器根据接收到的 TS 流中的 TIP 包所指示的系统信息和时间信息,将对应的 MPEG 包放置到秒帧对应的位置,实现比特同步。同时,根据 GPS 的秒脉冲(PPS)和 10MHz 时钟,实现了各台调制器之间信号时间的同步。MPEG‐2(或 AVS)的再复用器输出用于广播的节目传送流即 TS 流,经过单频网适配器后进行网络传输,在发射点通过同步系统恢复时间信息,保证最终各发射系统输出的信号完全同步。系统中标准频率参考源提供一个高精度的 10MHz 频率和一个所有参考源都同步的每秒一次的脉冲(即原子钟),也可以采用 GPS 或我国北斗星导航系统的参考源。系统实现单频网功能的主要模块是节目网络传送端的单频网适配器和节目网络接收端的同步系统,这两个模块配合工作即可实现所要求的单频网同步。其中,单频网适配器主要在码流中插入同步所需的信息,而在接收端的同步系统中,则将同步信息提取出,并控制调制和发射部分完成单频网的要求。而激励器也是单频网实现的关键设备之一。

目前,在我国许多中等以上的城市,已开通了地面移动数字电视,绝大多数选择地面国标标准。实际中,若受当地市区高楼及地理环境的影响,可能还存在一些覆盖弱信号区和盲区,这些都严重影响终端的接收质量。为了逐步解决这些范围较小的盲区,须采用小功率数字电视同频转发器(简称补点器)进行补点,以提高覆盖面积和接收效果。我国地面国标具有较低接收 C/N 门限值的 QPSK、16QAM 都可满足需求,收视效果不错。须指出的是,由于地面广播的复杂性,收端信号的质量并不一定与发送端的距离呈线性关系。

值得一提的是,由于 GPS 是美国控制的,中国正在建设自己的"北斗卫星导航系统",覆盖面积与 GPS 相当,定位精度更高,不久将有全球卫星定位与通信系统,服务数字电视单频网广播是其最基本的功能之一。

5.10.2　单频网中的适配器与建站距离

地面数字电视单频网是由多个位于不同地点、处于同步状态的发射机组成的数字电视覆盖网络,以相同频率,在相同时刻发射相同节目,以实现对特定服务区的可靠覆盖。因此,单频网组网过程中需要解决的一个关键问题是网内的所有发射机的同步问题,这个问题的关键在于信号源到发射机的传输、适配,地面数字电视单频网适配器是构建地面数字电视单频网的关键设备,而地面数字电视广播单频网是一种集多种先进通信传输功能于一身的技术。

地面数字电视单频网一般都采用 GPS 信号用于单频网网络的同步,其中包括 TS 码流同步和发射频率的同步。GPS 信号主要包括 10MHz 时钟和秒脉冲(1PPS)信号,地面数字电视单频网适配器框架结构除给出了 TS 码流输入和输出接口外,同时还给出了 10MHz 时钟和 1PPS 信号输入接口。对于地面数字电视单频网适配器,10MHz 时钟主要用于 TS 码流的速率调整;1PPS 信号主要作为时间基准,用于在输入的 TS 码流中插入秒帧初始化包(SIP)。考虑到地面数字电视单频网采用 1PPS 作为同步信号,满负荷情况下,1 秒钟包含 TS 包的信息,地面数字电视各种工作模式每秒钟包含 TS 包数量为整数,各种工作模式下的 SF 均包含整数个包。为了保证地面数字电视单频网各发射点激励器能够从接收到的 TS 码流中提取时间同步信息,地面数字电视单频网适配器必须在 TS 码流中插入相应的时间同步标识(SIP)。地面数字电视系统 SF 包含整数个 TS 包,使得单频网 SIP 包的插入相当简单。为了确保地面数字电视单频网适配器和激励器具有共同的时间参照,在国标地面数字电视单频网系统中一般采用 GPS 的 1PPS 作为时间基准来插入 SIP,即每秒周期性插入一个 SIP。根据地面数字单频网适配器的实现方法不同,SIP 的插入可选择在 1PPS 的上升沿时刻。

不难发现,地面数字电视单频网适配器是构建地面数字电视单频网的重要设备,地面数字电视单频网适配器包括秒帧初始化包(SIP)插入和码率适配功能模块,完成从输入 TS 码流到单频网适配 TS 码流的转换。一个典型的单频网适配器的功能如图 5-37 所示。

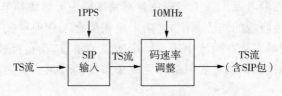

图 5-37　单频网适配功能框图

图 5-37 中,1PPS 和 10MHz 由 GPS 接收机提供,即提供与 GPS 卫星同步的时钟及秒脉冲信号,用于多个处于不同地点的激励器、发射机及单频网适配器、单频网网关的同步。单频网适配器的基本数据帧为秒帧 SF,1 个 SF 时间长度为 1 秒,包含调制 8 个 GB 20600—2006 中规定的超帧所用的全部信息比特。每 1 秒向输入的 TS 码流中插入 1 个 SIP,插入时刻与 GPS 的 1PPS 对齐,图 5-38 所示就是 SIP 插入时刻图。

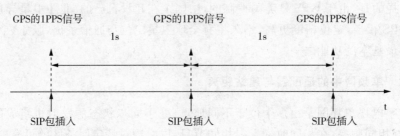

图 5-38　SIP 插入时刻图解

地面数字电视单频网中的各发射机,通过检测接收到 TS 流中的 SIP,获得最大延迟时间 T_{delay_max} 和分配网传输延迟时间 $T_{delay\_transmitted}$。激励器附加延迟时间 T_{delay_add} 与 T_{delay_max}、$T_{delay\_transmitted}$ 的关系为 $T_{delay\_add} = T_{delay\_max} - T_{delay\_transmitted}$。其中 T_{delay_max} 为最大延迟时间,是指各发射机 TS 节目流相对于 GPS 的 1PPS 统一发射的时间;$T_{delay\_transmitted}$ 为分配网传输延迟时间,是指 TS 节目流由单频网适配器发出后经过分配网络传输的时间;T_{delay_add} 为激励器附加延迟时间,是指为了满足各发射机在同一时刻发出,各激励器所需要单独处理的延迟时间。地面数字电视单频网中发射机处理的最大延迟时间为 1 秒。

码率适配功能。对于地面数字电视激励器而言,输入的 TS 码流码率未达到其设定工作模式下满负荷的最大净码率,地面数字电视激励器将会在输入的 TS 码流中自动插入 TS 码流空包。地面数字电视激励器插入码流空包的位置和时间可能不同,为了保证地面数字电视单频网各个发射点的 TS 码流同步,要求激励器编码和调制前的 TS 码流完全相同,因此必须对 TS 码流实现相同的码率适配处理,根据系统输出码率时钟,在 GPS 的每个 1PPS 的位置,单频网适配器向 TS 流中插入 1 个 SIP,即单频网适配器每秒必须在 TS 码流中插入一个 TS 包结构的 SIP;在其他位置,单频网适配器从前端缓冲区内读取数据码流,如果数据不足一个 TS 包,则自动插入单频网适配空包完成 TS 流的码率适配。单频网适配器输出的 TS 流码率和由单频网适配器规定的发射机工作模式要求的净载荷速率完全相同,并且被锁定在来自 GPS 的 10MHz 参考时钟上,而该功能一般由地面数字单频网适配器来统一完成。通过地面数字电视单频网适配器的处理,TS 码流在单频网节目分配网络进行传输之前已经达到了特定工作模式下满负荷的最大净码率。因此,地面数字电视单频网各个发射点的激励器在接收到 TS 码流后不再插入任何 TS 码流空包,而直接进行编码、调制和发射。地面数字电视单频网激励器的一个重要功能是完成 TS 码流的同步,激励器根据解析 SIP 得到的延时调整参数,结合本地 GPS 的 1PPS 信号,完成对 TS 码流的延时调整操作。考虑到 SIP 是唯一可参考的 TS 包,因此延时调整过程本质是以 SIP 为参考对 TS 码流延时进行调整。

单频网建站距离。最大延时是单频网系统的一个重要参数,即是中心发射站到各个中继发射站的最大网络延时,网络的最大传输延时一般由单频网覆盖范围和传输方式决定,所以单频网最大建站距离是单频网的重要参数,它决定了单频网的发射站点的选取、建设成本以及建网的复杂性。因为单频网适配器的作用是将来自 GPS 的标准频率和时间,插入到数字电视传输流当中,为单频网提供标准频率和时间信号,插入 GPS 时钟后的 TS 流中含有 SIP 包。整个组网需要注意最大延时,单频网适配器和系统处理最大延时不能超过 0.999999s。计算延时时候需要知道距离,10μs 传输 3km,这样计算每个站点延时比较方便。地面数字电视单频网的最大设台距离主要取决于地面数字电视系统抗回波干扰的能力,系统如果可承受的回波延时越长,单频网设台距离可以越大。大量测试表明,地面数字电视传输系统各种工作模式的抗回波干扰延时长度,一般都能做到与各自信号帧结构中的帧头长度基本相当。如系统采用 PN420 帧头,国标中规定的基带符号率为 7.56Msps,帧头长度 $t = 420 \times 1/7.56\mu s = 55.56\mu s$,射频信号在此时间内的传输距离:$L = 55.56\mu s \times 3 \times 108 m/s = 16.67 km$,对于 PN595 帧头,$t = 78.7\mu s$,$L = 23.61 km$;对于 PN945 帧头,$t = 125\mu s$,$L = 37.5 km$。实际单频网建站距离在 30km 内,随着地面数字电视系统接收端算法的改进,以及发射天线和接收天线的设计,也可以接收超过帧头长度的多径信号,这样符合标准的地面数字电视广播单频网设台距离也将进一步增大。

如上所述,DTMB 单频网组网的方案,采用与 DVB 单频网类似的结构,其中单频网适配器的帧结构由超帧和插入初始化包(MIP)构成,超帧可以根据实际情况包含 N 个传输流包。对于 DTMB 来说,一般定义 500ms 为一个大帧,每一个大帧内有一个 MIP 包,即是每秒插入两个 MIP 包,根据 GPS 提供的秒脉冲(PPS)信号,区分在同一秒内插入的 MIP 包。MIP 包中携带同步时间标签(STS)和到各个中继站的系统最大延时。STS 是 GPS 接收机给出的 PPS 信号到每一大帧开始的时间差,是根据 GPS 的秒脉冲得到的参数。

对于 10MHz 的 GPS 来说,STS 最大的延时精度为 100ns。此外,单频网适配器可作为一个独立模块,也可嵌入到调制器中。在 DTMB 中,单频网适配器是作为一个独立的模块实现,对其提出一些额外的要求,比如在中继站需要为每一个调制器提供同步的参考时钟和同步的复位信号等新的功能,所以在整体结构上,DTMB 单频网适配器较 DVB - T 适配器有一定的提高和创新。网络适配器需要为 MPEG - 2 码流传输提供从中心发射站到各个中继发射站的传输链路。网络的最大延时就是由传输网络的不同路径引起的,单频网同步系统能够处理的最大延时为 1s。

单频网适配器已经有了比较成熟的产品,如丹麦 ProTelevision 公司的 PT 系列、意大利 Srtema 公司的 SFN7900 系列、法国 NENESYST 公司的 N6MIP 系列、美国 HARRI 公司的 NF 系列等都已经在市场上占有一定的份额。从功能上来说,目前的这几款产品均实现了 MPI 插入功能,MPI 的计算都是基于 GPS 接收器产生的参考信号。国内也有许多公司具有性价比不错的单频网适配器产品,如上海龙晶、成都德芯等公司的产品。

对单频网设备要求。(1)监控和报警:提供实时监控和报警,通过远程可以实时查询设备的工作状态,设备工作状态发生异常情况时,给出报警信息。(2)TS 流抖动处理:为了保证在节目正常播出时,地面数字电视激励器不会因为 TS 流的抖动而误认为节目源端在进行节目调整,从而导致激励器执行复位操作,因此规定单频网适配器输出的 TS 码流传输抖动在 100ns 范围内,保证接收视频清晰稳定。

5.10.3 合肥数字电视单频网广播案例

合肥市的地面数字电视单频网由安徽广电移动电视有限公司投资兴建,主要为合肥地区的车载移动电视提供信号传输发射服务。系统于 2004 年底完成大蜀山主发射点搭建,开始以 DS－43 频道(750～758MHz)发射数字地面电视信号,随后对大蜀山主发射点的覆盖效果进行了实地测试,并以之为依据完成了副发射点(合肥中波广播电台)的选址和设备安装,与此同时对前端播出系统和信号传输系统进行了完善,从而完成了整个数字地面电视单频网系统的构建。

为满足合肥地区移动电视商业运营要求,根据 DVB－T 单频网的构成及其技术特点,结合合肥市的地形特征在构建 DVB－T 单频时提出了以下设计目标:(1)以大蜀山发射台作为主发射点组建方圆为 30～40 公里覆盖范围,时间和地点概率 95％ 以上的合肥市数字电视地面广播的单频网系统。(2)在一个模拟频道内先期传输 1～3 套标清数字电视节目,其中自办节目 1 套,转播节目 1～2 套。(3)播出系统到发射系统之间的信号采用点到点的光纤传输或采用 SDH 宽带网传输。(4)实际覆盖效果满足公共汽车、出租车等移动车载终端和开阔地带个人手持终端的接收需求。

根据以上要求,安广移动电视有限公司构建出的 DVB－T 单频网系统的总体框图如图 5－39 所示。系统主要由前端系统、传输网络、发射系统三部分组成。前端系统主要完成节目制作、播出,具体有以下任务:(1)上传制作好的节目至视频服务器;(2)按照节目单对视频服务器播放的视频节目信号和外来信号(用于转播)进行切换;(3)添加台标字幕时钟等处理;(4)对输出的音视频信号多数采用国标,进行数字编码形成码流并与其他制流进行复用。

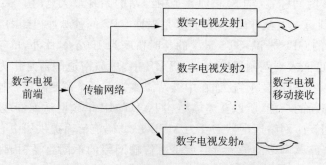

图 5－39 安徽移动电视单频网总体框图

目前合肥地区数字地面电视单频网共传输 4 套节目,除 1 套为自办的安徽移动电视频道节目外,另转播中央电视台节目 2 套和安徽卫视节目 1 套。我们对安徽电视台原有的两套模拟播出系统进行改造,作为自办的安徽移动电视频道的播出平台。播出平台采用主视频服务器播出素材,通过录像机上载至备用视频服务器,同时系统通过光纤通道把素材拷贝到主备视频服务器,从而实现主备视频服务器完全镜像。主备视频服务器经过视音频分配器送到 16×2 播出矩阵,矩阵输出信号经过键控器叠加台标和字幕送至编码器 1,对于转播的中央电视台一套和安徽卫视直接送三路编码器,编码输出的信号经复用器后形成传输 TS流,合肥移动电视的有效净负荷码率达到 8.12M,如图 5-40 所示为合肥移动数字电视传输网络。

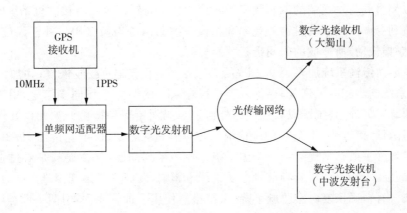

图 5-40　合肥移动数字电视传输网络

鉴于合肥地区属于丘陵地带,地势较为平坦开阔,多径干扰较小,因此,在发射网络的布局上我们选择大功率、少布点的方法,大大降低了组网成本以及日后的维护成本。合肥地区数字地面电视单频网包括两个发射点。其中主发射点是位于合肥市西部的大蜀山发射台,覆盖 40km 的直线距离,发射点距市中心约 15km。天线主瓣对着市中心以加强对城区的覆盖,最大地利用有效发射功率,并进行适当的零点填充。理想状态下该发射点应能覆盖全部城区,实际接收时由于建筑物对分米波信号影响较大,根据测量结果在市中心建立辅助发射点,以保证理想的移动接收。辅助发射点是位于合肥屯溪路的合肥中波发射台,与主发射点直线距离为 13.7km。这样两个发射点能很好地互补,发射信号极大地减少了城区内信号盲点或死点,也增大了有效覆盖范围。根据选定的辅助发射点高度和服务范围,对辅助发射点天线的垂直场型也有一定的要求,必须测算合适的主瓣下倾角,以保证主瓣直接辐射在需要的范围之内,尽最大可能来利用有效辐射功率。

合肥地面数字电视广播单频网适配器与大蜀山电视塔之间的信号传输采用了基于"直连光纤＋数字光端机"的节目传输方案,即节目制作中心采用数字光发射机播出,通过光纤网络传输到大蜀山和合肥中波发射台,分别通过数字光接收机接收,再经过调制、变频机功放后发射,从而实现有效的地面传输。

须指出的是,由于单频网通过 GPS 同步定位,当某区域天气严重不佳时或存在其他干扰严重时,将会影响 GPS 接收机对相应卫星信号的同步接收,此时适配器也发挥不了作用,会导致单频网间断的同步失效。

5.11　全球数字电视地面传输标准及其进展

1. 国外 3 种标准简介

目前,包括我国的地面国标,全球共有 4 套地面传输系统已成为国际标准,还有美国推出的 ATSC、欧洲的 DVB-T 以及日本的 ISDB 标准。其中 ISDB-T 是在 DVB-T 基础上进行改进与创新,改进后的 ISDB 具有对信号失真的较强恢复能力。从技术上而言,限于当时的设计方向、使用环境、技术水平和硬件支持的力度,这些系统没有发挥出应有的潜能。数字传输系统的关键在于载波恢复、时钟恢复和信道均衡。载波恢复是将接收机中的解调频率和相位调整到与发送端的调制频率和相位一致。时钟恢复是将接收机系统时钟的频率和相位调整到与调制器系统时钟的频率和相位一致。信道均衡是用于补偿因信道失真(如多径、带内频谱波动)所造成的码间干扰。

ATSC 地面传输系统加入了 0.3dB 的导频信号,用于辅助载波恢复;并加入了段同步信号,用于系统同步和时钟恢复;还加入了长度达 511 的两电平场同步信号,用于系统同步和均衡器训练。另外,系统配以较强的内外信道编码纠错保护措施。如此设计使美国系统具备噪声门限低(接近于 14.9dB 的理论值)、传输容量大(6MHz 带宽传输 19.3Mb/s)和接收方案易实现等主要技术优势。但美国系统存在一系列问题,最主要的是对付强动态多径困难:在近的强多径变化时,导频信号会受到严重影响,载波恢复出现困难。同时,均衡器的性能在载波没有精确恢复时会急剧下降;系统虽然使用了训练序列,但两个训练序列之间相隔 24 毫秒,期间多径的快速变化无法被跟踪,虽然美国系统同时使用数据判决反馈,利用数据本身产生的误差信号进行调节,用以跟踪变化快的多径,但数据判决反馈需要信道被均衡到一定程度(错误判决少于 10%)才能正常工作,其次数据判决反馈是无限冲击响应结构,在强多径下,系统是不稳定的。因此,美国系统的原有设计思想、导频放置、数据结构等,都使得该系统不能有效对付强多径和快速变化的动态多径,造成某些环境中固定接收不稳定以及不支持移动接收。另外,美国系统在对付模拟电视同播时采用了梳状滤波器,梳状滤波器开启时,系统门限上升 3dB,且开启与否是通过判决后的硬开关。这一方案在实用中不仅会使开关受噪声或多径变化的影响来回跳动,造成系统工作不稳定,还由于其引入的电平数目和 12 个支路交织,影响系统网格解码和均衡器的工作。因此,梳状滤波器的采用不是根本的好方法,还需继续挖掘系统潜力。

欧洲 DVB-T 系统,即 COFDM 系统,利用频域变换技术将信号样值由成千个载波分别传输,这样做是因为频域信号样值是经信道纠错保护编码之后的编码样值。欧洲系统中放置了大量的导频信号,穿插于数据之中,并以高于数据 3dB 的功率发送,这些导频信号一举多得,可完成系统同步、载波恢复、时钟调整和信道估计等。由于导频信号数量多,且散布在数据中,能够较为及时地发现和估计信道特性的变化。为进一步降低多径造成的码间干扰,欧洲系统又使用了保护间隔的技术,即在每个符号(块)前加入一定长度的该符号后段重复数值,由此抵御多径的影响。事实上,大量导频信号插入和保护间隔技术是欧洲系统的技术核心,正是这两项技术使欧洲系统能够在抗强多径和动态多径及移动接收的实测性能方面优于美国 ATSC 系统。另外,欧洲系统还对载波数目、保护间隔长度和调制星座数目等参数进行组合,形成了多种传输模式供使用者选择。在实践中,这些众多模式常用的其实只有两到三种,分别对应固定接收和移动接收。欧洲系统同样存在一系列缺陷,首先是频带损失严重。导频信号和保护间隔至少占据了有效带宽的 14% 左右,若采用大的保护间隔,此数值将超过 10%～30%。欧洲方案的综合频带利用率比美国 VSB 方案进一步损失 6%～23%。因此,以过分降低宝贵的系统传输容量为代价换取系统的抗多径性能,显然不是最优的折中方案。其次,即使放置了大量导频信号,对信道估计仍是不足。因为 DVB-T 传输系统中的导频信号是一个亚采样信号,且 DVB-T 采用块信号处理方式(每次上千点),在理论上就不可能完全精确地描绘出信道特性,只能给出大约值,这也是欧洲系统始终无法达到理论值的原因之一(与理论值相差 2～3dB)。因此,现有 DVB-T 系统事实上并不是对付移动多径最有效的手段。再次,欧洲系统在交织深度、抗脉冲噪声干扰及信道编码等方面的性能存在明显不足。

日本的 ISDB-T 系统衍生于欧洲 OFDM 系统,借鉴了 DVB-T 的成功经验,它的显著特点是可以在 6MHz 带宽中传递 HDTV 服务或多数字节目服务,日本数字电视首先考虑的是卫星信道,采用 QPSK 调制。ISDB-T 分宽带和窄带两种,前者主要变动是将频带划分为 13 个子带,即宽带的 ISDB-T 信号由 13 个 OFDM 段构成,可以分层传输信号。在 13 个子带/段中,将中间一个用于传输音频信号(伴音采用最新的 AAC 制式,高达 48 声道。参阅 2.8 内容)以及可用于携带移动接收的终端,并大大加长了交织深度(最长达 0.5 秒)。窄带仅有一个 OFDM 段构成,适于语音和数据广播。虽然日本的 ISDB-T(OFDM)系统在巴西等国的测试中表现出一定的优越性,但也相应证明了欧洲系统需要改进。换言之,只有进一步挖掘潜力,才能使系统日臻完善。由于 COFDM 系统在抗多径传输信号能力较强,对岛国多山的日本来说很适合,但日本的 ISDB-T 系统并没有解决 COFDM 系统中的实质性问题。比如,ISDB-T 系统是通过增加交织深度来提高抗多径传输信号能力的,而增加交织深度会引入长达数百毫秒的延迟,不但在频道转换时难以接受(图像显示前有个明显的时间间隔),在未来的双向业务中也可能令人不舒服。就是说,在改进欧洲传输系统基础上诞生的 ISDB-T 系统,同样还有许多工作去做。

总之,国外的三种地面传输系统各有千秋,不过从目前多方面实测的结果来看,并综合相关测试数据,ATSC 似乎稍优于 DVB-T,但 DVB-T 在世界范围内应用最广,ISDB-T 技术优势有待进一步观察,且影响力远不及另两种。ATSC 标准与 DVB-T 标准的最大区别在于信道的传输方式,ATSC 系统在加性白高斯噪声信道方面有较强的能力,具有较高的频谱效率和较低的峰值-平均功率比,并且抗脉冲噪声和相位噪声的能力较强。它在低电平总回波(重隐)效果及模拟电视对数字电视的干扰方面与 DVB-T 性能相似。因此 ATSC 系统对于多频网络实施和在 6MHz 信道内提供 HDTV 服务方面具有较大的优势,除非 DVB-T 选取较弱的纠错编码。而 DVB-T 系统在抗多径干扰、移动接收等方面具有明显优势。日本的 ISDB-T 传输标准,使城市收视困难区减少到原来模拟电视的收视困难区域的 1/10 以下,由于采用改进的 OFDM 调制技术,具有抗楼群重影作用。由于日本在新材料技术如平板显示器、摄像机技术、半导体技术等方面拥有较多的专利及雄厚的技术,有望结合 ISDB-T 传输标准研制对外的数字电视机,一并输出其 ISDB-B 标准。

2. 全球地面数字电视传输技术的进展

(1)目前欧洲已推出第二代 DVB-T2 标准,DVB-T2 与 DVB-T 共存但不兼容,两者基本技术路线的共同点是 CP-OFDM 技术、频域导频技术和 QAM 调制技术。T2 的主要改进是：a. 支持物理层多业务功能，在物理层时分复用整个物理信道，可支持多业务广播；b. 采用各种技术提高传输速率；c. 采用多种提高地面传输性能的技术，包括很多可选项（T2 标准提高了系统性能，同时降低开销增加了选项，频谱效率比 DVB-T 高约 30％；采用了新的纠错编码，接收 C/N 门限比 DVB-T 标准显著降低）；d. 采用 MISO 技术，可支持增强型单频组网。多数国家要求出厂的电视机将 DVB-T2 作为标配，部分欧洲国家开始逐步关闭 MPEG-2 地面数字电视广播，提供高清的编码。

（2）中国新的 DTMB-A 的系统性能已超越 DVB-T2 标准，增加了 256APSK 和高阶 FFT 参数选项，传输码率显著高于 DVB-T2；采用 Gray-APSK 调制和新型 LDPC 码技术，接收 C/N 门限低于 DVB-T2；采用新型复帧信令结构和时频二维动态分配方式，可更方便地支持多业务同播；基于时频综合的多天线技术，不但可支持增强型单频网，且复杂度也大大降低。采用 DTMB-A 标准后，一个 8MHz 带宽的模拟频道可传输 5 套顶级高清节目，可实现在地面电视中传输多路高清及 3D 电视广播业务。当前最重要、最迫切的任务是提高 DTMB 标准国际市场竞争力，以拓展电视和文化出口产业的可持续发展。

（3）美国 ATSC3.0 提出了新的需求：a. 实现无线三网融合。把地面数字电视广播升级为无线宽带互联网的一部分（增加回传信道，把单向广播改造为双向交互，通过利用存储实现广播的数据推送）；b. 除了面向大屏幕电视机传统用户群体外，重点考虑平板电脑和移动接收的用户应用场景；c. 采用各种新技术如数字传输、音频/视频编码和传送等，更有效利用地面电视频谱；d. 可支持沉浸式 4K 超高清和临场式音频业务；e. 可融合各种新技术和其他有关标准等。ATSC 正在审核 ATSC3.0 标准音频系统。中国在此标准中有几十项发明专利，并在 ATSC3.0 中实质性存在。

（4）日本下一代 ISDB-T 已在研究过程中。目前，NHK 科学和技术研究实验室正在开发 NHKsuper Hi-vision——基于 4000 扫描线的超高清宽屏系统 ISDB-T 标准。

【本章小结】针对有线、卫星和地面不同的信道质量，数字电视信号的传输分别采用频率利用率和抗干扰不同的调制技术，如 QAM、QPSK 和 OFDM 等基本调制方式，对此需要掌握。OFDM 使用的大量子载波，其频率间隔相等，都是基本振荡频率的整数倍，在频谱关系上则是正交的。COFDM 调制的核心是 IDFT，在实际应用中往往采用快速反向傅立叶变换以减少运算量和硬件复杂度。而为了适应各自的实际信道，数字信号调制前还须进行相应的滚降滤波。目前我国有线数字电视传输主要采用欧盟的 DVB-C 标准，但卫星传输除了采用欧盟 DVB-S 标准外，在 DVB-S2 基础上，广科院自主创新提出 ABS-S 新传输标准并应用于中星 9 号，目前央视及许多地方台上传到中星 9 号的电视节目，采用最新国标 AVS2 信源编码，大大提高了卫星的资源利用率。地面传输标准完全是单多载波融合的自主标准，了解我国地面数字电视传输标准关键技术及其普及情况。无论是单载波技术还是多载波技术，综合性能较国外优先，且都能实现单频网广播技术。本章重点掌握 64QAM、OFDM 调制原理、ABS-S 系统结构特点、单频网广播技术等，以及我国地面国标 DTMB 单多载波传输技术的要点及其案例分析等内容。

思考题与习题

1. 滚降系数的大小存在哪些实际意义？
2. 数字电视的信号传输存在哪些形式？各信道调制有何特点？

3. 何为同步解调？同步解调的关键有哪几步？

4. DVB-S、DVB-S2 与 ABS-S 存在哪些重要的区别？

5. 如何实现 64QAM 调制与解调？画图描述。

6. 如何理解字节到符号的映射与符号到字节的映射？

7. 设待传送的序列为 1011010011，试画出对应的 4PSK 信号波形，假定载波周期 T_C＝码组周期 T_B，4 种双比特码组 00、10、11、01 分别用 0、$\pi/2$、π、$3\pi/2$ 的振荡波形表示。

8. DVB-C 与 DVB-C2 有何主要异同？

9. 简述 OFDM 的信号特点及形成的基本原理。

10. 散布导频、连续导频和传输参数信令，各有什么物理意义？如何实现？

11. 数字电视系统中的单频网广播有何优缺点？实现单频网广播的主要结构有哪些？传统的模拟电视可以实现单频网广播吗？为什么？

12. 阐述我国地面国标 DTMB 的主要特点。

13. 地面国标中的单载波技术和多载波技术分别用在哪些场合，更能发挥其优势。两种技术融合在一起果真能实现扬长避短吗？为什么？

14. 以合肥为例，城市公交移动数字电视网络构成上有哪些特点？为什么多数选定 8K 模式？

15. 地面国标与编码国标的双国标应用，对推动我国自主数字电视普及应用，有哪些重要的积极意义？

16. 结合我国"国家地面数字电视网站（www.dtnel.org）"以及其他媒体的相关信息，就如何在更快更大范围内，推广我国地面国标普及应用，谈谈你的意见。

第 6 章　机顶盒与条件接收技术

6.1　机顶盒的功能与形式

机顶盒 STB(Set Top Box)是数字电视接收中的特有设备,它的诞生主要是因为先前的模拟电视接收机不能直接收看数字电视节目,通过机顶盒将接收的数字节目转换使模拟电视接收机可以正常收视。由于各国在推广普及数字电视之初,都面临模拟电视机无法直接收看数字电视节目,不能一开始就摒弃原有巨量模拟电视机的客观事实(我国目前有 4.2 亿台以上),机顶盒初期被称为不带显示器的数字电视接收机。换言之,真正的数字电视接收机应内含机顶盒的所有功能。由于数字电视信号传输存在 3 种形式,所以在实际中,数字电视机顶盒对应存在有线电视接收机顶盒、地面接收机顶盒和卫星接收机等 3 种主要形式;另外网络机顶盒也异军突起。针对每一种机顶盒所具有的功能,又可划分基本型、增强型和高清交互型。基本型也称广播型,即仅支持基本的 SDTV 视音频接收,支持软件在线升级,具有中文电子节目指南和二级以上字库,支持复合视频输出,具有音频输出(单/双声道和立体声)处理等功能。增强型机顶盒是指在基本型机顶盒基础上增加基本中间件软件系统,基于基本中间件可以实现数据信息浏览、准视频点播、实时股票接收等多种应用,这款机顶盒已经超越了以观看数字电视为主的需求,增加了多种增值业务,且具有可升级性。新增功能有集成基本中间件系统,支持数据广播、实时股票等数据信息接收功能,支持视频点播功能,具有多种游戏,具有立体声或双声道音频输出处理功能,具有复合视频、Y/Cb/Cr 输出,具有逐行扫描输出(可选)功能,可支持 Modem 电话拨号回传方式等。交互式机顶盒除提供增强型机顶盒主要功能外,还可以提供多种增值业务,如视频点播、电子商务、信息服务、互动娱乐,等等。一般的交互式机顶盒均为高清机顶盒,能实现"我的电视我做主",需发展重点。

机顶盒是实现多功能接收的关键设备。对应于模拟电视的"看电视"的主要功能,"看电视"只是数字电视的部分功能,而其拓展为"用电视"。为便于观众更快、更多地接收数字电视广播中的数据信息,就要对三网融合下的数字电视机顶盒提出更多更高的要求。例如,有线传输的介质较卫星和地面传输优良地多,使得基于有线数字电视的接收机顶盒可以支持几乎所有的广播和交互式多媒体应用,如数字电视广播接收、电子节目指南、视频点播、按次付费收看、电视投票、电视交水电气费等,下载器比如软件在线升级、数据广播、因特网接入、电子邮件,等等。对于利用有线电视网接收数字电视广播的机顶盒而言,充分利用现有 HFC 网络资源实现多功能,且实现交互功能是各类数字电视重要的应用发展方向。

机顶盒是电视机接入因特网的重要工具。当前网络机顶盒即 OTT 机顶盒的功能则更为强大,通过上行通道观众坐在家中就能享受到视频点播、在线聊天、网上浏览、远程教学、订票或购物、家庭银行服务等服务，这种由被动转为积极参与的交互性极大地改变了人们收看电视的传统方式，由"看电视"转向"用电视"，看电视并非一定要坐在电视机前，所以网络机顶盒正迅猛发展。

6.2　机顶盒的基本结构与原理

6.2.1　机顶盒的结构、原理及关键技术

机顶盒就是一个不带显示器的数字电视接收机，因此调谐解调、解复用、信道解码、条件接收解密与信源解码是机顶盒的核心任务。简单地说，机顶盒就是对发送端的分解还原，针对发送端信源压缩编码形式、信道编码与调制等方式，通过对应的解调、解复用、纠错、解码等处理过程，还原出需要的某路视音频节目来。据此，一个机顶盒的基本结构应有主芯片、调谐解调器、条件接收 CA 接口、内存与外部存储控制器件视、音频输出以及电源等，具有交互功能的还需要有回传通道。参照图 6－1，一种普通数字电视机顶盒的基本电路结构框、硬件结构以及外观分别如图 6－1(a)、(b)、(c)所示。

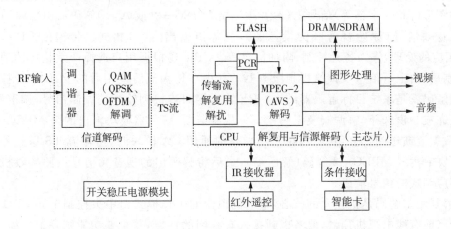

（a）数字电视机顶盒的电路结构框图

（b）数字电视机顶盒的硬件结构图

（c）数字电视机顶盒的外观图

图 6－1　数字电视机顶盒

可见，在某些方面，机顶盒同 PC 机有很多相似之处，甚至可以说是一台简化了的 PC

机。两者最相似之处就是内存,对机顶盒而言,内存主要分为 FLASH 内存和 SDRAM 内存,FLASH 用来存贮机顶盒的系统软件、驱动软件、应用程序以及一些用户信息等,在系统断电时内容还可保留,同时 FLASH 可以通过在线的方式对其已有的软件进行更新,达到机顶盒软件升级的目的。SDRAM 主要是用来存储应用数据,机顶盒的许多功能都需要内存来实现,例如图形处理、视音频解码和解复用等。不同的应用需求,内存的大小配置也各不相同。容量大的 FLASH 和 SDRAM 的配置虽然可以为将来的业务系统预留足够的内存空间,但内存并不是决定软件能否运行的因素,它需要配合 CPU 来工作,当前高清交互电视机顶盒拥有多个 CPU 核。所有的机顶盒硬件结构中,主要由相应功能模块实现调谐解调、解复用、解码、视音频编码以及用户控制接口等。有线、卫星、地面及网络机顶盒的构成主要区别在调制解调上,因为接收形式不同其结构上存在一些差异。

对于数字有线电视接收机顶盒,结合图 6-1(a),其工作原理如下:从同轴电缆来的 RF 射频信号经调谐、QAM 解调、A/D 转换及前向纠错后,再进行数据包的解复用,并将数据分为视频流、音频流和数据流。(1)视频流由 MPEG-2(或 AVS)视频解码器解码后,再交给 PAL 制编码器以得到相应格式的视频信号。在这过程中,可以叠加图形发生器产生的诸如选单之类的图形(图文、字幕等)信号。(2)音频流由 MPEG-2(或 AVS)解码后由音频 D/A 转化为模拟音频信号(原始视音频为模拟的),立体声输出。(3)数据流传递给 CPU,由 CPU 来做相应的处理,作为各种控制、附加信息等。CPU 还根据用户选择产生相应的消息数据,经调制后,由上行信道反馈给视频服务器。其中在传输流解复用后的 PCR 时钟控制下的视音频解码就是系统目标解码器结构。RF 输入接口连接到输入的调制信号,调谐器/解调器模块完成频道选择、解调制及误码校正。从调谐器/解调器模块输出的是 MPEG-2 传输流,该数据流馈送到解复用模块,在采用独立的通用 CA 模块时,传输流 TS 送到外部插入 CA 模块中实现 MPEG-2 解码(解压缩),最后将解码出的视音频信号按照接收机要求编码成相应制式的信号输出。

解调、解复用与解码是机顶盒的核心,整个机顶盒的工作模式由中央控制单元 CPU 来实现。对于当前有线电视机顶盒,要考虑到接入有线网的特点,其主要功能则是解压缩、解密收费、视音频解码和交互控制等。因此,其关键技术有:

(1)解复用与解压缩技术。对数据进行解复用后形成音频 PES 分组数据和视频 PES 分组数据,并将音频和视频数据直接送给 MPEG-2 或 AVS 解码器进行解码。一般地,主芯片解码后视频输出信号直接按照 PAL 制标准编码传送到显示端,音频输出还需 ADC。为实现解复用和解压缩,目前的系统大多采用专用的、较为成熟的芯片,包括国产的芯片,等等。

(2)下行数据解调与信道解码技术。针对不同接收形式(有线、卫星、地面)的接收机,其信道解调与解码有所区别,如卫星数字电视广播采用 RS 编码和卷积码进行信道编码,同时采用 QPSK 方式调制。有线数字电视广播由于信道质量好,只用 RS 编码作为信道编码,较少采用 TCM 卷积编码、LDPC 码,以减少接收端的复杂性,但采用某一形式的 16/32/64/128/256QAM 进行调制,在有线网络中传输数字电视及增值业务采用 QAM 调制方式,其中 64QAM 必选,其他调制为可选。因此,对于接收端的机顶盒来说,针对不同的信道须分别采用不同的(QAM、QPSK 或 OFDM)方式解调,如针对有线数字电视接收时,数字有线机顶盒必须完成 QAM 解调,卫星和地面机顶盒主要针对 QPSK 和 OFDM 的解调,其他方面相差不大。

(3)自动升级功能。机顶盒是一个以嵌入式软件为核心的硬件产品,很多业务的实现需要软件的支持,业务和内容增加到一定程度,机顶盒软件就需要进行升级,这和电脑、手机的软件升级相类似。在升级期间用户需要把机顶盒电源保持在接通状态,只要是在机顶盒电源接通的情况下,无论是正在收看电视,还是处于待机状态,机顶盒都会自动进行升级,无须人工操作,只需等待数分钟即可。

此外,机顶盒还有一个必需的开关稳压电源模块,整个机顶盒的功耗不大,其电源都是含多路输出(一般在 3.3~36V)的,既是机顶盒重要的组成部分,也是硬件故障经常发生的地方,值得维护者或用户关注。

6.2.2　机顶盒的操作系统与中间件

1. 机顶盒操作系统

机顶盒作为典型的数码产品,其工作是需要相应软件支持的,数字机顶盒的软件系统主要由嵌入式操作系统、硬件抽象层、软件抽象层以及应用程序组成。目前应用较多的嵌入式实时操作系统有 Windows CE、Linux、Android 以及我国自主知识产权的 TVOS、少量的阿里云系统等。这些操作系统各有所长,但都具有"支持多道程序设计,支持分时共享 CPU 资源,支持核心级多线程"等功能而在各类机顶盒中应用。目前 Linux 使用较多,也最为成熟。Linux 开发平台的优点,一是 Linux 源代码公开,有大量免费优秀开发工具和应用软件可用,无须为每例应用交纳许可证费;二是有庞大的开发群体,技术交流方便,软件开发和维护成本低;三是 Linux 本身稳定,内核精悍,运行所需资源少,有良好的网络功能,支持的硬件数量庞大。总之,性价比高是其最大特色。但是,这种系统适应低带宽能力存在一定的局限性,此外,Linux 操作系统因实时任务调度性能较差,主要用于网络机顶盒及多媒体家庭网关中,Android 操作系统具有较大发展空间。

目前国内网络电视机顶盒领域最常用的操作系统是 Android 和阿里云系统,以智能操作系统走在最前列,智能电视操作系统多数使用 Android,但更多厂商并不认为安卓为电视而生,因为它初期是面向手机而开发的。2013 年底,广电总局科技司组织召开"NGB 智能电视操作系统(TVOS)关键技术及原型系统研发"项目验收会,并同时发布了项目取得的重要成果,即 TVOS 1.0 软件。该软件具有层次化和开放的体系架构,涵盖了数字电视功能组件,支持可下载条件接收技术标准,可满足可管可控、安全可靠的技术要求,兼容继承了 NGB 终端中间件,采用开源的技术路线,以 TVM 虚拟机制兼容其他智能操作系统应用,体现了广播网和互联网的业务融合特点,可利用现有的应用资源,构建电视应用生态系统。2015 年年底推出 TVOS 2.0,这标志着由我国自主开发的 NGB 智能电视操作系统取得了实质性成就,TVOS 已进入正式应用。智能电视操作系统 TVOS 具有安全性高、开放性好、融合性强的特点:

(1)安全性高。采用了自主可控的安全内核和自主创新的条件接收技术,具有较完备的安全管控机制,可满足智能电视和广播电视网的安全管控需求。

(2)开放性好。继承优化了 Linux、Android 的优点,采用了开源的技术路线和层次化、开放式软件系统架构,有较好的扩展性,可以兼容其他智能操作系统的各类应用。

(3)融合性强。体现了广播电视网和互联网业务融合的特点,具有很强的数字电视业务支撑能力、完整的宽带网络协议和接口支撑能力，支持广电传统媒体和新兴媒体融合业务能力强。

　　我国智能电视操作系统 TVOS 软件的发布，将满足各地有线网络公司 NGB 数字电视终端的标准化及智能化的迫切需求，也为广电实现数字电视终端标准化、智能化奠定了坚实基础。随着 TVOS 1.0 软件在全国有线网络的普及应用，国内智能电视终端将逐步走向统一，从而将结束长期以来电视终端不统一、网络区域分割的局面。

　　TVOS 系统市场化后，将对电视机上的应用进行可管可控，该系统中，增加了信息安全模块，加强用户的信息安全保障。2014 年 7 月，国家新闻出版广电总局向各地区广播影视局下达通知，要求各地区有线电视网络公司在今后发布的智能电视盒子等终端中安装使用 TVOS 系统，且不得安装除 TVOS 外的其他操作系统。此举主要是为了统一系统标准、软件应用，便于相关部门对互联网电视内容方面的监管，而互联网电视盒子操作系统也有望率先统一，对强化网络信息安全，营造健康向上、传播正能量的网络电视环境是非常必要的。据国家新闻出版广电总局发布的通知显示，此次主要是为了推动广播电视终端标准化、智能化，因此大力开展智能电视操作系统 TVOS 规模应用试验；要求试验中，各有线电视网络公司所采购或集成研发和安装的智能电视机顶盒等终端，应安装使用 TVOS 系统，不得安装除 TVOS 外的其他操作系统。由于 TVOS 系统从底层进行了技术限制，使用户无法获取最高管理员权限，无法自行安装第三方软件，使得生产第三方电视盒子的企业纷纷由安卓系统转投 TVOS 系统。2015 年 8 月，国家新闻出版广电总局再次发布通知，决定扩大 TVOS 智能电视操作系统在有线运营商中的试点范围，明确指出以后各地有线运营商推出的 OTT 机顶盒等终端，只能安装和使用 TVOS，不得安装其他操作系统。

　　目前广科院正与相关单位在积极优化开发 TVOS 2.0 版本，进一步提升性能与功能扩展。读者若需深入了解进展情况，请浏览广电总局网站 www.abs.ac.cn。

　　机顶盒也是一个实时操作系统，能够实时负责操作本地资源和网络资源的管理，提供基本的操作功能和设备的访问控制，不过与 PC 操作系统不同，机顶盒中的操作系统只能在相对较小的内存空间中运行。在启动机顶盒时，由引导程序通过网络从中心控制系统下载，一般地，其引导程序功能包括：(1)系统自检。对系统部分硬件进行检测，如 DRAM 等。(2)系统设置。用户可通过遥控器对系统必要的参数进行设置，如基本频率、辅助频率、符号率、DTV 节目信息表等。(3)DTV 功能。用户在无点播服务的情况下，可看数字电视节目。(4)系统升级。通过判别系统或台标的名称和版本号，下载升级 FLASH ROM 中的系统或台标数据等。

　　2. 中间件

　　实际机顶盒的软件结构可以分成 3 个层次，即应用层、中间解释层和驱动层，其中中间解释层和驱动层就是交互电视中的中间件软件平台。机顶盒的软件层次结构中，各层软件各司其职，并通过接口函数调用来实现各层之间的功能交换，使整个系统软件具有良好的可操作性和可移植性。在机顶盒的软件体系中，以中间件最为重要。应用层或应用平台实现数字电视业务支持的应用，如电子节目指南、下载器、数据广播信息显示、电视购物、视频点播等。应用软件包括本机存储的应用和可下载的应用；中间件系统软件提供数字电视接收机通用性操作和基本功能，如对传输流内容的解释、通信协议的解释、音视频流的控制播放、应用程序管理、图形管理等；驱动层包括机顶盒硬件的驱动与应用程序接口，它主要用于完成对硬件设备的操作,主要包括解扰、解复用、解调制、音视频解码、CA、智能卡、TCP/IP 等模块。

　　机顶盒不仅要接收数字化传输的视音频节目,接收大量的数据,还要实现交互电视等功能,这就要求机顶盒具有一定的信息处理能力和网络通信能力。面对大量涌现的数据业务和交互业务,一个通用的软件平台是必需的。中间件是数字电视机顶盒的软件平台,为数字电视的应用提供运行环境和软件接口。中间件将上层的应用软件与依赖于硬件的底层软件(如操作系统)隔绝开来,使应用软件不依赖于具体的硬件平台。这样在同一电视网络中,不同硬件组成和设计架构的机顶盒均能使用,且不同软件公司可以基于同一编程接口开发应用程序在不同机顶盒上运行。因此,中间件技术可以使电视运营商大大降低机顶盒和应用软件的成本。数字电视中间件具有与硬件平台无关和模块化的标准部件特征,它是以应用程序接口(API)的形式存在,整个 API 集合被存储在机顶盒的闪存中,它可跨越技术、标准等复杂的内容,用简单的方法制定具有自己特色的应用软件,从而在提高开发效率、减少开发成本的同时能够跟上技术的发展,使应用的开发变得更加简捷,使产品的开放性和可移植性更强,图 6-2 所示的就是一般中间件的软件层次结构。

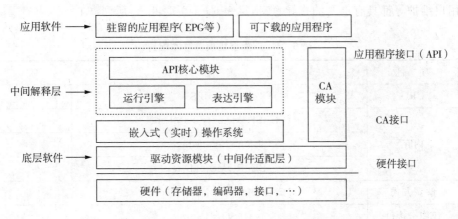

图 6-2　中间件的软件层次结构

　　数字电视系统中间件分为前端中间件(电子节目指南、新闻等)以及机顶盒中间件(增值业务及其互动电视等)。中间件平台的核心是应用(业务)下载与管理机制、业务编程接口规范和应用及其数据的传输协议。目前,构成中间件的软件多数是由 Java、Flash 和 Web 或html 技术实现,其中 Java 语言编写的具有层次化的核心模块构成,该语言具有可扩充性、可移植性、跨平台性能最佳等特点,提供一整套端到端的解决方案,实现中间件的内存管理、事件管理、数据下载管理、网络协议管理等功能,通过下载的方式向电视观众提供这些应用,具有中间件(虚拟机)的概念,所以目前用 Java 语言实现中间件的居多。中间件选择是决定增值业务、互动电视业务成败及其广电运营商的增收之关键,不同的中间件系统提供不同的接口。著名的中间件产品有:Canal ＋ 的 Media-highway(欧洲)、美国的 Microsoft TV、Liberate 和 OpenTV 等。国家广电总局 2012 年底颁布的《下一代广播电视(NGB)终端中间件技术规范》,是我国中间件行业标准。

　　【知识链接】在大数据、云计算以及物联网迅速发展的今天,数字电视智能家居首当其冲,其中间件必不可少。目前已有 ST、MSTAR、Amlogic 等多种芯片方案,并集成了

Irdeto、CONAX、NDS、永新视博、数码视讯、算通、天柏、华为、摩托罗拉等多种主流中间件，可满足不同客户多层次、个性化的方案需求。2014 年 7 月中国智能家居产业联盟推出"互联互通中间件技术标准 CSHIA-FC-GW-01"，以此规范智能家居的产业化。

6.3 机顶盒的主要技术参数与发展

6.3.1 机顶盒的主要技术参数

由于机顶盒只含几个重要的 IC 模块，如芯片、条件接收 CA 系统、中间件等，比生产电视接收机在技术上要简单许多，在各种投入上也相应地有所减少，因此市场上机顶盒品牌很多。其中有线数字电视机顶盒的应用最为广泛，其次是卫星机顶盒、网络机顶盒和地面接收机顶盒。客观上地面和卫星是有线的补充，尤其是在大力推进城镇化的今天。这里主要介绍几款具有代表性的有线数字电视机顶盒配置及其参数、功能要求，这些对电视运营商招标采购、用户维护等都具有重要的指导意义，见表 6-1 至表 6-4 所列。

表 6-1　广播型机顶盒基本配置

序号	项　目	内　容	备　注
1	CPU	≥200MIPS	
2	内存	FLASH Memory≥8Mbyte	
		SDRAM≥32Mbyte	
		EEPROM≥4kbyte	
3	解调方式	QAM(16、32、64、128、256)	
4	智能卡接口	ISO7816	
5	音频输出接口	左、右声道，立体声，RCA 型：600Ω 不平衡	RCA 接口 1 组以上
6	视频输出接口	复合 PAL 信号(CVBS)75Ω	
		模拟分量视频信号(Y、Pb、Pr)	
7	射频输入	接口类型为 F－型(英制)，阻抗 75Ω	
8	射频输出	具有 RF 环出输出口	支持下电环回
9	面板显示	能清晰显示 4 位数字，并能区别电视和音频广播节目等	
10	面板按键	上、下、左、右、Menu、确定、电源按键	
11	数据接口	RS－232 串口	DB9，支持 5V 或 12V 供电输出
12	电源线规格	长度大于等于 1.5 米，电源插头符合国家标准	
13	配件	A/V 线、英制 F－型电视射频连接线等	

表 6-2　增强型高清交互机顶盒

序　号	项　目	内　容	备　注
1	CPU	≥400MIPS	
2	内　存	FLASH Memory≥16Mbyte	
		DDR≥256Mbyte	
		EEPROM≥8kbyte	
3	解调方式	QAM(16、32、64、128、256)	
4	智能卡接口	ISO7816	
5	音频输出接口	左、右声道,立体声,RCA 型:600Ω 不平衡	RCA 接口 1 组以上
		数字音频输出:S/P DIF 光接口	
6	视频输出接口	复合 PAL 信号(CVBS)75Ω	高清 HDMI 接口 1 组及 RCA 接口 1 组以上,其他接口厂商自定
		模拟分量视频信号(Y、Pb、Pr)	
		HDMI 信号	
7	射频输入	接口类型为 F-型(英制),阻抗 75Ω	
8	射频输出	具有 RF 环出输出口	支持下电环回
9	面板显示	能清晰显示 4 位数字,并能区别电视和音频广播节目等	
10	面板按键	上、下、左、右、Menu、确定、电源按键	电源按键必须是冷启动键
11	数据接口	RS-232 串口	DB9,支持 5V 或 12V 供电输出
12	以太网	RJ-45 接口	1 个
13	电源线规格	长度大于等于 1.5 米,电源插头符合国家标准	
14	配件	A/V 线、英制 F-型电视射频连接线等	高清加配 HDMI 连接线
15	USB 接口	符合 USB 规范要求,支持电子相册、USB 转网口、USB 移动存储等功能	至少 1 个

表 6-3　基本功能要求

序　号	项　目	要　求	备　注
1	解码	标清和高清(高清机顶盒)数字电视节目接收、数字音频广播接收	
2	条件接收	接收 ECM 和 EMM 信息的具体参数要符合相关 CA 要求。支持机卡配对绑定功能,一机一卡,机顶盒能正确显示与条件接收相关各种提示信息	
		交互模式下机顶盒能正常接收并执行前端 CA 系统发送的各种指令	交互型

3	软件更新	支持空中软件更新,遵循统一 LOADER 升级规范	广 播 型、交 互 型 必备
		支持 USB 升级功能	交互型预留功能
4	视频输出格式	支持 PAL/NTSC 格式信号的自动识别和转换,不同分辨率自动调整为满屏显示。视频格式:4∶3、16∶9 可选	
		分辨率 1080i/720p	高清
5	频道切换	同频点之间节目切换时间小于等于 1.5 秒,不同频点之间节目切换时间小于等于 2 秒	
6	节目搜索	搜索默认服务类型为数字电视和数字音频广播;可按频率、调制方式、符号率手动搜索(有密码保护,以免用户误操作);可设定起始频率和终止频率全频搜索,搜索时显示搜索的有关信息(包括频点的频率、每个频点搜索到的节目数量及节目的总数量),并将电视和音频广播节目分别按 BAT 表、SDT 表的私有描述排序	
7	节目管理	提供喜好节目编辑功能	
8	遥控功能	具备全功能遥控操作;可单键调用频道列表、喜爱频道列表,单键切换电视/音频广播,单键调出当前正在播放节目和即将播放节目的描述信息	
9	显示界面	支持中文菜单(Unicode 解码),具有一、二级完整字库。菜单界面符合广播型和增强交互型机顶盒界面规范	
10	声道设置	支持单声道、双声道、立体声音频输出。支持节目播放时对声音进行控制,包括增减音量、声道切换和静音。在静音状态下按音量增减即退出静音状态	
11	音量分级	≥32 级,符合人耳的听觉模型	
12	频道列表	具备频道列表自动更新功能,具体实现方式符合运营商提供的《机顶盒频道列表更新要求》	
13	电子节目指南	支持基本 EPG 应用,符合运营商提供的《机顶盒基本 EPG 应用功能要求》	
14	BAT 分类	根据前端所发的业务群进行灵活的显示(增加、减少或更改业务群时,机顶盒自动更新后显示为前端对应的业务群:包括业务群名称和业务群下面的业务)	
15	数据广播	支持数据广播,集成 iPanel 2.0(含)以上浏览器	
16	屏幕保护	在正常收视过程中,若发生射频(RF)信号突然丢失、前端的视、音频信号中断、前端 TS 流中断的任一种情况,机顶盒的输出画面应在 2 秒内变为黑场并显示信号中断提示,不得停留在丢失信号前的最后一帧画面上	

（续表）

17	当前节目相关参数显示	显示日期、时间、频道号、节目名称、节目进度、调制频率、符号率、调制方式、声道状态、锁定状态、信号相对强度和质量等	
18	未授权隐藏	未授权节目自动隐藏功能	
19	系统相关信息显示	机顶盒号、智能卡号、软件版本、硬件版本、LOADER 版本；支持功能信息进度条显示	
20	电视邮件、OSD	收到新邮件（或有未阅读邮件）邮件提示图标直接挂角显示，需用户确认邮件后邮件提示图标消失（未确认前与机顶盒开关机无关）；接收、显示 OSD 信息，如用户未干预，OSD 信息在开机状态下一直显示；接收邮件、OSD 信息自动保存（存储容量≥100 条，每条最大 256 Byte）	
21	出厂默认设置	节目列表为空；声道默认设置为左声道	
22	字幕	支持字幕应用	预留
23	马赛克	支持马赛克视频导航	预留
24	网络接口	RJ45 接口，10/100M 自适应。能够手动设置接口工作模式（单工、全双工）、速率（10M、100M）	交互型适用
25	网络协议	支持 IPv4 支持 TCP/IP，DHCP，DNS，可通过以太网口浏览网络 支持流媒体协议：RTP/RTCP/RTSP/SDP	交互型适用
26	IP 地址获取方法	A. 机顶盒启动时，自动获取 IP 地址 B. 机顶盒在启动双向业务的时候，获取 IP 地址 C. 机顶盒在退出双向业务的时候，不释放 IP 地址 D. 机顶盒获得 IP 地址后，再进双向业务，不再重复获取 IP 地址 E. 机顶盒关机或待机，释放 IP 地址	交互型适用
27	增强交互功能	满足增强交互业务功能要求，通过认证测试，提供认证测试报告	交互型适用
28	机顶盒信息提示显示	A. 射频信号没有、RF 线没连好，提示"无信号，请联系运营商电话……" B. 射频信号强度不够导致电视屏幕无信号（或马赛克现象），提示"信号强度不够" C. 机卡没插好正确、没卡，提示"请检查智能卡" D. 机卡没有配对，提示"机卡未绑定" E. 节目到期或没有订购节目，提示"节目没有授权" F. 以上 5 条必须统一，其他信息由生产商自己定义	信息提示本着方便用户和维护人员沟通、及时处理问题的原则

表 6-4　性能参数要求

序号	项目			单位	技术要求
1	视频		解码方式	广播型	ISO/IEC 13818-2 MPEG-2 MP@ML(SD)
			解码方式	增强交互型	ISO/IEC 13818-2MPEG-2 MP@ML(SD)/MP@HL(HD) ISO/IEC 14496-2 MPEG4 ASP ISO/IEC14496-10AVC/H.264 HP@L4.1
2	参数要求		视频输出制式	—	PAL/NTSC 自动
			视频输出格式	—	4：3,16：9
3			最高视频码率	Mb/s	15(SD)/30(HD)
4			图像分辨率	标清	720×576(最大;随发端信号可调)
5		音频	图像分辨率	高清	1080i/720p/576p/480p/480i
			音频解码方式	标清	符合 GB/T 17975.3—2002 和 GB/T 17191.3—1997 的第 1 层和第 2 层格式。环绕声可选。
			音频解码方式	高清	符合 GB/T 17975.3—2002 和 GB/T 17191.3—1997 的第 1 层和第 2 层格式。环绕声可选。ISO/IEC 13818-3 13818-7 14496-3 MPEG-1 Layer I and II、MP3、MPEG-2 and MPEG-4 AAC
6			音频工作方式	—	单声道、双声道、立体声
7			音频取样率	kHz	32、44.1、48
8		信道编码	RS 编码	—	RS(204,188)
9			卷积交织深度	—	I=12
10			升余弦平方根滤波滚降系数	—	0.15

（续表）

11		射频接收机工作频率范围	MHz	110~862	
12		最小接收信号电平 dBμV	dBμV	≤40(64QAM)	符号率为 6.875 Mbaud
				≤44(256QAM)	
13		最大接收信号电平	dBμV	≥80(解调方式为 64QAM、256QAM 符号率为 6.875 Mbaud)	
14		射频接收信号符号率	Mbaud	3.6~6.952	
15		输入阻抗	Ω	75	
16		频道带宽	MHz	8	
17	射频接收信号与解调性能要求	C/N 门限	dB	≤26(64QAM)	测量电平为 60dBμV 符号率为 6.875 Mbaud
				≤33(256QAM)	
18		频率捕捉范围	kHz	±150	
19		输入反射损耗	dB	≥8	
20		解调方式	—	16,32,64,128,256 QAM	
21		本振泄漏	dBμV	≤43	
22		PCR 抖动适应能力	Ns	≥500,≤−500	
23		I、Q 幅度不平衡解调能力	%	≥10	
24		I、Q 相位差解调能力	度	≥5	
25		节目转换时间	s	≤1.5s(同频点)	
				≤2s(不同频点)	
26		开机时间	s	≤10(开机后看到任一电视画面)	
27		多节目支持能力	—	至少支持 200 套数字电视节目	
28 29		音频电平控制/记忆	—	能记忆并保存不同节目的音频电平的设置和调整	
		抗脉冲干扰能力	Ms	≥25(10Hz 重复频率)	
30		抗同频单频干扰抑制比	dB	≤27(64QAM)	
				≤40(256QAM)	

（续表）

31	模拟复合视频输出	视频输出幅度	mV_{p-p}	700 ± 30
32		视频同步幅度	mV_{p-p}	300 ± 20
33		带外干扰抑制比	dB	$\leqslant -35$
34		视频幅频特性	dB	$\pm0.8(\leqslant 4.8MHz)$ $\pm1(4.8\sim 5MHz)$ $+0.5/-4(5.5MHz)$
35		微分增益	%	$\leqslant 8$
36		微分相位	°	$\leqslant 8$
37		视频信杂比(加权)	dB	$\geqslant 56$
38		亮度非线性	%	±8
39		色度/亮度增益差	%	±5
40		色度/亮度时延差	Ns	$\leqslant 50$
41		K系数	%	$\leqslant 4$
42	音频输出	音频输出电平	dBuV	$\geqslant -8$
43		音频失真度	%	$\leqslant 1.5(60\sim 18000Hz)$
44		音频幅频特性	dB	$+1/-2(60\sim 18000Hz)$ $+1/-3（20\sim 20000Hz）$
45		音频信噪比(不加权)	dB	$\geqslant 70$
46		音频左右声道串扰	dB	$\leqslant -70$
47		音频左右声道相位差	°	$\leqslant 5（60\sim 18000Hz）$
48		音频左右声道电平差	dB	$\leqslant 0.5（60\sim 18000Hz）$
49	视频和音频同步要求		Ms	$+20\sim -60ms$
50	传输流误码率		—	$\leqslant 1.0\times 10^{-11}$(解调方式64QAM,符号率=6.952Mpbs;接收机输入电平=70 $dB\mu V$)
51	使用环境和安全性	供电	—	$150\sim 240V,（50\pm2)Hz$
52		工作温度	℃	$-10\sim 40$
53		功耗	工作	W	$\leqslant 15$
54			待机		<5(原则上实现真待机)
55		绝缘电阻	MΩ	$\geqslant 2$(直流电压500V)
56		抗电强度	—	2120V(交流峰值),1min 不击穿
57		电磁辐射干扰值	W	$\leqslant 1\times 10^{-10}$ W
58	输出图像主观评价		等级	$\geqslant 4$ 级
59	安全质量要求			通过国家强制性产品认证

注:最小/最大接收电平指数字信号的平均功率电平。不管是何种形式的机顶盒,各地运营商在集中招标采购时,以上参数必不可少,区别在少数参数大小上。

6.3.2　机顶盒的主要品牌及发展

国内市场上能够实现标清、高清、高清交互接收的机顶盒品牌众多,机顶盒是个模块化的硬件结构与层次化的软件结构,表 6-5 列出了目前主要的构件供应商和品牌。

表 6-5　国内机顶盒芯片、CA、中间件主要供应商以及机顶盒的主要制造商

机顶盒芯片供应商	CA 供应商	中间件供应商	机顶盒主要品牌
ST、IBM、LSI、Philips、Fujitsu、NEC、Conexant、冶天科技(ATI)、三星电子、北京海尔集成电路设计有限公司、杭州国芯、德州仪器	数码视讯、天柏算通、永新视博、中视联、山东泰信、NDS、Conax、Irdeto、Viaccess、Motorola、Nagravision	数码视讯、天柏集团、永新视博、OpenTV、Alticast、上海高清、深圳茁壮、NDS、Canal+、Microsoft、Liberate	创维、九洲、天柏、银河、长虹、同洲、华为、国微、TCL、海信、海尔、天猫、熊猫、上海全景、思科、深圳赛格、深圳迈威、深圳万利达、清华同方、浪潮电子、杭州数源、康佳、中兴通讯、厦新、高斯贝尔、金泰克电子、北京加维 PBI、环网

从长远看,机顶盒最终要与平板显示器融为一体,构成真正的全数字电视接收一体机。一体机内置数字高频头、数字芯片,可以将数字信号电视节目的接收、解码与显示融为一体,彻底抛弃传统的机顶盒,直接接收、还原和解码数字视音频信号,数字一体机放在家里也更美观、更节省。但鉴于目前各地运营商的利益考量以及数字电视应用的有序推进,机顶盒功能完全过渡到电视机内部,还有一个过程,因此它还有一段如下路程:

(1)多核、兼容多标准的(MPEG-2/4、H.264/H.265、AVS+)多解码机顶盒是机顶盒的发展方向之一。如在一个机顶盒中采用双解码芯片或在一个芯片中嵌入两个以上的解码电路,并配以两个解调器,进而使一个机顶盒输出两路不同的节目。由于多核可以容易实现并行运算,很方便高清实时交互,而机顶盒的成本增加很少,一般地,人们很难同时欣赏几个节目,但可同时下载若干个节目,加上硬盘就构成了视频录制器,实现时移电视、点播等个性化的需求。8 核 CPU、8G 存储的网络机顶盒已经在市场上十分流行。

(2)高清交互机顶盒为主流发展方向。具有下载功能,在高清机顶盒里面预留足够的硬盘空间也可存储到网络云端,可以为以后拓展业务空间做准备,例如 USB,方便手机、U 盘等数码产品接入来扩展各种应用。目前有的机顶盒已经备有光纤接口,便于高清实时视频播放,基本型机顶盒肯定是要淘汰的。

(3)支持多屏互动智能机顶盒,也是其中发展方向之一。比如,基于 Android 操作系统的智能小米机顶盒具备 HDMI 高清输出和 AV 复合视频输出功能,支持无线和有线网络接入,兼容 AirPlay 与 DLNA 等协议,这意味着无论拿着 iPhone、iPad 或者小米手机及其他智能手机的人,都能通过小米机顶盒玩智能电视,内容来自国内相关视频网站,可以在电视机上分享手机上的视频,或者通过遥控器在电视显示器上实现"抢红包"游戏,大家都能看到,别有风味。

总之,高清、交互、智能化是机顶盒的发展方向。

6.4　电视接收中的电子节目指南

6.4.1　电子节目指南及其一般表现

电子节目指南(Electronic Program Guide,EPG)是机顶盒上的一种应用程序,通过电视屏幕为用户提供由文字、图形和图像组成的人机交互界面,负责电视节目和各种增值业务的一个良好的导航机制。用户如同浏览"节目超市",能够快捷地找到自己关心的节目,查看节目的附加信息或其他感兴趣的信息。EPG 相当于电视报的作用,是数字电视提供给用户最直接的交互性感受,也是模拟电视望尘莫及的。EPG 一般具备以下功能:

(1)节目单——以"频道-时间"方式提供一段时间内的所有电视信息。

(2)当前节目播放——从节目单中选择当前的节目进行播放。

(3)节目附加信息——给出节目的附加信息,如节目情节介绍等,一般由运营商提供。

(4)节目分类编辑——根据收视者兴趣,将平时最喜欢看的一些频道,收录到"喜爱"栏目下便于直接收看;也可以删除一些几乎不看的频道,譬如许多专门的广告频道、看不到的付费频道等;也还可以对原节目顺序进行重新排序,等等。

(5)节目预订——在节目单上预约一段时间之后,预订的节目届时自动播放。

(6)支持 NVOD、VOD 准视频点播以及电影频道点播等。

(7)网页浏览、信息获取——提供当地或其他要地的新闻、购物、旅游、导医、交通、用工、气象、政务等信息浏览。

(9)成人分级控制、特色频道设置,等等。

不同的运营商采用的机顶盒,其界面及 EPG 各有千秋,但共同的是,机顶盒提供背景层、图像层、视频层和图形层,通常也可简单地分为背景层、视频层和在屏显示层三层。其中最上层的背景层是存储在机顶盒内的一个菜单选择界面,它是由装载器的控制软件生成的用户操作界面,机顶盒出厂前已确定,便于人机交互进行下一步操作,各种机顶盒的菜单界面也不尽相同。第二层是视频层,就是通过解码恢复的视频画面。第三层就是 OSD 层,主要用作 EPG 界面,第二层和第三层须由信号决定。在屏显示的功能主要是在已有的屏幕,待显示图像或数据上叠加一些事先定制好的显示内容,如菜单、图符、开机画面等。机顶盒第一次的收视过程一般是先背景层,后 EPG 层再到视频层。EPG 界面是叠加在电视画面上的图文层,是由许多 EPG 图形元素叠加而成,实际上解码出的业务信息构成,可实现 EPG 的基本功能。利用 EPG 界面,用户就能找到需要的 EPG 信息。多数机顶盒的主菜单是"节目指南、节目管理、增值服务或信息资讯、系统设置"等方面的内容,在主菜单中选择节目指南后,再按确认键即可,也直接在遥控器上按"EPG"键。目前我国存在的各种形式的机顶盒,其主菜单界面、EPG 界面形式可谓五花八门,这些是软件开发商结合当地电视运营商的需求而设计的。马赛克视频导航是将屏幕分成若干个小区域,每个小区域显示各个频道数字电视节目的动态马赛克图像,用户只要通过遥控器上的移动箭头,选择想要收看的节目。马赛克视频导航较文字导航的 EPG 信息更具人性化,特别实用。图 6-3 所示的就是几种数字电视机顶盒的 EPG 窗口或主菜单形式,全国各地的 EPG 窗口形式可谓"五花八门""千姿百态"。

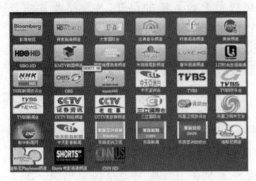

（a）马赛克视频导航

（b）合肥（巢湖）有线数字电视主菜单

（c）合肥（巢湖）网络电视EPG

（d）南京有线电视EPG

图 6-3　数字电视机顶盒的 EPG 窗口形式

若要收看某一视频,按确认键即可恢复全屏。事实上,任意机顶盒的 EPG 只是主菜单中的一项功能。借助主菜单,可以很方便地收视节目以及获得大量的资讯(如气象、经济、新闻、购物、交通、旅游等增值业务信息),并可进行喜爱节目设置、加锁等。通过 EPG 界面,至少可以浏览到当前节目正在播放的及前已播放的,或后将要播放的相关信息(节目名、时间等),也还可以看到其他频道的相关信息,等等。有的 EPG 系统还可为用户提供节目简介、节目分类、节目价格、节目预定等附加信息,所有这些信息都是由发端的若干附加信息构成的,并与正常的视音频信号复用在一起传送的。

6.4.2　电子节目指南相关的表格特点

MPEG-2 中专门定义了特定节目信息(PSI),其作用是自动设置和引导解码器进行解码,在 TS 流中找到需要的码流,即 PSI 是从 TS 流中读取某一节目的寻址系统。为了保证 PSI 信息的正确传输,发送端针对 PSI 信息,增加了 32 位 CRC 校验码。PSI 信息由 4 种类型表组成(每类表按段或按节映射到 TS 流中传输):

(1)节目关联表(PAT)。针对复用的每一路业务,PAT 提供了相应的节目映射表(PMT)的位置及其相应 PMT 的包识别符(PID)的值,同时还提供网络信息表(NIT)的位置。PAT 是各个表的根,解码器查找信息时必须从 PAT 开始。

(2)条件接收表(CAT)。该表提供了在复用流中条件接收系统的有关信息,这些信息属于专用数据,并依赖于条件接收系统。当有授权管理信息(EMM)时,它还包括 EMM 流的位置。CAT 通过一个或多个 CA 描述符提供一个或多个 CA 系统与它们的 EMM 及其特有参数间的联系。

(3)节目映射表(PMT)。该表标识并指示了组成每路业务流的位置,及每路业务的节目时钟参考(PCR)字段的位置。即 PMT 说明一个节目流有多少种码流及各自的 PID。CA 描述符也可以出现在 PMT 中,表示此时的节目是加密的。

(4)网络信息表(NIT)。节目搜索时根据 NIT 接收到的数据(中心频率、调制方式等)在各个频点内进行搜索,将搜索到的节目存放在节目列表中。在 SI 标准中规定,original-network-id 和 transport-stream-id 两个标示符(也称两个域)相结合唯一确定网络的 TS 流。各网络被分配独立的 network-id 值作为网络的唯一识别码。当 NIT 表在生成 TS 流的网络上传输时,network-id 和 original-network-id。除现行网络外,也可以为其他网络传输 NIT 信息,此时须使用 table-id 标示符来区别。这种情况在卫星网络上是司空见惯。NIT 表是构成 EPG 重要的表之一。

GY/Z 174—2001 定义的 NIT 表的位置符合 GB/T 17975.1—2000 规范,但数据格式已超出了 GB/T 17975.1—2000 的范围,这是为了提供更多的有关物理网络的信息。GY/Z 174—2001 标准中还定义了网络信息表的语法及语义。PSI 信息中各表格的相互关系如图 6-4 所示(每 188 字节即为一个传输包)。

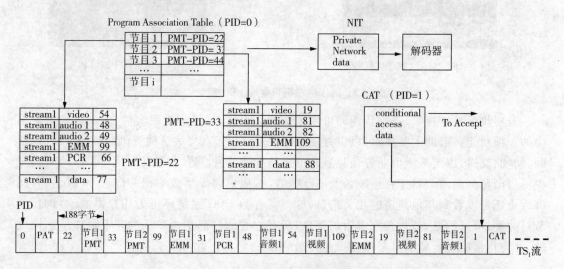

图 6-4　PSI 信息中各表格相互关系及传输流(TS₁)的形成

PSI 中的 PAT、CAT、PMT 只提供了它所在现行复用流的信息,PSI 不能提供有关业务和事件(或节目)的识别信息,为此对 PSI 扩展,提供了不同信息种类的多种表格,即业务信息表(SI)。业务信息提供了其他复用流中的业务和事件信息,由以下 9 个表组成:

(1)业务群关联表(BAT)。该表提供了业务群相关的信息,给出了业务群的名称以及每个业务群中的业务列表。该表的鲜明特点是可跨越不同的网络,将一组业务的集会,且在逻辑上把各种业务按类别组织起来。其 BAT 的 PID 值为 0×0011 的 TS 包传送。

(2)业务描述表(SDT)。该表描述系统中业务的数据,例如业务名称、业务类型、业务提供者等,可以描述现行流即当前流(SDT-actual)或其他传送流(SDT-other),用 table-id 来区分。其 SDT 的 PID 值为 0×0011 的 TS 包传送。SDT 承上启下,连接 NIT 和 EIT。SDT 表是构成 EPG 重要的表之一。

(3)事件信息表(EIT)。按时间顺序提供每一个业务所包含的事件的信息,同时 EIT 也包含了与事件相关的数据,例如事件名称、起始时间、持续时间等。按照 table-id 的不同,存在 4 种形式的 EIT:现行传输流中的当前/后续事件信息,其他传输流中的当前/后续事件信息,现行传输流中的事件时间表信息。其他传输流中的事件时间表信息,不同信息表再由 table-id 来区别。其中现行传输流中的所有 EIT 子表中,其 original-network-id 和 transport-stream-id 都是相同的。EIT 中包含一周节目列表和当前/下一个两方面的内容,即 EIT 包含虚拟频道定义的事件信息,是提供"电视报"的主要信息。在 PSI/SI 的信息构成中,多数情况下 EIT 的数据量占业务信息总量的 60% 以上,鉴于它的特殊性,在诸多业务信息中只有 EIT 才有可能被加密。EIT 表的 PID 为 0×0012,作为负载在 TS 包中传送。

(4)运行状态表(RST)。该表给出了事件的状态(运行/非运行),运行状态表更新这些信息,允许自动适时切换事件,其 PID 为 0×0013 的 TS 包传送。

(5)时间和日期表(TDT)。该表给出与当前的时间和日期相关的信息,由于这些信息频繁更新,所以需要使用一个单独的表,其 PID 为 0×0014 的 TS 包传送。

(6)时间偏移表(TOT)。给出了与当前的时间、日期和本地时间偏移相关的信息,由于时间信息频繁更新,所以需要使用一个单独的表,其 PID 为 0×0014 的 TS 包传送。

(7)填充表(ST)。用于使现有的段无效,例如在一个传输系统的边界,其 PID 为 0×0014 的 TS 包传送;TDT、TOT 和 ST 表分别有各自的 table-id 区别。

(8)选择信息表(SIT)。仅用于码流片段中,如记录的一段码流,它包含了描述该码流片段的业务信息的概要数据。

(9)间断信息表(DIT)。仅用于码流片段如记录的一段码流中,它将插入码流片段业务信息间断的地方,当应用这些标识符时,允许灵活地组织这些表,并允许将来兼容性扩展。

EPG 的上述功能所需要的全部信息,都必须通过业务信息(SI)来获取,即 SI 是作为 EPG 的载体来传递信息的。

PSI/SI 由多种类型的表组成,每个表都被分成若干个段或节,然后在复用器中按一定的规则插入固定长度的 TS 包中,段的长度是可变的,除了基本信息表(EIT)外,每个表中的段限长为 1024 字节(EIT 中的段长为 4096 字节)。段是一种用来把所有的 MPEG-2 表(如 PSI 表)和文件中规定的 SI 表映射成 TS 包的语法结构。除了携带时间信息 EIT 外,所有的 PSI/SI 都不能加扰,以免影响解码器的工作。

段是 MPEG-2 的语法定义,其主要元素有:表标识(用于表明段属于哪个表)、段长度、段序号(表明本段属于某一表中的什么位置,以便于在解码端恢复整个表)、最后段序号(指出最后一个段的序号,即指出表中段的总数目)、版本号等。分段直接映射到 TS 流分组,即不先映射到 PES 分组(尽管也有这样),因为 TS 流分组有效负载数据中的第一个分段的开始是由指针域指出的,而段的开始点由开始指针指出,一个 TS 包中可以有多个段,段间没有间隙,下一个段的开始由上一段的长度指示,不再设开始指针。当一个段结束后不再放其他段时,所剩的空载部分用填充字节 0×ff 填充。一旦一个分段的末尾出现字节 0×ff,该传输流分组的剩余字节都被 0×ff 填充,从而允许解码器丢弃这个剩余部分。另外,在 MPEG-2 描述器中有一个公共的格式——{标志、长度、数据},其描述器可以提供有关视频流、音频流、采用的语言、层次、系统时钟、显示参数、码率等方面的信息,这些信息对系统的运行、配置和参数设定有重要的作用。比如,在 PMT 中的 CA 描述器用于提供节目元素的 ECM 数据的位置,即相应 ECM 的 PID 值,而在 CAT 中的 CA 描述器则用于提供 EMM

的信息。

6.4.3　电子节目指南技术的实现

EPG 的主要任务是将各种文字信息转换为 TS 流,让机顶盒能够按照标准解析出相应信息。MPEG 所指的节目,是有共同时间基准并有相同的节目号的元素集合,但同一个时间基准的码流有可能对应一个或多个节目号。通常一个节目对应一个码流,在传输中将这些数据包进行复用,形成传送流 TS,在 TS 流中如果没有引导信息,数字电视的终端设备将无法找到需要的码流,所以在 MPEG - 2 中,专门定义了一个专用节目信息(PSI),其作用是自动配置和引导接收机进行解码的信息。PSI 信息在复用时通过复用器插入 TS 流中,并用特定的包识别符 PID 进行标识,具有同一节目号的视频或音频包经复用后得到复原的 PES 包并送往相应的视频或音频解码器进行解码。

有关 PID 信息(整数值、位置固定、解多路复用的机制、区别载荷信息的不同类型)及各 PID 之间的关系包含在 PSI 中。PSI 数据提供了使接收机能够自动配置的信息,它包括有关视频、音频、数据的 PID 的规定,以及有关节目 PID 之间的关系,用于对复用流中的不同节目流进行解复用和解码。PSI 指定了如何从一个携带多个节目的传送流中正确找到特定的节目。当接收机要接收某一个特定节目时,它首先从节目关联表(PAT)中取得这个节目的节目映射表(PMT),从 PMT 中获得构成这个节目的基本码流的 PID 值,再根据 PID 滤出相应的视频、音频和数据等基本码流,解码后复原为原始信号,同时删除其他 PID 的传送包(参阅图 4 - 3,SI 中的 PID 作用参阅表 4 - 1)。

EPG 由基本信息和扩展信息组成,SI 是面向用户应用的基于 PSI 的扩展,以 PSI 为基础的。在功能上,PSI 信息表一般是必须传输的,而 SI 中的各表信息只有 SDT、EIT 和 TDT 是必须传输的,是形成 EPG 重要的 3 个表,其他表根据需要传送。

综上所述,SI 信息主要提供整个数字电视机顶盒的设置信息,而不像 PSI 那样提供 MPEG - 2 的解码信息,从而使数字电视机顶盒自动调谐接收特定的节目,并可对节目进行分组。SI 中传送的信息,包括节目的种类、时间和来源等,主要包含在 4 个基本表和一系列可选送的表中。此外,在应用中,PSI/SI 为生成 EPG 提供了需要的所有节目信息,包括解码器需要的基本音视频流的参数(从 PSI 得到),节目描述的附加信息内容介绍、节目导航等高级信息(从 SI 得到)等,共同完成了在数字电视应用中非常重要的信息提供功能。SI 一般在复用器合成 TS 流时插入,有 3 种插入方式:

(1)将各表数据通过复用器厂家提供的应用软件接口由复用器插入节目码流中;

(2)将各表数据按 MPEG - 2 标准打包,通过码流播出卡输出,再将之送入复用器的异步串行接口与节目码流复用;

(3)通过条件接收加扰器提供的接口插入,因此可通过局域网将数据表送入加扰器,由加扰器向码流中插入。

如上所言,由于在 MPEG - 2 中定义的 PSI,是对单一码流的描述,PSI 数据提供了能够使接收机自动配制的信息,用于对复用流中的不同节目流进行解复用和解码,最终还原 MPEG 编码的节目。但系统通常存在多个码流,为了使使用者能从多码流中快速找到所需的业务,在 MPEG - 2 中的 PSI 进行了扩充,即在 PSI 的 4 个表基础上再增加 9 个表,形成业务信息(SI)。此 SI 是对整个系统所有码流的描述,描述系统传输内容、广播数据流的编排和时间表等的数据,它包括 PSI 信息。可见,如果没有 SI 分类管理,整个码流就如同一盘散沙。

鉴于 SI 的特殊作用,在数字电视广播系统中,为了使随机接收的接收机能及时获得业务信息,即使 SI 信息的结构没有发生变化,也应对 SI 段重复传输多次。因为解码器需要 PSI 中的信息来识别传送流的内容以开始解码。MPEG-2 系统标准对 PSI 的重复率没作要求,但是 SI 标准规定,在传输码率 100Mbps 的系统中,对于标有同一个 PID、table-id 及 table-id-extension 值的业务信息段,其发送的最小时间间隔为 25ms。基于重复传送 SI 段会引起数据流的比特率增加,如果节目相对静态,可将 SI 信息存在解码器中,以加快随机访问,不必等待重传。我国制定的《数字电视广播业务信息规范》中规定:EPG 的基本信息必须通过 SI 传送,以保证数字电视终端设备获取 EPG 基本信息时的兼容性。

在我国,EPG 设计依据国家标准 GY/T 230—2008,该标准中对 EPG 信息 PID 和描述子作了详细规定和描述。目前,CCTV 旗下的中数科技是国内最大的专业 EPG 服务商,每周向全国近百家数字电视运营商提供一百多个国内外电视频道的 EPG 信息。

6.4.4　业务信息中的描述符

描述符是表的基本元素,在 PSI 和 SI 的表中,可以灵活地插入这些相应的描述符,进一步提供更多的信息,而这些信息对系统正常运行、接收机的配置和参数设定起到了非常重要的作用。显然,PSI 和 SI 信息的生成和复用是节目复用的一个重要功能,因为没有这些表格和描述符,传输流中的各个 PID 就是一盘散沙,机械盲目地把各个 PID 转发在一个传输流里是没有实际意义。在业务信息中,除了上述的各种表以外,还定义了许多描述符或描述子,这些描述符提供有关视频流、音频流、语言、层次、系统时钟和码率等方面的诸多信息。此外,在业务信息中,除了上述的各种表以外,还包含许多描述符或描述子,它们提供了有关视频流、音频流、语言、层次、系统时钟和码率等方面的诸多信息。常见的描述符有以下几种。

1. 组件描述符

组件(Component)是构成事件的基本单元,组件描述符用于标识组件流如视频、音频或数据的类型,以及对基本流的描述。组件描述符中主要包含流内容和组件类型等参数,其中"流内容"由 4 比特位表示,指出了码流的类型。例如,当该值为 1 时表示该码流为视频;为 2 时表示该码流为音频;为 3 时表示该码流为数据。"组件类型"由 8 比特位表示,给出视频、音频或数据组件的类型。例如,当该值为 0～8 时,表示该组件是普通清晰度电视;而当该值为 9～16 时,表示该组件是高清晰度电视的视频流,等等。

2. 内容描述符

内容描述符的目的是为事件提供清楚的信息描述,主要包括:

(1) 一级节目内容分类。它由 4 比特位表示,给出了节目内容的大致分类,依次为新闻时事、电影/电视剧/戏剧、表演/游戏、体育、少儿节目、音乐/舞蹈、文化艺术、社会/政治/经济、教育/科学/专题、休闲/业余爱好等大类。

(2) 二级节目内容分类。它由 4 比特位表示,给出了每个大类中的小类。比如大类中的"体育"有体育杂志、足球/篮球/排球/乒乓球、田径等小类。

描述符是构成 SI 信息 EPG 不可或缺的重要组成,也是形成 EPG 所必需的信息。一个利用 SI 信息生成 EPG 的方案如图 6-5 所示。还可定义符合 MPEG-2 格式的私有描述子。

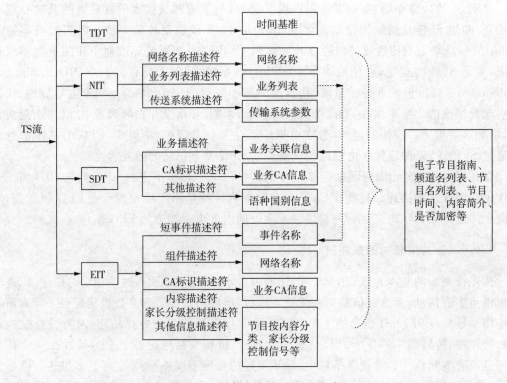

图 6-5　SI 信息生成 EPG 的方案

6.4.5　EPG 及其在机顶盒中的实现

机顶盒中业务信息 SI 的实现过程，其流程如下：

（1）机顶盒根据 PAT 表中 PID 为 0×0000，从码流中滤出 PAT，在数字电视接收中，SI 表组织流程示意图，如图 6-6 所示。

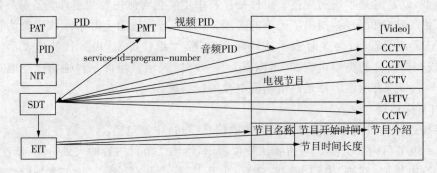

图 6-6　SI 表组织流程示意图

（2）节目列表。从 PAT 中获得包含 PMT 和 NIT 的 TS 包的 PID 信息，从而滤出 PMT 和 NIT。机顶盒根据 NIT 提供的网络信息实现自动搜索节目所在频点的功能，根据 PMT 中给出的音视频包的 PID 滤出音视频包，进行解码获得电视节目的音视频，使用户可以观看电视节目;同时,机顶盒根据 SDT 的 PID 为 0×0011 可以获得 SDT,通过 SDT 中提供的业务信息可以获得业务(电视频道)的信息如业务名称,同时可以获得业务的提供者信息,而 SDT 中 service-id 和 PMT 中的 program-number 相同,这样可以使播放的节目和业务名称关联起来,实现通过业务名称进行选择观看节目内容功能。

(3) 机顶盒根据 EIT 的 PID 为 0×0012 可以滤出 EIT,EIT 中可以获得节目名称、节目开始时间、节目长度、节目简介、节目扩展描述、节目分类、家长分级控制等信息,可以实现根据内容选台、节目分类选台、节目介绍、家长分级(即成人等级分类)控制、节目观看预订等 EPG 功能。

(4) 当前/下一个事件信息。有关事件的全部信息都包含在 EIT 表中。EIT 有两种,一种用来传输当前/下一个事件的信息,一种用来传输将来事件的信息。每个业务有单独的 EIT 表,对于每个业务,分别使用两个 EIT 段来描述当前事件和下一个事件,段号为 0×00 的 EIT 表用来描述当前事件的信息,段号为 0×01 的 EIT 表用来描述下一个事件的有关信息。有关当前和下一个事件的信息包括当前事件的名称、开始与结束时间、下一个事件的名称和开始结束时间,这些信息可以和服务列表一起显示,也可以单独显示。除此以外,有关事件的信息还包括描述信息、成人控制级别等。

(5) 事件时间表信息。为了传送多天的时间表,DVB 标准定义了时间表 EIT 的构造方式,这种方式不仅可以使前端容易地按照时间构造时间表 EIT,而且可以使机顶盒方便地获取所需要的信息。时间表 EIT 具有 32 个 table-id,0×50~0×5F 分配给当前传输流的事件,0×60~0×6F 给其他传输流的事件,table-id 按时间顺序排列。每个 EIT 表分为 256 个段(section),每 8 个段组织为一个节(segment),每个表包含 32 个 segment。segment♯0 包含 section0~7,segment♯1 包含 section8~15,依此类推。每个 segment 至少包含 3 小时时间段内开始的所有事件的信息,每个事件的描述信息在 segment 里按时间进行排序。segment 中的事件位置由相对于 UTC+0 时刻的当地时间来确定,由于我国位于 UTC+8 时区,UTC+0 时刻是我国的上午 8 时,这个时间是我们定位各个事件的基准。

6.5　数字电视条件接收技术

6.5.1　CA 系统的构成与原理

有条件接收(Conditional Access),就是通常所说的加密认证系统。利用数字化技术对节目进行传输前,还可以利用 CA 系统对节目流进行加密处理,并辅助以加密控制信息,这样可以按用户的付费情况来分别设置用户的收看权限,利用用户端的机顶盒内放置智能卡来实现收看付费电视的功能,从而达到可以实现按频道收费、按节目收费、按收视次数收费的目的。这样一来,既保护了合法用户的正当利益,又能有效促进数字电视事业的健康发展,同时也有效遏制非法用户收看付费电视。条件接收系统的重要性已在数字电视系统中充分体现,在增值业务运营中将更为突出。一般地,条件接收系统由前端条件接收(加扰复用)系统、用户管理系统、机顶盒与智能卡的接收系统 3 大部分组成,一个 CA 系统的基本结构框图如图 6-7 所示。

CA 系统工作原理是,在信号的发送端,首先由控制字发生器产生控制字 CW(Control

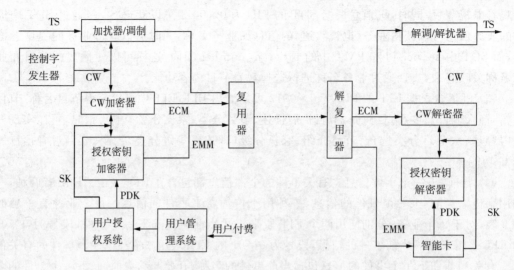

图 6-7 CA 系统原理框图

Word)。CW 就是一个与发送端扰码同样的伪随机二进制序列的"起始点的值",由于该序列具有很好的自相关性,其解扰过程与扰码过程完全一致。将 CW 提供给传送流 TS 加扰器及 CW 加密器,加扰器对来自复用器的 MPEG-2 传送比特流进行加扰运算即进行模 2 加,输出一个加扰后的 TS 流,这里的 CW 即为加扰器的密钥。CW 加密器接收来自控制字发生器的 CW 后,根据 CA 系统用户授权系统提供的业务密钥 SK(Service Key),按照加密的某种算法对 CW 进行加密运算,加密后的 CW 即为授权控制信息 ECM(Entitlement Control Messages)。SK 在送给 CW 加密器的同时,也送给授权密钥加密器,此授权密钥加密器与 CW 加密器稍有不同,它自己可以产生密钥,并依此密钥对授权控制系统送来的用户分配密钥(PDK),按照某种加密算法进行加密(可以与 CW 加密不同,也可以相同),输出加密后的授权管理信息 EMM(Entitlement Management Messages)。为了能提供不同级别、不同类型的服务,一套 CA 系统往往为每个用户分配好几个 PDK,来满足不同的业务需求。

值得一提的是,这里的扰码与信道编码前的解决 TS 流中较长的连"1"或连"0"的扰码即能量扩散的原理是一致的。由上可见,用户端的解码器只有在得到现行有效的业务密钥后,才能够对 ECM 解密得到控制字,从而实现对数据解扰。因此条件接收的基本过程是:当智能卡插入时,解码器首先在 TS 的 PSI 中寻找含有 PID=1 的条件接收表 CAT,根据 CAT 中给出授权管理信息 EMM 的 PID,找到相应的 EMM 信息,用户通过智能卡中的用户分配密钥对 EMM 解密,再启用业务密钥对 ECM 解密以解出 CW,得到 CW 后即可对加扰的 TS 流进行解扰还原正常的 TS 流。

【知识链接】加扰的通常做法是在发送端使用加扰序列对视频、音频或者数据码流进行扰动,将数据打乱。加扰序列由伪随机序列发生器产生,在初始条件已知的情况下,可以推测出伪随机序列发生器产生的加扰序列,伪随机序列发生器的初始条件受控于控制字 CW。在接收端也有一个同样的伪随机序列发生器,如果将控制字 CW 发送给这个伪随机序列发生器,那么就可以获得解扰序列,然后再用解扰序列恢复原始信号。所以说节目有条件接收的核心是控制字 CW 的传输。为了实现保密,必须将控制字进行加密处理后传输。接收端在得到授权后,才能应用解密程序重新生成这个控制字。譬如:加扰前的 TS 流为 10110011,CW 为 11010100,经模 2 加扰后 10110011⊕11010100＝01100111;经接收端授权解密得到 CW 再与加扰后的 TS 流模 2 加的解扰 01100111⊕11010100＝10110011,即恢复为正常 TS 流了。当然,实际加密运算比这要复杂得多,这里仅是打个比方而已。

6.5.2　条件接收系统的密钥保护机制

条件接收系统采用多重密钥传送机制将控制字安全地传送到经过授权的客户端。在信号的发送端,首先根据节目播放的授权要求,由控制字发生器通过安全算法产生控制字 CW,由它来控制加扰器对来自复用器的 MPEG‒2 传送流进行加扰。控制字的字长一般为 60bit,为了安全起见,使黑客不容易掌握控制字,必须使控制字经常变动,而且变得很快,控制字每隔 3～10 秒钟改变一次,事实上控制字就是加扰所用的密钥。整个数字电视广播 CA 系统的安全性有如下的三重保护:

第一重保护,利用控制字对节目流即图像、声音和数据进行加扰。对图像、声音和数据进行加扰使没有得到授权的用户的接收机无法进行解扰,不能正常收看节目。

第二重保护,利用业务密钥对授权控制信息 ECM 进行加密。控制字的安全传送依靠业务密钥,用户端的机顶盒只有在得到现行有效的业务密钥后,才能对 ECM 解密,从而获得控制字 CW。这样一来,控制字在传送给用户的过程中即使被盗,盗窃者也无法对加密的控制字进行解密。

第三重保护,就是利用分配密钥对授权管理信息 EMM 加密。对 EMM 加密使得整个系统的安全性更强,使非授权用户在即使得到加密的授权管理信息的情况下,由于无法对 EMM 解密,也就得不到业务密钥,更无法得到控制字,没有正确的控制字就无法解出并获得正常信号。CA 的三重保护如图 6‒8 所示。

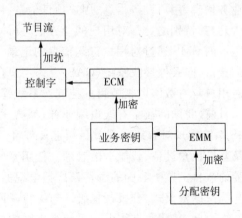

图 6‒8　CA 的三重保护

由此可见,有条件接收的核心是控制字加密与传输的控制。此外,在采用 MPEG‒2 标准的数字电视系统中,与节目流有条件接收系统相关的有两个重要的数据流:授权控制信息 ECM 和授权管理信息 EMM。由业务密钥 SK 加密处理后的 CW 在 ECM 中传送,ECM 中还包括节目来源、时间、内容分类和节目价格等信息。对 CW 加密的 SK 在 EMM 中传送,SK 在传送前要经过用户个人分配密钥 PDK 的加密处理,EMM 中还包含地址、用户授权信息等,用户的 PDK 通常存放在用户智能卡中(家庭),这就是一种所谓的三层加密机制。

SK 的使用和用户付费条件有关,一般情况下用户可以按月付费,SK 也按月变化,在有些特定系统中也被称为月密钥。业务密钥的时限由服务提供的时限确定,在网络运营商提供的特殊服务中,如按次付费收视 PPV 和即时付费收视 IPPV 中,SK 的时限就可能只是几小时。这里存在一个问题,因为在任何时间只有一个有效的业务密钥 SK,在新旧密钥更迭期间,一些授权用户将获得新密钥,而尚未授权用户仍是原来的旧密钥。寻址用户并分发密钥的时间由整个系统的用户数目和系统为此分配的带宽决定,但肯定有一个过渡时间,在此期间哪个密钥应被用来加密系统的信息和数据呢?解决办法是给每个用户储存两个密钥,一个当前使用,一个下一次使用,这两个密钥分别称为偶密钥和奇密钥,它们含有识别自身为偶数或奇数的特征比特,解扰器接收到以后就将该密钥存储在适当位置。如果当前使用偶密钥加密,则同时分配新密钥为奇密钥,在系统确定所有用户收到新密钥后偶密钥失效,同时新分配的奇密钥就启动来解密数据,下一次密钥的分配就以新的偶密钥开始。为了让随时接入的用户也能收看到当前节目,系统一般也会寻址播出当前的密钥。CW 虽已由 SK 加密,但是这个密钥如果还可让任何人读取,那就意味着特定服务的定购者和非定购者将享有同等权利,网络运营商还是难以控制特定用户,安全性还是存在问题,因此必须对 SK 再进行加密保护。这个加密过程就完全按照各个用户的特征来进行,由于共用网络寻址模式中数据包是按用户地址传送的,每个终端设备有一个不重复的唯一地址码,这就提供了一个解决方法,就是用地址码来对 SK 加密。

6.5.3   用户管理系统(SMS)

1. SMS 的功能与结构

用户管理系统 SMS(Subscriber Management System)是指采用数字技术及网络技术,管理用户收看的数字电视节目以及提供多功能信息服务的运营管理系统,包括对用户的电视业务信息、用户设备信息、用户预订信息、用户授权信息、财务信息等进行记录、处理、维护和管理,其特别之处是对用户的业务信息(即电视频道数及类型等信息)的管理与控制。数字电视的 SMS 通过对用户订购信息的记录与处理,形成用户数据库,并经由与条件接收系统的接口,向条件接收系统(CAS)发送用户授权管理信息(EMM)的基本数据,CAS 据此实现对用户收看数字电视节目的控制。系统管理目的是保证系统安全可靠地运行。

目前,我国的数字有线电视业务,都已开通相应的条件接收系统所提供的相关服务。其 SMS 系统实现对有线电视节目频道及节目资源的合理利用和统一调度,提供对广电网络用户及其机顶盒设备、智能卡的管理。使用 CAS 的用户,可以在任意时间、任意地点选择自己喜爱的节目。鉴于我国的国情及广播电视的运营体制,各地的 SMS 网络中心正以"统一体制与统一运营模式、分级授权管理与银行联网"为原则构建较大范围的 SMS 用户管理系统。以省级为例,其数字有线电视系统基本结构通过已建成的省 SDH(Synchronous Digital Hierarchy)光纤传输网络及模拟光纤传输网络形成覆盖全省各市县的有线数字电视系统;建立一个全省统一的 CAS 和多级 SMS,而各级 SMS 用户数据透明,各方利益共享,风险共当,共同发展,形成稳定可靠的有线数字电视平台。总前端机房(省传输中心)将各种数字电视信源(卫星接收节目、SDH 网络传输节目、本地自办的播出节目等)进行信号处理,经复用、加扰后送省 SDH 网络至各市分前端机房。分前端机房将本地节目编码、复用、QAM 调制后与省干线网络适配下来的节目混合送入本地 HFC 网络,直至用户端,用户端利用机顶盒接收。同时通过市县光纤电缆混合网,采用模拟光传输方案将市分前端的数字电视节目送到各县前端,县本地节目可在本地编码、复用、QAM 调制后混入本地网络。如图 6-9 所示即为省市两级 SMS 一般结构示意图。

图 6-9 中,QAM 调制多为 64QAM 形式,VPN(Virtual Private Network)为虚拟专用

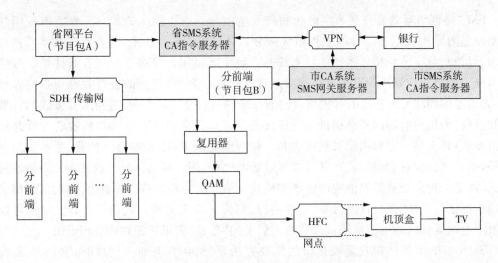

图 6-9　一种省市两级 SMS 及 CA 一般结构示意图

网络,用于省 SMS 及 CA 与市 SMS 及 CA 网关服务器之间的通信。这样一来,省到地方只传送用户授权信息,EMM 信息仍在当地产生,大大降低了省到地方的数据专网的负荷;省和地方分别用不同的 CA 指令发送服务器,设在各自的前端,只能对自身的产品授权,业务相互独立;省和地方都可以从 CA 监控接口中随时远程查询对方产品用户的授权情况,并与自己的授权数据及银行收费记录进行比对,达到授权情况互相透明之目的。

2. 有线数字电视系统的 SMS

用户管理系统(SMS)是有线数字电视运营系统中的核心之一,有线电视用户管理系统主要针对有线电视用户管理而设计的,可以办理用户入网、增加终端、续费、报停、恢复使用、改名过户、注销等业务,可以收取用户入网费、终端费、收视维护费、恢复使用费、改名过户费等,除了这些固定业务外,系统还可自行添加业务种类、收费项目和标准,能灵活适应业务发展需要。有线电视用户管理系统采用网络分布式运行,终端机和管理机分布在局域网中的不同位置,可以在终端机上执行所有业务登记、收费、查询等任务,系统采用用户分项目授权的方式实现对不同操作员的权限管理,当业务高峰来临时,可在系统中添加终端计算机来应付特殊时期的大量业务。一个有线数字电视 SMS 基本结构如图 6-10 所示。

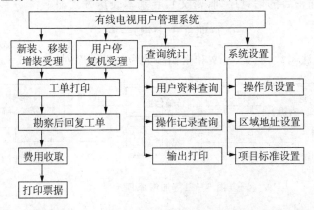

图 6-10　一种数字电视用户管理系统的结构

SMS 是网络运营商开展数字电视和其他增值业务不可缺少的工具。数字电视用户管理系统是数字电视运营平台的重要组成部分，它与条件接收技术、节目管理技术是构成可管理、可控制数字电视播出系统的技术核心。数字电视用户管理系统与有条件接收系统密不可分。用户管理系统为有线电视网络运营商提供合理的、规范的进行收视用户的管理方案，必须考虑到和 CA 系统的有机结合。通过条件接收功能，对用户进行多种方式的计费管理和授权，为用户的不同需求提供不同层次的服务。目前多数省市采纳的收费方式是用户提出申请，并交纳一定费用购买机顶盒和一张智能充值卡（主要包括维护费、基本层的月租费等，也有其他收费套餐形式），就可以开通数字电视，用户可选择包月或者按次点播的计费方式，这是一种先交费后看电视的传统型模式。第二种为和谐型的先看后交费方式，即市民可以选择银行代扣、银行自助缴费、电话银行、充值卡和现金等方式进行缴费。用户可以拨打数字电视运营商的电话或按机顶盒遥控器上的"信息（资讯）"键查询费用情况。

SMS 与单个条件接收系统接口的实现方法是：当用户有业务请求时，SMS 系统将向 CA 发出控制请求，首先 SMS 系统与 CA 系统的 SMS 接口建立网络连接，SMS 系统受理用户业务并记录业务信息，产生授权数据，然后 SMS 向 CA 系统的 SMS 接口发送授权数据，CA 系统的 SMS 接口接收授权数据。该数据由 CA 处理后，控制用户收视，SMS 系统接收 CA 系统的 SMS 接口传回来的反馈信息，记录到 SMS 系统数据库。SMS 在接到 CA 的返回结果后进行相关处理。至于发送给用户的 CA 信息如何处理，由 CA 系统约定的密码即密钥完成。系统核心结构硬件有服务器、硬盘或磁盘阵列、路由器、数据库服务器和管理系统、应用程序服务器等，软件像杀毒软件、编程软件等。

SMS 系统是支持多种服务器端的运行平台，典型的平台有 Unix ＋ Oracle、MS Windows 2000 Advanced Server＋MS SQL Server2000 等。值得提及的是，随着数字电视增值业务的增长，在 SMS 基础上，面向多业务的数字电视运营支撑系统必须相应地构建。

6.6　加密基本原理

数字电视信号的加密与一般信息的加密有共同之处，二者都是信息处理的一种特殊形式。数字信号加密技术的基本原理是把原信息数据序列（明文）与一个密钥序列 K 进行加密交换，输出即为加密后的信息序列（密文），其基本表达方式如下：

$$f(明文＋密钥)＝密文$$

式中，f 表示加密算法函数，明文、密文和密钥多数为二进制序列，如图 6 - 11 所示加密原理。

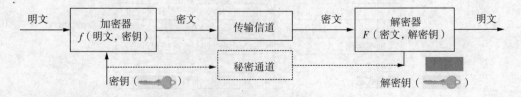

图 6 - 11　加密原理示意图

加密算法是整个加密系统是否安全的关键因素，对加密算法的要求是：不能轻易地被破译，而且解密算法的运行时间也不应太长，因为控制字一般几秒钟就要改变一次。

加密算法按加密密钥与解密密钥的对称性可分为对称密码系统(私钥密码系统)和非对称性密码系统(公钥密码系统),所谓对称是指发端和收端使用相同的密钥和相同的系统(同一钥匙),而公钥密码系统的加密和解密是两个不同的密钥(不同钥匙)。

6.6.1　对称密码技术

在对称密码系统中,加密密钥和解密密钥完全相同。对称密码技术的应用已经有许多年的历史且有许多优秀成功的范例,如 DES、IDEA、RC5 及 AES 等密码技术。

DES(Data Encryption Standard)是 1977 年正式确定为美国国家标准的加密算法,也是对称密码方式中最普遍应用的算法之一。DES 是一个分组密码算法,把输入数据按 64 比特分为一组,称为明文,然后再经 16 轮反复加密运算后输出密文,每组采用 56 比特长的密钥。加密和解密用的密钥相同(区别只是密钥编排不同)。这种加密算法之所以受到重视,是因为它不需要特别的同步措施,这对组成数据通信网和计算机网非常方便。由于 DES 的密钥长度只有 56 位,对其进行穷举攻击即对密钥的逐一尝试攻击,并不是很困难。随着计算机速度的提高,在未来的交互式数字电视中运用 DES 方案是不太安全的。

IDEA(International Data Encryption Algorithm)是 1992 年提出的一种新对称密码算法,也是一种分组算法,其设计原则是一种来自于不同代数群的混合运算。它的明文和密文都是 64 位,但密钥长度是 128 位。如果对 IDEA 进行攻击,那么为了获得密钥要进行 2^{128} (大于 10^{38})次加密运算。假设设计出一个每秒能测十亿次密钥的芯片,并采用十亿个芯片进行并行处理,仍然需要花费 10^{38} 年。此外,IDEA 用软硬件实现较为简单,且加解密的运算速度也是相当得快,目前软件实现的 IDEA 比 DES 快约 2 倍,在硬件上快约 3 倍。对称密码算法的优点是软硬件的实现速度快于非对称密码算法,在 CA 系统中由于控制字每隔 5~20 秒就需要改变一次,因此对控制字的加密通常采用对称密码算法。鉴于对称密码算法已经存在许多年,对它的研究也是最为彻底的,并且在实际加密方案的应用中也已经有成熟的经验。但是对称密码算法也有着本质上无法克服的缺陷,即需要密钥交换。发送者不仅要传送加密后的数据,还要将密钥通过一条安全的通道单独传送给接收者,并且必须保证使密钥在传送过程中不被第三者窃取,使得在实际情况下绝对保密非常困难,并且极其不便。

6.6.2　非对称密码技术及举例分析

对称密码系统只能在事先约定好的通信双方之间进行,因为他们必须持有相同的密钥。非对称密码系统从根本上克服了这一缺点,它的最大特点是每一用户的加密密钥(也称为公开密钥)和解密密钥(也称为私人密钥)是截然不同的,而且加密密钥和解密密钥之间没有可推导的必然关系,无法根据加密密钥推出解密密钥。这样每个用户可以把加密密钥公开不再发送,用户只用自己掌握的私人密钥对密文进行解密。用户需要保密的仅仅是自己的私人密钥,而私人密钥不必传送,因此提高了安全性。

RSA 算法是 1978 年由美国斯坦福大学从事加密算法的研究人员 Rivest、Shamir 和 Adleman 提出的,它是非对称密码算法中第一个比较完善的,也是目前最流行的算法之一。RSA 算法的安全性基于分解大数的难度,其算法的加密密钥是一对整数(N,P),解密密钥也是一对整数(N,S),S 是不能公开的,而 N、P 是公开的。S 称为私人密钥,P 称为公开密钥，N 称为地址。RSA 机密的基本原理是：首先取两个大素数 X 和 Y（通常为 100～200 位的十进制数），设这两个数的乘积为 $N=X\times Y$，公开 N，将 X 和 Y 隐藏起来。设 $\varphi(N)=(X-1)(Y-1)$，随机从 $2\sim\varphi-1$ 中选取一个整数作为 P，P 和 $\varphi(N)$ 互素，再通过解同余方程 $P\times S\mathrm{mod}[(X-1)(Y-1)]=1$，求出 S，式中 mod 为"模运算"，则

加密的方法是：密文 $=$（明文）^{P} mod N。

解密的方法是：明文 $=$（密文）^{S} mod N。

RSA 算法的加解密过程是通过 P、N、S，这 3 个参数来实现的，由于 N 是一个公开数，如果能将 N 分解出来，就能找到 X 和 Y，则就可找到 P 和 S。客观上两个大素数 X 和 Y 之乘积决定一个 N，而逆运算就具有极高的难度，显然这是一种"单向运算"，相应的函数称为单向函数，而"单向函数"的安全性也就是这种公开密钥密码系统安全性的保证。

RSA 举例。若公开的加密密钥 $(N,P)=(51,5)$，$N=51$ 的因数只有 3 和 17，这样小的 N 很容易被分解并找出私有密钥 (S,N)。令 $X=3$，$Y=17$，取 $P=5$，试计算解密密钥 (S,N)，并对明文 2 进行加密。

解：由条件可得 $\varphi(N)=2\times16=32$；

解同余方程 $(5\times S)\mathrm{mod}\,32=1$，解得 $S=13$；

于是，密文 $=2^P$ mod $N=2^5$ mod $51=32$；

解密即验算：（密文）^{S} mod $N=32^{13}$ mod $51\equiv2$。

可见，RSA 算法的安全性完全依赖于分解大数的难度。譬如，要分解一个 200 位的十进制数，即使按每秒 10^7 次运算的高速计算机计算，也要 10^8 年。目前出现了许多针对 RSA 的攻击方法，这些攻击不是对基本算法本身的攻击，而是攻击加解密的过程。实践证明，RSA 算法是截至目前最成熟的非对称密钥算法，它是一个能同时用于加密和数字签名的算法，易于理解和实现，应用较广的公钥算法。我国天柏、算通科技、数码视讯等信息产业企业，其 CAS 采用的就是 RSA 算法和非对称密钥体系处理用户的授权，密钥长度 512～2048bits。

非对称系统有较高的加密强度，但是最大的缺点就是加解密的速度不快，两者对比见表 6-5 所列。用 RSA 算法和标准 DES 算法进行比较，在硬件实现时，RSA 比 DES 慢大约 1000 倍，在软件实现时，RSA 也比 DES 慢大约 100 倍。所以在传输实时数据时，如果所有的数据都拿公开方式来进行加解密的话，要么需要一个比较大的缓存器来对加解密的数据进行缓冲，否则就无法获得高质量的服务。非对称密钥加密算法在 CA 系统对 EMM 信息的加密中得到了较好的应用，因为 EMM 信息的改变频率通常要小于控制字，因此对其加密处理速度可以较慢，但其安全性要求较高，而非对称加密算法则可以满足这些要求。现代数字 CAS 更多地采用对称加密算法和非对称加密算法相结合的方式，以综合发挥两种密码体制的优点。

表 6-5　对称密码系统和非对称密码系统比较

	对称密码系统	非对称密码系统
基本释义	加密、解密密钥相同	加密、解密密钥不同，加密密钥公开
安全性基础	第三方不能获得密钥	依赖于计算复杂度
优点	加解密速度快	较高的加密强度

（续表）

	对称密码系统	非对称密码系统
缺点	密钥传输依赖于保密信道	加解密速度较慢
典型	DES、IDEA	RSA

【知识链接】模运算。模运算即求余运算,例如 11 Mod 2,值为 1。模运算在数论和程序设计中都有着广泛的应用,从奇偶数的判别到素数的判别,从模幂运算到最大公约数的求法,从孙子问题到恺撒密码问题,无不充斥着模运算的身影。

6.6.3　同密与多密技术

一般地,加密技术分为同密和多密技术。同密技术的核心是不同厂家采用一个通用的加扰方法运用于同一网络平台或同一节目,但对各自的密钥数据采用各自的加密算法,同时要遵循通用的加扰算法来加扰电视节目。对于 CA 系统,我国已确定采用同密技术(GY/Z 175—2001),且目前数码视讯同密技术在国内拥有较大的用户群体。多密技术与同密技术的主要区别在于多密技术的不同节目要通过不同的加扰和调制器,其他区别不大,对于接收机必须装有相应的条件接收系统的子系统才能收看。对多密技术要求数字卫星接收机采用公共接口(CI)技术,实现同一接收机可以接收不同 CA 系统加密节目,从用户角度看,不会因购买一家 CA 数字卫星接收机而受到限制,用户还有选择其他 CA 服务的可能性。一个CATV 系统的同密技术原理图如图 6 - 12 所示。

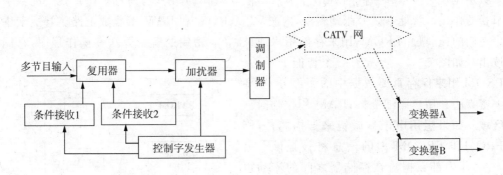

图 6 - 12　CATV 系统的同密技术原理图

在发送端,条件接收 1 和条件接收 2 同时对进入复用器的所有节目进行条件接收控制处理,所产生的 ECM1、EMM1 和 ECM2、EMM2 信号数据流与节目数据流复合后一同传送给用户。在接收机 A 中,装有条件接收系统 1 的子系统能够对条件接收器产生的 ECM1 和EMM1 信号进行解码,接收到该系统授权的节目;若接收机 A 得到了所有被加扰节目的授权,则它仅用装有条件接收系统 1 的子系统,便能看到所有从发送端传来的节目。

同密技术的优缺点:标准化了加解扰算法和密钥传递框架,使得不同的条件接收系统(即不同的 ECM、EMM 信息)可以在相同的加/解扰器上运行,有利于共享服务和节目资源及管理办法,促进了条件接收厂商之间的合作。但是,一个节目流占用两个以上 CAS 将占用更多频率资源,且由于针对不同 CAS,机顶盒中须嵌入不同的 CA 软件,一款机顶盒一般只能捆绑接收用某特定 CAS 加密的节目,对用户和运营商存在更换 CA 就需更换机顶盒的风险。所以同密带来了机顶盒的多样性,同时也降低了加密体系的安全性。同密是基于 CA 的技术升级,它对付费电视的经营无直接的关系。当运营商发现选择的 CA 不能满足需求时,会用新的 CA 来取代,前端平台同时运行新旧两个 CA。

多密技术在主机(或机顶盒)与模块之间定义一个标准的公共接口,通过这个接口可以进行连接和通信,即在模块中实现 CA 功能和更多的专用功能。同一机顶盒可以接收任意 CA 系统加扰控制的节目,当选择更换 CA 时只需改动相应的 CA 模块,机顶盒可以不变。由于不同的加密方法用于不同的节目,使得运行于同一平台上多密系统的成本较高。多密是基于运营的模式,它对付费电视的经营有直接关系。即多个不同的 CA 同时运行在数字前端,为多个节目商建立平台。每个节目商对自己的内容和模式都有自己的不同定义,都是通过 CA 来保护自己的利益。比如:央视的付费频道和省市级付费频道都不想由当地的运营商控制,运营商也很难要求所有的节目商都使用自己的 CA,节目商和运营商通过协议进行收益分账,这就是 CA 的多密运行模式。这种模式要求在机顶盒集成多个解扰器和解密算法,使机顶盒的成本大幅增加。机顶盒生产厂家要和多家 CA 厂商协调,给生产带来不便,所以,多密模式不适宜推广应用。

6.7　智能卡与条件接收

数字电视智能卡和手机的 SIM 卡有点类似,起着识别用户身份和解密加扰过的数字电视节目的作用。智能卡是一张塑料卡,内嵌 CPU、ROM 和 RAM 等集成电路。智能卡中有一个专用的掩膜过的 ROM,用来存储用户地址、私有密钥的解密算法和操作程序,它们不可读出。如图 6-13 所示为一个智能卡结构。E^2PROM 用来保存重要数据中的大部分、主要的解密算法和用户详细资料;RAM 用作临时储存区域。如果想用电子显微镜来扫描芯片,则 E^2PROM 和 EPROM 内的信息将被擦除。另外,在芯片内部数据流在存储器之间的流动也不可能被直接检测出来,这就从根本上解决了智能卡的安全问题。智能卡的软件包括基本的服务等级功能、标准通信接口、ECM 处理、

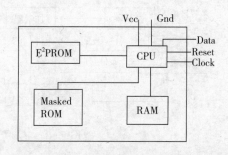

图 6-13　智能卡的结构

EMM 处理和解扰控制字生成等。其中 COS 功能包括文件管理系统、基本的输入输出处理等,标准通信接口是基于 ISO-7816 接口协议与传送协议相关的接口函数,其 ISO-7816 也是目前智能卡接口标准。智能卡与外界通过异步总线连接,芯片内的存储器不能直接从外部访问,因而可以有效地防止非法攻击者的侵入。当卡插入解码器中时,它重新设置并送一个信息包给解码器,这个信息包叫"Answer to Reset",这是卡送出的最重要的包——它告诉解码器要采用什么样的通信协议,以及为了运行需要什么样的信号与电压。智能卡由节目供应商提供,因此不同的节目供应商用不同的智能卡,为此要解决一个接收机用不同的智能卡都能接通的问题。办法之一是允许观众利用接收机中内置的一个特有的 CA 系统,

它能处理按各个不同系统的语法送来的 ECM 和 EMM,于是观众可以看到所有的节目。按这个方法,一是需要节目供应商之间有个合同;二是需要在接收机和 CA 系统之间规定一个公共接口,这样一来,才可以用通用的接收机和专用的 CA 系统即机卡分离。

　　条件接收的基本原理是,当智能卡插入机顶盒时,解码器首先在 TS 的 PSI 中寻找含有 PID=1 的条件接收表 CAT,根据 CAT 中给出授权管理信息 EMM 的 PID,找到相应的 EMM 信息,用户通过智能卡中的用户分配密钥对 EMM 解密,EMM 码流中包含了经过用户个人分配密钥 PDK 加密处理的用户密钥 SK。个人分配密钥 PDK 固化的智能卡中,并以加密形式存储,用户需提供口令方能解密使用。而后,智能卡将解密出业务密钥 SK。再启用业务密钥以获得 ECM‐PID,通过对 ECM‐PID 解密,即可得到控制字,将控制字填入解码芯片的相应寄存器中,即可对加扰的 TS 流进行解扰,进而获得所需要的节目流。EMM‐PID 和 ECM‐PID 的解析流程分别如图 6‐14 和 6‐15 所示。

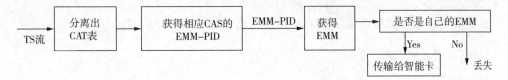

图 6‐14　EMM‐PID 解析流程

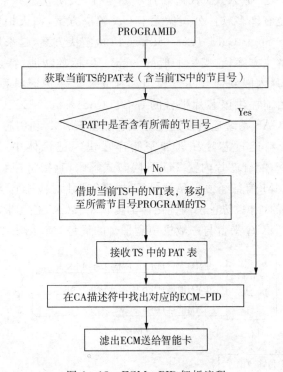

图 6‐15　ECM‐PID 解析流程

　　目前在我国市场上,NDS、Conax、Irdeto、Viaccess、永新视博、数码视讯等公司的条件接收应用普遍,其中天柏的机卡双重加密机制、永新视博、Conax 机卡配对和水印技术在有线数字电视系统应用较广,而 NDS、南瓜、永新视博、Irdeto 在卫星电视领域应用较广。

6.8　无卡条件接收技术

无卡 CA 其实并不神秘,其在卫星数字电视领域已应用多年,但在有线、地面数字电视领域的应用较晚。以国内已开发的产品为例,目前无卡 CA 系统具有如下特点:(1)支持加密算法的动态下载。即将算法的一部分存储在终端,一部分安排在前端供临时下载使用。(2)CA 的壳与内核分离。CA 公司提供统一的壳,内核则可根据运营商的需求进行个性化设计。(3)解密、解扰全部在机顶盒芯片内完成。(4)支持与有卡 CA 的同密。

无卡 CA 的工作流程为:首先,前端系统发送经配对私钥加密的 EMM(授权管理信息),终端利用机顶盒芯片内置序号与私钥配对,将加密的重要资料存储在 Flash 中。其次,前端系统 ECM(授权控制系统)内存的 CW(控制字)经 CK(公钥)加密,终端直接将 CW 转入解扰器。

无卡条件接收可以分为嵌入式 CA 和开放式下载 CA 两种形式。

6.8.1　嵌入式 CA

无卡 CA,不是没有 CA,只是不用智能卡和主芯片通信,把原来用的智能卡换成了现在的有唯一 ID 的安全芯片。嵌入式 CA 既增强了安全性,又防止了共享的可能,而且省掉了智能卡的成本。国内也有许多软件公司做无卡 CA 解决方案,如天柏集团的无卡 CA 解决方案,即 DVN Jet CAS SmartCard‐Less Secure Plus 解决方案,是采用最新一代低成本高性能的数字电视芯片解决方案,它支持一般的 DVB‐C 标准功能,特点是在不使用智能卡的情况下,亦能利用芯片内嵌硬件 TDES 模组和独立私匙保护资料和信息,保持条件接收的可靠性和安全性。目前提供该芯片平台的有 ST、Conexant、NEC、Conexant 等厂商。其工作流程是:DVN Jet CAS 系统通过发送配对私匙加密 EMM,利用芯片内置序号和私匙配合进行配对,将重要资料通过芯片私匙加密储存在快闪记忆体中;ECM 内存的控制字(CW)经公匙(CK)加密,配合芯片内置 TDES 隐蔽式解码,直接将控制字转入解扰器,确保加密内容的安全性;EMM 信息经独立私匙(SK)加密,唯独对应芯片方能进行 TDES 隐蔽式解码,确保加密信息的维护,防止快闪记忆体的拷贝转移。天柏无卡 CA 方案的解决过程如图 6‐16 所示,其无卡 CA 平台与一般机顶盒平台的优势比较见表 6‐6 所列。

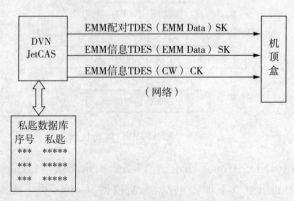

图 6‐16　天柏无卡 CA 方案的解决过程

表 6-6 普通机顶盒与无卡机顶盒比较

普通机顶盒	无卡机顶盒
芯片没有独立序号	芯片有独立序号
需要智能卡配合加密	利用芯片内嵌硬件 TDES 模块和独立私匙加密,成本低
控制字 CW 经智能卡解码后,在传送至机顶盒解扰过程中,存在被外界捕获的风险	CW 被公匙(CK)加密,而解码至解扰的过程中完全是在隐蔽通道中进行,外界难以捕获
可透过 JTAG 进行软件代码被拷贝及追踪	出厂后,可停止 JTAG 运作,以防软件代码被拷贝及追踪
可以从闪存拷贝软件代码并进行修改	即使内码被改动,芯片也不能运行,保护内嵌 Jet CAS 内核的安全性
可以存录视频,容易被拷贝	存录视频前先用私匙加密,只能在对应芯片解码播放

注:JTAG(Joint Test Action Group)与国际标准测试协议 IEEE1149.1 兼容,主要用于芯片内部测试。

6.8.2 开放式下载式 CA

1. 可下载式 CA 的概念

可下载式 CA 系统在加密/解密、用户授权等方面与智能卡 CA 系统的工作原理是一样的,只是有关的 CA 私有代码可以从前端下载。这个 CA 代码可以是 STB 和智能卡通信的代码,也可以是算法和密钥。前者叫作下载式智能卡 CA,而后者叫作下载式无卡 CA。采用下载式无卡 CA 系统,减少了 STB 总成本,直接实现了"机卡绑定",消除了智能卡与 STB 之间通信所带来的不安全隐患,提高了黑客破解 CW 的成本。显然,下载 CA 是指将解密数字电视内容的应用软件、算法、密钥、通过在线下载的方式,下载到数字电视终端的一种先进的适合智能数字电视平台的 CAS 加密技术,因此采用开放式下载 CA 是目前数字电视密码学技术研究开发的热点之一。开放的 CA 可以实现动态下载,对各个广电通用,安全性与芯片号关联,芯片选择余地大,按照常规对 CA 软件进行破解没有意义,这样就实现了 CA 的完全开放。各个 CAS 公司通过前端将各自的 CA 软件下载到机顶盒,做到了不需要更换终端,就可以在线更换 CA,彻底消除了 CA 对机顶盒的捆绑,实现了机顶盒硬件与 CA 无关的理想状态。运营商只需安装 CA 的安全认证服务器可获得自己的 CA 系统,且管理也是开放的。可设置多个独立的安全通道,认证密钥可以由不同的广电管理者掌握。只要有其中一个保管者不出现问题,即使认证代码泄露,整个 CA 系统也是安全的,相当于运营商拥有多个独立的智能卡 CA 系统。

2. 采用无卡 CA 是技术发展的必然

从芯片技术和 CA 系统的发展历史上看,不论智能卡 CA 还是无卡 CA,其授权都是与硬件唯一标识相关联,因此 CA 的安全性与硬件直接关联。每张智能卡都有唯一的序列号 ID,并以此作为每个用户的唯一识别符,并成为对用户授权的唯一依据。在早期的 STB 芯片中为每一颗芯片加入唯一的序列号都是昂贵和困难的,随着半导体芯片技术的快速发展,在 STB 主芯片内部设置唯一标识符已经变得比较容易,因此 CA 授权的识别符就可以从外部的智能卡转移到 STB 主芯片内部,CA 系统中对用户的唯一识别 ID 号更容易得到保护,更安全可靠。

3. 动态更新加密算法和密钥优势明显

可下载 CA 解决了加密算法或动态密钥可随时更换问题,进一步提高了 CW 被破解的难度。但是对可下载式无卡 CA 系统来讲,其加密算法可以采取弱保护,甚至不保护,做到完全开放,这也符合系统开放的发展策略。但是下载式无卡 CA 私有代码没有了智能卡的封闭保护,无卡 CA 的加密算法也会面临着被破解的风险,因此无卡 CA 的密钥和算法必须能方便地经常更换。比如"U 盾"是中国工商银行推出的一种带有 CPU 和算法的电子身份标签,它可以安全地网上交易。U 盾的驱动软件是开放的,但每个 U 盾的私密与每一颗芯片相关,是由芯片厂家封装之前写入的。U 盾的安全性是和硬件绑定的,黑客破解开放的驱动软件及算法没有意义。下载式无卡 CA 工作原理与 U 盾的工作原理相似,前者除了主芯片有电子标签之外,在 Flash 里也有标签,同样不可篡改,因而具有更高的安全性,破解这种加密系统是相当困难的。

4. 安全 STB 芯片大大增强了下载式无卡 CA 系统的安全可靠性

目前,随着技术的发展,带有高级安全子系统的 STB 芯片不断涌现,该芯片数据容量远远大于智能卡存储容量,增加了非法寻找密钥难度,拥有独立安全 CPU,与终端设备软件数据通信都必须通过有效的签名和认证,防止数据被非法地访问和篡改,这为推广使用可下载式无卡 CA 提供了良好的可靠平台,也弥补了下载式无卡 CA 私有代码缺乏智能卡载体的封闭保护,使这一系统有了更高的安全可靠性。这种高级安全子系统主要包括主芯片内置专用安全 CPU,系统支持安全启动、硬件控制字保护、内容保护、JTAG 保护,支持 AES 和 3DES 加解密算法等。最关键的是支持 OTP(One Time Programmable)存储唯一 ID 这一功能,安全 STB 芯片大大增强了下载式无卡 CA 系统的安全可靠性,有望从根本上解决无卡 CA 唯一授权 ID 号的安全问题。

目前电信部门推出的三网融合,其下载式的授权是不完备的开放。下载 CA 是广电向互联网融合、实现三网融合的关键技术,广电网向互联网融合,必然基于智能机顶盒和智能电视一体机,最终向智能电视与智能手机等终端扩展。目前,数码视讯、算通科技、天柏集团等企业已经研发出符合广电总局要求的可下载有条件接收系统的全套系统软件,并已完成相关开发、集成和测试等工作,已应用到市场中。

6.9　条件接收的破解与反破解

条件接收系统的用途特殊,安全性是评定一个条件接收系统最基本的也是决定性的因素,一旦系统被攻破将会给网络运营商带来无法估量的损失。从 CA 技术推出那天起,破解者们就开始对其攻击,而 CA 技术的开发者们也不断地从黑客们的攻击中发现自身的弱点加以完善。CA 的破解及反破解大致经历了以下几个阶段。

1. 基于算法的破解

从算法入手是破解 CA 的最直接方法。由于解密部分是在 IC 卡内实现的,如果 CA 厂家选的 IC 卡功能比较弱,又没有完整卡上操作系统支持的话,是很难实现高安全度的复杂算法的。随着计算技术和密码学理论的发展,许多原以为非常难破的加密算法纷纷告破。

目前,大部分密钥长度小于 100bit 的单一算法都有很大机会被破,就连曾被公认为破解难度较大的 128bit RSA 算法,也被一群学生用几十台 PC 联网破解了。清华大学王小云教授带领的团队,曾经相继攻克世界级 MD5、SHA－1 两大密码算法难题,令美国国家安全局吃惊。之前两大密码算法广泛应用于金融、证券等电子商务领域,其中 SHA－1 更是被认为是现代网络安全不可动摇的基石。要对付算法破解,主要有两种措施,一是加长密钥,根据香农定理,信息的容量与其长度成指数关系,密文的信息量越大,破解的难度就越大;二是采用多重算法,根据密码学原理,加密系统有四个要素,即密文、算法、明文、密钥。在大部分的加密应用中,明文和密钥是被保护的对象,四个要素中有一半是未知的,安全性是比较高的。但在数字广播的实际应用中,明文与密文是可截取的,而一个可靠的加密系统采用的算法应该是可以公开的,所以采用单一算法的 CA 系统,只有一个未知要素,就比较容易被解析或穷举方法破解。但如果采用多重算法,情况就完全不同了。因为"密文＝算法 2(算法 1(明文,密钥 1),密钥 2)",所以整个系统中有六个要素,其中三个是未知的,这就大大增强了安全性,使解析法的破解几乎没有可能。如果再配合长密钥和时间因子,穷举法也非常难破。但要做到这点,必须选择功能强大的 IC 卡。许多新一代的智能卡已内置了 DES 和 1024bit RSA 等公认的高强度加密算法。以硬件协处理的方式大大加快了 IC 卡的信息处理能力,这已成为国际上提高 CA 安全性的重要手段。

2. 基于 IC 卡的破解

在通常的加密技术应用中,解密机是破译者争夺的关键设备,许多间谍故事都是围绕着它展开的,但在 CA 系统中,作为解密机的 IC 卡却是破解者唾手可得的。与电信行业不同,数字广播是单向系统,一旦 IC 卡被破,非法使用者是无法追踪的,所以数字电视黑客们都把 IC 卡作为重点攻击对象。IC 卡的破解主要有两种方法。对功能比较简单的 IC 卡,有人采用完全复制的方法,特别是那些采用通用程序制造,不经厂家个性化授权的 IC 卡最容易被破解,如在半导体厂出厂前预置专用的客户密码识别号等,早期的 CA 厂家几乎都受过这样的攻击,但随着 IC 卡技术的发展,完全拷贝复制的情况已少见,代之而起的是仿制卡。由于一些 CA 厂家采用了功能不强的 IC 卡,在卡内不能完成全部的 EMM、ECM 解密工作,要借助机顶盒内的 CPU 做部分解密操作,有的甚至只在 IC 卡中存密钥,解密都在盒内做,安全性相当差。对于这种 IC 卡,破译者一般有两种做法,一是先找出密钥库,放入自制卡中替代,考虑到运营商会经常更改密钥,黑客们还会提供在线服务,以电子邮件等方法及时发布密钥更改升级;二是找出 IC 卡的授权操作指令加以修改或屏蔽,让 EMM 无法对 IC 卡发生作用,所以很多伪卡就是用过期真卡把有效期延长而成的,而且伪卡往往对所有节目都开放,不能自选节目组合,因为破译者并没有也无须解出卡的全部程序加以控制。对于 IC 卡的破解主要靠选择性能好的卡来防范。功能强大的 IC 卡可以在卡内完成所有的 CA 解密操作,对外是一个完全的黑盒子,配合加密 Flash 存储技术,用电荷记录密钥,即便采用版图判读的 IC 卡反向工程也无法读到有关信息。由于 IC 卡破译者需要对卡做各种连读的读写,以图找出规律,新一代的智能卡设置了反黑客功能,能用模糊逻辑区别正常信号与试探信号,一旦发觉被攻击能自动进入自锁,只有原厂才能开锁重新启用,从而大大增强了破译难度。

3. 系统的破译

系统级的破译是 CA 黑客的最高境界,也是当前危害最大的盗版方式,主要有两种做法。第一种是从系统前端拿到 CA 系统的程序进行反汇编，找出加密的全部算法和密钥，这对于那些还在采用 Windows 环境和对称密钥的系统，威胁是非常大的。几年前，在欧洲某电视台就有工程师趁系统维护的机会拷贝了 CA 程序，交给黑客破解的实例。现在黑客们可能会更多地利用网络释放病毒来破译。要防止此类攻击，除了加强前端管理外，最好的方法是将 CA 前端的加密机做成专用硬件模块或用 IC 卡直接加密，使黑客即便盗走了前端系统也难以攻击。第二种是当前兴起的 CA 共享方式。根据 DVB CA 的定义，IC 卡与机顶盒之间有一个信息通道，无论大卡还是小卡都有同样的问题，输进卡的是 ECM、EMM，输出卡的是控制字。目前市场上有许多 CA 厂家对这个通道并未加留意，直接用来传输数据，有的虽然作了加密处理，但其算法在所有的盒子和卡之间都是相同的，从而形成一个致命的漏洞。黑客们构造了如下的 CA 共享系统。盗版者按节目数首先购买几台正版机和 IC 卡，然后大量制造盗版机，盗版机与正版机软硬件完全相同，只是用一张以太网卡加一个 7816 的 IC 卡接口电路代替原有的 IC 卡模块，称之为 CA 共享卡。在使用过程中，盗版者先用 IC 卡转接器代替 IC 卡插入正版机，再在转接器上插入正版 IC 卡，仿真器带 PC 接口可以把正版机在看节目时的机卡之间的通信全部引到 CA 共享服务器上，通过 IP 宽带网向盗版用户发布，盗版机上的 CA 共享卡可模仿 IC 卡的作用将相应节目的正版机卡对话送到盗版机中。由于安全通道没有个性化加密，所有机卡配对，在看相同节目时都是相同的。盗版机只要收到正版 IC 卡发出的信号（无论是否加密）即可解出控制字正常收看节目了，这种情况就如同大批盗版机在共享一台正版机的授权一样。故这种盗版机又被称为无卡共享机。这只是一种随着宽带 IP 网普及而兴起的新型解密方法，由于 CA 只要求每 10 秒左右换一次加扰控制字，故宽带网络足以支持解密。由于这种方法用户只要买一台盗版机即可在家上网获得实时授权，隐蔽性强，危害极大。要对付这种盗版方法的关键，就是在机卡之间建立起一条每台机顶盒每次开始看节目都不同的安全通道，即采用所谓的"一机一卡及一次一密"。但现有的许多 CA 系统要抵抗这种攻击，则需要对其 CA 内核及 IC 卡进行彻底修改。

无卡 CA 和有卡 CA，实际都是基于采用 IC 卡芯片作为用户身份识别的手段，所不同的是，有卡 CA 需要一张 IC 卡，而无卡 CA 则把 IC 卡的芯片嵌入到机顶盒主板上了，两者并无太大的区别，所以破解的难度和成本是相近的。

【知识链接】随着量子通信技术的发展，通过"一次一密"的加密方式实现其无条件的安全性将被应用到数字电视等诸多领域中。因为光子具有不可分割性，在单光子发射的情况下，窃听者不可能将光子切成两半，拿走一半获得密钥，一半传输给接收方。因为光子不可能被准确地复制，所以窃听者无法通过复制光子获取信息。因为光子无法准确地测量，所以窃听者无法通过准确测量光子，制备出一个一模一样的光子。总之，窃听者无法将一个光子变成一模一样的两个光子，或者无法将光子信息读取出来后将光子再发出去。一个未知的量子态是唯一的，接收者如果接收到了准确的光子，那么窃听者就拿不到任何信息。

【本章小结】从应用角度来看，本章是要重点掌握的，因为数字电视的应用就是从机顶盒开始的。本章讨论了机顶盒的基本形式、基本结构及其工作原理；详细介绍了条件接收原理。机顶盒除了必须具有调谐解调、解复用解码和通信接口的硬件结构外，还需实时操作系统和面向各类应用的中间件等软件结构。高清立体解码、兼容多标准的（如 MPEG-2/-4、H.264/H.265、AVS+）且可录式的多屏互动双向机顶盒，是其发展方向。电子节目指南是数字电视应用区别模拟电视应用的显著特征之一，主要是依靠业务信息表中的业务描述表、事件信息表和网络信息表等表构成,依据运营商各个机顶盒主菜单及其 EPG 形式是多样的。条件接收是数字电视发展的永恒动力,用于对传输流加扰的控制字的三层密钥保护即加密算法是实现条件接收的关键,加密有对称加密和非对称加密,每种又有同密技术与多密技术,常用的是同密技术。若需要了解开放下载式的机卡分离加密机制是数字电视条件接收的发展方向,还需要重点了解 TVOS 的现实意义、EPG 的构成与应用以及 CA 的基本原理与实际意义。

思考题与习题

1. 机顶盒是什么? 它有哪些功能或作用?

2. 画出一个能够实现基本交互功能的有线数字电视机顶盒的硬件结构框图,并就此分析其工作原理。

3. 目前机顶盒的操作系统主要有哪些? 各有何特点?

4. 我国推出的操作系统 TVOS 有何特点? 积极采用 TVOS 对我国有何重大意义?

5. 数字电视接收端的中间件有何作用? 至少应有怎样的层次结构? 最好用什么语言编写中间件,为什么?

6. 为什么说中间件的选择决定着广电运营商未来之发展?

7. 电子节目指南有何作用? 联系你自己家庭使用的数字电视接收,画图详细介绍主菜单下各个分项功能。

8. 一台未使用过的 STB,你如何依靠 EPG 实现节目的快速搜索? 又如何确定特定频点上有哪几套节目?

9. 机顶盒在线升级时,可以不插上智能卡吗? 为什么? 升级时可以继续看电视或做其他吗?

10. 用户管理系统有何作用? 它的上层和下层分别有哪些?

11. 结合本章图 6-7 和图 6-8,阐述 CAS 的基本原理。

12. CAS 对数字电视发展有何意义? 为什么多数运营商(卫星、有线、地面)采用 CAS?

13. 对称加密和非对称加密有何异同? 举例说明。

14. 举例说明同密技术与多密技术的异同。

15. 简要分析无卡加密、下载式加密的条件接收特点与应用。

16. 结合你自家收视的数字电视,说明其 EPG 有哪些作用? 如何实现节目删除及重新排序? 如何设置喜爱节目?

17. 分析实现接收端电子节目指南的基本过程。

18. 简要分析条件接收的破解与反破解。对于反破解,你能做哪些工作或是你努力的方向?

19. 卫星数字电视应用最早,有线数字电视应用最广。但市场上没有真正的一体化有线数字电视接收机或一体化的卫星数字电视接收机,为什么?

第 7 章　数字电视的接收技术

7.1　有线数字电视的传输特点

　　目前,在我国各地有线电视网上传输的数字电视信号,多数是与先前模拟电视信号兼容传输的,即实现整体转换的基础。现在的光纤电缆混合 HFC 网络,模拟电视信号是采用残留边带调幅(AM－VSB)频分复用方式传输的,即每套电视节目采用 AM－VSB 先调制到一个指定的高频率载波上,且占用不同频率的载频,混合送到 HFC 网络上传输,节目是以频分复用而区分的,每套节目占用频带宽度都是 8MHz。数字化后的基带信号,不符合目前 HFC 的传输机制,无法让数字电视信号以基带的形式与现有的模拟电视信号兼容传输。为使数字基带信号适应 HFC 网络的要求,与模拟的频带信号在 HFC 中兼容传输,就需要对数字基带信号做恰当处理,这种做法叫信道编码与调制,这方面的内容分别在第 4 章和第 5 章已经讲述。其中调制就是解决数字基带信号不能直接在 HFC 网络中与模拟信号按频分复用兼容传输的关键问题。让高频载波载运基带信号并实现频谱从基带到载波频率的搬移,目前有线数字电视信号使用的是正交幅度调制即 QAM 调制,既调幅又调相,它先把信号码流分成独立的两路,分别对同频正交的两个载波进行双边带抑制载波调幅,最后两路已调信号相加输出。目前我国有线电视占有率最大,多数使用的是 64QAM 调制,即调制后载波有 64 种状态,每个状态代表一个 6 bit 的符号。64QAM 的调制状态可以直观地用坐标里的 64 个点即星座图表示,64 个符号正常在小方格中间。图 7－1 所示为实测 64QAM 星座图。而当信号劣化时,造成符号点的偏移,严重时偏移到格子外,星座图较为零散,易造成符号被错判,此时声像要么马赛克要么中断。经过上述的信道编码、调制,最终把传输码流载运到一个指定频率、8MHz 带宽内的高频载波上。从高频载波的形式讲,它与现在 HFC 网中传输的模拟电视频道信号就一样可以混合进已有的有线网传输了,并与模拟信号一

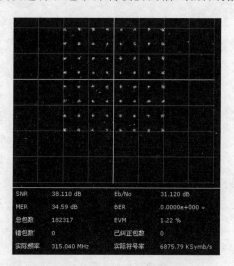

图 7－1　实测的 64QAM 星座图(比较图 5－26)

样,经光链路、电缆链路传输、放大直到用户。按照 DVB 标准,64QAM 的频谱利用率 6bit/Hz,在符号率为 6.875Mbaud 时,每个频点的最大带宽＝6.875×6＝41.25Mb/s,除去纠错保护字节实际有效带宽约为 38Mb/s。根据 MPEG－2 经验,视频节目在 4.2Mb/s 以上时,节目质量才有保障。按 5Mb/s 规划,每个频点传六套节目,共需 30Mb/s。各省市节

目规划目标为 200 套以上,一周的节目表和节目简介对带宽需求较大,业务信息 SI 分配 1～2Mb/s 带宽,条件接收信息 ECM 和 EMM 分配 1～2Mb/s 带宽,同密情况下分配 2～4Mb/s 带宽。这样规划,既保证了视频节目的基本质量,又保证了机顶盒能快速接收到业务信息,每个频点的带宽还留有 1～3Mb/s 左右的带宽余量,且当某频段上视频较少使得实际数据量不大时,此时对应频点的空包数据量较大(卫星传输中单路单载波或有线传输的个别频段上空包量较大,最高达 50% 以上),"空包"为发展数字电视的增值业务预留了空间。

"安徽广电信息网络总公司"管理着全省多数市县绝大多数数字电视节目的播出,借助于普通的"海信"平板电视机和"康佳"有线机顶盒,在巢湖学院实验室测出的结果如下:

(1)共有 47 个频点,200 多套电视节目。其中包含 CCTV1 至 CCTV13,CCTV 音乐/少儿、各省市一套卫视节目、自办节目等,共有 82 套节目为基本频道(即交基本收视费即可);以及劲爆体育、全纪实、靓装频道、东方财经、四海钓鱼等 78 个付费频道,CCTV1/3/5/6/8 和安徽卫视、湖南卫视、东方卫视等 17 个高清频道,2 套视频点播,其他为购物、测试、数据、精品剧场等频道。

(2)广播节目 19 套,主要有中央人民广播电台若干套、安徽交通/农村/文艺、合肥交通/生活等。

(3)数据广播 13 套。

安广网络数字电视广播业务频点分布,主要节目分布见表 7-1 所列。

表 7-1　安广网络数字电视广播业务频点分布
(频率单位:MHz。注:频点因运营商的不同,其节目设置也不同。)

序号	频点	主要广播电视节目(未注明的均为基本业务频道)
1	299	安徽导视,合肥新闻综合,合肥公共频道,合肥巢湖明珠频道
2	315	节目数为 7:CCTV1,CCTV2,CCTV7,CCTV10,CCTV11,CCTV12,CCTV 音乐
3	323	节目数为 6:CCTV3,CCTV5,CCTV6,CCTV8,CCTV 新闻,CCTV 少儿
4	331	节目数为 5:CETV1,CETV2(暂送),空中课堂(暂送),山东教育(暂送),安广影院(专业频道)
5	339	节目数为 6:游戏竞技/孕育指南/天元围棋/靓妆频道/留学世界(均为付费频道),梨园频道(测试)
6	347	节目数为 7:收藏天下(付费),亲亲宝贝(付费),车迷频道(付费),四海钓鱼(付费),时代家居(付费),家家购物(付费),数字电视导视频道
7	355	节目数为 6:卫生健康(付费),东方财经(付费),全纪实(付费),游戏风云(付费),动漫秀场(付费),家庭影院(付费)
8	363	节目数为 6:西藏卫视(基本),国防军事(测试),欧洲足球(测试),测试一～测试三
9	371	节目数为 6:节目名＝测试一～测试六;业务类型＝数字电视业务
10	379	节目数为 6:江苏卫视,东方卫视,山东卫视,河南卫视,东南卫视,江西卫视
11	387	节目数为 6:北京卫视,天津卫视,山西卫视,河北卫视,湖北卫视,四川卫视
12	395	节目数为 6:湖南卫视,广东卫视,旅游卫视,重庆卫视,云南卫视,浙江卫视

（续表）

序号	频点	主要广播电视节目（未注明的均为基本业务频道）
13	403	节目数为 6：青海卫视，陕西卫视，广西卫视，吉林卫视，黑龙江卫视，辽宁卫视
14	411	节目数为 6：安徽卫视，影视频道，科教频道，文体频道，公共频道，经济生活
15	419	节目数为 17：CCTV4，CCTV9；节目名＝loader，业务类型＝数据广播业务；中央人民广播电台一套；中央人民广播电台二套，China radio international，中国国际广播电台；安徽新闻广播/经济广播/音乐广播/生活广播/交通广播/农村广播/财富调频广播/小说评书广播/金曲调频广播/欢乐调频广播
16	427	节目数为 6：内蒙古卫视，宁夏卫视，贵州卫视，新疆卫视，甘肃卫视，金鹰卡通
17	435	节目数为 9：节目名＝NVOD，业务类型＝NVOD 时移节目：节目号 1000；节目号 1～节目号 8
18	443	节目数为 7：都市剧场/生活时尚/七彩戏剧/极速汽车/金色频道/魅力音乐/欢笑剧场（均为付费）
19	451	节目数为 13：安徽数字信息港，节目提供者＝安广网络，业务类型＝数据广播业务：阳光政务，新闻快讯，经济安徽，投资理财，气象资讯，生活资讯，交通资讯，旅游资讯，特别关注，商务电视，教育资讯，收视指南
20	459	节目数为 6：劲爆体育/幼儿教育/玩具益智/美食天府/武术世界/文物宝库（均为付费）

注：每个频点的 SymbolRate＝6875KS/s，Constellation＝64QAM；测试一、测试二为香港凤凰卫视，高清频道未列入。若通过码流分析仪测试，频道、数据信息将更为详细、准确。

同样，通过码流分析仪可以测出任意频点上的详细信息，图 7－2 就是在安广网络上的第二个 315MHz 频点上的所有信息分布。

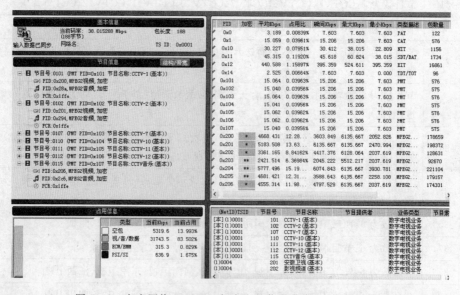

图 7－2　安广网络 315MHz 频点上的信息分布（未全部展开）

图 7－2 中，"＊""＊＊"表示奇加密和偶加密。由图 7－2 可见，315MHz 频点上的信息

传送的当前码率为 $38.015288\text{Mb/s}(=6875\times\log_2 64\times 188/204$，即按照图 7-1、图 7-2 并结合公式 5-2 也有同样的数值)，本 TS ID=1，节目数及其节目号(PMT-PID)，包括节目的视音频及 PCR、当前码率中空包、视音频和数据、条件接收信息 ECM/EMM 和辅助信息 PSI/SI 的各种详细成分及其占有率。也就是说，就本频点的信息分配而言，它显示了传输流中各基本元素的数目和带宽分配比例，对深入理解传输流的复用等方面的概念是很有帮助的。对于有线、卫星和地面的免费节目接收中，对应频点所测的 ECM/EMM 为零。

7.2　有线数字电视 C-DOCSIS 组网技术

在有线数字电视组网中，传统 HFC 网络，利用 CMTS 和 CM 设备，采用的是美国推出的 DOCSIS 接入体系，特点是能够简易实现基于 HFC 网络的宽带数据传输，但有上行带宽小且系统规模不大等缺点。目前全国各地为了满足有线电视接入网络大带宽业务承载、多业务 QoS 保障、可运营、可管理的运营要求，正在采纳 ETSI EN 302 878 系列标准的一种同轴宽带接入技术，该技术兼容了 DOCSIS 系列标准，由于这种基于 ETSI EN 302 878 系列标准的同轴接入技术是由中国广电提出，因此该技术也称为 C-DOCSIS 技术。该技术在继承传统 DOCSIS 技术优势的基础上，创新了系统架构及业务逻辑和信令协议，使用 MAC 层与 PHY 层集中或分离的灵活架构以及相应业务逻辑、QoS 映射和业务管理信令协议，解决了三网融合和 NGB 发展的宽带接入瓶颈。采用 C-DOCSIS 技术，有线电视运营商能够保护原有接入设备的投入，面向未来网络演进和业务发展，进行网络平滑升级，实现千兆到楼、百兆到户。C-DOCSIS 技术已成为支撑广电三网融合的 NGB 宽带接入核心技术。

CMTS 是线缆调制解调器终端系统，位于有线电视网前端，允许有线电视运营商向家庭计算机提供高速 Internet 接入。CMTS 通过有线电视网发送和接收数字线缆调制解调器信号。它接收从用户的线缆调制解调器发来的信号，将信号转换成 IP 包，然后将信号按一定路由发送给 ISP，连接 Internet。CMTS 还能将信号下行发送到用户的线缆调制解调器。线缆调制解调器之间不能互相直接通信，必须通过 CMTS 才能沟通。CMTS 提供的许多功能类似 DSL 系统中的 DSLAM 提供的功能。

C-DOCSIS 接入技术将 DOCSIS 系列标准规定的物理层与数据链路层的接口从分中心机房下移至有线电视光节点处，向下通过射频接口与同轴电缆分配网络相接，向上通过 PON 或以太网与汇聚网络相连。针对接口下移后的组网模式，C-DOCSIS 接入技术规范了系统的功能模块及模块之间的数据和控制接口，扩展了系列标准规定的上下行射频调制技术，简化了部分信道技术，在保障与符合系列标准的终端设备兼容的同时，能够实现大带宽入户，承载视频、语音和数据等综合业务，具有大带宽业务承载、多业务 QoS 保障、可运营、可管理的能力，是有线电视网络承载三网融合业务的下一代宽带接入技术。

7.2.1　系统逻辑架构与功能模块

1. 系统逻辑架构

C-DOCSIS 系统由头端、终端、配置系统和网络管理系统组成，其系统架构如图 7-3 所示。

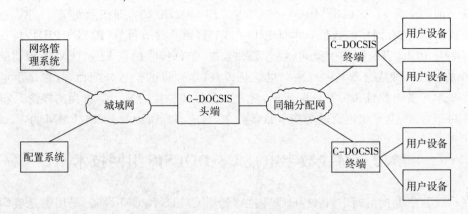

图 7-3　C-DOCSIS 网络管理、配置系统和终端的系统架构

在 C-DOCSIS 系统架构中,C-DOCSIS 终端设备连接运营商的同轴分配网络和用户设备,负责它们之间的数据转发。C-DOCSIS 也是通过有线电视同轴提供各种数据业务的一种标准化技术,在不同系统提供商的设备之间实现了强大的互操作性和兼容性。用户设备可以嵌入终端设备之中,也可以作为独立的设备存在。典型的用户设备包括个人、电脑、eMTA、家庭路由器和机顶盒等。

C-DOCSIS 头端连接同轴分配网络和汇聚网络,负责它们之间的数据转发,通过汇聚网络接入运营商的配置系统及网络管理系统。C-DOCSIS 配置系统提供 C-DOCSIS 系统的业务和设备配置服务,实现配置文件的生成、下发、终端设备的软件升级等功能,包括 DHCP 服务器、配置文件服务器、软件下载服务器、时钟协议服务器等。C-DOCSIS 网络管理系统包括 SNMP 管理系统和 Syslog 服务器。C-DOCSIS 系统功能模块如图 7-4 所示。

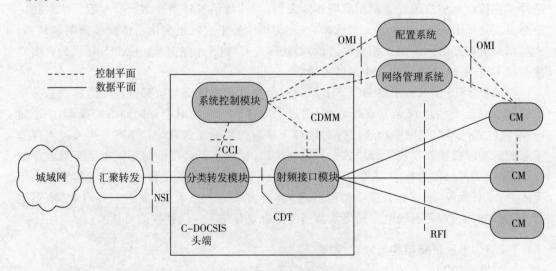

图 7-4　C-DOCSIS 系统功能模型

2. 系统功能模块

C-DOCSIS 头端由射频接口模块、分类转发模块、系统控制模块和 CM 模块构成。

(1)射频接口模块。主要实现本标准规定的 PHY 层和 MAC 层的功能,具体包括 PHY

层子模块和 MAC 层子模块,在下行方向完成基于业务流的调度、排队、整形,创建 C-DOCSIS MAC 帧,射频调制和传输;在上行方向完成射频信号接收,C-DOCSIS MAC 帧头处理,排队和调度,并负责处理 C-DOCSIS MAC 管理消息。

(2)分类转发模块。根据数据报文中的 TCP、UDP、IP、LLC 等相关字段(如 MAC 地址、IP 地址、TCP/UDP 端口号)是对下行数据流进行数据包匹配,在每个数据包头部插入 CDT 标签标记所属的业务流;本模块对上行数据流,根据数据包所携带的 CDT 标签,按照 C-DOCSIS 业务映射规则插入汇聚网业务标识向网络侧转发数据。

(3)系统控制模块。实现对射频接口模块、分类转发模块的配置和管理,例如在 CM 注册时,本模块解析 CM 上报的业务流和分类信息,相应地对分类转发模块进行配置。同时本模块与网络管理系统和配置系统接口,实现业务的配置和管理等功能。

(4)CM 模块。C-DOCSIS 终端由 CM(Cable Modem)模块构成,实现用户端设备的接入。CM 的作用是完成数模转换,并对信号进行调制、解调,使之在 HFC 网络上更好地传输。CMTS 是管理控制 Cable Modem 的设备,在 CMTS 和 CM 间的通道建立后,可使用简单网络管理协议进行网络管理。Cable Modem 加电工作后,首先自动搜索前端的下行频率,找到下行频率后,从下行数据中确定上行通道,与前端设备 CMTS 建立连接,并交换信息。Cable Modem 具有在线功能,即使用户不使用,只要不切断电源,就与前端始终保持信息交换,用户可随时上线 Cable Modem 具有记忆功能,在断电后再次接电时,使用断电前存储的数据与前端进行信息交换,可快速地完成搜索过程。

这里不再针对上述模块及其接口的说明加以叙述,若有需要请查阅相关文献。

C-DOCSIS 配置系统提供 C-DOCSIS 系统的业务和设备配置服务,实现配置文件的生成、下发、终端设备的软件升级等功能。配置系统包括 DHCP 服务器、配置文件服务器、软件下载服务器、时钟协议服务器等。其中 DHCP 服务器用于为 C-DOCSIS 终端和用户设备提供启动初始配置信息,主要包括 IP 地址。配置文件服务器用于为 C-DOCSIS 终端启动时提供配置文件下载。配置文件为二进制文件格式,其中包含 C-DOCSIS 终端的配置参数。软件下载服务器用于为 C-DOCSIS 终端升级提供软件下载。时钟协议服务器为时钟协议客户端主要为 C-DOCSIS 终端提供正确的时间。

C-DOCSIS 网络管理系统包括 SNMP 管理系统和 Syslog 服务器,其中 SNMP 管理系统可以通过 SNMP 协议配置和监控 C-DOCSIS 头端及其终端,Syslog 服务器用于收集设备操作相关的信息、包括系统日志等信息。根据运营商不同的应用需求,配置系统和网络设备管理系统可以包括其他的功能。C-DOCSIS 系统通过汇聚转发设备接入城域网,汇聚转发设备可以是 OLT、以太网交换机或路由器等设备。

7.2.3 C-DOCSIS 典型系统实现

按照图 7-3 进行系统实现时,根据 C-DOCSIS 头端对系统控制模块、分类转发模块、射频接口模块的不同组合实现,目前主要有两种典型实现系统:一是集成式,二是分布式。

1. 集成式典型系统

根据 C-DOCSIS 规定的系统功能模型,本标准描述了一种集成式典型系统实现,如图 7-5 所示。

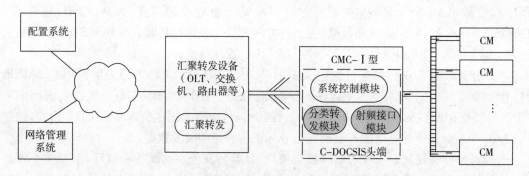

图 7 - 5　C - DOCSIS 集成式典型系统实现

在本集成式系统中,将系统控制模块、分类转发模块和射频接口模块集成到一个设备中,该设备定义为 CMC - Ⅰ 型,实现 C - DOCSIS 头端功能。CMC - Ⅰ 型设备位于网络中靠近用户侧的位置,如楼道或现有 HFC 网络的光节点处。CMC - Ⅰ 型设备定义的射频接口与 CM 进行通信,实现 C - DOCSIS 系统中同轴电缆网络通信的功能。CM 设备与 CPE 设备连接,实现终端设备接入。CMC - Ⅰ 型设备通过本标准规定的 NSI 接口,与汇聚网络之间的物理接口和业务流映射逻辑关系,实现本标准规定的数据流转发与业务映射。CMC - Ⅰ 型设备利用汇聚网提供的 IP 通道通过本标准定义的 OMI 接口与配置系统及网络管理系统通信,实现配置和网络管理。CMC - Ⅰ 型设备与策略服务器通信,实现动态业务流操作。

2. 分布式典型系统

根据 C - DOCSIS 规定的系统功能模型,系统控制模块、分类转发模块和射频接口模块可以采用分布式的方法实现。其中位于网络中靠近用户侧位置的设备仅实现射频接口模块的功能,该设备定义为 CMC - Ⅱ 型,利用汇聚网络设备来实现系统控制模块、分类转发模块的功能,通过本标准所定义的系统控制模块与射频接口模块之间的控制消息、消息格式和 CDT 接口与射频接口模块通信。此种实现方式被称为分布式典型系统,如图 7 - 6 所示。

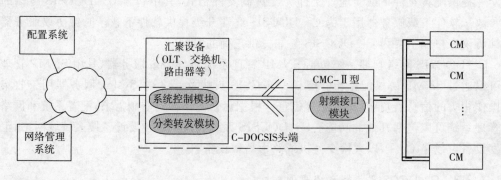

图 7 - 6　C - DOCSIS 分布式典型系统实现

在分布式系统中,C - DOCSIS 头端功能由汇聚设备和 CMC - Ⅱ 型设备共同实现。其中 CMC - Ⅱ 型设备仅包含系统功能模型中的射频接口模块,系统控制模块和分类转发模块则集成到汇聚设备上。CMC - Ⅱ 型设备位于网络中靠近用户侧的位置,如现有 HFC 网络的光节点处,其中 CM 设备实现定义的 CM 模块功能。

CMC - Ⅱ 型设备通过本标准定义的射频接口与 CM 进行通信,实现 C - DOCSIS 系统中 MAC 和 PHY 层的功能。CM 设备与 CPE 设备连接,实现用户设备接入。汇聚设备利用城域网提供的 IP 通道通过本标准定义的 OMI 接口与 C-DOCSIS 配置系统和网络管理系统通信,实现配置和网络管理与策略服务器通信,实现动态业务流操作。在 CMC-Ⅱ 型设备和汇聚设备之间,通过定义 CDT 接口实现数据平面通信,也通过定义 CDMM 接口实现 CMC-Ⅱ 型设备的集中式控制。

分布式特点是:城域网采用光纤环网;末级机房向下采用星型网络结构,通过光纤传输到各光节点;最后几百米通过同轴分配网接入家庭。这种方式投资适中,应用广泛。各地大量实践证明:C-DOCSIS 为有线网络运营商提供一套线路改造量小、总体性能高的解决方案。该方案集合了 DOCSIS 和 PON 的优点,较传统的 HFC 网络具有更高的性价比,能够在相当长的时期内满足用户对带宽、质量和稳定性的要求。

7.2.4 业务承载、功能及其他

1. 业务承载方式

从电缆宽带接入网络承载业务,针对视频、语音、数据三大类的技术特性来说,可以按照带宽、时延、抖动以及丢包等业务传输特性需求来区分不同的应用类型,主要包括以下典型业务应用。

(1)业务支持。要求网络提供双向支持,用户通过竞争请求获取系统剩余带宽,网络尽最大努力来传输业务。

(2)保证下行带宽的非实时应用业务。要求网络提供双向支持,保证下行带宽,支持恒定带宽,对传输时延和抖动要求低。

(3)保证上下行带宽的非实时应用业务。要求网络提供双向支持,保证较高的上下行带宽和较低的丢包率,对传输时延和抖动要求低。

(4)保证下行带宽的实时应用业务。要求网络提供双向支持,保证较高的下行带宽和较低的传输时延及抖动,支持恒定带宽或可变带宽,对上行带宽要求较低。

(5)保证上下行带宽的实时应用业务。要求网络提供双向支持,保证较高的上下行带宽和非常低的传输时延及抖动,支持恒定带宽或可变带宽。

从运营的角度来说,可以从带宽、使用时间段、优先级来区分不同的应用业务类型,主要包括以下的典型应用业务。

① 带宽差异应用业务。要求网络能提供不同的用户不同网络带宽,如 2M、6M、8M、20M、100M 等。

② 使用时间段差异应用业务。要求网络能提供不同用户在不同的时间段内使用;

③ 优先级等级差异应用业务。要求网络能提供不同业务不同的优先等级,不同的用户不同的优先级,以及不同用户及业务组合的不同优先级。C-DOCSIS 系统应支持承载以上应用业务。

2. 一般功能

C-DOCSIS 系统应兼容符合 ETSI ES 202 488、ETSI EN 302 878 系列标准的终端设备。C-DOCSIS 系统应支持宽带数据业务与有线电视广播业务通过频分复用进行共缆传输。C-DOCSIS 系统应具备数据转发功能,支持同时转发 IPv4 和 IPv6 数据包,并支持单播、组播功能,具备广播抑制功能。从频道捆绑以及带宽要求来说,如果在上行支持 4 个频

道的捆绑要求,下行支持 16 个信道的捆绑,下行带宽能达到 900M,上行带宽达到 160M。C-DOCSIS 系统应具备识别不同业务终端的能力,并支持把不同业务终端的业务开通请求转发到由系统指定的相同或不同的配置系统服务器。C-DOCSIS 系统应支持对多业务的承载,支持业务流的静态、动态 QoS 保障;支持依据业务流规则对 IP 业务优先级的修改,并防止用户非法设置报文的 IP 优先级,支持依据业务流规则,向上将不同的业务流映射到不同的虚拟网络。C-DOCSIS 系统应支持用户溯源管理,能对接入终端设备进行认证,并能保障用户数据传输安全,防止用户非法修改网络设置和进行网络攻击。C-DOCSIS 系统应具备系统设备配置管理、性能监视、故障告警等运行维护管理功能,应具备查询 CM 上下线频次、时间等事件的列表功能。

3. 带宽

C-DOCSIS 头端应具备下行信道捆绑功能,支持至少 16 个下行信道的捆绑,支持配置下行信道捆绑的数量,如支持 4、8、12、16 数量的下行信道的绑定。在下行信道为 256QAM 调制方式时,系统支持 800Mb/s 的下行传输带宽,在下行信道为 1024QAM 调制方式时,系统支持 1Gb/s 的下行传输带宽。C-DOCSIS 头端应具备上行信道捆绑功能,支持至少 4 个上行信道的捆绑,支持配置上行信道捆绑的数量,如支持 2、3、4 数量的上行信道的绑定。在上行信道为 64QAM 调制方式时,系统支持 100Mb/s 的上行传输带宽,在上行信道为 256QAM 调制方式时,系统支持 130Mb/s 的上行传输带宽。C-DOCSIS 系统应支持基于信道连接的终端数量、流量负载或二者组合策略的负载均衡。

4. 其他要求

(1)CMC 设备使用环境要求

① 环境温度:野外型设备为 -25℃ ~ 55℃;楼道型设备为 -10℃ ~ +55℃。

② 相对湿度:10% ~ 90%。

(2)供电电压要求

① 野外型 CMC 设备:额定交流电压为 60V,供电范围为 36 ~ 72V,采用线缆供电模式。

② 楼道型 CMC 设备:头端设备允许供电电压范围为 36 ~ 72V,采用线缆供电模式,允许供电电压范围为 187 ~ 242V,采用市电 220V 交流供电。

此外,平均无故障工作时间的下限值,CMC 应不低于 30000 小时的可靠性要求。

C-DOCSIS 的标准化与其特有的特性,较好地满足了下一代广播电视的基本要求,尤其是包含 IPQAM 功能或扩展 IPQAM 功能,在互动电视及其下一代广播电视网络中发挥重大作用。此外,为了适应互联网的发展,以及新技术、新设备的应用,突出上行数据的传输效率,C-DOCSIS 已经推出了更高的 3.1 版本。

7.3　有线数字电视信号的错误监测

有线数字电视系统包括编解码、复用和传输等多个环节,整个过程涉及的技术指标较多,其中的关键参数影响着数字信号质量和整个系统的稳定性,所以必须对关键技术参数进行监测,以便于更好地维护和使用。在有线数字电视的码流传输中,虽然每个频点的总传输速率在 38Mb/s 附近,但其中各组成成分是随时间变化的。且每一个频点上因传输前复用电视节目数差异,其 TS 流包中实际利用区别较大。有的频点上,传输的空包很多,特别是该频点仅传输极少的视频时,这种情况在卫星网络上许多(当单路单载波时)。

有线数字电视系统中,模拟视音频信号经过抽样、量化及压缩编码形成基本码流 ES,ES 流是不分段的连续码流。把 ES 流分割成段,并加上相应的头文件打包形成打包的基本码流 PES,PES 包和包之间可以是不连续的。在传输时将 PES 包再分段打成有固定长度 188 字节的固定长度传送包码流 TS。TS 流经系统复用加入 PSI/SI 及加密信息形成多路节目传输流,最后经过 64QAM 调制及上变频形成射频信号在 HFC 网中传输,在用户终端经解码恢复模拟视音频信号。因此,在有线数字电视系统中,TS 码流参数和系统传输网络参数是需要了解和监测的重点。对 MPEG-2 TS 流参数的监测,主要依据是"DVB 系统测试指导"文件 ETR290——测试并不依赖于任何商用解码器及芯片,而使用 MPEG-2 TS 系统目标解码器的标准解码程序。目前实际使用的 MPEG-2 TS 流参数的监测和特性分析是对 ETR290 的修订版本即 TR101-290,其测试标准主要为 3 级错误检测、PSI/SI 信息分析、TS 流语法分析、PCR 分析及缓冲区分析等。一般采用价格不菲的码流分析仪、误码测试仪及频谱分析仪等设备对 TS 流进行检测分析。码流分析仪依赖接收码流中的重要信息(如 PSI/SI、PCR 及 TS 包头等信息),通过对比分析法,即通过机顶盒对码流的解析和播放的现象对比码流分析仪的正确分析结果,对机顶盒出现的不正常现象进行错误判断。TR101-290 的三级错误分析依据 DVB 最新的 TR101-290 测试标准,将 DVB/MPEG-2 TS 流的测试错误指示分为三个等级:其中,第一等级是可正确解码所必需的几个参数;第二等级是达到同步后可连续工作必需的;第三等级是依赖于应用的几个参数,具体如下。

第一等级,共 6 种错误。(1)传送码流同步丢失错误。连续检测到 5 个正常同步视为同步,连续检测到 2 个以上不正确同步则为同步丢失错误。传输流失去同步,标志着传输过程中会有一部分数据丢失,直接影响解码后的画面质量。(2)同步字节错误。同步字节值不是 0×47。同步字节错误和同步丢失错误的区别在于同步字节错误传输数据仍是 188 或 204 包长,但同步字头的 0×47 被其他数字代替。这表明传输的部分数据有错误,严重时会导致解码器解不出信号。(3)PAT 错误。标识节目相关表 PAT 的 PID 为 0×0000,PAT 错误包括标识 PAT 的 PID 没有至少 0.5s 出现一次,或者 PID 为 0×0000 的包中无内容,或者 PID 为 0×0000 的包的包头中的加密控制段不为 0。PAT 丢失或被加密,则机顶盒能够调谐上但解码器无法搜索到相应节目;PAT 超时,解码器工作时间延长。(4)连续计数错误。TS 包头中的连续计数器是为了随着每个具有相同 PID 的 TS 包的增加而增加,为解码器确定正确的解码顺序。TS 包头连续计数不正确,表明当前传输流有丢包、包重叠、包顺序错等现象,会导致解码器不能正确解码。(5)PMT 错误。节目映射表 PMT 标识并指示了组成每路业务的流的位置,及每路业务的节目时钟参考(PCR)字段的位置。PMT 错误包括标识 PMT 的 PID 没有达到至少 0.5s 出现一次,或者所有包含 PMT 表的 PID 的包的包头中的加密控制段不为 0。PMT 被加密,则解码器无法搜索到相应节目;PMT 超时,影响解码器切换节目时间。(6)设置 PID 错误。检查是否每一个 PID 都有码流,没有 PID 就不能完成该路业务的解码。如果 PSI/SI 中指定了一个并未使用的 PID,这时候对机顶盒就没有什么影响。

第二等级,共 6 种错误。(1)传输错误。传输过程造成大量误码导致机顶盒无法正常解码。此时 TS 包头中的传送包错误指示为"1",表示在相关的传送包中至少有 1 个不可纠正的错误位,只有在错误被纠正之后,该位才能被重新置零。而一旦有传送包错,就不再从错包中读出其他错误指示。（2）CRC 错误。在 PSI 和 SI 的各种表中出现循环冗余检测码 CRC 出错，说明这些表中的信息有错，这时不再从出现错误的表中读出其他错误信息。（3）PCR 间隔错误。PCR 用于恢复接收端解码本地的 27MHz 系统时钟，如果在没有特别指明的情况下，PCR 不连续发送时间一次超过 100ms 或 PCR 整个发送间隔超过 40ms，则导致接收端时钟抖动或者漂移，影响画面显示时间，如果间隔超时不严重则影响不大。（4）PCR 抖动错误。PCR 的精度必须高于 500ns 或 PCR 抖动量不得大于 ±500ns。PCR 抖动过大，会影响到解码时钟抖动甚至失锁。另外，PCR 精度偏小可能引起机顶盒色度载波生成不良，从而导致部分品牌电视机无法正常显示彩色图像。（5）PTS 错误。播出时间标记 PTS 重复发送时间大于 70ms，则对帧图像正确显示产生影响，如出现停帧或跳帧等现象。此外，PTS 只有在 TS 未加扰时方能接收。（6）CAT 错误。TS 包头中的加密控制段不为 0，但却没有相应的 PID 为 0×0001 的条件接收表 CAT，或在 PID 为 0×0001 的包中发现非 CAT 表。CAT 表将指出授权管理信息 EMM 包的 PID 并控制接收机的正确接收，如果 CAT 表不正确，就不能正确接收。

　　第三等级，共 10 种错误。（1）NIT 错误。如果不出现，那么机顶盒无法获得 NIT 携带的网络和频道频率等信息。如果超时，那么机顶盒得到这些信息的时间必将慢，观众可能感觉机顶盒比较迟钝。（2）SI 重复率错误。机顶盒得到 SI 相关的节目信息、网络信息和 EPG 信息的时间比较长，用户可能感觉机顶盒比较迟钝。（3）缓冲器错误。一般没有什么特别的影响，但可能造成视音频丢失或停顿现象。（4）非指定 PID 错误。一般没有什么特别的影响，但需要看一下这些 PID 是从哪里来的，是否是运营商特殊服务用的。（5）SDT 错误。如果不出现，机顶盒无法获得 SDT 携带的节目名等信息。如果超时，那么机顶盒得到这些信息的时间比较长，用户可能感觉机顶盒比较迟钝。（6）EIT 错误。如果不出现，机顶盒无法获得 EPG 信息。如果超时，那么机顶盒得到这些信息的时间比较长，用户可能感觉机顶盒比较迟钝。（7）RST 错误。一般影响不大。（8）TDT 错误。如果不出现，机顶盒无法获得网络统一的时间信息，可能造成部分 EPG 功能不正常。如果超时，影响不大。（9）空缓冲器错误。一般影响不大。（10）数据延迟错误。一般影响不大。事实上，第三级错误并非是 TS 传输流的致命错误，但会影响一些具体应用的正确实施，所以国内外有的文献对第三级错误类型及多少的定义有所差异，但主要内容是一致的。总之，通过对 TR101 290 规定的三级错误监测，以即时保证传输流中的 PSI/SI 信息和视频编码信息的数据结构的正确性，保证前端系统编码、复用设备、SI 信息服务器合乎标准，保证系统的安全播出和机顶盒的正常接收，防止出现播出事故。同样，在卫星、地面数字电视传输中存在上述三级错误监测。

7.4　有线数字电视传输的常见故障与解决方法

1. 马赛克

　　马赛克是数字电视维修中最常见的一个问题。当出现马赛克情况时，首先要用仪器（码流分析仪或数字场强仪）测试输入电平，要保证在 40～65dB，电平过高会产生马赛克现象，电平过低电视机将会显示无信号，误码率过高也会出现明显的马赛克，当收视模拟图像较为模糊，且均匀的雪花电较多，说明信号较弱；若雪花点明亮，图像对比明显，说明信号过强，数字电视图像也会出现马赛克现象。此时要查看送入 STB 的输入信号,以便确定问题发生在室内还是发生在干线上。如发生室内,需检查室内的布线情况,看其安装是否符合规定:未安装分支器的,帮室内安装分支器;接线头或中间有未按标准连接的,须用良好的接头直接连接,再看其 STB 接触是否正常。再次用仪器确认信号,保证信号强度及误码率在所要求的范围内。在确定最后一级室内信号正常情况下,在终端测量信号,如果误码率过高,属于室中分线处未接好或接法不符合规范,用户线串联需要用分支器将其连接。如信号过低,误码率有一定的偏差但偏离值不大,因室内线路分布可能是逐级或逐间分,即从外信号送入一处,再由该处送入下一房间,以此分布线路,或者安装有线信号放大器,并在每次分线处加装分支器,以确保电视正常收看。

2. 无信号

无信号,即正常收看时电视机突然显示“无信号”。此类问题通常存在两大原因,一是电视机视频转换问题,二是信号问题。目前许多电视机在无信号或信号异常时都会显示“无信号”,但这时的无信号并不等同于数字电视无信号。目前数字电视要在视频状态下才能收看,因此首先须确定用户电视机的状态,即是否已切换视频。数字电视无信号时,电视上的显示将会是“无信号”,因此也可以初步判断是操作者操作不当引起的。当长时间没使用某台机顶盒收看数字电视或前端系统的节目更新等也会引起无信号现象,此时可将机顶盒恢复出厂设置,重新搜索即可。

3. 智能卡问题

智能卡在数字电视中起到解密钥匙的作用,数字电视传输的是加密节目,因此需要智能卡来解密及对用户所开通业务的授权。如出现“节目已加扰或没有授权”,在确定该 STB 已购买该节目的情况下,让用户将智能卡号告知当地运营商,重新帮其受理开通即可。如出现“不能识别智能卡”,请用户确认是否是有效的智能卡插入,并确定智能卡的芯片位置是否按要求摆放。

4. 网络反射

网络反射对传输的影响。接收模拟电视信号时反射的影响远不及接收数字电视信号时反射所产生的影响严重。原因是网络里存在的反射波,在时间上落后于直射波到达接收点,相对于接收点而言,同一时间会有两个信号到达,但反射波由于经过的路径比直射波长,相位将落后于直射波。两个频率相同、载运信息相同,相位不同的波在接收点按矢量叠加。对载波来说,会出现幅频特性的鼓包、凹下的起伏。对解调后的基带来说,直射波载运的码流和反射波载运的码流一前一后地送到解码器,幅频特性平坦度的破坏,会使部分频道电平低落,非线性失真增加。当两个码流序列混到一起会直接影响解码器判决的准确,明显加大误码率,这就是所谓的码间干扰。实践证明,因反射造成的误码率增加是十分明显的,且高频段易产生反射。在维修中,在排除了网络其他故障后仍解决不了问题时,就要考虑反射了。实践证明,若某个频段上一个节目无法收看,则该频段上的其他节目一般也不能收看,这是数字电视信号接收的故障特点,也是数字电视单频干扰较模拟电视的单频干扰影响大而复杂的特点。光发射机激励部分的非线性失真或其他指标降低对模拟图像影响不大,但对数字电视造成明显影响,使网络误码率升高,数字电视图像出现停顿或马赛克现象即峭壁效应。模拟电视只要有信号,屏幕上总会有点图像出现,只是清晰程度不同而已,在一定程度上可以忍受。实际中用户终端数字电视信号电平在 50~65dB,模拟信号电平在 65~

75dB 为宜,低于或高于这个数值时,就会使多个频道出现无信号或者马赛克,一般数字电视比模拟电视低 10dB 以上,这样既可以避免数字电视干扰模拟电视,又能保证数字电视的正常接收。

　　不匹配是造成反射产生的主要原因。如电缆的不同轴连接或连接不规范,使用 F 接头不标准或不规范,甚至用普通双绞线充当同轴电缆线,以及电缆弯曲半径不符合要求等。如电缆因外力压扁等因素,分配器或分支器件有空闲头未做终端匹配处理,或传输路径上接头过多,特别是从室外分支器到室内的并行接头过多时,直接把多根 75－5 线缆互连拧在一块(尽管接头连接牢固),且过多连接没有经过分支器、分配器,等等。若是家庭室内的线路老化、接点过多或劣质,通常会引起掉线、网速不稳,宽带与数字电视同步干扰等故障。此外,多接头处传输线弯曲、电缆内部短、断路、路绝缘劣化、外伤遗留问题等造成特性阻抗突变、不合格器件(主要是反射指标不合格)、不合理分配方式等。反射特性不良的隐患存在比较普遍,因为传输模拟电视时这是被忽略了的问题,数字电视对相位敏感和接收的峭壁效应使得它突现出来。在实际中应采用性能一致的传输线,尽可能平直地(接头要尽量采用点接触法)直接接到机顶盒,这是解决反射最便宜的方法。此外,尽量避免使用有源功分器,并根据实际需要选用合适的功分器。若有多余的接头一定要接上 75Ω 假负载,特别是在馈线较长时更应注意,以消除信号的反射提高传输质量。单频率的干扰,对模拟电视的影响一般只是一个频道出现网纹,影响不大,图像上出现零星的噪点、杂乱的黑白线、伴音里出现卡拉声,时间上只是一过而已,判断也容易。对数字电视的影响就复杂,一是影响一个频段载运的几套节目,而不是一套节目;二是都表现为马赛克、中断,没有过渡过程、不以网纹出现、不容易判断。经验表明,因反射造成的数字峭壁效应导致收看不到若干频道的数字电视节目,用户往往以为是电视台相关电视信号出了毛病。用户的室内线最好由专业人员进行布线(非接线专业的装潢人员或家庭成员,容易随意布线造成接头不规范等),正确连接接线盒与电缆,以防患于未然。

　　5. 不能正常接收某一频点节目

　　不能正常接收某一个频点上的数字电视节目,可用频谱仪看此频点的波形图是否有陷波点。正常的数据信号显示的波形应该是完整平滑的,如果有陷波点,只有平坦部分的数据能够收全,该段的数字电视节目就能收到,恰好在陷波点位置的数据就收不到,那一段的数字电视节目就收不到。造成这种现象的原因有可能是用户线和用户盒不规范,也有可能是分支分配器输入输出口接反,还有可能是电缆指标不合格,这种电缆在某一频点衰减过大,在有供电器的网络中多余的供电输出口没有加上假负载,或是机顶盒本身的问题,或是前端的问题等情况都有可能出现这种故障。接线不规范、不采用正规的分配器,造成阻抗不匹配,就会出现数字电视频道接收不全。家庭网线工艺差引起故障是主因,其中网线、水晶头没做好或接触不良,通常会造成网络无法连接,导致电视节目黑屏。若机顶盒出现死机或开机后遥控无反应现象,此时只要将机顶盒的电源关闭片刻再重启即可解决。

　　6. 峭壁效应

　　导致峭壁效应的是误码率或误比特率 BER,但引起误码率增大的关键是调制误差率(MER)的减小,MER 是指调制后的符号位置与理想位置的比值。实际测量 307MHz 频点在不同 SNR 及 MER 下的星座图分别如图 7－7、图 7－8 所示。

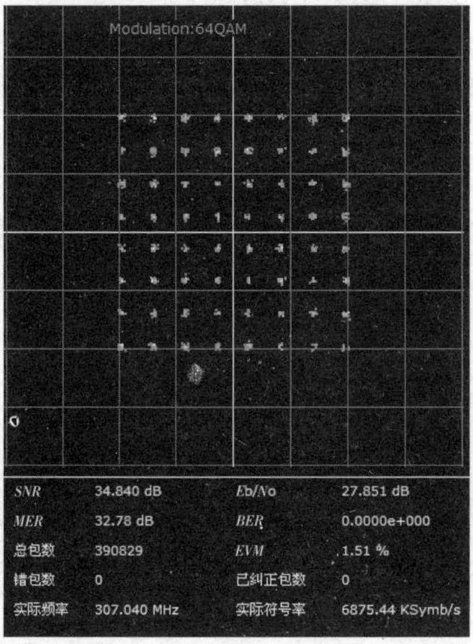

图 7 - 7　SNR/MER 较高的星座图 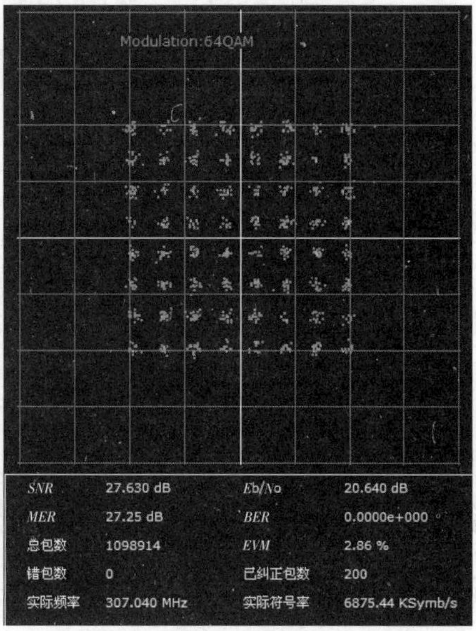　　　　　图 7 - 8　SNR/MER 较低的星座图

在图 7 - 7 中,从实测结果看出:信噪比 SNR、调制误差率 MER 和载噪比 Eb/No 等都较大,误比特率 BER 极小,误差向量幅度 EVM(理想无误差基准信号与实际发射信号的向量差)增大,此时观察该频点上的视频流畅、清晰,说明此时的信道传输质量高;而图 7 - 8 中的视频相对较差,质量一般,有时还会出现马赛克,因为此时的 SNR、调制误差率 MER 和载噪比 Eb/No 等参数相对较低,说明此时的信道传输受到影响、质量较低。MER 并非意味此信号已经误码,而是表征它在未误码时的质量,或是尚未误码时的噪声状态,即符号位置还在自己的活动范围内,虽然有偏移甚至较大,但尚未跨出框外(亚误码状态),同一网络下不同频点上的 MER/BER 有所差异。MER 精确地表明数字信号在调制和传输过程中因各种噪声、载波泄漏、IQ 幅度不平衡、IQ 相位误差、相位噪声等,所受到的损伤,在一定程度上说明该信号是否能被解调还原,以及解调后还原信号的质量。实践证明:

(1)对于 64QAM 的有线电视接收端来说,当 MER>36dB 时,收视质量优秀;当32dB<MER<36dB 时,收视质量良好;当 28dB<MER<32dB 时,收视质量一般;当 26dB <MER<28dB 时,可勉强接收;当 MER<26dB 时,静帧或马赛克而无法收视。

(2)在把数字 64QAM 信道平均功率配置为比模拟信道电平低 8～10dB 的情况下,降低整个通路信号电平,当模拟信号主观收看评价达到 2 分时(5 分体制),数字信道的收看质量仍在 4 分以上。说明在相同的覆盖面积下,数字电视较大地节省了发射功率。

因此,为保证数字电视信号的传输质量,须合理规划载噪比 C/N 和 MER,确保误码率保持在良好的范围内。有专门的数字电视测试分析仪来测量星座图、MER 及其 BER 等参量。须指出,数字电视系统的维护设备,除了数字电视分析仪、万用表等外,还有数字电视频谱图像场强分析仪、码流分析仪等专用设备。

7.5　视频点播与准视频点播

交互电视又称互动电视,是数字电视区别模拟电视的最大亮点,就是广播者与观众之间通过电视屏幕建立起一种直接或间接的联系,观众不再是被动地接收电视台播放的节目,而是可以根据本人兴趣选择接收自己的节目、参与节目进程和了解相关信息,实现时移电视、电子商务活动、远程医疗以及交互式远程电视教育等。同时可以向广播经营者反馈自己的需求信息,便于广播商根据反馈信息做出正确反应,以便于进一步办好节目。交互电视的最直接应用是视频点播和准视频点播。

7.5.1　视频点播及其实现方案

VOD(Video on Demand)系统将传播内容实时传输到机顶盒上或者下载到机顶盒,VOD是交互电视的应用形式之一,它是一种用于家庭娱乐的多媒体系统,观众通过网络来点播电影、MTV等需要的服务,VOD的特点是用户提出要求并从运营商那里得到数据,用户首先决定在许多节目源中看什么,什么时候看,检索后进行选择,此过程就像从节目超市购物一样,它不仅使用户可以接入云视频服务器,而且还可提供查找某一特定节目的方法,同时它允许用户选择看及如何看,这种收看方式是传统的电视节目经营者难以满足的。正是VOD所具有的按需播出特点,使得广播电视经营者面临一个巨大挑战,即它必须拥有速率在每秒太比特(Tb/s)以上的数据图书馆,并且网络须有较好的带宽预留,因为客观上VOD的结构每个用户对应一个链接,每个数据流占用一个带宽,且很可能有几个观众同一时刻点播同一节目,因此如果一个人在看电影,网络必须支持至少3Mb/s的标清传输;若10个人看电影,则需要30Mb/s的这种"并发流"传输能力,也正是观众的不同喜好及不同时间的请求,使得这种"真视频点播"的网络带宽许可情况下,比如光纤入户,VOD在技术上容易实现的。

作为举例,目前在HFC网络中通过IPQAM实现视频点播,是最基本的应用形式。IPQAM承担着介于IP网HFC网络间"网关"的角色,实现将IP网传输的TS节目,通过QAM调制转换成射频信号传送出去,IPQAM调制设备集"复用、加扰、调制、频率变换"功能为一体,它将DVB/IP自IP骨干网输入的节目流重新复用在指定的多业务传输流中,再进行QAM调制和频率变换,输出RF。在C-DOCSIS技术架构下,实现VOD的系统结构如图7-9所示。

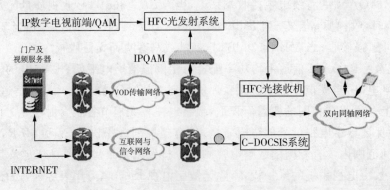

图7-9　C-DOCSIS技术架构下的VOD系统结构

这是 C-DOCSIS 的典型应用,支持的用户数为 100～300 个。机顶盒发出的视频点播上行信号通过 C-DOCSIS 设备和信令通道进入前端服务器完成点播指令,在点播指令控制下,下行信号在前端通过 IPQAM 接入 HFC 光发射系统,用户通过机顶盒收到点播的节目。通过前端的互联网出口,用户可以实现各种互联网业务。由于采用下行频点绑定技术,所带用户有限,用户的接入带宽得到极大提高,甚至能够完全支持 IPTV 业务所需带宽。在使用 IPQAM 之后,STB 和视频服务器之间的控制信息和视频流分别通过不同的通路传输:STB 的接入认证、EPG 信息浏览等流程通过双向回传通道交互;视频服务器收到用户的请求后将音视频流以恰当的封包形式输出至 IPQAM 设备,IPQAM 将音视频流调制为 RF 信号后通过 HFC 网络传输给 STB,STB 对音视频流进行解调和解码。在 HFC 的视频点播系统中,用户所点播的视频内容下行是由 HFC 网络承载的,通过 IPQAM 设备将 IP 数据包调制发送到 HFC 网络中。由于 HFC 网络的共享特性,某个特定的机顶盒只能接收到来自特定的一组 IPQAM 端口的数据,因此需要对服务区域有明确的规划和管理,通常将这样的服务区域定义为 Region,即预先定义的一组频率资源,或者为一个 IPQAM 通道资源规划单元。在不同物理节点所覆盖的服务区域,可全部或部分重复使用该网的 VOD 频率规划单元,对拥有相同路径的服务区域即为一个 Region。为识别不同的 Region,每一个 Region 都有唯一的一个 ID 号,即 RegionID。VOD 业务中采用 RegionID 来进行机顶盒用户的定位,STB 请求服务时需要向视频服务器提交该信息,头端系统根据此信息就可以区分是哪个区域的哪个机顶盒发出的请求,从而分配对应的路由来供视频服务器传送视频数据流。机顶盒可以通过固定分配或网络自动下载的方式获取 RegionID,固定分配的方式实施较为简单,但当机顶盒在跨区域漫游或者头端网络结构调整时需要重新绑定 RegionID。RegionID 信息通过 IPQAM 经 HFC 通道下送给机顶盒,具体发送方式可以通过设置并实时广播 DVB 网络参数至机顶盒,机顶盒根据预设的规则解析得到 RegionID。

在视频点播网络规划中,并发流的设计是一个重要参数,随着视频服务器采用分布式架构,并发流瓶颈逐步从前端服务器转移到 IPQAM 上面来。IPQAM 功能,可以将下行的空闲频道拿来用于支持 IPQAM 业务或者在 C-DOCSIS 设备中增加 IPQAM 模块,即将 IPQAM 前移到光节点,最大限度容纳视频点播率的上升,直至将并发式的高清电视直播转换成点播式高清直播模式,成为与电信竞争的撒手锏。

(1)若支持标清互动,C-DOCSIS 拿出 8 个频点来实现 IPQAM,按采用 MPEG-2 编码、256QAM 调制。下行通道可支持的最大并发流数目为:可用频点×每频点可扩展的带宽/每个视频流所占的平均带宽=8×51/3.75=108(个),按每个视频流所占的平均带宽 3.75Mb/s 计算,1 台 C-DOCSIS 设备带 100～300 个用户,则支持的最大点播率为 36%～100%,应该能够在较长一段时间内满足用户的点播需求。

(2)若支持高清互动,C-DOCSIS 拿出 8 个频点来实现 IPQAM,按采用 MPEG-2 (12Mb/s)编码、采用 256QAM 调制,下行通道可支持的最大并发流数目为:可用频点×每频点可扩展的带宽/每个视频流所占的平均带宽=8×51/12=34(个),按 1 台 C-DOCSIS 设备带 100～300 个用户算,支持的最大点播率为 11%～34%,若要提高点播率必须在 C-DOCSIS 设备中增加 IPQAM 模块。

(3)采用更高效率的 H.264 或 AVS+编码技术,最大点播率将成倍增加。随着 C-DOCSIS、IPQAM、万兆交换机的成熟与小型化,全网 IP 化是有线数字电视网络发展的必然趋势,这与 NGB 规划的技术路径一致。

目前支持实现互动电视的机顶盒很多:天柏、浙江大华、TCL、创维、同州、九州、海尔、海信、清华同方、成都康特、江苏银河、高斯贝尔,等等。

7.5.2　准视频点播技术

准视频点播(Near-VOD)是 VOD 的另类形式,俗称数码影院。其特点是广播运营商通过在多个频道上广播不同时间开始的同一个节目,使用户能通过多个频道上切换获得对需要节目的接收。其优点是可以给观众提供众多节目(如电影)收看的机会,在结构上不再是点对点的连接,减少了服务器与网络的复杂性,提高了服务器与网络资源的利用率,是目前应用较多的一种点播形式,且多数是免费的、无广告的 NVOD 频道。NVOD 的不足是它缺少灵活性。因此 NVOD 目前应用较 VOD 更广,但它本质上仍属于单向广播,因为和用户没有真正的交互。MPEG-2 提供了在一个传输流中同时传输多个视频节目的方式,也为实现 NVOD 系统提供了可操作性,一种 NVOD 的基本结构模式如图 7-10 所示。

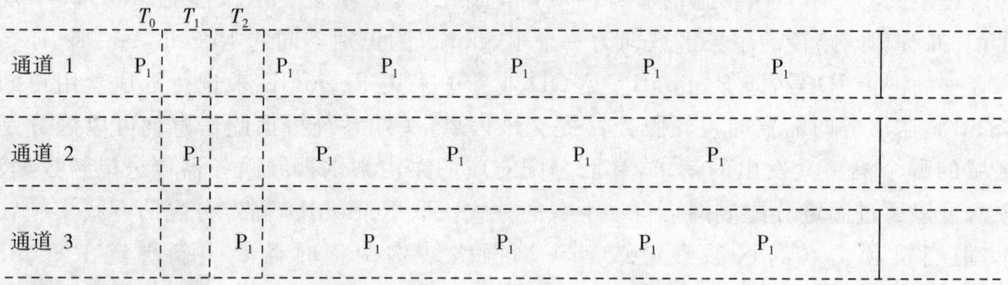

图 7-10　NVOD 基本结构模式

图 7-10 中采用 3 路通道播放同一个节目,在采用 NVOD 点播中,广播电视经营者每隔一定时间间隔(如 15 分钟)在不同通道上重复播放同一个节目,观众可以调谐到相应通道中的任意一路。实际 NVOD 频道可有多个节目等待点播。如果观众把节目从头看到尾,这与普通收视一样;若观众需要看已过去的内容即需要倒回功能时,就必须切换到比他现在看的频道延迟 15 分钟播放的那个频道上;当观众需要快进功能时,则应相应地切换到比现在的频道早 15 分钟的频道上。为了描述图中所示的 NVOD 业务,若使用通常的业务信息(SI),将需要重复的 3 个事件信息表(EIT)。DVB 为此定义了一种 NVOD 参考业务的方式,该方式使用 NVOD 参考业务描述符、时移业务描述符、时移事件描述符来描述一个 NVOD 业务,并使机顶盒可以方便地访问该 NVOD 业务。NVOD 参考业务是一个虚拟的业务,由参考业务标识来标识,但该业务并不像其他业务一样有对应的节目映射表(PMT)。实际上,没有 PMT 与参考业务相对应。业务描述表(SDT)中的 NVOD 参考业务描述符描述了该 NVOD 的参考业务标识,以及该 NVOD 业务包含的所有时移业务的标识。在同一个 SDT 表中,还描述了对应的所有时移业务的其他信息,如业务名称等。对应于 NVOD 参考业务,有相应的 EIT 表,该 EIT 为当前或下一个 EIT,没有相应的 EIT 表中描述。该 EIT 表的所有事件的开始时间值均为无效值(比特位全 1)。此外,该 EIT 包含描述参考事件对应的时移事件共同的其他信息,如短事件描述、扩展信息描述、家长级别控制等描述符,与某个参考事件对应的时移事件的开始时间、持续时间描述了该时移事件的准确时间,该表可以

是当前/下一个 EIT 表,也可以是 EIT 的时间表。

　　在接收端,机顶盒首先通过查找 SDT 中 NVOD 参考业务描述符来获得所有 NVOD 参考业务和对应的时移业务的信息,接着机顶盒通过获取与 NVOD 参考业务对应的参考事件的 EIT 和时移业务对应的时移事件的 EIT,来获取当前和下一个 NVOD 事件的信息和 NVOD 业务时间表信息。机顶盒可以像业务列表一样给用户一个 NVOD 业务列表,并显示当前、下一个以及多天的 NVOD 时间表。当用户选择一个 NVOD 业务时,机顶盒自动播放最接近当前事件开始的时移业务。之后,用户可通过快进、快退操作切换到不同的时移业务上,以观看该业务的不同片段。

　　NVOD 是一种实时带宽分配业务,为每个用户提供一个单独的通信路径,每隔一定时间从头播放同一套节目,用户在观看电视节目并发出点播信号后,交换机将用户终端与最近将要从头开播的频道连通,用户需要等待几分钟即可收看点播节目,用户对节目的播放无交互能力,用户仍然是以被动方式接收节目。NVOD 允许节目分享和虚拟地址共享,它采用一种广播机制,允许多个用户共享一个虚拟地址,由于所有用户共享若干条通信链路和部分点播服务器资源,因而大大减小了对通信网和服务器的压力。在数字电视业务中,每套节目均真实存在,而在 NVOD 业务中,至少有一套为不真实存在的节目,即参考业务,这套节目是虚拟的,没有对应相应的音视频,即在 PMT 表中不描述该业务。而 NVOD 中的时移业务是真实存在的,和数字电视业务一样,其对应自己的音视频,即在 PMT 中有描述该业务。总之,VOD 以系统资源换取观众的交互控制,而 NVOD 则是以结构的简单性满足用户非交互性的视频点播。比如采用 VOD 形式,8 个频道只能为 8 个用户提供服务;若采用 NVOD,则 8 个频道可以为数以千计的观众提供服务。所以从目前有线数字电视技术看,NVOD 是一种很实用的技术。

7.6　主频点与远程在线升级

7.6.1　主频点及其特点

　　在有线数字电视传输系统中,有个主频点的概念,所谓"主频点"是指在数字电视的多节目 TS 传输流中,用于承载节目管理信息(PSI/SI)的频率点。也是在数字电视的多节目 TS 传输流中,用于承载节目管理信息(PSI/SI)的频率点,该频点上数据、表格等信息较多,视频信息较少。主频点可以是由数字电视运营商确定的任一频率(如有的运营商选择 363MHz,有的运营商则选择 307MHz、419MHz 或 427MHz 等),一旦确定下来,这一担负特殊使命的频率点在数字电视传输系统中就显得特别重要。我们可以从电视节目的传送端(前端)和电视节目的接收端(机顶盒)两个方面来进一步认识该频率点的重要性。如果主频点的电平未达到指标要求或受到严重干扰时,如在星座图上,圆点基本在方格中间,而且很紧凑光滑,表明信号质量高;当星座点有点分散不均匀,表明信号质量变差,此时电视机屏幕上即会显示"信号中断,请检查室内线路",机顶盒一个台也搜不出来。

　　以下几种情况在实践中值得注意:

　　(1)新机顶盒(未经试机)或恢复了出厂设置的机顶盒都要先搜索节目才能正常收看,此时由于不存在管理信息(PSI/SI),会导致一个台也搜不出来。

（2）前端节目管理信息（PSI/SI）更新时会下发一个通知给机顶盒，要求其重新进行自动搜索，从而与发送端保持一致，此时如果主频点出故障，也将导致机顶盒一个节目也搜不出来，原来看得到的节目也不能正常收看。

（3）机顶盒中的软件经常要在线升级，当在线升级完成后，需要重新存储每套节目的相关信息，如果升级过程中主频点有故障，也会造成机顶盒一个台也看不到。

7.6.2　远程在线升级

机顶盒在线升级俗称 Loader，在数字电视前端，通过应用软件将待更新的软件程序代码打包成符合 DVB 及 MPEG-2 标准的 TS 流，通过复用然后 QAM 调制到达终端。机顶盒存在两类软件：主程序与 Loader 程序，处于运行中的主程序通过解析 SI 表，接收到机顶盒住程序升级信息，与用户进行交互后，存储一些状态变量到 Flash 中，并将前端升级码流的信道参数（频率、符号率、解调参数等）也放在 Flash 中，然后重启机顶盒。此时 Laoder 程序首先运行，检查下载标志位并使用之前存储的信道参数经过解体、解复用等步骤还原出机顶盒主程序可执行代码，写入 Flash 中并覆盖原来的主程序，实现软件的升级。在线升级程序由前端运营商通过广播网络传输到用户端，机顶盒负责监控分析，当发现有程序需要更新时，就通知用户并根据需要下载新版本程序，继续收视节目，自动存储到 Flash 或其他存储器中替换盒内原有的老程序，完成软件的更新。

在线升级功能的实现是由两类代码配合完成的，前端要发布的升级程序以用户私有数据的形式，作为一单独的节目插入传输流中，并在节目群关联表（BAT）中添加了相应连接描述符，包含了下载所需的指导信息，机顶盒内应用程序在正常运行时监控 BAT 表的变化，当发现有升级程序需要下载时，就存储一状态变量到 E^2 PROM 中，并将当前流的信道参数（频率、符号率等）也存 E^2 PROM 中，然后重新启动机顶盒，运行"下载标志"信息，它首先检查此标志，若被置位，则表明有升级程序要下载，于是按存储信道参数调谐到相应传输流中接收数据，并写入 Flash 指定存储区域，然后将下载的程序调入内存启动执行。所有机顶盒实际上都可以通过软件下载的方式来扩展它的一些功能。

7.7　数字电视增值业务

1. 增值业务概念与形式

如果数字电视仅提供较模拟电视更多更高质量电视节目的话，那么数字电视的功能就大打折扣了。事实上，数字电视可以"想看什么片子就在电视上点"，可以查看天气预报或时政新闻，知道对方机顶盒编号可以通过手机发短信，看球的时候可以竞猜，电视选秀的时候可用遥控器投票，可以把广告精准推送给需要的人，可以支付各种账单或购买彩票，等等，这些都是数字电视的增值业务形式。广义上，非传统模拟电视所能实现的功能或业务，都可以视为数字电视的增值业务。因此，增值服务包含内容的增值、业务的增值、性能和功能的增值，各类增值业务的实现，须有完善的中间件业务平台支撑，使第三方增值业务开发商的交互应用能从前端快速轮播到后端并且高效地运行。中间体业务平台是开放的平台，也是各运营商利润重要增长点。有了增值业务，人们除了看电视外，还可挑选接受大量的信息服务。目前移动增值业务的开展更是如火如荼，采取收费专区的形式与中国移动、中国电信和中国联通三大运营商合作，开展视频、阅读、动漫、音乐、语音杂志等增值业务。

全国各地增值业务大同小异，窗口形式多样，苏州、厦门、青岛等地的智慧城市建设走在前列，其中"数字传媒"频道包括传媒市情、健康、文化和房产等频道，其传媒市情频道又包括10 大内容板块，还有英语介绍。安徽广电信息网络提供的数字电视信息港也是门类较全、具体而实用的。如图 7-11 所示为"青岛数字传媒及其栏目下的市情"和"安徽数字电视信息港"窗口。

图 7-11 　"青岛"数字传媒及其栏目下的市情和"安徽数字电视信息港"的增值业务窗口

在单向网上发展增值业务是有限的且多为免费的，而在双向互动网上发展增值业务才是无限的且多为收费的，一般付费增值业务频道是无商业广告的。交互电视是数字电视技术的一种典型应用，它变单向传播为互动传播，与传统的你播我看式的传统电视相比，交互电视最大特点就是变被动收看为主动选择。互动电视主要具备点播、回看、录像和时移等功能，甚至可用电视（机顶盒）遥控器来缴煤气水电费、手机话费等。所有的增值业务都是基于双向互动实现的，有线数字电视网的双向改造，主要有以下两种情形：

第一，广电行业最直接、较理想的是对有线网络的双向改造，可利用 Cable Modem 将所有的互动业务全部实现，用户只要装一个 Cable Modem，就可以通过有线电视线路自由上网。但是 Cable Modem 的单位成本比较高，另一方面由于 Cable Modem 的共享频点的工作原理，一旦用户数增多，使用效益将会下降。这种情形也可以借助有线网结合电信网，机顶盒里内置双向 Cable Modem，利用电话线作为高速回传的通路，最大优点是投资少、见效快，缺点是回传速率由于普通电话线的原因有所限制，该方案进一步发展前景不大。事实上，有线电视台通过电缆调制解调器终端系统即 CMTS，向用户提供宽带服务。CMTS 是电缆技术，Cable Modem 之间不能相互通信，必须通过 CMTS 才能沟通。我国推出的升级版 C-DOCSIS 更加容易实现互动功能，达到增值业务之目的。

第二，基于 HFC 网络的 EPON＋EOC 网络，要实现交互式数字电视的整体转换，首先必须要对原来的网络进行双向化改造，即网络至少完成"光纤到大楼"的基本改造，且采用技术先进的无源光网络（EPON）实现网络到大楼的双向化。但是进一步的双向接入，即从楼头再进入用户家里的全光网络，目前全国仅有极少的城市达到该水平。光纤接入上网或利用数字信道传输数据信号即 DDN 的数据传输网是最佳的。但如果在光纤到楼的情况下，采用以太数据通过同轴电缆传输的 EOC 技术是优秀方案之一，因为其利用同轴电缆代替五类线作基带传输（占用 0～30MHz，10Mb/s 半双工）。上行信号采用时分多址接入技术，实现在同一根同轴电缆上同时传输电视和双向数据信号，大大简化 HFC 网络的双向改造，利用现有的 HFC 网络为用户提供数字电视、互动电视和宽带服务。

　　EPON 技术是一种纯介质网络，是一点到多点的光接入网络，也是采用 IEEE802.3ah 标准的以太网帧来承载业务的 PON＋EOC 系统。EPON 技术充分结合了无源光网络技术和以太网技术的优势，通过经济高效的结构和技术，为接入网最终用户提供一种高带宽、低成本的方式。EPON 网络的结构与 HFC 网络的体系结构没有太大差异，这样 EPON 系统很容易采用 WDM 技术叠加在 HFC 网络上，从而实现双向传输。由于光纤线路结构与 CATV 光网络兼容，因此抗噪声干扰能力远高于 Cable Modem，可在恶劣环境下工作。EPON 技术因其点到多点的拓扑结构、传输中只需要无源器件的特点，具备节省铺设成本、免后期维护的优点，其运营成本 EPON 比 CMTS 要低得多，同时也避免了外部设备的电磁干扰和雷电影响，减少线路和外部设备的故障率，提高了系统可靠性，节省了维护成本，可作为电信部门长期使用的技术。

　　2. 目前可靠增值业务点

　　从全国各地目前市场运营看，有线数字电视以"宽带＋点播"为主，其中点播根据特定人群需求，推送强档电视剧、家庭影院、综艺/娱乐、社区医疗服务、社区养老服务、房产市场、视频通话、在线教育、电视银行，等等。基于云计算、大数据的"互联网＋"背景下，大屏幕电视的视觉冲击力是其他任何移动视频所不及的。以下也是可能的增值业务点：

　　(1)信息服务，包括政策信息、旅游信息、商务信息、生活信息，等等；

　　(2)电视购物、汽车市场、人才市场、交通违章具体视频细节监控状况；

　　(3)智慧城市、社区养老、远程挂号、老年人喜爱电视、结合 IPTV、关爱老人的远程且尽可能大的容许空间视频监控，等等。

7.8　三网融合及其特点

　　1. 三网融合及其优点

　　三网融合是指电信网、广播电视网、互联网在向宽带通信网、数字电视网、下一代互联网演进过程中，三大网络基于 TCP/IPv6 协议下的技术改造，其技术功能趋于一致，业务范围趋于相同，网络互联互通、资源共享，能为用户提供语音、数据和广播电视等多种形式的双向服务。三网融合示意图如图 7-12 所示。

　　"三网融合"是为了实现网络资源的共享，避免低水平的重复建设，形成适应性广、容易维护、费用低的高速宽带的多媒体基础平台。三网融合后，民众可用电视遥控器打电话，在手机上看电视剧，随需选择网络和终端，只要拉一条线或无线接入即完成通信、看电视、上网等。融合后的三网，可以更好地控制网络接入商和内容提供商的质量，进一步提高和净化网络环境，为构建和谐社会做出重大的贡献，也可以实现中国电视数字化进程的迅速发展。

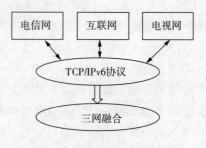

图 7-12　三网融合示意图

无论在哪里，都可以实现无线上网，也很方便实现时移电视、点播电视等交互业务。可见，三网融合至少有如下优点：

(1)有利于极大地减少基础建设投入,并简化网络管理,降低维护成本;

(2)信息服务将由单一业务转向文字、话音、数据、图像、视频等多媒体综合业务;

(3)将使网络从各自独立的专业网络向综合性网络转变,网络性能得以提升,资源利用水平进一步提高;

(4)三网融合是业务的整合,它不仅继承了原有的话音、数据和视频业务,而且通过网络的整合,衍生出了更加丰富的增值业务类型,如图文电视、VOIP、视频邮件和网络游戏等,极大地拓展了业务提供的范围;

(5)三网融合打破了电信运营商和广电运营商在视频传输领域长期的恶性竞争状态,目前多数城市市民看电视、上网、打电话资费都是打包下调,市民得实惠。

三网融合并不意味着三大网络的物理合一,而是指高层业务应用的融合,融合后应用更加广泛,遍及智能交通、环境保护、政府工作、公共安全、平安家居等多个领域。今天的手机可以看电视、上网,电视可以打电话、上网,电脑也可以打电话、看电视。三者之间相互交叉,形成网络统筹规划、资源共享,即达到相互渗透、互相兼容,并逐步整合成为全世界统一的信息通信网络,其中互联网是其核心部分。三网融合打破了此前广电在内容输送、电信在宽带运营领域各自的垄断,明确了互相进入的准则。因此,在符合条件的情况下,广电企业可经营增值电信业务、比照增值电信业务管理的基础电信业务、基于有线电网络提供的互联网接入业务等;而国有电信企业在有关部门的监管下,可从事除时政类节目之外的广播电视节目生产制作,互联网视听节目信号传输,转播时政类新闻视听节目服务,IPTV、OTT TV 传输服务、手机电视分发服务等。

2. 三网融合之关键技术

(1)数字技术是关键。视音频在数字化后才能有条件与其他网络联通。数字技术的迅速发展和全面采用,使话音、数据和图像信号都通过统一的数字信号压缩编码进行传输和交换,为各种信息的传输、交换、选路和处理奠定了基础。

(2)宽带技术。宽带技术的主体就是光纤通信技术,网络融合的目的之一是通过一个网络提供统一的业务。若要提供统一业务就必须要有能够支持音视频等各种多媒体业务传送的网络平台。这些业务的特点是业务需求量大、数据量大、服务质量要求高,因此在传输时一般都需要非常大的带宽,所以无论是电信网,还是计算机网、广播电视网,大容量光纤通信技术都已经在其中得到了广泛的应用。光通信技术的发展,为综合传送各种业务信息提供了必要的带宽和高传输质量,成为三网业务的理想平台。

(3)软件技术。软件技术是信息传播网络的神经系统,软件技术的发展,使得三大网络及其终端都能通过软件变更最终支持各种用户所需的特性、功能和业务。现代通信设备已成为高度智能化和软件化的产品。今天的软件技术已经具备三网业务和应用融合的实现手段。软件技术的发展使得三大网络及其终端都通过软件变更或升级,最终支持各种用户所需的特性、功能和业务。

(4)IP 技术。内容数字化后,还不能直接承载在通信网络介质之上,还需要通过 IP 技术在内容与传送介质之间搭起一座桥梁。IP 技术(特别是 IPv6 协议)的产生,满足了在多种物理介质与多样的应用需求之间建立简单而统一的映射需求,可以顺利地对多种业务数据、多种软硬件环境、多种通信协议进行集成、综合、统一,对网络资源进行综合调度和管理,使得各种以 IP 为基础的业务都能在不同的网络上实现互通。IP 协议的普遍采用,使得各种以 IP 为基础的业务都能在不同的网上实现互通,具体下层基础网络是什么已无关紧要。统一的 TCP/IP 协议的普遍采用,将使得各种以 IP 为基础的业务都能在不同的网上实现互通,人类首次具有统一的为三大网都能接受的通信协议,从技术上为三网融合奠定了最坚实的基础。

3. 三网融合之发展

我国已确定以有线电视网数字化整体转换和移动多媒体广播为基础,以自主创新高性能宽带信息网(T 比特的路由、交换与传输)的核心技术为支撑,开发适合我国国情的"三网融合",是有线无线相结合、全程全网的中国下一代广播电视网技术体系的三网融合的发展策略。

首先,在现有的三网融合的基础上加入智能电网,形成四网融合(已有成功的示范)。可以实现网络基础设施的共建共享,目前智能电网建设深入推进,大量智能用电设备分布式清洁能源的接入,用户和电网之间的实时信息呈爆发式增长,电力光纤内含多芯光纤,除电网企业自身使用外,还可用于构建完全开放的公共网络平台,为电信、互联网、广播电视传媒和其他企业提供接入服务,统筹使用,既符合国家推进网络基础设施共建共享的思路,也为目前光纤网络建设运营的新模式。

其次,可以大幅度降低三网融合的投入,我国电网已经实现了户户通。截至 2015 年年底,与电网户户通相比,互联网和有线电视的普及率都较低,三网融合还需接入电量的光纤宽带,如果对尚没有实现电力接入的家庭或在新建住宅楼中实施电力光纤,综合考虑设备材料等因素,基于电网的宽带网设施,电力光纤到户与分别铺设光缆相比,将可以大幅降低成本。

再次,可以提高网络的综合运营效率,根据工业和信息化部等七部委关于推进宽带网络的建设,到 2015 年底城市用户光纤宽带接入能力平均达到 8M,采用电力光纤到户网络接入网速超过 20M。在电力光纤中,光纤信号在光缆中的传输互不干扰,并且传输电网信息的光纤和传输网络的光纤完全物理隔离,可以有效地组织来自互联网和电网对生产控制的攻击,不会产生安全隐患。智能电网的电力光纤到户工程纳入到三网融合总体部署。

安徽省政府决定,到 2017 年底,全省城区实现光纤到楼入户,95% 以上行政村实现光纤到村,县级以上城区广电网络双向改造完成,4G 网络覆盖全省城乡。

7.9 卫星数字电视接收技术

7.9.1 卫星电视传输与接收特点

卫星通信,一般是指通过距离地球高度约 35800km 的同步卫星,把两个或多个地面站连接起来的点到点的通信。卫星数字广播业务是 20 世纪 90 年代初在全球兴起的高新技术产业,是全球数字化、信息化和网络化的产物。我国从 1986 年开始利用卫星通信传输广播电视节目,至今卫星传输技术取得了巨大的进步,从 C 频段到 Ku 频段、S 频段,从单载波到多载波,从模拟到数字,从转播到直播,并正向直播卫星过渡。目前,我国卫星广播多数采用的还是欧洲 1995 提出的 DVB-S 标准。2004 年 DVB 组织又提出采用外码 BCH 码和低密度校验码 LDPC(内码)相结合的信道编码方案的第二代 DVB-S2 标准草案。卫星电视广播是借用原先运行的通信卫星开始的,广泛应用的电视通信卫星主要分为两种形式:

（1）C频段,其上行（发送）频率为6GHz左右,下行（接收）频率为4GHz左右;

（2）Ku频段,上行频率为14GHz左右,下行频率为12GHz左右。

而从技术和实践的角度看,Ku频段受工业干扰和地面通信干扰较小,但雨衰损耗较大;而C频段与之相反。C频段与Ku频段接收系统的主要技术指标见表7-2所列。

表7-2　C频段与Ku频段接收系统的主要技术指标比较

接收系统性能	C频段	Ku频段
工作频率	3.4～4.2GHz	11.7～12.2GHz
中频频率	0.95～1.75(或2.15)GHz	1.05～1.55GHz
本振频率	5.15GHz	10.8GHz
图像质量	3～4.5级	2.5～4级
伴音传输	FM模拟传输	PCM数字伴音
卫星波束、功率	面波束、8～20W	点波束、40～250W
接收天线、方向性	1m以上、较宽	0.42m以上、尖锐
抗地面干扰	差	强
雨衰损耗	0.2～0.5dB	1.2～3dB
系统成本	较大	较小

在卫星传输节目中,如果将几套节目的数据流复合成一个数据流,然后调制一个载波,并将其发送给一个卫星转发器,称为多路单载波方式(MCPC),这种方式能使转发器的功率得到最大限度的发挥,如中央电视台、内蒙古卫视等;如果将每套节目各自调制一个载波并由卫星转发,则称为单路单载波(SCPC),这种方式适合上行站不在同一地点且需要共用一个转发器的情况,如我国个各省市的数字电视卫星转发。

作为卫星数字电视接收系统的硬件结构,其调谐解调器是重要的第一环节,这是因为地面接收天线将接收下来的卫星信号(C波段或Ku波段)经低噪声放大,下变频为0.95～1.75GHz(或0.95～2.15GHz)的L波段信号,进入该卫星接收机中,经调谐器和QPSK解调器解调为数字信号,此数字信号经维特比解码解交织及R-S解码,对传输中引入的误码进行纠错,紧接着对此数字流进行解复用,再将需要的节目码流送到MPEG-2视、音频解码器中,再经解压缩、数模转换等处理后,根据接收机制式(PAL/NTSC/SECAM)要求,转换成相应制式的信号输出。目前绝大多数卫星接收机都采用将调谐器和解调器封装在一起的一体化结构,以韩国三星公司的TBMU3031IML及LG公司的TDQB-S001F一体化调谐解调器著名,其中QPSK解调芯片以ST公司的STV0297/0299/0399和LSI公司的L6724应用较多。

7.9.2　卫星数字电视接收原理

卫星电视接收机的原理和发射端相反,高频头(室外)的主要功能是从第一中频信号中选出所要接收的某一卫星电视频道的频率,并将它变换成第二中频或零中频信号输出。采用第二中频调谐器的电路结构主要由低噪声放大器、跟踪滤波器、混频器、本机振荡器、频率合成器、声表面波滤波器、中频放大器和 QPSK 模拟解调器等电路组成。输出的第二中频一般在 479.5MHz 的标准中频频率,QPSK 模拟解调在该中频频率上进行。QPSK 模拟解调输出得到 I、Q 两路正交的基带输出。零中频的实现是由本机压控振荡器送出的本振频率与低噪声放大器送出的信号相差,就是在混频时,使本机振荡器送出的频率等于输入信号频率,得到零中频即为基带信号。采用零中频调谐器的电路结构,降低了对 ADC 器件高速的要求,也节省了中频处理电路和声表面波滤波器等单元。本机振荡频率是由 I^2C 总线控制的频率合成器产生。数字卫星接收系统一般由接收天线(包括馈源)、低噪声下变频器(高频调谐器)和卫星数字电视接收机三部分组成。其中天线和高频调谐器称室外单元,卫星数字电视接收机称室内单元,或称数字卫星接收机顶盒。目前,各种卫星数字接收机均采用大规模集成电路的芯片组,这类芯片组已经较为成熟。使用这种芯片组可以使接收机设计简单,成本降低,体积减小,整机性能提高。目前,许多大公司(Philips、ST、Fujitsu、NEC 等)都采用零中频方案,且大多数数字卫星接收机都采用调谐器和解调器封装在一起的一体化 Tuner。Fujitsu 的两片机卫星数字电视接收系统方框图如图 7-13 所示。

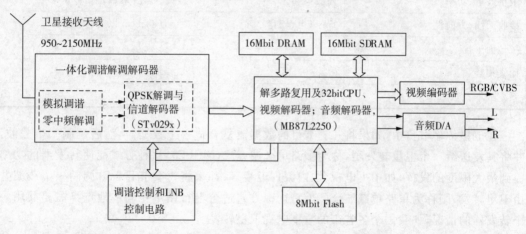

图 7-13　Fujitsu 的两片机数字卫星接收机方案

由地面接收天线接收下来的卫星信号(C 频段或 Ku 频段),经低噪声的高频头放大器 LNB(4 到 5 级的砷化镓场效应管或高电子迁移率晶体管放大器)放大并变频后,通过一个阴性的 F 型接头输出第一中频信号进入室内综合接收解码单元 IRD(IRD 同时给室外的高频头通过中频电缆传送直流电压)。

1. 卫星接收天线

卫星接收系统的室外部分主要由接收天线、高频头和第一中频电缆等组成。常用的是反射面天线,而在工程上根据馈源与反射面天线的相对位置,可以将天线分为前馈或正馈、后馈和偏馈天线;一般用户使用最广的是前馈和效率较高的偏馈天线,前馈天线是圆形的,其馈源在天线的中轴线上,而偏馈天线是椭圆形的,馈源不在天线的中轴线上。馈源是高增益天线的重要组成部分,也是初级辐射器或喇叭天线,位于反射面天线的焦点位置上,其作用是将高频电流或波导能量转变为电磁辐射能量。当旋转抛物面天线的轴线对准了卫星之后,卫星发射出来的电磁波平行于天线的轴线方向传播,经反射面反射之后在焦点处同相聚焦,就可以最大限度地接收到反射面截获的电磁波。此外,当天线工作在发射状态时,情况是类似的。将馈源与高频头组合在一起,组成一体化馈源又是卫星天线接收中的常见形式。图 7-14 所示为 1 个前馈式和 2 个偏馈天线的结构图。

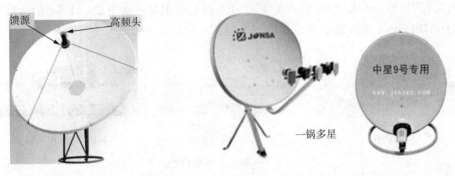

图 7-14　1 个前馈式和 2 个偏馈天线结构图

极化反映了电场矢量的矢端随时间变化的规律,即用电场矢量的端点随着时间变化在空间所描绘的轨迹来表示电磁波的极化。电场的波动面即为极化面,电场矢量也是在最大辐射方向上的取向,常用的有水平极化、垂直极化和圆极化 3 种形式。在波长为 1 毫米至 1 米(0.3～300GHz)的微波技术中,将矩形或圆形的金属管称为波导(相当于一个高通滤波器),波导内传播的电磁波即为导形波。其中矩形波导中传输的是在纵方向上没有电场分量的同时也是线极化的横电波(主模 TE_{10} 波),也就是接收天线高频头波导口的窄边垂直于地面,或宽边平行于地面方可最大接收信号,通常宽边与窄边比为 2∶1。当在接收垂直极化波时,由于圆形波导(主模是 TE_{10} 波)是对称结构,所以它既可接收或发射线极化的电磁波,又可接收或发射圆极化的电磁波。

2. 高频头与 IRD 解码

高频头一般由输入法兰盘、矩形波导、耦合装置、低噪声放大器 LNA(40dB 以上)、本振、混频、中放和稳压电源组成。室内的 IRD 将接收的是由高频头输出的第一中频信号(即射频信号)进行放大、变频后的信号,此信号由声表面波滤波器滤除邻频、镜像等干扰信号进行中频放大。如果是多路单载波信号,先要到解复用器分解成单个节目流,再经过 90°移相器将第二中频信号分成两个相位相差的信号,其中 0°相位的信号称为 I 信号,正交相位的信号称为 Q 信号,之后同时送入双 A/D 转换器中输出 6 比特的信号送入变速率的 QPSK 解调器,然后再相继送入内码解码、解交织、外码解码等信道解码中。在 QPSK 解调出的数字流,由 Viterbi 解码器从 1/2 比率开始,依次是 2/3、3/4、5/6 和 7/8 的比率搜索正确的码率,测试每种比率的每个同步相位,以及两种可能的载波相位,再用解交织算法解出不同比率的卷积编码。Viterbi 解码器输出的是以 204 字节为一块,每 204 字节出现一个帧同步字,再送到 RS 解码器的字同步电路,RS 解码器去掉每帧数据 16 字节的监督码元,输出固定长度为标准的 188 字节的 MPEG-2 码流即含有 PID 包头的传送包,之后的任务由于在前面章节已经述及,就不再赘述了。实际中 ST 公司的 STV029x 是最常用的芯片之一。

此外,如果需要一个卫星的集体接收,可借助功率分配器(有源或无源的 2、4、8 功分器)实现。目前在我国市场上的数字卫星接收机可谓琳琅满目,有同洲、北京加维 PBI、长虹、九洲、金泰克、万利达、高斯贝尔、皇视、中卫、斯威克以及卓异等品牌的系列产品。图 7-15 所示 3 款卫星接收机的外观图,其中"同洲 CDVB8800"卫星机顶盒完全符合 DVB-S 标准,可以解永新视博和爱迪德方式加密的高清或标清数字节目;"长虹 DVB - S9000N"具有九画面动态浏览,双 CPU 工作,性能较高等特点;"九州 DVS - 398F＋＋"是一款符合直播卫星"村村通工程"的数字卫星接收机,即解调符合中国先进卫星广播系统(ABS - S)所规定的调制信号及 MPEG - 2 兼容的数字卫星电视节目。

同洲CDVB8800   长虹DVB-S9000N   九州DVS-398F++（ABS-S）

图 7 - 15   3 款卫星接收机外观图

7.9.3   接收天线的仰角、方位角和极化角

要接收某颗卫星的信号以及该星上某些波段的节目,其接收天线需要的"仰角、方位角和极化角"等参数的调整是第一步工作。无论是前馈还是偏馈天线,同一颗星的数值是一样的。理论上,仰角按式 $\varphi_e = \tan^{-1} \dfrac{\cos\theta \times \cos(\varphi_1 - \varphi_2) - 0.15127}{\sqrt{1 - \cos^2\theta \cos^2(\varphi_1 - \varphi_2)}}$ 来确定,式中 $\theta,\varphi_1,\varphi_2$ 分别为接收点纬度、卫星定点经度和接收点经度(下同)。对于采用前馈天线接收,仰角调试时,可用一个超过天线直径长的直尺或均匀光滑的细木条或直径 2~5cm 的 PVC 管,上下置于天线的口面上,用中心点带有铅垂线的量角器置于上述的直尺或光滑的细木条或无弹性的PVC 管下,且量角器的 0°位于下方,此时铅垂线测出的角度即为仰角,如图 7 - 16 所示(图中未画馈源、馈线等)。至于偏馈天线,按上述方法测出的是锅面偏角,再加上偏焦角24.5°,即为仰角。

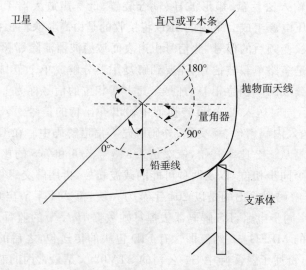

图 7 - 16   前馈天线仰角的测定

1. 关于方位角
用指南针测量的南北极即为地磁南北极,由于存在地磁偏角,而地磁南北极不等于地理

上的南北极,所以用指南针测出根据计算所得的方位角 $\varphi_a = \tan^{-1}\dfrac{\tan(\varphi_1-\varphi_2)}{\sin\theta}$;要加上一个

磁偏角为 $\tan^{-1}\dfrac{3964\sin\theta}{22300+3964(1-\cos\theta)}$。为准确找到正南位置,也可利用太阳在中午时刻对重锤线在水平面上的投影最短时的太阳方向,即为接收站点的地理正南方。也还可以按照正中午的时间来计算,正中午时间因各地所在的经度位置不同而不同,计算方法为:12 时 +(120-接收站点经度)×4 分钟。例如经度 117.9°的巢湖市,正中午时间为 12 时 +(120-117.9)×4 分钟即 12 时 8 分左右。此法简单实用。

2. 关于极化角

客观上,处于卫星星下点的地面接收站天线的极化与卫星转发器辐射电磁波的极化是一致的,而星下点以外的地区接收天线因在地球位置不同,与卫星星下经纬度存在差值,造成卫星转发器辐射电磁波的极化与接收天线的极化面之间有一个夹角,也就是水平极化波电场矢量与水平方向之间的夹角,称为极化角。因为地球是个球体,而卫星信号的下行波束是水平传播,就造成不同方位角所接收的同一极化信号有所不同,所接收的信号极化方向也有所偏差,即地面接收天线的极化,必须旋转一个极化角,才能与卫星转发器发射的电磁波极化相匹配,实际中极化方向将不完全垂直或平行于地面,是由于地面接收站与卫星不同的经纬度造成的。比方说,合肥市(东经 117.27°,北纬 31.86°)与相距 70 公里的巢湖市(东经117.87°,北纬 31.62°)显然不在一个平面上,两者存在较小夹角。接收天线的馈源旋转一个角度才能使接收最强,此角为极化角 $\tan^{-1}(\sin\Delta\lambda/\tan\theta)$,$\Delta\lambda$ 为"星地的经度差"。对于前馈天线正值时顺时针旋转,负值时则逆时针旋转。当接收正南方向的卫星时,即卫星位于接收点的正下方或者两者同经度时,馈源法兰盘的窄边代表了天线的极化方向;当接收西南方向的卫星时,馈源应逆时针旋转一个极化角;当接收东南方向的卫星时,馈源应顺时针旋转一个极化角。不过对于卫星发射的圆极化电磁波(如中星 9 号),无极化角的概念。一般地,垂直天线产生的电波称为垂直极化波,水平天线产生的电波称为水平极化波。可见,垂直极化电场矢量、电波传播方向和水平极化电场矢量三者是相互垂直的,如天线接收水平极化波时,天线的极化方向与水平极化波之间的夹角为 10°,这样天线的极化方向与垂直极化波之间的夹角即为 80°,因此在接收天线的口面上,垂直极化电场矢量与垂直方向之间的夹角也是极化角。

实践中,也可以通过"www.wxds.org""www.cnsat.com""www.sat-china.com"等网站直接查询,得到该地方所处的经度及纬度以及所有若要接收卫星的仰角、方位角和极化角,或者在网上搜索下载由罗云彬编写的"寻星计算程序"。有的卫星经度相差不大甚至相同,要知道36000 千米的赤道上空,与地球自转的角速度相同,且对应地球上经度 1 度之间的距离大约是110 千米,其间设置几颗同步卫星没问题。欧美发射的卫星,其上空密度更大。

【知识链接】中国位于北半球,在亚洲的东部和中部,太平洋的西岸,东南面向海洋,西北伸向内陆。中国国土面积约占亚洲陆地面积的 1/4,约占全世界陆地面积的 1/15,仅次于俄罗斯和加拿大,居世界第三位。疆域南起南海的南沙群岛中的曾母暗沙(3°51′N,112°16′E),北至黑龙江省漠河附近的黑龙江主航道中心线(53°33.5′N),南北相距约 5500 千米;西从新疆帕米尔高原,约在中、塔、吉三国边界交点西南方约 25 公里处有一座海拔 5000 米以上的雪峰(39°15′N、73°33′E),东到黑龙江和乌苏里江主航道汇流处(48°27′N,135°05′E)。

中国领土东西跨经度有 60°左右,跨了五个时区,即东五区到东九区,东西距离约 5200 千米。中国领土南北跨越的纬度近 50°,南北距离约 5500 千米。中国领土总面积约为 1430 万平方千米。其中陆地面积 960 万平方千米,内海和边海的水域面积约为 470 多万平方千米。整个疆域位于赤道之北。不难发现,在中国领土上电视卫星接收天线的设置,几乎都是天线面朝南向。

7.9.4　卫星电视接收技术与特点

将天线馈源输出正确连接到一个 IRD(或寻星仪上)的 RF 输入上,IRD 输出再对应连接到电视机的 AV 或 YCrCb 接口上,打开 IRD 和 TV 电源使电视机置于视频即 AV 状态,并认真设置好所要接收卫星(即馈源)上的本振频率、某一转发器上的(某一频点)下行频率、符码率、LNB、22K 等参数。现在 IRD 均具有一定的容错能力,特别是符码率。且许多接收机出厂前设置了卫星及频道,可以直接盲扫接收。针对所要接收的卫星,通过上述方法在调整相对较为准确的仰角情况下,确定正南方及确定所要接收卫星的方位角(对确定卫星及接收地点,该值是确知的),慢慢左或右转动天线,同时观察显示器上的信号强度和质量的变化,特别是信号质量的变化,这一步是最为关键的粗调。在捕捉到有信号质量时,立即再慢慢转动天线使其质量达到最大为止(细调)并记下标记;再慢慢上下转动天线(仰角)使其质量达到最大为止(细调)并初步固定;最后再慢慢转动馈源的极化角使其质量达到最大为止(细调,注意此时不要人为遮挡天线)。此时天线调整初步完成,可以固定天线。

如果用寻星仪寻星,要先针对所要接收卫星的经度、卫星名、馈源上的本振频率,对寻星仪进行设置某一转发器上某一频道的下行频率、符码率、LNB、22K 等参数后,按相应的键,调用所存的卫星名称,按确认键后再按测试键进行寻星测试。寻星仪在收到信号质量最强时可能声音也最大,表明找到所要的卫星。使用寻星仪不需要 IRD、TV 等设备,方便在室外直接调试。请注意,实际调整接收天线三大角度时,在将卫星接收机与电视机连接好后,更多的是在确定正南方情况下,根据"目测法"对所要接收的卫星先上下缓慢调整天线的仰角,使其接收的信号质量最大,然后慢慢来回转动天线的方位角使接收的信号质量最大,最后再调整极化角。多数卫星接收机分别有信号质量和信号强度的显示,一定量的"信号质量"对接收最重要。通过一个天线,针对不同的卫星接收(如中星 6B、中星 6A),认真地、耐心反复地调整接收天线的三大角度,很快就能掌握卫星的搜索技巧。切忌纸上谈兵,实践出真知。对圆极化波接收无须调整极化角,比如接收中星 9 号。

尽管在我国东经 49°至东经 172°上空可接收 50 多颗卫星,但多数星是加密且汉语频道极少的,目前我国卫星电视广播的主要卫星有:

(1)东经 92.2°上的中星 9 号,Ku 频段;

(2)东经 115.5°上的中星 6B,C 频段;

(3)东经 125°上的中星 6A,C 频段。

其中免费电视节目较多的是中星 6B 和中星 6A,各有 50 多套免费的广播电视节目,中国直播卫星"中星 9 号"也有 40 多套免费电视节目,其次是东经 134°上的亚太 6 号,主要是转播中央人民广播电台节目、教育台节目、凤凰卫视及澳门卫视以及大量数据信息等,所有转播或直播星上的中央 3/5/6/新闻等频道均为加密的。中星 6B 于 2007 年 7 月升空,由法国泰雷兹阿来尼亚宇航公司研制生产,有 38 个 36MHz 带宽的 C 波段转发器,设计服务寿命16年,可传送300套电视节目(包含一套3D节目),在中国及周边地区 $EIRP>33$dBW。中星 6A2010 年 9 月升空,由法国泰雷兹阿莱尼亚宇航公司设计生产的,设计服务寿命 15年,中星 6A 广播电视节目分配见表 7-3 所列(表中:H 表示水平极化,V 表示垂直极化)。

表 7-3　中星 6A(125°E)广播电视节目分配

下行频率	极化	符号率	FEC/调制	频道名称	视频方式
3720	H	27500	3/4	中央电视台综艺/体育/电视剧高清频道	AVS+NDS
3751	H	14900	3/4	湖南卫视高清频道	AVS+ 开锁
3800	H	30600	3/4	江苏卫视/浙江卫视高清频道	MPEG-2 爱迪德
3827	H	6220	3/4	影像世界、美食天府	Mediaguard 南瓜
3845	H	17778	3/4	广东/南方/深圳卫视、羊城交通/深圳交通/生活频率/南方生活广播、珠江经济台等	开锁
3884	H	5720	3/4	广西卫视、广西经济/教育/文艺/交通广播等	开锁
3893	H	6880	3/4	黑龙江卫视、黑龙江新闻/生活/音乐/农村/高校/交通/黑龙江朝语广播等	开锁
3909	H	8934	3/4	延边/吉林卫视、吉林交通/乡村/交通/经济/吉林交通广播等	开锁
3922	H	7250	3/4	云南卫视、云南经济/音乐/交通广播,香格里拉之声等	开锁
3933	H	6590	3/4	旅游卫视,海南新闻/交通/文艺广播等	开锁
3951	H	13400	7/8	黑龙江卫视高清频道	MPEG-2 Mediaguard 南瓜
3968	H	11580	3/4	中央电视台 3D 高清测试	MPEG-4 NDS
3989	H	9070	3/4	西藏卫视、藏语频道、西藏新闻综合频率、藏语康巴方言、藏语新闻广播等频道	开锁
3999	H	4420	3/4	兵团卫视、兵团之声	开锁
4006	H	4420	3/4	辽宁卫视,辽宁综合/交通/经济/乡村/文艺广播等	开锁
4013	H	3950	3/4	三沙卫视	Mediaguard 南瓜
4040	H	30600	3/4	广东卫视/深圳卫视高清频道	MPEG-2 Mediaguard 南瓜
4080	H	27500	3/4	中央电视台综合/财经/军事农业/科教/戏曲/社会与法/音乐等频道	开锁

（续表）

下行频率	极化	符号率	FEC/调制	频道名称	视频方式
4120	H	27500	3/4	新疆卫视、新疆电视台哈萨克语新闻/维语新闻/综合/少儿频道、新疆综合汉语/蒙语/交通/新闻广播等	开锁
3740	V	27500	3/4	中央电视台财经高清/农业高清/纪录高清等频道	AVS+NDS
3820	V	30000	3/4	山东卫视/湖北卫视高清频道	MPEG-2 Mediaguard 南瓜
3857	V	25000	3/4	北京卫视高清频道	MPEG-2 Mediaguard 南瓜
				北京纪实高清频道	AVS+ Mediaguard 南瓜
3888	V	9990	3/4	辽宁卫视高清频道	AVS+ Mediaguard 南瓜
3912	V	9900	3/4	重庆卫视高清频道	AVS+ 爱迪德
3972	V	13400	7/8	天津卫视高清频道	MPEG-2 爱迪德
4014	V	16600	7/8	安徽卫视高清频道	MPEG-2 爱迪德
				安徽卫视高清频道	AVS+ 开锁
4033	V	9580	7/8	上海纪实高清频道	AVS+ 爱迪德
4131	V	14800	3/4	中央电视台综合/财经/中文国际/科教/社会与法/新闻/少儿/音乐等频道	AVS+ NDS
4145	V	8330	3/4	中央电视台军事/纪录/戏曲/英语新闻/农业等频道	AVS+ NDS

注：以上为中星 6A 截至 2015 年底的主要信息，其他数据等极少信息未被收录该表中。其中高清电视频道，接收格式 1920×1080@25/16：9/24.1Mb/s，音频为 AC-3 数字 5.1 声道环绕立体声。

购买卫星接收机要注意参数，卫星电视接收机电路复杂，集成度高。它由宽带调谐器/QPSK 解调器、内码解码器（FEC）、MPEG-2 解码器、视频解压器、系统控制电路和前面板等部分组成。卫星电视接收机有很多的技术指标，最主要的有接收机门限值（Eb/No），输入频率 950～2150MHz(或 950～1750MHz、950～1450MHz),输入电平—65～—30dBmv,具有垂直极化(13V/14V)和水平极化(18V)切换电压,可用于单载波(SCPC)和多路载波(MCPC)方式,符码率能达 2～45MB/s 标准。功能要求:面板按键与遥控控制,兼容中文菜单,RF 射频环路输出,分量数字与复合视频信号(RGB/CVBS)及立体声输出等。Eb/No 门限值规定了当前误码校正 $FEC=3/4$ 时,门限值≤5.5dB,当 $FEC=1/2(4.5dB)$、$FEC=2/3(5.0dB)$、$FEC=5/6(6.0dB)$、$FEC=7/8(6.4dB)$)。此外,还具有 22K、DISEQC 等多星切换功能,信号强度和信噪比显示灵敏(便于搜索卫星),节目参数兼容性好,存储参数多,最好具有远程升级接口等。

接收"中星 9 号"的卫星接收机,非目前市场上常见的 DVB-S 接收机,要购买专用的我国具有自主知识产权的直播卫星专用 ABS-S 接收机,标准电子节目指南 3～7 天节目预告,能接受空中升级,高频头即馈源要用圆极化 Ku 头,全国 98% 以上的居民可以直接使用直径 0.30～0.40 米的偏馈椭圆形天线,就能直接收听、收看广播电视节目和实现卫星宽带互联网业务。卫星传输参数一期直播卫星村村通上行传输使用中星 9 号卫星的 3A、4A、5A、6A 转发器,转发器带宽为 36MHz。上行中心频率为:17.44GHz、17.48GHz、17.52GHz、17.56GHz,上行极化为右旋圆极化。下行中心频率为:11.84GHz、11.88GHz、11.92GHz、11.96GHz,下行极化为左旋圆极化,信号采用 QPSK 方式调制,信道编码率为 3/4,滚降系数为 0.25,符号率为 28.8Mbps。接收设施还应同时支持 QPSK 调制方式与 1/2、3/5、2/3、4/5、5/6、13/15、7/8、9/10 信道编码率及 8PSK 调制方式与 3/5、2/3、3/4、5/6、13/15、9/10 信道编码率的各种组合,以及 0.2、0.35 的滚降系数。直播卫星"村村通"机顶盒不得具备对 ABS-S 调制方式以外的其他信号的解调功能,且正版接收机内置 GPRS 模块,通过对机顶盒定位和位置验证,保证指定区域才能正常使用,即只有安装地址与开户地址一致才能获得授权,往往通过用户在家时的手机号来初步定位(移动通信基站)。海信、九州、同洲、神州、长虹、海尔、高斯贝尔等品牌都是 ABS-S 直播星使用量较大的正版品牌。

【知识链接】由于 ABS-S 接收天线小、成本低,且为圆极化电磁波,安装调试比接收其他星方便,虽然 ABS-S 初衷是面向老少边穷的农村、山区普及满足"户户通"工程,但事实上许多城市也有一些住户安装,譬如上海、北京、合肥等城市,一些住宅楼的凉台上或其边缘,容易发现其安装 ABS-S 的接收天线,其中山寨"中 9 接收机"较多,非定位正版的中 9 卫星接收机接收节目较少,且升级麻烦。

7.9.5 卫星电视接收的操作流程

卫星电视接收的操作流程如下:

(1)在预先确定接收哪颗卫星后,选好站址,即放置天线的地方应具备前无遮挡物,地基较好地面尽量平整,容易放置固定等客观条件。根据天线器材清单,对照实物认真清点,包括螺丝等配件。购买的天线器材,一般都是配套的,特别是正规天线厂家出产的产品。

(2)装好天线的固定架,然后将固定架与天线用给定型号的螺丝,逐一均匀用力地拧紧,确认天线与支撑架牢固连接好后,最后装上高频头(最好是 C/Ku 兼容),特别注意高频头的焦距调整(C 波段正馈天线 0.38D,偏馈天线 0.65D,D 为天线直径),高频头上的中心刻度应位于正上方。检查天线所有零部件是否都装上,包括螺丝或铆钉。仔细观察天线安装是否自然匀称,有无机械变形等,若有做适当调整。

(3)将带有英制 F 头的同轴电缆线连接好高频头与卫星接收机,高频头输出 F 头端缠上防水胶带或橡皮防水套。将卫星接收机输出的 AV 信号线连接到电视机的对应 AV 输入口。再次检查天线安装是否自然匀称,有无畸形(对接收调试影响很大)。

(4)根据当地的经纬度和希望接收的卫星,首先根据目测,大致调整天线的仰角和方位角。天线指向调整前,高频头馈源波导口极化角预置方向应大致正确,待收到信号后再进行细调,一般只需根据经度差(经度差=卫星所在经度-接收点经度)正负,即可大致判断极化角正负。经度差为正时极化角也为正,经度差为负时极化角也为负,经度差绝对值越大,极化角也越大。

将高频头上有一横线的标记对准天线支架上的零刻度,人站在天线口的前面,当极化角大于零度时,高频头顺时针转动;当极化角小于零度时,高频头逆时针转动。当接收水平极化信号时,馈源波导口窄边应平行于地面。根据经度差正负及其绝对值大小预置极化角,待收到信号后再进行微调;当接收垂直极化信号时馈源波导口宽边应平行地面,根据经度差正负及其绝对值大小预置极化角。Ku 波段通常采用馈源一体化高频头,为便于区别,有的馈源一体化高频头在其端面有"up"标志,标有"up"端面向上,即为水平极化,旋转 90 度,则接收垂直极化信号。

(5)接通卫星接收机和电视机的电源,并将电视机置于 AV 状态(注意不同的 AV 接口也要对应),然后通过普通的家用卫星接收机的"主菜单",将其设置在"搜索"或"寻星"状态,密切注视信息栏目下的"信号质量"变化(一般地有一定量的小绿色信号格子出现,不是红色的格子),仅有信号强度是不行的(实际上是噪声强度),有信号强度说明调谐接收电路正常,对首次开启接收机检测有利。

(6)若是工程型卫星接收机(适宜作实训或实验),需先进入 MENU"主菜单",再设置本振频率,C 波段接收的设置为 5150MHz,Ku 波段设置为 11300MHz,22K 和 DisEPC 设置为"关",然后再输入相应卫星下某一频点的下行频率、符号率和极化方式后,方可进入"寻星状态"。普通的家用卫星接收机在出厂前,厂家已将相关卫星的参数储存,在天线架设调整基本正确的前提下,直接盲扫即可搜索到电视节目。检验卫星接收机的频率纠错或容错范围,可以通过输入略大或略小的下行频率或符号率来验证。

在卫星接收机与电视机的连接线正确连接的情况下,开启它们,并将电视机置于相应接口下的 AV 状态,打开卫星接收机的主菜单,如图所示,选中安装设定及卫星设置、安装天线或天线设置。设置天线就是设置对应接收的卫星参数,即卫星名称、高频头本振频率等主要参数。若接收 C 波段信号,将高频头 LNB 的设置为本振频率 5150MHz,若接收 Ku 波段信号,则 LNB 的本振频率设置为 11300MHz,这一点很重要。选中频道搜索(设置转发器:下行频率、极化方式和符号率)搜索到节目后,按"保存"再退出(EXIT)。在设置过程中,灵活运用遥控器或面板上频道和音量的增减键,以实现自然数字的输入。此外,在天线设置于卫星搜索过程中,若菜单项出现的 22K、DisEPC 以及 12V,一般默认设置均为"关",而 LNB 电源则设置为"开"。

以北京佳维 PBI"DVR-1000"工程机型卫星接收机为例,搜索节目步骤是:开启电源进入主菜单(如图 7-18 所示)→安装设定(如图 7-19 所示)→天线设置(如图 7-20 所示)→频道搜索(如图 7-21 所示,TP 为转发器),当前述正确,信号质量立即出现,表明该频点的电视节目搜索成功→确定,保存→继续其他频点的搜索⋯⋯

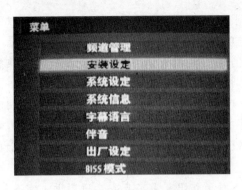

图 7 - 17　"DVR - 1000"型
卫星接收机主菜单

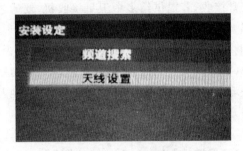

图 7 - 18　天线安装

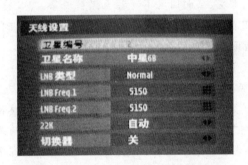

图 7 - 19　天线安装高频头参数设置

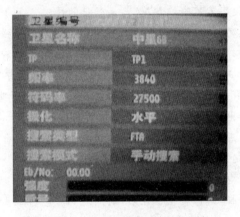

图 7 - 20　天线安装接收机参数设置

　　须指出的是:许多卫星接收机的面板控制功能不及使用其遥控器方便,许多功能实现还需通过遥控器来操作;有的卫星接收机在进行安装设定或频道管理时,需要输入密码,一般连续按相应位数的零,或连续按确认键即可,如果都不行,只有查询说明书(没有说明书上网查询),现在多数接收机没有设置这一项;中星 9 号传输的数字电视信号是我国具有自主知识产权的标准,其接收机是相对固定的接收形式,即只能接收该星的信号。

　　(7)慢慢顺时针或逆时针转动天线的方位角,密切注视显示器上信号质量的变化,在这一反复转动过程中,先粗调后细调。调整天线的方位角过程中,密切注视卫星接收机信号质量显示,使捕捉到卫星信号质量从有到无,从强信号到弱信号转至信号刚好为零,在脚架立柱托盘交界处上下画一条直线与地面垂直做记号,再反转天线,使卫星信号质量从弱到强,再从强到弱,转至信号刚好为零,再在方位托盘记号处向下延伸立柱上画一条直线,这时立柱上已有两条直线与地面垂直做记号。重复以上步骤反复几次,确认立柱上的两个记号点准确无误后,把方位托盘记号转至立柱两个记号点之间的中心线位置,这就是所要调试卫星的方位角位置,把紧固方位角的螺丝紧固,方位角调试完毕。然后再调整仰角,在仰角调节杆上取两点做记号,方法类似方位角的过程,也是找到出现一个最大的信号质量时为止,最后调整极化角以达到最大信号质量。

　　如果接通电源的一开始,就有一点点的"信号质量"出现,表明上述调试步骤中所做的目测,所确定的天线位置就在正确的附近,此时调整注意细心微调。信号质量在 30% 以上即可正常接收,若提供给多个卫星接收机,要通过功率分配器,则选择较大的天线,调整信号质量越大越好。在天气较好的情况下,容易实现信号捕捉和调整接收。在调试过程中熟悉规程、调试原则,要细心、耐心,不要急于求成,否则造成不必要的麻烦和损失。

(8)天线接收调试完毕,连接好高频头与室内接收机的同轴电缆,用几个大块的固定物小心地固定好天线,有条件的话,可在水泥地基上通过膨胀螺丝固定。信号若有变小,略微调整方位角或仰角,撤去现场其他调试设备。较大天线或是在楼顶上的安装,最好接上良好的避雷装置。

【知识链接】卫星电视的"日凌"现象。由于电视通信卫星多定点在赤道附近上空运行,在这期间,如果太阳、通信卫星和地面卫星接收天线恰巧又在一条直线上,那么太阳强大的电磁辐射会对卫星下行信号造成强烈的干扰,从而使接收的信号质量下降,电视画面因此出现图像、文字不清晰,"雪花"甚至黑屏的情况。每年春分和秋分前后,太阳位于地球赤道上空,发出的电磁波对我国的通信卫星等辐射影响较为强烈,这就是天文学上的所谓"日凌"现象。受"日凌"影响,电视可能会突然出现短暂的图像不清、雪花、画面固定不动甚至黑屏现象。"日凌"是一种正常的天文现象,目前许多家庭享受着由卫星传送电视信号,这样就不可避免地受到"日凌"影响,研究并经实践证明,"日凌"影响的是地面接收站的天线所接收信号的强弱程度,不会损坏电视机,对日常使用的手机信号也不会造成干扰,对地面上的人和生物也不会产生任何副作用。实践还进一步证明,"日凌"现象对不同经度、不同纬度的地点,造成影响的日期及"日凌"起止时间长短各不相同。这和使用的通信卫星本身特性、功能及地面卫星接收站的接收天线等电气特性有关。例如,秋分时,纬度越高,则"日凌"开始和结束的日期越晚。如果两地经度一样,若纬度差 3° 左右,则两地"日凌"开始和结束日期就会差一天。此外,我国目前有多个通信卫星转播电视信号,可以把"日凌"造成的影响减少到最小。

7.10　地面数字电视接收技术

7.10.1　地面数字电视接收特点

地面数字电视接收,包括地面室内电视机的固定接收、移动接收和手机电视等。地面数字电视传输标准要求支持单向广播基本模式,将非对称双向传输作为扩展模式,支持固定含室内、室外接收和移动含便携手持接收,它传输的业务是高清、标清、数字、多媒体信息、数据广播及各种混合业务。因数字电视和模拟电视在信号传输上有质的区别,对于数字电视机接收到的信号,只要达到载噪比门限电平(一般在 -82dBm 即 26.75dBμ)就能收到高清频道电视节目,高清节目没有噪声、无重影、无串色。如中央电视台现在广播的地面数字电视,在北京六环路内,用小型天线在 10m 左右的高度就能收看到高清晰度的电视节目,而对模拟电视,只有接收灵敏度在 50dBμ 左右,才能正常收看到电视节目。

随着通信和信息技术的迅猛发展,人类获取信息的发展趋势正在由固定走向移动,由语音走向多媒体。移动电视在广义上是指一切可以以移动方式收看电视节目的技术或应用。数字移动电视区别于传统媒体和网络媒体,是以数字技术为支撑,通过无线电信号发射、地面数字设备接收的方式播放和收看电视节目的。移动电视的鲜明特点是,其载体是移动的,即可以在公交车、出租车、商务或私家车、地铁/轻轨,火车、轮渡、飞机等场合下收看,目前在公交方面应用最为普及。20 世纪初,新加坡在全球率先将数字电视移动接收技术应用到城市公交领域,开发了公交数字移动电视,目前已有许多城市特别是省会城市(包括合肥市),也已开通了公交移动电视。能够在移动环境向大量观众提供多媒体内容的网络架构主要有三种:移动通信网络、无线局域网和地面数字广播网络。一个典型移动电视的系统结构如图 7-21 所示。

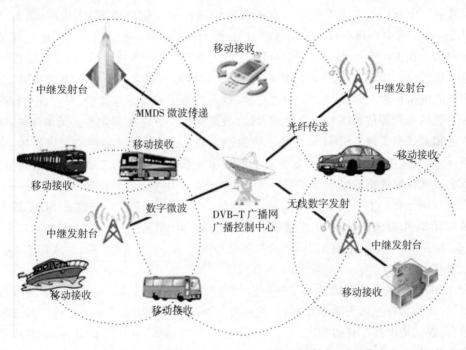

图 7-21　移动电视的系统结构

　　针对我国地面数字电视标准和国家广电总局推荐的 7 种模式,清华凌讯推出的芯片 LGS28G52,采用的单载波、多载波较完善的全模式国标芯片。中芯国际与上海高清合作生产的中国地面数字电视国标解调芯片 HD2812 和 HD291X,都是完全符合地面国标数字电视传输解调芯片,且二者皆可被广泛应用于机顶盒、数字电视一体机、移动和便携式地面数字信号接收机等多个领域,支持高清及标清电视以及其他多媒体服务的广播传输,支持各种复杂条件下的固定和高速移动接收。其中,HD2812 具备完备的国标单载波信号的信道解调功能,并内部集成 AD 采集器和锁相环,可以支持模拟中频输入,有效降低了成本。HD291X 具有卓越和全方位国标单、多载波的地面信道解调功能,支持地面国标的所有技术模式和选项的接收解调,具有强大的载波和定时回复能力,均衡器可应付强回波以及优异的同频和邻频干扰抑制功能;它同时具备高集成性等特点,内部集成 AD 采样器和锁相环,进一步降低板级 BOM 成本,便于用户使用。

　　移动电视坚持内容第一的原则。考虑到为移动人群服务的特点,其主要提供包括新闻、气象、娱乐、体育、生活资讯等多方面信息,另有适量精彩的广告片段和极少的连续剧等。移动电视具有很强的时效性、可视性、实用性和互动性,另外具有延时直播,兼具时效性与灵活性的特点。所谓延时直播,是指将直播节目内容录入延时系统,及时进行预览、编辑后再进入播出系统,依此编排出有移动电视特色的品牌节目,且有选择性地进行整合转播。通过延时系统,对录入内容进行第二次编辑,在内容上选择有时效性、重要性、新鲜性和接近性的新闻,使整个直播节目节奏明快、信息量饱满,从而体现电视文摘的节目定位。移动电视的推广与发展,迎合了传播信息化和数字化这两大时代发展趋势。

7.10.2 安徽地面数字电视广播网的技术架构

安徽数字电视广播网由安徽广播电视微波电路的数字化网络 SDH 构成,覆盖全省近30 个市县,承担着中央和本省广播电视节目信号的传输任务。建成的安徽广播电视数字微波传输网络全长 1548km,形成以省会合肥为中心,贯穿全省 28 座台站(其中省级骨干发射台 10 座、市级台 8 座、县级台 10 座)的两环六线网络,可实现多种业务信息的传输,充分发挥数字微波电路传输安全、容量大、质量稳定、投入和维护成本低等优势;可实现全程全网调度、监控、数据处理等信息的智能化管理;可有效地保证广播电视多业务全天候传输,实现高质量传送和高效率管理。SDH 同步数字传输技术是先进的数字传输网络组网技术,它的同步复用、标准光接口和强大的网管能力等核心技术能够组建先进的广播电视信号传输网络。

数字微波传输线路的组成形式可以是一条主干线,中间有若干分支,也可以是一个枢纽站向若干方向分支。主要由微波终端站、中继站和分支站等组成。安徽省 SDH 数字微波传输网共有 29 个微波站和 30 个中继段。设中心站 1 个、枢纽站 1 个、三分支站 5 个、中继站 16 个、端站 6 个,最长站距 121.3km、最短站距 5.7km、平均站距 53km,总长 1548km。

1. 业务组网特点

全省 SDH 微波电路传输业务组网,是以合肥首站(总前端即广电中心)为业务接入点和监视点,大蜀山枢纽站为业务分发点,向庐江、含山、淮南、保义等 4 个方向下发 STM - 1 的业务,完成广播电视节目的接入、分发、传输和监看等功能。(1)下传业务:5 路 ASI 信号通过多业务平台完成组播信号的接入、复用和交叉连接传输,大蜀山等 28 个站点均可下 4 路 ASI 地数信号和 1 路 ASI 广播电视信号。(2)回传业务:4 个不同方向指定站点,同时将下传的 ASI 信号有选择地回传至首站监看,以监视信号的传输过程和质量。(3)业务网管:合肥首站设置网管中心,实现监视网元状态、业务调度和配置等功能。

全省 SDH 微波电路传输业务组网,是构建全省数字地面电视业务传播系统的重要组成部分,其系统结构如图 7 - 22 所示。目前已传输 40 多套节目,先期实现全省 10 个骨干发射台的数字地面电视业务的广播。

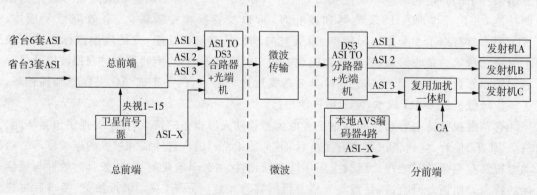

图 7 - 22 系统结构图

地面数字电视总前端信号通过传输网送到分前端,采用的是数字微波与租用运营商双路由方案。其中总前端复用输出的 ASI 节目信号分配后通过三路由送至省微波站,两路主备光缆路由传输,一路小微波路由传输,三路由信号经过省微波站选择后通过省微波传输网送至各分前端。另外,总前端输出的 IP 节目信号通过分配,经过运营商千兆网络传输送至各分前端。

2. 系统结构特点

构建技术先进的 DTMB 和 AVS 双国标地面数字覆盖网,完成地面数字电视平台的建设。省台 9 套电视节目的 TS 流以及从卫星接收(中星 6A 和中星 6B)的信号源送往总前端处理后,输出三路 TS 流送往复用器后,合成 TS 流送往光端机后上微波 SDH 传输通道(ASI - X 为数字微波现有传输节目)。在分前端,将传送来的 TS 流经分路器、光端机后,其中 ASI1、ASI2 两个 TS 流直接送往发射机,ASI3 再合成本地节目后送往发射机。分前端利用 3 个频点进行开路发射,每个频点拟采用 $C=3780,64QAM,LDPC=0.6,PN=420$,交织深度 720,净荷率 $=24.365\text{Mb/s}$,标清和高清两种服务,即国标推荐模式 6(表 5 - 5 所示)。总前端决定了全省用户的收看内容、节目处理等重要功能,承担着核心作用。节目源信号经 AVS 转码器输出 IP 数据流送往节目源交换机(思科 3750),然后从节目源交换机读取数据送往 IP 复用器,输出三个 TS 节目流经合路器后送往光端机传输送往微波 SDH 传输通道。在 IP 复用器端根据需要可以加 CA 管理系统,完成对用户的管理。总前端具有全 IP 架构、采用 AVS+ 信源编码等特点,满足有线电视未覆盖的地区居民看好数字电视的需求。总前端具体设备包括:

(1)卫星接收机。选用哈雷 7100 卫星接收机,每台四通道。卫星接收机将卫星接收的 RF 信号和本地送来的 ASI 信号,以组播 SPTS 的方式进行 IP 封装,送至后一级节目池主备交换机。所有规划的节目均在这一级主备交换机中。

(2)编码器。采用柯维新的 AVS+ 编码器,每台可编码 4 套节目,编码器将所有电视节目进行 AVS+ 编码后,以组播 SPTS 的方式进行 IP 封装,送至后一级交换机组,即编码后的所有节目均在这一级主备交换机中,供后一级调用。

(3)复用部分。复用器选用哈雷 9000 系的复用器,分主备两台,平行输出,统一网管配置。复用器将所有节目按 10 套节目一个 TS 流进行复用,并同时将 BOSS 信息和 EPG 信息复用进 TS 流,最后以 ASI 和光 IP 的信号格式送至传输网。

(4)大蜀山发射平台。该平台主要有液冷发射系统,鞍山市通用广播电视设备有限公司生产的 3 台 1kW、1 台 1.6kW 国标地面数字发射机(同时 4 台发射机,1 台备用),北京飞卡科技公司生产的分米波四工器、天线面板开关,江苏宁光公司生产的六层四面的四偶极板全向天线(较好的天线增益和波束带宽)等组成。

(5)监测部分。监控系统在结构上分为省总前端和若干分前端分布式监测系统。具备 RFC4445 MDI 指标和 TR101 290 三级实时监测,可满足基于 IP 信号的数字电视前端机房的信号质量监测需求。对 TS 流进行 TR101 290 码流三级错误实时监测。

根据发射波的特点,地面数字电视接收天线外观上与传统的模拟电视接收天线相似,为单极化定向天线,天线位置选择在水平沿发射基站方位上无遮挡物的地方,如果有多个发射基站方位可供选择,那么首选近距离的发射基站方位。如图 7 - 23 所示为几种天线形式。

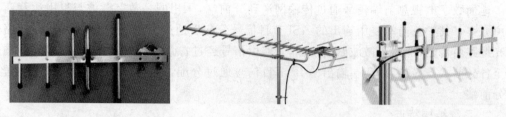

图 7-23　几种地面数字电视接收天线

目前,经大蜀山发射的地面数字电视,分别在 UHF 频段的 4 个频点(666MHz/21CH、714 MHz/30CH、722 MHz/38CH 和 762 MHz/43CH)上。安徽卫视/综艺/科教/公共/经济/影视,合肥市台 3 套,转发央视 15 套,其他省市卫视节目若干,有 41 套节目,其视频均为 AVS 编码。合肥地区的地面数字电视接收,包括合肥市 2800 多辆公交车,使用的移动数字电视,主要依赖大蜀山发射台的无线发射平台来完成。实践证明,由地面国标设备发射的数字电视信号,在服务区内,画面清晰、稳定,图像质量较高,接收效果较好。地面数字电视接收机、包括城市公交车用自带的拉杆天线就可以接收没有加密当地数字信号。但家庭接收地面数字电视,多数还需室外架设天线,一般地,接收天线参数为:(1)频率 470~860 MHz;(2)增益 9dBi 以上;(3)前后比大于 14;(4)驻波比小于 1.3;(5)输出阻抗 75Ω;(6)极化方式为水平或垂直;(7)雷电保护采用直流接地或其他;(8)接头型号为英制 F 头。

有数字场强仪帮助安装调整地面数字电视接收天线,效果最好。接收机的形式,目前市场上也很多,如图 7-24 所示就是双国标 DTMB 接收机的两种外观形式图。

图 7-24　双国标 DTMB 接收机的两种外观形式图

目前,国内如长虹、TCL、海信、夏华、康佳等,外资品牌的如东芝、LG、三星、飞利浦、SONY、松下等企业,已研制并生产出仅需一只遥控器就可收视的地面数字电视一体机。目前全国绝大多数市县开始地面数字电视广播。

7.10.3　我国移动电视标准与应用

手机电视标准起源于欧洲的 DVB-H,目前在世界范围内应用最广,DVB-H 能够提供视频、音频和数据 3 类业务,在一个 8Mb/s 带宽内可提供高达 12Mb/s 的传输速度,如果一个频道占用 200~300kb/s,则可传送多于 40 个广播质量的电视频道。其次是韩国热推的 T-DMB 和高通主导的 MediaFLO。我国国家新闻出版广电总局颁布的行业标准 CMMB(China Mobile Multimedia Broadcasting),其核心技术是基于数字音频广播的信道传输技术和基于 AVS、H.264 视频压缩标准。CMMB 主要面向手机、MP3、MP4、数码相机、PDA 等 7 寸以下小屏幕便携手持终端以及车载电视等终端提供广播电视服务。其主要特点有:(1)可提供数字广播电视节目、综合信息和紧急广播服务,实现大功率 S 波段

（2.635～2.660GHz）卫星传输与地面网络相结合的无缝协同覆盖全国，支持公共服务；（2）支持手机、PDA、MP3、MP4、数码相机、笔记本电脑以及在汽车、火车、轮船、飞机上的小型接收终端，接收视频、音频、数据等多媒体业务；（3）采用具有自主知识产权的移动多媒体广播电视技术，系统稳定可靠，具备广播式、双向式服务功能，可根据运营要求逐步扩展；（4）支持中央和地方相结合的运营体系，具备加密授权控制管理体系，支持统一标准和统一运营，支持用户全国漫游；（5）系统安全可靠，具有安全防范能力，具有良好的可扩展性，能够适应移动多媒体广播电视技术和业务的发展要求。CMMB 信号主要由 S 波段卫星覆盖网络和 U 波段地面覆盖网络实现信号覆盖。S 波段卫星网络广播信道用于直接接收，Ku 波段上行，S 波段下行；分发信道用于地面增补转发接收，Ku 波段上行，Ku 波段下行，由地面增补网络转发器转为 S 波段发送到 CMMB 终端。为实现城市人口密集区域移动多媒体广播电视信号的有效覆盖，采用 U 波段地面无线发射构建城市 U 波段地面覆盖网络。CMMB 提供的广播电视节目套数，与信道带宽、调制参数、音视频编码码率等因素有关。

1．CMMB 的技术实现

CMMB 的技术实现的基本步骤如下。

（1）采用卫星和地面网络相结合的方式实现"天地一体"协同覆盖，信道传输采用我国自主研发的移动多媒体广播传输技术（STiMi），使用高级差分调制（8DPSK）的 OFDM 及 LDPC 编码技术，在高速移动和衰落条件下可稳定接收；在恶劣时变衰落条件下可保持较优的接收性能。STiMi 技术的物理层结构如图 7 - 25 所示。

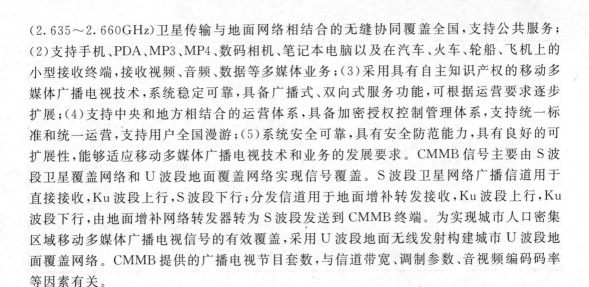

图 7 - 25 移动多媒体广播传输技术（STiMi）结构框图

（2）全国节目通过 S 波段卫星对全国实现覆盖，卫星遮挡地区可采取地面同频增补方式，在城市人口密集区域采用 U 波段增补。

（3）地方节目采用 U 波段地面网络实现覆盖。

（4）电视业务视频压缩编码采用 AVS、H.264/AVC，伴音压缩编码采用 MPEG - 4 HE AAC；广播业务音频压缩编码采用 DRA。

（5）数据广播采用可扩展的多协议封装复用传输，支持流模式、文件模式传输。

（6）加密授权系统对音视频流和数据广播流采用 ISMACryp 进行加扰，系统前端支持同密，终端采用多密，系统支持单向、双向和基于电子钱包的授权管理方式。

（7）运营支撑系统原则上采用两级架构体系，对内容统一加密，统一管理，支持公共服务、基本服务和扩展服务，实现各类终端用户的合法注册。

CMMB 主要系统参数和指标是移动多媒体广播电视系统建立过程中的基本要求。CMMB 音视频编码和信道传输的主要系统参数见表 7 - 4 所列。

表 7 - 4　CMMB 音视频编码和信道传输的主要系统参数

音视频编码主要参数		信道传输主要参数	
名称	主要参数	名称	主要参数
视频广播业务	视频压缩标准:AVS,H.264 音频压缩标准:MPEG - 4 AAC 帧率:25 帧/秒 图像分辨率:320×240/176×144 采样格式:4:2:0	带宽	卫星:3×8MHz;地面:8MHz
		调制方式	OFDM,子载波数 4096(有效数 3076)
		映射方式	卫星:BPSK、QPSK 地面:BPSK、QPSK、16QAM
		编码方式	外码:RS;内码 LDPC:1/2,3/4
音频广播业务	音频压缩标准:DRA 音频声道:单声道、立体声 采样率:48kHz、44.1kHz、32kHz	系统净荷	2.046~16.243Mbps
		卫星功率	>2kW

在 CMMB 卫星传输覆盖中,广播信道直接提供全国大范围的 S 波段 CMMB 信号覆盖,分发信道提供 S 波段地面增补覆盖网的 CMMB 信号,实现卫星阴影区 S 波段 CMMB 信号的增补转发。

在单频网实现方面。对于城区面积较大、单发射台站覆盖方式无法满足基本覆盖要求的地区,采用单频网覆盖方式,即基于若干发射台站建成本地区单频网实现基本覆盖,覆盖阴影地区由同频转发器补充覆盖解决。在单频网覆盖方式中,节目传输分配中心通过光缆、微波等传输链路将 CMMB 信号传输分配到各个发射站,各发射站的发射机采用同一频率在同一时刻发射同一节目,完成单频网的基本覆盖。在 U 波段 CMMB 单频网络采用 GPS 接收机、复用器以及调制器实现系统同步。

2.CMMB 终端应具备的基本要求

为高质量接收和显示 CMMB 系统视音频和数据业务信息,CMMB 终端至少需具备以下基本功能。

(1)稳定可靠接收 CMMB 系统视音频、数据和紧急广播信息等基本业务码流,终端支持自动频点搜索功能,同时支持手动设置功能。S 波段:2.635~2.660GHz;U 波段:470~798MHz。

(2)视音频压缩编码符合 CMMB 系统信源视频、音频压缩编码技术要求,视频广播流支持 AVS、H.264/AVC 视频压缩解码,MPEG - 4 AAC 音频压缩解码;音频广播流支持 DRA 音频压缩解码。

(3)终端支持视频参数:①符合 AVS 的 2.0 级,符合 H.264 基本类,H.264 基本类的级 2 或者以上为可选;②帧率:25 帧/秒,其他帧率可选;③图像分辨率:QVGA(320×240)、QCIF(176×144),其他分辨率可选。④采样格式:YUV 采样格式符合 4:2:0 格式,其他可选。⑤视频码率:解码支持的最大码率不低于 384kb/s。

(4)终端支持如下音频参数:①声道:单声道、立体声;②采样率:48kHz、44.1kHz、32kHz,其他可选;③音频码率:解码支持的最大码率不低于 128kb/s。

目前有众多品牌手机等移动设备支持 CMMB 业务,只需用户到移动营业厅办理开通该业务即可。

　　目前,全国绝大多数城市已开通 CMMB 业务,中移动、央视和中广传播已联手搭建 CMMB 全产业链平台。除了手机用户获得的多媒体服务外,还有车载移动电视方面,可提供娱乐信息、电视、交通信息等内容,还会利用移动数字电视帮助汽车生产企业广播召回通知、下发升级软件等,或在特殊情况时进行紧急广播。目前安徽移动电视一个频点在 30CH,按照 CMMB 标准在发射地面数字电视,功率是 1.6kW,从广电中心到大蜀山发射台,直接通过光纤传至大蜀山。除了服务公交外,还有更多的出租车等移动接收终端。目前,合肥地区的地面数字电视接收,包括合肥市 2800 多辆公交车,使用的移动数字电视,主要是依赖大蜀山发射台的无线发射平台来完成。

7.10.4　移动电视及其特点

　　移动电视是指以手机、iPad 等便携式手持终端为设备,传播视听内容的一项技术或应用,属于移动数字电视的范畴,手机只是诸多接收终端中的一种。目前,手机电视业务的实现方式主要有两种。第一种是蜂窝移动网络通信方式,利用移动通信技术,通过无线通信网(如 3G、4G、GPRS、CDMA 1X 等)向手机点对点提供多媒体服务,也是采用流媒体技术,如美国的 Sprint、中国移动(GPRS 网络)和中国联通公司(CDMA1X 网络)已经利用这种方式推出了手机电视业务,这种手机电视互动性强,属于一对一传播。PDA(个人数字助理)手机是唯一的接收终端,这种手持设备集中了计算、电话、传真和网络等多种功能。由于需求的差异较大,传播过程要占用较多的频率资源,所以,承载的人数受限、资费高。第二种是广播方式,利用数字广播电视技术,通过地面或卫星广播电视覆盖网向手机、PDA、MP3、MP4、数码相机、计算机以及在车船上的小型接收终端点对面提供广播电视节目,其特点是一对多传播,传输带宽大、图像质量高、覆盖面广、经济实用。无论是何种方式,均须采用更加先进的网络技术(内容分发、差错控制等)以提高网络的通信速率与质量。其一,单频网是网络技术中关键之一,有助于解决在移动中图像中断的问题。其二,采用先进的压缩编码技术(AVS、H. 264 等)使传输的数据量更少,是移动电视包括手机电视得以实现的关键因素。其三,针对移动终端的特点,采用流媒体(具有连续性、实时性和时序性)技术。

　　移动电视作为一种新兴的媒介,与传统的媒介相比有它难以替代的优势。与报纸相比,移动电视有强大的存储功能,而且携带方便(乘飞机等交通使用方便)。移动电视不仅有文字的字幕,还有更为生动的视频,选取新闻的范围比广播大得多,这是报纸所不能比拟的。与广播相比,现在人们收听广播主要是车载收音机以及手持式收音机。与传统电视相比,人们收看电视主要还是通过电视机,其次是用电脑收看网络电视,终端载体巨大,使人不能随地收看;而手机电视和电视一样传播音画,却更为方便快捷;与网络媒体相比,互联网的功能很强大,它集合了前三大媒体的优势,而且还有一个交互特点。互联网用户可以通过 QQ、MSN、电邮等方式进行交互,但是在信息传递过程中,手机所固有的人际传播本能和特性更为突出:发送双方兼备传、受者双重身份,始终处在不断转化的过程当中。受众之间互为传、受者,使得传、受者的反应变得主动而清晰。移动电视用户不仅是信息消费者,也可以是主动的信息生产者和创造者,可以构建一个比计算机网络更为普及的互联网络,并一开始就呈现出人与人直接对话的优势。通过移动传播使得各种信息几乎可以随心所欲地游弋于人际传播网络和大众传播网络中。此外,移动方便快捷地实现实时支付、节目实时开通有线电视付费频道,用户只需要编辑短信并发送到相应的端口,即可查看付费频道菜单,回复机顶盒智能卡号码并确认支付后,便可完成缴费和频道开通。

移动电视作为新兴媒体并非十全十美,屏幕较小导致视听不完备,视频信息量小,其视频质量终究不能与提供大视觉冲击、大信息量的平板接收机相比,而手机的主要功能还是电话和短信。此外,交互不便捷,以及手机电池的供电难以长时间维持视听播放,视频系统的耗电量是音频系统的 3 倍以上,因此对终端节电技术有较高的要求,电池一定要耐用、省电。不管怎样,视频接收将成为未来移动设备的重要功能之一。

移动电视目前用的是移动 GPRS 技术,以 GPRS 流量来收费,手机电视的收费形式有按流量收费的,有的地区按年收费的。以流量收费的手机电视,是最简单的条件接收形式。

7.11　网络电视特点及相关技术

7.11.1　网络电视的基本特点

网络电视又称网络协议电视,即 IPTV(Internet Protocol Televison),国际电联 ITU - T 定义为"在基于 IP 的网络上分发的如电视/视频/音频/文字/图形/数据这样的多媒体业务,设法支持要求的服务质量/体验质量水平、安全性、交互性和灵活性"。即 IPTV 是一种利用宽带互联网、多媒体等技术,以家用电视机、计算机、手机等作为主要终端,通过已有的宽带网络传送电视信号,给用户提供包括电视节目在内的多种数字(交互式)媒体服务,其显著特点是用户可对节目进行选择、点播,在国内 IPTV 更多的是以电视机为主要终端。因此,网络电视除视频点播外,还包括电视点播、电子节目单、信息电视、电子商务和自我管理服务等,它可成为全方位的立体传播机制,具备电脑、电视、个人数字助理、第三代移动电话、上网收看网络电视等功能,是三网统一的基本架构。可见,IPTV 服务是包含了计算机、电视机以及手机等便携终端,融合了广播和通信技术,在国内是最早开展基于 IP 业务,具有时移、点播功能等的数字电视。它具有如下的基本特点:

(1)高质量的数字媒体服务。如果电视节目全部改为数据,并在局域网或互联网上传输和接收图像、声音、文字等信息,内容是录播、直播、转播并都可以在网上存储、复读,那么接收者就可以不受时间、地点和频道的限制,随时点播、观看、录制所需的节目内容。

(2)实现媒体提供者与消费者的实质性互动。如果服务项目周到、齐全、人性化,那么人们利用起来就更为便捷,如同享受特殊的服务。网络电视的互动功能决定了可以按需提供个性化的服务。

(3)提供更多的 IPTV 增值业务。如视频通信、信息浏览、互动娱乐、电子商务、远程教育、游戏等,是构建家庭信息服务和互动娱乐的主体。

(4)为网络发展商与节目提供商提供了广阔的新兴市场。用户的正确选择决定了节目发展方向和网络运行机制,同时进一步促进了良性循环。

此外,网络电视与传统的电视在结构、传播方式上也存在较大差异。表 7 - 5 给出了网络电视与传统电视之间的比较。

表 7 - 5　网络电视与传统电视之间的比较

	接入方式	网络结构	传输方式	终端	传播方式	覆盖面	视频质量	互动性	信息量
网络电视	电缆、卫星、无线、LMDS xDSL、以太网等	网状	分组（数据包、带宽共享）	PC、机顶盒、手机	异步、非线性	全球	一般	强	多媒体海量
传统电视	电缆、MMDS 无线、卫星	网状	电路（信道独占）	电视机	同步、线性	局部	高	无	视频为主

从总体上讲,网络电视可根据终端分为 3 种形式,即 PC 平台、TV(机顶盒)平台和手机平台(移动网络)。通过 PC 机收看网络电视是当前网络电视收视的主要形式,因为互联网和计算机之间的关系最为紧密,目前已经商业化运营的系统基本上属于此类。基于 PC 平台的系统解决方案有较好的互通性和替代性;而基于机顶盒(电视机)平台的网络电视以 IP 机顶盒为上网设备,利用电视作为显示终端。显然电视用户大大多于 PC 用户,但电视机的分辨率低、体积大、不宜近距离收看。但严格地说,手机电视是 PC 网络电视的一个子集和延伸,它通过移动互联网传输视频内容。由于它可以随时随地收看,且用户基础巨大,所以可以自成体系,手机电视的基础是第四代数字移动网络的智能手机,这类手机上安装了较高的操作系统,因而可以运行视频播放软件(如 FondoPlayer,RealPlayer 等)。

7.11.2　网络电视的相关技术

目前,网络电视多数是基于 MPEG - 4 或 H. 264 标准,也是 IT 业与媒体业结合的产物。因此涉及网络电视的相关技术比较多,但主要的有网络技术、流媒体编解码技术、内容存储技术、宽带传输技术、EPG 技术或服务质量技术、内容分发技术、数字版权和认证计费即加密技术等。其中编解码技术与网络技术是网络电视的核心,网络和内容的整合能力使互联网不仅成为一种目前主要的通信业务网络、未来的通信基础网络,而且也将成为一种新型的数字媒体。

流媒体的播送方式主要有三种:单播、组播和广播。流媒体技术平台即为网络电视的技术平台,有两种方式:实时流式传输和顺序流式传输。实时流式传输指保证媒体信号带宽与网络连接匹配,使媒体可被实时观看。实时流与 HTTP 流式传输不同,它需要专用的流媒体服务器与传输协议,如 RTSP(Real - Time Streaming Protocol)、MMS(Microsoft Media Server)。顺序流式传输是顺序下载,在下载文件的同时可观看在线媒体。在给定时刻,用户只能观看已下载的那部分,不能跳到尚未下载的前面部分。顺序流式文件是放在标准 HTTP 或 FTP 服务器上,易于管理,基本上与防火墙无关,顺序流式传输与下载只需常规的协议即可。所以流媒体的网络电视在网络断开后,还有一段时间的视音频。一个完整的流媒体解决方案应是相关软硬件的有机结合,包含内容采集、视音频捕获和压缩编码、内容编辑、内容存储和播放、应用服务器内容管理和发布等,而数字版权管理将成为 IPTV 技术体系中的一个重要环节。目前,互联网上使用较多的流媒体技术主要有 RealNetworks 公司的 Real Player 7.0,Microsoft 公司的 Windows Media Player 9.0 和 Apple 公司的 Quick Time 5.0 等。我国将采用 AVS 编码标准并结合 ISMA(互联网国际流媒体联盟)实现网络电视的编解码。国际上已经出现的卫星数字多媒体广播既能为其他设备接收外,也能为手机进行移动电视的接收。但依然存在基础设施、带宽、服务器及其内容、相关标准或规范等因素是制约 IPTV 发展的主要因素。我国许多省市电视台业已开通网络电视,如中央电视台、上海文广传媒集团、南方传媒等所开通的网络电视具有没有广告、不限时不限量观看等特点。内容分发技术主要目的是通过网络的构建减小 IP 骨干网络的传输压力,将连接到 IP 网络上的内容信息更迅速地分发到 IP 网络上的用户终端上。

内容存储是一种复杂的技术,IPTV 系统存储解决方案,能够实现网络资源中存储资源和服务的集中化管理,目前多数是采用超媒体文件系统 HMFS,针对流媒体内容海量存储开发的一种文件存储技术,克服了直接文件拷贝带来的种种弊端,创造性采用了片段技术,解决了新拷贝的片段到终端用户处的延迟问题。

IPTV 是利用计算机或机顶盒加电视完成接收视频点播节目、时移电视、视频广播及虚拟频道等功能,大大拓宽了电视的应用范围。此外,IPTV 为电视业和电信业带来新的业务增长点,也是作为"三网融合"的一个很好切入点。

需指出,如果 IPTV 通过目前的有线宽带网进行电视节目广播,意义不大。但如果通过宽带网的流媒体服务,如节目或视频点播、视频会议、点对点视频传输等还是有很大发展空间,因为电视广播将占用大量的带宽不适合以 IP 方式传播,IP 适合点对点的通信。节目内容是数字电视及其 IPTV 的发展根本,目前提供 IPTV 服务的机顶盒很多,如创维、九州、华为、银河等品牌,接近于卫星机顶盒的增长速度。

7.12　IPTV 与 OTT TV 技术及业务比较

随着电信运营商宽带网络的升级改造,视讯业务得到了长足的发展。既有广电牌照方与电信运营商合作,在有质量保障的宽带网络上,面向电视机提供的 IPTV 业务;又有广电牌照方与家电厂商合作,在公众互联网上,面向电视机提供的互联网电视业务,即所谓的 OTT TV(Over The Top TV)业务;也有互联网视频网站在公众互联网上,面向 PC、PAD 等终端提供的互联网视频业务。互联网电视属于数字电视的范畴,所谓互联网电视,是一种利用宽带有线电视网,集互联网、多媒体、通信等多种技术于一体,也是以互联网为内容传输通道的电视一体机或是电视机顶盒,用户可以通过电视屏幕享受互联网视频内容,以及各种智能应用。可见,网络电视与互联网电视不是等同的概念。OTT TV 允许在如何的时间、地点、设备上访问服务,互联网电视以电视机为主的接收终端。虽然 IPTV 与 OTT TV 都是通过 IP 网传输的视频技术,但两者在技术体系上有较大区别。

(1)传统的 IPTV 视频是基于 UDP/RTP 协议的 TS 视频流,也就是 TS Over UDP/RTP;而 OTT 视频采用 HTTP/TCP 协议来传送媒体数据,也就是 Streaming Media over HTTP/TCP。TCP 协议是非实时的,尽力而为的传输协议,对数据丢包采取重传机制,但无法保证所有重传的数据能在预定的播放时刻之前按时到达客户端。而对于视频内容,客户端又不能跳过这些丢失或迟到的数据直接播放时间上靠后的媒体数据,此时,必须停下来等待。也就是当传输速率达到或大于网络最高带宽限制时,网络会发生拥塞,导致视频播放中断。这就是早期观看互联网视频,常出现因数据缓冲致使播放停顿的现象。经过多年的技术改进,目前的 OTT 视频已经实现了在线边接收边播放观看,这又称为自适应传输流技术分发视频。

　　(2)IPTV 与 OTT TV 代表着传统流媒体技术发展的两大方向:面向连接的 UDP 组播方式和无连接的 HTTP 渐进式下载方式。这两种体系不同的起因是初始业务提供者的背景不同。IPTV 最初是由电信或广电运营商主导的业务,有自己可管可控的专网,他们从视频技术的理念出发不断地改善传输视频的质量。OTT TV 一开始是由视频网站主导的在开放的互联网中开展的视频业务,他们是从互联网技术的理念不断完善传输视频的质量。互联网的用户带宽是不可控的,随时变化的。因此,OTT TV 更多体现了与网络无关、以客户为主的特征。

　　目前,通过广电总局验收的 7 家互联网电视平台分别是:中国互联网电视 CNTV(未来电视)、百视通、南方传媒、杭州华数、中国国际广电电台的 CIBN、湖南广电(芒果 TV)以及中央人民广播电台的 CNBN,即央广广播电视网络台。一般家电厂家不得涉足播控平台。便于相关部门对互联网电视内容方面的监管,而互联网电视盒子操作系统也有望率先统一,对营造健康向上、传播正能量的网络电视绿色环境是非常必要的。

　　由于 IPTV 和 OTT TV 分别在运营商专有网络和互联网公共网络下提供服务,因此两者采用了完全不同的技术体系架构。为了进一步了解 IPTV 与 OTT TV 之间的差异,建议读者认真阅读、分析以下表 7-6 所示的每项内容。

表 7-6　IPTV 与 OTT TV 之间的差异

项目	OTT TV	IPTV
业务提供者	视频网站(目前合法的有 7 家)	电信、广电运营公司
网络环境/接入	开放的互联网,无监管和控制机制。任何连接互联网协议(IP)的带宽接入均可使用,如 xDSL、光纤、WiFi、3G 移动通信等。网线或无线网卡接入	经规划、可管可控的专网,用户带宽可以保证,有线接入
特点	通过开放的互联网向一系列具有 IP 地址的设备传输视频内容 与网络无关、以客户为主	通过一个受管制的封闭专网向既定消费者设备提供视频内容。
带宽	随时间波动	固定带宽
内容来源	媒资库,多个地方	媒资库存储的媒体和(或)链接直播的地面、卫星和有线电视
内容发送	基于互联网内容分发的理念.将媒资库的内容编码切片后,由 WEB 服务器发送到 IP 的自适应客户设备。采用终端驱动方式自适应选择合适的视频播放	基于传统的视频分发理念,采用服务端驱动,通过使用各种协议组播或单播给用户机顶盒
视频编码、码率	H.264 为主;VBR(编码效率比 CBR 高),可变的码率;视频质量能接受	H.264 编码;CBR,固定的码率;视频质量高
编码复杂度	多次编码,计算资源消耗较多,实时性较差	实时性高,计算资源消耗相对较少
协议	应用 HTTP 协议,顺序流传输技术	使用多协议:如 UDP,RTP,RTSP IGMP,RTMP。实时流传输方式

（续表）

项目	OTT TV	IPTV
网络管理	没有管理或开放的网，利用 IP 网尽力而为的方式。	可管理的专网
QoS	无 QoS 保障。通过自适应流媒体协议，动态监测终端用户带宽和设备性能以及利用 IP 网络尽力而为的性质来发送视频，用户端通过在较低或较高质量视频流之间切换来优化视频质量	有 QoS 保障。通过带宽预留、接入控制、分组优先和过载保护等手段来保障播送视频的服务质量
终端	智能终端，包括电视、电脑、手机、平板电脑和网络机顶盒	用户机顶盒
转屏功能	容易实现，良好的转屏体验	难以实现
操作系统	Android、中国自己的 TVOS 操作系统	Linux 操作系统、硬件配置较低
用户	不受限制	需加入专网
直播实现	采用点播技术，HTTP 的点到点通信方式。一般 OTT-TV 直播时延大于 IPTV 的时延	基于 UDP 组播，点对多点通信方式
网络需求	无要求，绕开网络的限制	网络抖动、丢包、延时、安全必须达到一定的要求
覆盖	无特殊规定，随时随地将内容分发到全球的观众。不需特定的网络基础设施或技术要求	覆盖有限，需要专业技术实现
网络建设	无须自己的物理网络，利用现有 IP 网络，无须任何特殊设备，内容随时随地被分发给任意设备	需建设自己的 IPTV 专网
网络供应商	不参与内容的控制，不对发送内容承担责任，也不能控制消费者的观看能力、内容的版权以及内容的再分发。互联网供应商只负责传输 IP 包	可控制发送的内容
点播时延	2~4s	1.5~2s
技术发展	互联网的技术体系、面广	视频相关的技术角度、面窄

　　两者都有标清和高清两种编码规格，但各自的码率大小有所差异。OTT 机顶盒的典型代表品牌有小米、乐视、百视通、华为、创维、夏新等，晶晨半导体主控芯片占据中国 OTT 机顶盒的多数。拥有 4 核 CPU、8 核 GPU、支持 4K、H.265 高清解码的网络机顶盒较为高端、发展最快。

　　具体到家庭的应用上，即在与室内电视机及电脑连接上，IPTV 与 OTT TV 差异不大，分别经电话线或网线，经调制解调器和路由器，分别连接 IP 机顶盒或网络机顶盒到电视机，也可电脑连接路由器上网，如图 7-26、图 7-27 所示。

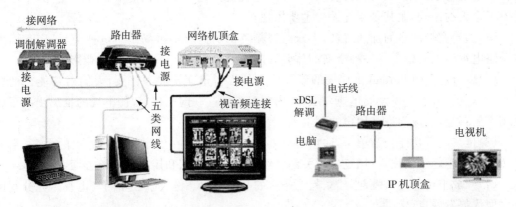

图 7-26　OTT TV 在家庭的应用形式　　　图 7-27　IPTV 在家庭的应用形式

　　总之,IPTV 和 OTT TV 的主要区别为:节目源不同及承载网络不同、传输机制不同。IPTV 的视频内容来自广电,质量较高且稳定,一般采用固定码率编码;OTT TV 的视频内容来自多个地方,包括互联网视频网站等,一般采用动态码率编码。IPTV 用专网承载,网络轻载、质量稳定;OTT TV 业务承载在互联网上,网络质量受到其他业务的影响。IPIV 以实时流媒体方式传输,采用 RTP/UDP;OTT TV 业务以渐进式下载方式传输,采用 HTTP。

　　互联网电视不但涉及简单的整机制造,还涉及后台系统的开发,这需要互联网内容提供商、技术提供商的合作,等等。硬件厂商与互联网公司的合作涉及几个层面:平台的合作,如云平台、应用开放平台等。有鉴于此,我国目前涉足互联网电视机的设备要求是,一台电视机只能植入 7 家中的一家集成商的客户端,但同一品牌不同型号可以植入不同的客户端。内容的合作,如视频、游戏等,譬如目前不少国产品牌的互联网电视具有了"远程教育""在线卡拉 OK""信息资讯""影视下载""在线观看""游戏娱乐"等功能;应用服务的合作,如支付、购物等。软硬合作将会成为智能电视产业发展的强大助力,推动产业生态体系的建立与完善,同时为多屏的融合奠定基础。智能电视带来了靠内容挣钱的方向,从硬件为核心转移到以内容为核心。目前,我国互联网电视一体机的主流厂商很多,如长虹、康佳、创维、海信等,互联网电视机是"智慧社区,智能家电"的典型代表。

　　从 IPTV 的兴起到 OTT TV 的繁荣可以看出,每种技术各有千秋、相互渗透,适应用户需求、提高用户体验才是根本。IPTV 可提供更高的服务质量,IPTV 终端已发展多年,早已渗透到农村。OTT TV 解决了传输通道的问题,存在就是合理,适应才能生存。随着三网融合的推进和视频传输的技术发展,受众个性化、差异化的需求一定会极大满足。但随着终端智能化发展,两者的差异将越来越小。毋庸置疑,面对迅猛发展的网络电视,传统的有线数字电视确实面临较大的挑战。

7.13　智能电视 APP 与多屏互动

7.13.1　智能电视 APP

互联网的飞速发展改变了人们的生活和娱乐方式,伴随着智能设备和网络电视的发展,对传统电视行业带来了巨大的冲击。传统的电视机只是一个简单的节目收看工具，早已满足不了今天的需求，尤其是年轻人。主要体现在：

（1）随着宽带网络的加速普及，大众对视频资源的需求不再局限于电视节目，应运而生的网络电视给人们带来了一种全新的体验和网络生活方式，对传统电视行业影响巨大。

（2）以智能手机和ipad为代表的新一代智能设备迅速发展和普及，人们对智能化的要求越来越高。智能电视发展迅速，在这个内容为王的互联网时代，智能电视的推出受到了广大用户的喜爱，也成为许多用户的首选。

（3）传统电视功能较为单一，注重的只是硬件及外观。在以用户体验为主的今天，主流消费人群也越趋年轻化，市场竞争的关键已经转向产品应用和用户体验等方面。

（4）开放平台的迅速崛起，建立起一条新的互联网生态链，即"互联网＋电视"，充分利用互联网优势发展自己。

传统电视正在向智能电视转型，智能电视采用全开放的智能平台和嵌入式操作系统，是内置了高速CPU芯片，缓存内部存储器等电脑模块的电视机，用户可以自行安装和卸载软件、游戏等第三方应用程序即智能电视APP，开发商也可以持续对系统进行扩充和升级。智能电视机顶盒桌面应用程序，实现视频流的点播、回看、智能应用体验和生活学习（教育、购物、游戏等）等模块，满足用户个性化的需求。一般地，智能电视都能满足：

（1）播放普通直播节目，针对不同收费用户实现播放标清、高清频道；

（2）能够访问网络，播放网络视频，实现标清、高清点播等网络视频播放功能，支持快进、快退、暂停、恢复播放等基本的播放操作；

（3）支持用户设置和系统设置，满足不同用户个性化需求；

（4）支持中文输入法，利用遥控方便切换实现中英文输入。

对于智能电视来说，和Windows系统一样，系统本身只能实现一些简单的功能，如浏览图片、播放视频、上网浏览网页等等。但实际上，智能电视本身内置的APP不全，难以满足用户的多样化需求。因此很多第三方提供的APP就应运而生，也是很多用户所迫切需求的。对于智能电视及其智能电视APP，如何获取和安装APP呢？一般情况下，用户可以通过三种方式来安装APP：

（1）启动电视机后在主页窗口里，通过智能电视自带的"应用商店"安装，操作遥控器指示点击安装；

（2）使用优盘、移动硬盘等存储设备，安装APP文件；

（3）通过浏览器访问网页，下载安装APP文件。

在这三种情况中，使用浏览器下载安装仅在个别国产智能电视中才能支持，很大一部分厂商由于技术上等原因，并不能实现浏览器下载安装功能，还有一些厂商则是并未开通此权限，也就是禁止用户从浏览器下载安装。而从移动硬盘和优盘安装，则深受一些实践爱好者的青睐，自己也可安装一些破解版的应用程序，例如从A品牌电视中移植出的APP文件，安装在B品牌电视中。使用最多的方式还是从智能电视中内置的官方应用商店中下载，也有通过相应电视上扫描二维码下载的方式。实用中选择相应的APP可以跳转到对应的应用程序，不同品牌的智能电视APP不具互换性，因为通常APP数据是私密的。

7.13.2　手机遥控与多屏互动

随着智能电视和 OTT 机顶盒普及,基于电视终端的应用程序,电视 APP 也越来越得到推广。这里两种情况,一种是手机遥控器,另一种是手机与电视的多屏互动。对于前者,手机遥控器,就是通过智能手机,直接遥控电视机,点击节目名称直接遥控电视换台、调音量等。此外,(1)一个手机遥控所有家用电器:空调、机顶盒、电风扇、DVD、投影仪、互联网机顶盒;(2)电视节目预告,电视导视遥控:打开手机就可查看电视机上所有频道正在播出的电视节目单,点击节目名称就可以直接遥控机顶盒切换频道播放这个节目。现在华为、小米、HTC、三星等品牌智能手机都能实现上述功能。需指出,这里的智能手机必须带红外功能,非智能机如果自带厂家开发的遥控软件也行。有关手机红外遥控的软件很多,比较著名的"悟空遥控"、NoviiRemote(不同版本可适用 S60 和 Plam)、VITO Remote(适用 Windows Mobile)、CHiQ 等等。有的软件功能更多,如"悟空遥控"、CHiQ 就是集遥控、多屏互动、电影、直播等功能。

多屏互动,就是不同媒体终端基于某协议或连接,共享同一内容,除了提供在线影视、直播节目、本地资源及家庭网络资源播放。手机还能充当遥控器实现对电视的操控,同时同屏功能也能将电视画面和声音回传到手机端。实际中更多的是将手机内容投射到电视屏幕,即小屏点播大屏看。实现多屏互动的物理形式较多,见表 7-8 所列。

表 7-8　实现多屏互动的物理形式及其特点

物理形式	条件	优势	不足
MiniHDMI/MHL	具备 Mini HDMI/MHL 接口的手机。MiniHDMI/MHL 视频转换线	方法原始、设置简单。传输无损耗,画面同步	需要相关的硬件连接、视频转换线,不方便移动,手机选择余地小
DLNA	需要手机和电视支持 DLNA 协议,手机和电视需要在统一局域网内。需要将电视"多屏互动"设置为"开启"。	通过无线连接,不受约束。如腾讯视频、搜狐视频、迅雷看看等	无法将手机桌面推送到电视,画面稍有不同步
Airplay	需要手机和电视支持 Airplay 协议,手机和电视需要在统一局域网内。	通过无线连接,不受约束。支持镜像操作	与 ANDROID 系统适配不够稳定
Miracast	需要手机和电视支持 Miracast 协议,且需要在统一局域网内。电视需要将"Miracast"设置为"开启"。	通过无线连接,不受约束。画面同步	电视端不能调整图像模式,手机画面和电视画面色差明显
多屏看看	需要手机和电视需要在统一局域网内,超级电视需要将"多屏互动"设置为"开启"	通过无线连接,不受约束。还有遥控器,滑鼠功能	无法将手机桌面推送到电视,画面稍有不同步
乐视视频手机客户端	需要手机和电视使用同一账号登录。不需设置电视的多屏互动和 Miracast 功能	可以不受同一局域网限制,只要手机和电视使用同一账号登录即可	无法将手机桌面推送到电视,画面稍有不同步

通过以上方式,手机画面就可以完全投射到电视端,电视俨然成了一部超大屏的手机。连接成功后,手机桌面就同步显示到了超级电视上,瞬间用户拥有了一个超级大屏手机。作为举例,乐视视频移动客户端,下面是具体的操作过程:

(1)打开手机上安装的乐视视频移动客户端,选择好需要观看的视频。第一步,轻触屏幕,将弹出控制菜单,点击红圈处"超级电视"。第二步,双指一起在手机屏幕向上滑过即可完成推送。

(2)在弹出的菜单上选择"将视频推送到超级电视",此刻超级屏幕上就会弹出一个确认菜单,点击确认后,就可以在电视上观看手机端推送过来的节目了。

乐视视频移动客户端是乐视网推出的移动视频 APP,片源涵盖国内、欧美、日韩、港台等多个地区,包括影视、动漫、咨询等多个方面。全网搜索、无限下载,并可收看数十家电视台直播节目。只要用同一账号登录手机和电视,即可将手机端视频推送到电视屏幕。

有了电视 APP,以及各大视频网站的海量 APP 应用支持后,用户可以随心所欲地浏览自己关心的视听内容。

【本章小结】在推广数字电视的前期,各地基本上都是将原有的有线电视网兼容传输数字电视信号,作为整体平移的过渡。为保障数字电视信号的安全传输,通常采用 TR101-290 建议三级错误报警的监测机制,数字电视特有的故障现象为峭壁效应即马赛克效应。C-DOCSIS 是目前应用较多的组网技术,在该组网技术中容易实现基于 IPQAM 的双向互动电视,有线数字电视传输中的连接线头正确连接对保证信号正常接收非常重要。在数字电视应用中,增值业务是个非常有前景的充满竞争的产业,而互动电视是其基本的表现形式。随着直播卫星"中星9号"的上天,卫星数字电视接收在我国边远山区、农村及城郊等区域将更加普及,天线的方位角和仰角的正确调整最为重要,实践中多数是通过目测法进行耐心和细心的调整。包括手机电视的移动电视、OTT TV、IPTV 等必将进一步深入人们的生活中,特别是我国手机电视标准 CMMB 的推出,为移动电视的发展提供了保障。还需着重了解双国标"AVS+DTMB"在地面数字电视中的应用。此外,智能电视 APP 与多屏互动又是应用中心典弄,在我国,各地运营商加密方式有异,其系统工作原理非常相近,目前已基本没有收看不到电视的地方。

思考题与习题

1. 结合第 4 章复用方面的相关技术,从本章图 7-2 及表 7-2 中,您得到哪些收获?

2. 将 DVB/MPEG-2 TS 流的测试错误指示分为 3 个等级,哪级最重要,为什么?哪些设备可以监测?

3. C-DOCSIS 在目前有线数字电视组网技术中,有几种形式?各有哪些优缺点?

4. 何谓数字电视的增值业务?目前增值业务在有线数字电视系统中,可能有哪些形式?

5. 结合我国具体广播电视卫星,请阐述卫星数字电视接收的 C 频段和 Ku 频段上,有何差异?在天线调整上,各有什么异同?

6. 阐述基于 HFC+IP 的互动电视解决方案。此外,您有什么更好的方案?为什么?

7. 怎样调整卫星接收天线的仰角、方位角和极化角?其中方位角与磁偏角是怎样的关系?举例说明。

8. 如果选择"中星 9 号""中星 6B"或"中星 6A"卫星接收,你打算接收哪颗星的信号?该做哪些准备工作?为什么?(上网查询分析)

9. 如果正在收看的有线数字电视,忽然出现马赛克,可能哪些情况,如何检修?若是卫星接收时,出现同样的马赛克现象,又该如何处理?

10. 何谓移动电视?我国移动电视标准中主要有哪些核心内容?

11. IPTV 与传统电视有何区别?核心技术有哪些?举例说说我国 IPTV 的开展情况。

12. IP 机顶盒与普通有线机顶盒在数字电视接收中有何异同?分别画出大致的结构框图予以分析比较。

13. 如何理解网络电视、智能电视、手机电视、时移电视、标清电视和高清电视等概念?能否用适当的图形来描述它们的关系。

14. OTT TV 与 IPTV 存在哪些较大的异同性(尤其是在家庭的应用上)?举例说明。

15. 如何理解"AVS＋DTMB"的应用?提高双国标在国际市场的竞争力,有何重大意义?

16. 什么是电视 APP?如何安装智能电视 APP?

17. 在 OTT TV 迅猛发展的今天,传统有线电视面临较大挑战,有哪些措施或对策来迎接挑战。

18. 比较一下有线、地面、卫星和网络数字电视的接收,存在哪些异同?

19. 调研题:画出目前你住的小区(乡村或你家)数字电视接收系统结构图,并分析原理。

20. 一个距离有线电视台 2km 的小区,有 6 幢楼共 520 户住家,每家有两台电视机需要接收,椭圆形住宅小区,彼此相距 50m,请你按照 C－DOCSIS 技术,设计一下本小区有线电视接收的较为详细系统结构。

附录　有线数字电视传输与卫星接收常见故障排查

1. 有线数字电视网络传输常见故障

结合多种实际情况,在有线数字电视传输中,一般的故障形式及排除如下。

(1)如何分析和解决无图像故障?

按下列顺序进行检查。首先,检查电视机在射频(RF)状态下是否有故障,或电视机是否切换到了"AV"状态。其次,检查各连接线是否正确。有线电视的进线是否连接到数字机顶盒的"有线输入"插孔,未连接或连接错误则肯定无图像。机顶盒上的音视频线是否连接到电视机的音视频输入插孔上,如接错则无图像。再次,引起无图像的原因可能是信号电平太低,主要是室内线路质量不好、线路太长、接头未做好或断线所致。最后,某些无图像现象,也可能是未获得正确授权造成的,此时屏幕上会出现"该频道未授权"提示,或是智能卡没插好,此时屏幕上会出现"请插入智能卡",这时应检查智能卡是否插好。

(2)为什么在收看数字电视的时候会偶尔看到马赛克现象?

在目前开展的数字电视业务中,网络传输的是符合 DVB－C 标准的数字信号,机顶盒虽然具有一定的纠错能力,但如果遇到传输网络故障或各种强干扰,导致调制误差率 MER、载噪比过低,就会引起信号质量差即信噪比 SNR 差,进而产生大量的误码或误码率过大,超出了靠机顶盒的本身纠错能力所能解决问题的范围了，从电视机画面上表现出来的就是偶尔闪过的马赛克现象。

经验证明，若接收过程中，个别台经常有马赛克，先查看室内墙上的白色面板盒 TV 接口上的两头有线电视线头是否松动了。如果不是，再查看是不是接了分头，且使用的分配器等材料是不是不合格，分配器上的接头是不是松动，或有损坏。如果分头过多也会造成信号衰减，请减少分头，调整好有线电视信号线。

（3）数字电视为什么会几个频道同时出故障？

采用 AVS+标准或相近标准压缩的数字电视信号传输，是将 8～11 套节目经压缩编码，打包后再经过时分复用调制到某个频点上，在一套模拟节目的 8MHz 带宽内传输。在同一个包中，只要有一套节目正常，则其余几套节目也肯定正常。当有一套节目不正常，如无图像或有马赛克，则其余几套也肯定无图像或有马赛克。如果用频谱分析仪测试的话，可以看到该频点的波形凹陷下去了。

（4）出现黑屏，如何处理？

如果是全部频道都出现黑屏，这可能是死机、天线或视频线松脱，请检查一下传输线和视、音频线有无松脱或插错，然后重新开机再试一下；若故障依然，可能是机顶盒故障；如果只是一个频道出现黑屏，则可能是信号源故障。

（5）数字机顶盒出现死机，如何处理？

若是偶然出现画面停顿、不能遥控，或者无开机画面，更不会有主菜单出现，则为"死机"现象，关机重开则可；若是经常出现死机现象，这种情况多数是数字机顶盒软件故障，需对机顶盒软件升级。

（6）收不全频道或出现无信号，如何处理？

这可能是接收机接收的电视信号较弱、受到干扰或传输线松脱，请将传输连接头插紧，然后重新开机，进行搜索频道。若情况依然，请检查线路。如果是某一个频道出现"无信号"现象，可能是前端信号源故障。

（7）如何解决频道搜索不全的问题？

一般这种频道丢失以频点为单位，有节目表但没有电视节目图像。该问题大多是由于传输系统中的局部因素不良，导致传输该频点的码流信号不好引起的，数字电视机顶盒一般要求输入数字电视信号电平大于 $45dB\mu V$ 以上（用场强仪测试），且要求信号相对稳定。如接线不规范，不采用正规的分配器，甚至是多根 75-5 线头对接在一起，容易造成阻抗不匹配，进而就会造成数字电视频道接收不全。这时，首先检查传输线接线是否规范，特别是 F 连接头的连接是否工整、牢靠、规范，是否采用分配器而不是简单地将几个头结在一起，是否有漏电或较强电磁干扰等，然后再往上检查分配网。

（8）如何解决马赛克现象？

马赛克是在数字电视接收中常见的问题之一，它出现的主要原因是信号不良。虽然信号差，但机顶盒还是能够搜索到频道的存在，只是无法正确识别图像、声音信号的所有信息。马赛克现象可分为所有频道都有马赛克和部分频道有马赛克。如果是前者，则是整体信号质量不好，如电平偏低；后者则是某个频点信号不好造成的。这时可以测量用户线上的电平和载噪比是否在正常范围内。马赛克问题出现原因大多是分配网络电缆接头故障和分配器质量不好引起的，多数是电缆接头不匹配造成的，解决的办法是除了接头处的光滑牢固连接外,空载端用 75Ω 假负载连接。

(9)在有限的条件下,如何检修数字电视故障?

在有限的条件下,可采取以下方法检修数字电视故障:首先观察模拟电视信号质量,一般图像质量较好的情况下(清晰无雪花点干扰),都能接收数字电视信号,否则须检修线路的质量。此次用检测模拟电视的场强仪,观察信号电平的平坦度是否一致,相邻频道间的电平不能忽大忽小,如有则应检查线路问题。再次利用机顶盒提供的信号检测功能,一般设置该节目的信息查询功能,以便于观察或检测该节目的误码率、载噪比、信号强度,结合模拟电视的场强仪检查频道信号质量。此外,如果没有测试仪器,可用根较长的电缆线直接从用户进线处或室外分配器处连接到机顶盒上试看。如正常,则问题在用户室内的分配线上;如不正常,则问题在室外线路。排除室外线路故障后,即可解决。

如果上述的所有传输情况都排除,一般地,接收机即机顶盒的电路可能有故障,一般先从开关电源开始检修。须指出的是,接收机的实际故障现象比上述的要多得多,但是把最基本的内容学会并掌握是最最必须的。学会综合与比较的方法,学会由此及彼、触类旁通的方法,善于总结归纳等方法对解决数字电视接收系统常见故障是很有帮助的。

2. 卫星接收机常见故障现象及排除

(1)无图像、无伴音,且画面无雪花噪声点

检修这种故障,简单的方法是,先用其他正常卫星数字电视接收机接收来判断故障范围。若其他卫星数字电视接收机能收到信号,则说明故障出在室内单元,否则应检查室外单元的同轴电缆是否折断、F 头是否接触不良,必要时更换同轴电缆或重做 F 头。若同轴电缆和 F 头完好,则还应更换天线上的高频头或重新调整天线的方位、仰角,一般而言,极化角在先前调好的情况下,很少发生变化。

由于画面没有雪花噪声点,可以判断故障出在接收机上。此时,可能造成这种故障的原因有:开关电源部分故障在接收机故障率中占主要,若开关电源出现故障后,但仍有直流电压输出时,其输出各组电压要么上升,要么下降,其故障点通常在取样稳压电路。但是,若输出电压有的上升,有的下降,则可初步判断取样稳压电路正常,故障点应在整流电路及负载部分。若是卫星接收机故障,可能是基带信号处理电路故障;中频部分故障;微处理器控制电路故障;射频调制器故障等,需要逐一排查。

(2)无图像、无伴音,但有雪花噪点

对该故障现象,首先应排除天线方位是否对准卫星,馈源、高频头是否损坏,中频电缆是否中断或进水等问题之后,才能进一步做出如下判断。实践中,在经过狂风大雨后,或其他外力因素,天线的方位角或仰角可能发生变化,容易导致上述现象,该现象是卫星接收中故障率最高的。

(3)有图像、无伴音,但噪点干扰大

这种故障在一般情况下,可能是由室外部分问题引起的,如天线指向出现偏差,使输入信号减弱;馈源偏离焦点或极化方向不对,造成天线增益下降;高频头进水或性能下降,中频电缆进水或损耗变大,造成输入信号衰减加大等。在排除了上述这些可能原因之后,则应推断可能是由接收机造成的故障,再作进一步分析。

(4)有图像、无伴音或伴音不正常

该故障肯定出在室内接收部分。检查并排除监视器或电视机音频通道故障、音频电缆

损坏之后,应推断可能是由接收机造成的故障,再按照上述第 1 种情况所说,作进一步分析、排除。

(5)有伴音、无图像或图像不正常

这种故障一般也是出在室内部分。检查并排除监视器或电视机及其视频电缆损坏之后,则应推断是由卫星接收机造成的故障,具体是那一部分再作进一步分析、判断。

(6)图像抖动、停顿或出现马赛克现象

如果是某个频道出现抖动、停顿或出现马赛克现象,这是卫星信号受到干扰所产生,只是短暂现象,应很快能够恢复;如果是全部频道均出现图像抖动、停顿或出现马赛克现象,这可能是天线松脱或所处的电视信号较弱或受到较大干扰,请将天线插好,然后执行"搜索频道"功能,若故障依然,请检查线路。

在卫星数字电视的接收实践中,接收机在数字电视的应用是最早的,也是最为成熟的产品,相对于有线数字电视机顶盒的结构复杂和功能多,卫星数字电视的接收故障现象也相对简单,且多数表现在室外部分。

第 8 章　新型平板显示器件

8.1　显示器特点及其发展

高质量的信源是高质量声像还原的基础,但没有高质量扬声器与显示器的还原系统也是前功尽弃。接收端图像色彩还原好、清晰度高、音色效果好、艺术感染力强不仅是每位用户的需求,也是电视技术研究工作者的不懈追求。一般地,电视观众从购买到收看最关心的是图像的清晰度,就目前市场上数字电视机的概念而言,可大致分为 3 代。第一代是最早面世的可接驳数字电视的电视机,即可接收 1080i、720P、1080P 等格式的电视机,主要处理方式是数字转模拟,即 1080P 高清就是将 1080P 格式的高清信号通过端口转化为模拟电视信号,最后成像。第二代为芯片高清,如创维 V12 型、TCL 的 DDHD 型、索尼的 WEGA 和 LG 的 XD 引擎等,引擎高清的芯片在电视机内部实现了对信号的数字处理,即不论输入是模拟还是数字,在内部的处理方式都是数字的,这种芯片高清的性能要高于前者的格式高清。第一代和第二代是数字电视刚问世时商家竭力推销的赶潮流式产品。第三代数字高清是显示高清,主要从数字电视显示水平与垂直都可以达到 720 线以上清晰度的电视机,这也是目前国际流行标准中数字高清的准确定义。因此,一个数字电视接收机的整机至少包括对数字电视信号接收处理的芯片(调谐解调、解码电路)、数字高清接口以及相应的新型显示器,且拥有双国标的高清平板显示器电视机是发展的主流。

我国数字电视和模拟电视一样,仍采用隔行扫描方式传送图像信号。其中,SDTV 的扫描参数和传统的模拟电视一样,HDTV 和 SDTV 信号的帧频都是 25Hz,每帧图像采用隔行扫描图像的奇数行和偶数行分两次扫描和传送,各形成 1 场图像,所以场图像都是 50Hz(高于人眼临界频率)。HDTV 和 SDTV 每行有效像素数分别为 1920 个和 720 个,每帧有效扫描行数分别为 1080 行和 576 行。每帧图像有效像素数分别是 201.6×10^4 和 41.472×10^4 个,HDTV 与 SDTV 相比,每帧有效像素数约增多 5 倍,所以分辨率和清晰度显著提高。为了改善重现图像的某些效果,数字电视终端可以有多种扫描方式显示图像,比如现在也有更高场频如倍频等技术的电视机,使画面更加流畅。

鉴于我国新型显示器实际研发与应用现状,仅规定隔行扫描的 SDTV($720 \times 576/4$: 3 或 16 : 9)和 HDTV($1920 \times 1080/16$: 9)两种,且工信部确认数字高清最低标准为 $1280 \times 720P$(逐行扫描的物理分辨率)。$1920 \times 1080/16$: 9 的 HDTV 信号,像素宽高比 $16/1920$: $9/1080 = 1$: 1,终端可以正确地引入显示格式转换,使显示的不同分辨率 16 : 9 图像的像素宽高比保持 1 : 1 的方形,图像完整无几何畸变,只是清晰度可能下降。这样的 HDTV 信号显示于 4 : 3 显示屏,无法同时保持图像内容完整、无几何畸变和清晰度不下降。对于 $720 \times 576/4$: 3 的 SDTV 图像信号,像素宽高比 $4/720$: $3/576 = 1.07$: 1,尽管稍扁,但由于收发两端匹配,图像并不变形。但若以全屏显示为 16 : 9 的图像,像素宽高比 $16/720$: $9/576$

=1.42∶1,收发两端不再匹配,图像被拉扁,水平清晰度下降。

不管采用何种显示方式,其重现图像的清晰度主要取决于电视接收机显示器的水平像素数、垂直像素数或取决于视频信号带宽和显示屏粉点之间距离的电视线数。视频信号的带宽越宽,包含的图像细节越丰富;从接收机的角度来看,要得到真正意义上的高清晰度图像,显像管的中心间距(相邻两个同色荧光粉中心的粉点节距)的最小化设计至关重要。例如,32 英寸(16∶9)显像管,其画面宽度为 81.6cm×0.87=71cm(710mm),要显示 1920×1080 的图像,其显像管的粉点节距(中心点距)为 710mm÷1920=0.369mm;对一个 32 英寸(16∶9)显像管,要显示相同像素数,其粉点节距不大于 0.31mm。可见,对于一种给定像素格式的显示器,在不同大小的屏幕上不会提供相同的像素密度或分辨率。相应地也可以计算出一个粉点节距为 0.60mm 的显像管,显示 1920×1080 个像素点,至少需要 56 英寸的显像管才行。目前市面上 19 英寸以下的计算机显示器,其粉点节距不超过 0.26mm。因此衡量显示器清晰度是分辨率,也是单位面积里的像素个数即 PPI,以手机显示器为例,如 Sharp 新近推出的 IGZO LCD 4.1 英寸屏幕,拥有分辨率(2560×1600)达到 736 像素/英寸;华为公司出品的 Ascend P7 采用 5 英寸 1080P(1920×1080)屏幕,达到 445 像素/英寸,华为 Ascend D2 采用的 5 英寸 1080P(1920×1080)屏幕,达到 441 像素/英寸;小米公司出品的 MI3 设备,采用 5 英寸 1080P 屏幕达到 441 像素/英寸,小米 M2 采用 4.3 寸 720P 屏幕达到 34×2 像素/英寸,等等。基本上,分辨率和屏幕尺寸是目前平板显示器技术发展演进的关键要素。

目前市面上即将退出市场的阴极射线型显示器即 CRT,其粉点节距一般为 0.61～0.85mm,多数在 0.63mm 附近。CRT 由电子枪发出的细小电子束,经聚焦、加速且按行、场扫描规律形成光栅,即采用水平和垂直磁偏转驱动(模拟驱动)在显示屏上呈现图像,与平板显示器采用行列选址的数字点阵驱动方式不同,按照相邻两个同色荧光点或两个三基色的中心间距,多数平板显示器在 0.30～0.55mm,应该说等离子和液晶显示器在中高分辨率之上,高分辨率显示器的粉点节距在 0.25mm 以下。而传统的 CRT 目前之所以在数字显示领域还有较强的生命力,首先是因为 CRT 的价格优势,35 英寸以下 CRT 的成本大约是同尺寸平板电视的 1/5。此外,传统 CRT 本身伴随着研制技术的进步而在不断地完善,其亮度、对比度和图像层次及色彩的丰富程度都胜过目前的平板电视,即综合画质还是以 CRT 为优。基于传统 CRT 存在的体重严重超标及辐射大等不足,现已开发出不少具有 HDTV 发展前景的显示器件,特别是像液晶显示器件、等离子体平板显示器及场致发光显示器件等一系列平板显示器件的问世,更是迎来了高清显示器件的革命。国内市场上有许多品牌具有高清显示的平板电视机,如海尔、海信、厦华、创维、长虹、康佳等品牌。

客观地说,国产品牌的电视机在自主核心技术上,特别是显示器研发技术,与世界上许多著名企业,如三星、TCL、LG、东芝、索尼等相比较,还存在较大的差距,对我国整个电视市场的可持续发展来说,存在极大的竞争压力,需要我们每位从业者倍加努力。

8.2 液晶显示器

LCD(Liquid Crystal Display)液晶显示器是目前应用最广的一种,大多数液晶都介于固体与液体之间的有机化合物,一般采用分子排列最适合用于制造液晶显示器的 nematic

细柱型液晶。液晶具有重要的物理特性,即有电流通过时,这些液晶分子排列有序,使光线容易通过;当无电流通过时,液晶分子排列混乱,光线很难通过。实际液晶显示器是由两块无钠玻璃基板夹着一个偏光板、液晶层彩色滤光片构成,两块带透明电极的玻璃基板上刻有互为90°的配向槽,中间用 $5\mu m$ 左右的玻璃珠或塑料珠均匀隔开,然后将液晶体灌入,由于配向槽的作用液晶分子被迫扭转成90°,在玻璃基板外再加上两块光轴互相垂直的偏振片,上端的偏振片光轴与基板的液晶取向平行,下端的偏振片光轴与下基板液晶取向平行。普通的液晶模式为扭转向列液晶类,当液晶层不施加任何电压时,液晶处于原始状态,会把入射光的方向扭转90°,让其背光源的入射光能够通过光;当液晶层通过简单的行列矩阵寻址被施加电压时,液晶会改变它的原始状态,使液晶的排列方向不扭转而不改变光的极化方向,因此经过液晶的光会被第二层偏振片吸收而处于不透光状态。液晶的透光原理如图8-1所示。

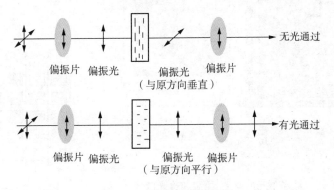

图 8-1 液晶的透光原理

可见,通过电流控制液晶的分子结构,就如同控制闸门一样,具有阻隔或让光线穿透的功能,液晶分子在电场中的这种排列机制主要由液晶物质的介电常数各向异性特性决定,因此可以利用液晶的物理特性进行显示。为了扩大视角,液晶分子的基本模块是 V 形的,并且液晶分子与面板平行,光线容易被控制在面板内部,且漏光情况更少。透光的多少与液晶分子定向方向垂直的电极决定,电压越高,扭转的分子就越多,从而实现光线的精确控制。

TFT 为常用的薄膜晶体管简称,目前,LCD 普遍采用 TFT - LCD 即薄膜场效应晶体管液晶面板。TFT - LCD 的每个像素点都由集成在自身的 TFT 来控制,成为控制像素光通量的有源矩阵组件。鉴于液晶本身不发光,实际中有多个冷阴极灯管作显示器的背光灯源(Backlight)板,我们所看到图像上的光都是背光板发出的。为了让光线通过每个像素,面板必需做成一个个门开关,从而达到控制光线的通过或阻断,比如 TFT 有源矩阵组件就是用来调节液晶屏上光线大小及其有无的自控开关。由 TFT 阵列元件形成的驱动电路系统来控制液晶材料的转向以决定光的透过与否,然后光再由彩色滤光片决定影像的色彩,利用偏光片决定像素的明暗状态。正是 LCD 采用背光源技术,使得若背光源的灯管排列不均匀和发光特性不一致时会造成全屏亮度均匀性差,每个成像的像素点都是由集成在后面的薄膜晶体管来驱动和控制,其透光区域(又称透明电极或称阱)一般小于实际面积,一个单元电路的驱动、控制(栅源极行列寻址)和透光区域如图8-2所示。

这就是液晶显示器的基本原理。对于彩色显示器而言,在彩色 LCD 面板中,每个像素均由3个液晶单元及其3个行列寻址电路组成,其中每个单元格前面都分别有红、绿、蓝三色过滤器,这样通过不同单元格的光线就可以在屏幕上显示出不同的色素来,此处的红、绿、蓝在液晶显示中分别称为子像素,如图8-3所示。彩色滤光片由红、绿、蓝三种颜色的滤片组成,并有规律地制在大玻璃基板上,每一像素由红、绿、蓝三种颜色的子像素构成。如液晶显示器的分辨率为1024×768,则它拥有3072×768个薄膜液晶管及子像素。LCD易于与大规模集成电路技术相兼容,实现多功能,而在大面积信息显示方面,取决于有源阵列技术方面的进展,目前存在如何克服制作大屏幕、高清晰度、响应速度快的液晶显示器件的工艺和材料要求极高的困难,以及背光源消耗较大功率造成LCD功耗较大等热点问题。液晶屏幕的表面上由厂商加上一层特殊的涂层,功能是防止使用者在使用时受到其他光源的反光或炫光,同时加强液晶屏幕本身的色彩对比效果。

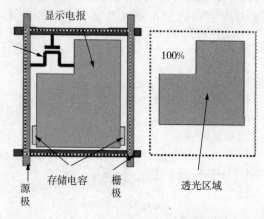

图 8-2 液晶单元的驱动、控制和透光区域

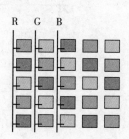

图 8-3 液晶中
的子像素结构

由于液晶不发光,由TFT阵列元件形成的驱动电路系统来控制液晶材料的转向以决定背光源的光透过与否,然后光在再由彩色滤光片决定影像的色彩,利用偏光片决定像素的明暗状态。正是LCD采用背光源技术,使得若背光源的灯管排列不均匀和发光特性不一致时会造成全屏亮度均匀性差。每个成像的像素点都是由集成在后面的薄膜晶体管来驱动和控制,但如果薄膜晶体管损坏或工作状态不稳定,以及长期处于导通状态、关闭状态或非电压控制下的时通时断,在液晶显示屏上会产生常亮点、常黑点、闪烁点等坏点。所以LCD正常工作,其背光源、行列寻址驱动、信号驱动等模块是必需的。作为举例,"TCL王牌LCD2726"型液晶电视的模块结构及驱动电路如图8-4所示。

液晶显示器内含两片偏振片、多组彩色滤光片及配向膜等,通过它们决定光通量与色彩的产生。液晶板包含两片相当精致的无钠玻璃素材,液晶层位于两片玻璃片之间,当加上电压给配向层时,便产生一电场使配向层界面的液晶朝一个方向排列。

LCD易于与大规模集成电路技术相兼容,实现多功能。而在大面积信息显示方面,取决于有源阵列技术方面的进展,目前存在如何克服制作大屏幕、高清晰度、响应速度快的液晶显示器件的工艺和材料要求极高的困难,以及背光源消耗较大功率造成LCD功耗较大等热点问题。国内市场上海信、TCL、海尔、康佳、厦华、LG、长虹、创维等品牌的液晶彩电具有最大的占有量。许多液晶彩电特别是全高清的,将场频提高到120Hz以消除运动画面的拖尾和抖动;在平板显示器件的研制方面,目前日本的夏普、索尼等公司处于领先地位,也是拥有高端信息显示专利数最多的国家,其次是韩国的 LG、三星等。

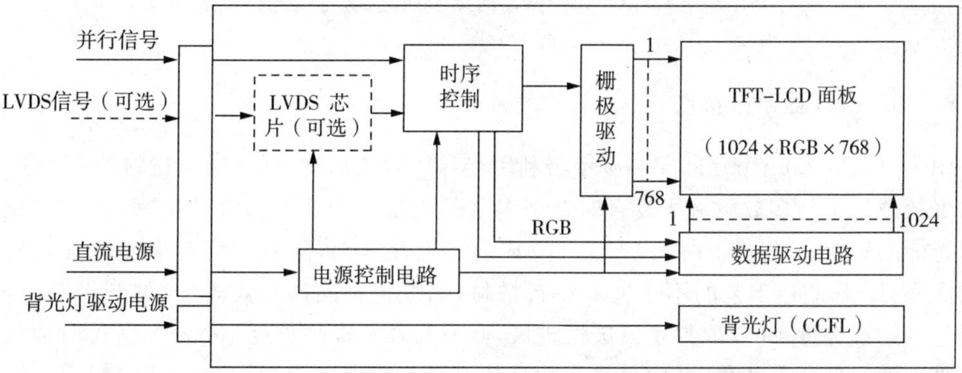

图 8-4 "TCL 王牌"LCD 模块结构及其驱动电路框图

【知识链接】目前的 LCD 背光灯,一般采用的是光谱范围较好的冷阴极荧光灯 CCFL (Cold Cathode Fluorescent Lamp)作为背光源。冷阴极荧光灯 CCFL 是气体放电发光器件,其构造类似常用的日光灯,不同的是采用镍、锆和钽等金属做成的,无须加热即可反射电子的电极(即用冷阴极代替钨丝灯热阴极,节能效果),灯管内充有低气压汞气,在强电场的作用下,冷阴极反射电子使灯管汞原子激发和电离,产生灯管电流并辐射出波长 253.7mm 附近的紫外线,紫外线激发管壁上的荧光粉而发光。

CCFL 是冷阴极,这个冷与我们平常所理解的"冷"与"热"一样,通常发射电子的材料,即阴极,分冷与热两种。热阴极,是指用电流方式把阴极加热至 800℃ 以上高温时,让阴极内的电子因获得热能后转换为动能而向外发射;冷阴极,是指无须把阴极加热,而是利用电场的作用来控制界面的势能变化,使阴极内的电子把势能转换为动能而向外发射。两种阴极的最大特点是,热阴极可以用低电压就可以产生电子发射,而冷阴极往往需要很高的电压才能产生电子发射。热阴极的寿命比较短,冷阴极的寿命比较长。CCFL 原理是当高压加在灯管两端后,灯管内少数电子高速撞击电极后产生二次电子发射,开始放电,二次电子发射是 CCFL 中一个阴极重要过程,因为阴极温度较低,所以得名。

冷阴极荧光灯要求高效率、长寿命,对其灯管的供电、激励部分是要符合灯管的特性,其供电源必须是交流正弦波,频率在 40~100kHz,触发电压在 1200~1600V,维持电压约是触发电压的三分之一,寿命一般在 50000~60000 小时,由于每只灯管的电压/电流特性不一致,所以在多灯管的液晶显示屏中,每一只灯管均需单独配一只高压变压器。

2015 年 5 月,中国电子信息产业集团有限公司宣布,推出全球首条 8.5 代 IGZO(铟镓锌氧化物)液晶面板产品生产线。这条生产线是全球首次使用金属氧化物技术的高世代液晶面板线,也是我国单体投资额度最大的电子项目。标志着我国在新型平板显示领域又突破了一项关键工艺技术,填补了我国 IGZO 量产技术的空白,对发展 TFT-LCD 高端显示技术,提升显示产品竞争力有重要意义。此外,IGZO 技术具有电子迁移率高、关断电流低和工艺温度低等特点,这使得该生产线生产出的产品分辨率更高、触屏操作信号识别度更高、平板更薄,也更节能。而且,生产线工序只有五六道,良品率可高达 95% 以上。

8.3　LED 显示器及其他显示器比较

8.3.1　LED 显示器特点

LED(Light Emitting Diode)显示器利用半导体发光原理,即在特定材料的 PN 结中,注入的少数载流子与多数载流子复合时会把多余的能量以光的形式释放出来,从而实现由电能到光能的转换。1998 年白光 LED 开发成功。近几年来,随着人们对半导体发光材料研究的深入,LED 制造工艺的不断进步和新材料(如氮化物晶体和荧光粉)的开发和应用,各种颜色的超高亮度 LED 取得了突破性进展,其发光效率提高了近 1000 倍,色度方面已实现了可见光波段的所有颜色,其中最重要的是超高亮度白光 LED 的出现,使之应用领域跨越至高效率照明光源市场成为可能。

LED 电视实际上还是液晶电视的一种,只是将液晶电视中的背光灯管换成了发光更加稳定的二极管,主要的优势是发光均匀、色彩更好、节能环保、寿命更长。CCFL 在其峰值光谱之外还会产生许多不需要的光谱,引起亮度恶化,并影响 LCD 的色再现。其次,CCFL 的白光属于冷色,显色性比较差,照射在物体上产生的色彩,不如太阳光照射的鲜艳。RGB - LED 有助于提升液晶电视的色域,最高可达 105%。测试表明:LED 电视在色彩的锐度、对比、还原方面可以说是完胜液晶电视,LED 电视的显示效果基本还原了物体的本身颜色。LED 电视中采用的发光二极管比液晶电视中的 CCFL 冷阴极荧光灯在体积上要小很多,所以在外观方面 LED 电视的厚度要薄一些;LED 电视在节能方面确实要比背光液晶电视优秀一些,这是由于 LED 背光可以自主调节发光亮度和开闭,而液晶电视灯管只能被动长时间点亮,自然要耗电一些。此外,LED 通过半导体发光,对环境和节省资源的负面影响小很多。

从成像的原理上讲,LED 电视与液晶电视一样,都是基于液晶面板成像,只是背光源的不同。即 LED 可以自主调节发光亮度和开闭,因此 LED 电视,准确说应该是"LED 背光液晶电视"。LED 主要依靠晶片来发光,显著特点有:

(1)发光效率高。LED 经过几十年的技术改良,其发光效率有了较大的提升。白炽灯光效为 12～24 流明/瓦,荧光灯 50～70 流明/瓦,钠灯 90～140 流明/瓦,大部分的耗电变成热量损耗。LED 光效经改良后将达到达 50～200 流明/瓦,而且其光的单色性好、光谱窄,无须过滤可直接发出有色可见光。

(2)耗电量少。LED 单管功率 0.03～0.06 瓦,采用直流驱动,单管驱动电压 1.5～3.5 伏,电流 15～18 毫安,反应速度快,可在高频操作。同样照明效果的情况下,耗电量是白炽灯泡的 1/8,荧光灯管的 1/2。LED 电视平均能耗比传统液晶电视降低 30% 以上。

(3)使用寿命长。采用电子光场辐射发光,灯丝发光易烧、热沉积、光衰减等缺点。而采用 LED 灯体积小、重量轻,环氧树脂封装,可承受高强度机械冲击和震动,不易破碎,平均寿命超 10 万小时。

8.3.2　显示器的主要特性比较

CRT 显示器与新型平板显示器最大区别不仅是外观上的差异,重要的是成像原理的不

同,处理信号的不同,扫描方式的不同和装配工艺的不同,等等。为了对市场上主流 LCD、PDP、LCD 及传统 CRT 显示器有个总体了解,也便于在实际选择时有个参考,表 8-1 给出了相近尺寸下的 4 种显示器主要特性对比。

表 8-1　同尺寸下的 CRT、LCD、PDP 及 LED 显示器主要特性对比

项目	CRT	LCD	PDP	LED
峰值亮度	较高	高	较低	较高
亮度均匀性	较差	差	好	好
彩色还原能力	好	较好	较好	较好
对比度	高	低	较高	较高
响应时间	小:<0.001ms	较大:约 4ms	与 CRT 相近	与 LCD 相近
可视角	大	小	较大	较大
X 射线/电磁辐射	有/大	无/小	无/大	无(小)
电源消耗量	小	较小	较大	小(优)
重量	重	轻	轻	轻
适宜的屏幕尺寸	<45 英寸	<82 英寸	37~105 英寸	<82 英寸
适应 HDTV	一般	较好	好	好
质量寿命	≥2.5 万小时	≥6 万小时	>5 万小时	≥10 万小时
性价比	高	一般	一般	较低

不同显示器,其发光机理有别,出现相同故障形式五花八门,其检修思路多数是不同的,针对上述 4 种显示器,在实践中总结出它们的常见故障特点及检修思路见表 8-2 所列。

【知识链接】关于曲面电视。曲面电视最早是由韩国的三星和 LG 首推,继而国内电视厂商纷纷跟随上市。曲面电视主要有 LED 屏和 OLED 屏之分,而目前市面上销售的多是 LED 曲面电视。图 8-5 所示的就是一种曲面电视的正面。行业了解到,LED 曲面并非原始曲面屏幕,而是通过物理特性的改变将平面变弯,改变了平板的物理属性。LED 由很多零部件组成,当屏幕变成曲面时,这些零部件并不能跟着变成弯曲状,这也是 LED 曲面电视机身较厚,甚至背部依旧采用平面设计的主要原因。由于 LED 屏本身的柔韧性较差,所以在物理弯曲中存在着较大的技术缺陷。

表 8-2　4 种显示器常见故障特点及检修思路

CRT	PDP	LCD、LED
1. 极间打火：原因是电极边缘的毛刺产生尖端放电，或电极与引线接触欠佳，或显像管漏气产生的打火现象（一般是断续的），严重时光栅消失。多数为老化、潮湿环境或不常使用造成。 2. 极间漏电：由于显像管内壁的石墨层脱落或其他杂质掉落，这些小颗粒在静电吸附作用下可能窜进电子枪部位，造成极间漏电或碰极。阴极与灯丝漏电导致图像模糊、扭曲；高压阳极与聚焦极漏电导致极间跳火、光栅闪动，严重时光栅消失。 可用万用表 R×10k 挡检测各电极间是否相碰，如果阻值不是无穷大，则所测对应的电极间可能相碰。用 R×1 挡测量灯丝在 10Ω 左右为正常，无穷大灯丝为断开。 3. 显示器出现偏色：显示器靠近磁性物品被磁化；搬动显示器后，使机内偏转线圈发生移位，产生色纯不良；消磁电路损坏等。当然应首先排除显卡及显示信号线的问题，很多时候信号线接触不良将导致显示器出现偏色的问题。 长期使用也可能导致 CRT 偏色或亮度不足等现象，须重新调整相应的激励电压	发生黑屏、花屏的现象往往与电路有关而与屏本身的关系不大，主要是连接线松动，重点检查 Y 驱动板与 Y 板（缓冲板）之间的插座是否有插好，其次检查 COF 与选址电路之间的连接插座是否有问题。 1. LVDS 线不良：彩色不良、黑屏、不开机； 2. 模拟板供电线不良：AV、TV 及 S 端子等黑屏； 3. 模拟板与数字板连接不良：花屏、屏幕中间有亮带、黑屏，甚至无伴音等； 4. 数字板供电不良：不开机。 LVDS 是低压差分信号的英文缩写，是一种低摆幅的差分信号技术，类似于 CRT 电视机去视放板的连接线，LVDS 使信号能在差分 PCB 线或平衡电缆上以每秒几百兆比特的速率传输，以低电压和低电流驱动输出实现低噪声和低功耗	两者显示相同，故障与检修思路基本一致。一般整屏不亮或出现方格时，首先检查控制主机是否开启、通信线是否插好、发送卡是否已插好、多媒体卡与采集卡与发送卡之间的数据线是否连好、接收卡 JP1 或 JP2 开关位置是否正确。其次，进行 1. 背光灯在交流开机瞬间屏亮一下即灭而其他功能正常：此种现象为背光灯电路保护所致，原因多为背光灯升压板供电异常。 2. 背光灯开关机无变化而其他控制均正常：背光源升压板电路的供电、CPU 控制电路输出的背光灯升压板振荡器工作的开关控制信号，如果正常，则可以代换背光灯升压板。如故障依旧，多为显示屏的背光灯管损坏。 3. 背光灯时亮时不亮：背光灯升压板的灯管插座与灯管接触不良。 4. 异响。滤波电容或变压器损坏。 5. 画闪。过压保护失效、灯管坏 注：机内有大量 MOS 电路，维修时须采取静电措施

所有的显示器在清洁时，切勿用碱性溶液或化学溶液擦拭屏幕。

图 8-5　一种曲面电视的正面图

曲面电视有如下优点：

（1）弧线形外观更美。就像人们偏爱流线型汽车外观、圆弧轮廓手机一样，符合现代审美。

（2）曲面结构能在有限空间获得更大显示面积。1.3 米的宽度空间正好摆放一台 55 英寸传统平板，却可以放进一台 58 英寸的曲面电视。

（3）观看视角更广。曲面设计增加了可视图像范围，甚至在电视机侧面适当角度也能看清画面显示。4K 电视，大屏幕曲面电视的实践观赏效果更佳。

（4）带来更逼真的画面临场感。炫酷的"环抱"视听体验犹如置身弧形影院一般，画面更加栩栩如生，仿佛触手可及。

（5）人眼视觉体验更舒适。曲屏符合人类视觉构造特性，能够使屏幕上每一点到达眼睛的距离相等，消除了屏幕边缘的视觉扭曲，创造出最自然舒适的观感。

对应地，曲面电视也存在如下不足：

（1）对屏幕的要求更大。曲面屏幕只有在大屏条件下才能体现出视觉优势，形成环绕式的观赏体验。譬如一款平板电视的尺寸是 55 英寸，那么曲面电视至少需要 65 英寸才能达到相似的效果。

（2）不方便挂置墙壁。其厚度较大，而且弯曲、伸出的边缘存在一定的隐患。最突出的问题就是，曲面电视会呈现"蝴蝶结"状的变形，屏幕边缘看起来比中间大，尤其在显示跨越屏幕的横向内容时会很明显，移动观看角度时，屏幕会变得更加扭曲。

（3）对光线要求高。普通的射灯电视墙并不十分适合曲面电视，家庭需要进行一些额外的照明设计，适应曲面电视的光线要求。

（4）视角更为挑剔。曲面电视强调弯曲的屏幕更适合视觉原理，而其实这种视觉效果体现在需坐在电视中心点位置。也就是说，如坐在其他位置观看，非但不能达到理想视觉效果，反而因为屏幕的弯曲，使得画面产生扭曲效应。而事实上，家庭收看电视，不可能多人挤在电视中心点。

8.4　OLED 和量子点新型显示器件

8.4.1　OLED 显示器

近几年来，在平板显示领域，出现了许多新技术显示器，较热门的有 OLED、量子点显示 QLCD 和等。其中 OLED（Organic Light Emitting Display）是有机发光显示器的英文缩写，是指有机材料在电场作用下发光的技术，在目前有机材料多数采用掺锡氧化铟（Indium Tin Oxide），一般简称为 ITO，也是目前新型显示器研发进展与应用最快的一种。ITO 薄膜的基本性能 ITO（In_2O_3：$SnO_2 = 9:1$）的微观结构，In_2O_3 里掺入 Sn 后，Sn 元素可以代替 In_2O_3 晶格中的 In 元素而以 SnO_2 的形式存在，因为 In_2O_3 中的 In 元素是三价，形成 SnO_2 时将贡献一个电子到导带上，同时在一定的缺氧状态下产生氧空穴，形成约 $1020/cm^3$ 的载流子浓度和 $10 \sim 30 cm^2/vs$ 的迁移率。这个机理提供了在 $10^{-4}\Omega \cdot cm$ 数量级的低薄膜电阻率，所以 ITO 薄膜具有半导体的导电性能。

1. OLED 器件结构及其发光机理

构成 OLED 主要有注入层、输送层和发光层。其中注入层一般分为两极，即阴极和阳极。其中阴极一般为低功函数即容易逸出电子的单层金属，即可作阴极材料，如 Ag、Al、Mg 等。而阳极一般功函数尽可能高，最普遍采用的就是 ITO，ITO 薄膜是一种 N 型半导体材料，具有高的导电率、高的可见光透过率、高的机械硬度和良好的化学稳定性。一种 OLED 的基本结构如图 8-6 所示。

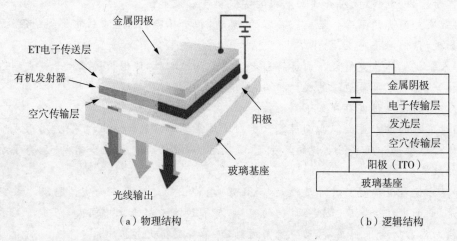

（a）物理结构   （b）逻辑结构

图 8-6   OLED 的基本结构

由图 8-6 可知，OLED 发光的大致过程是，在外加电压作用下，载流子注入，载流子迁移，电子、空穴形成激子，激子辐射发光。输送层各薄膜之间的能带匹配是十分重要的，除充分考虑电子空穴传输特性之外，还要考虑电子传输层与空穴传输层之间的能带匹配关系，以尽可能地将电子空穴的复合区放在发光区，以获得最大的发光效率。发光层是由在荧光基质材料中掺杂百分之几的荧光掺杂剂来制备。在固体基片上必须具有较高的量子效率和足够的热稳定，升华而不会分解。此外，在半导体中，如果一个电子从满的价带激发到空的导带上去，则在价带内产生一个空穴，而在导带内产生一个电子，从而形成一个电子-空穴对。空穴带正电，电子带负电，它们之间的库仑力互相吸引作用，在一定的条件下会使它们在空间上束缚在一起，这样形成的复合体称为激子。

2. OLED 的发光过程

OLED 发光的方式类似于 LED，需经历一个称为电磷光的过程。综上所述，OLED 发光的具体过程描述如下：

（1）当在 OLED 两端施加一个控制电压时。

（2）电流从阴极流向阳极，并经过有机层，其电流大小正比于控制电压。

（3）阴极向有机分子发射层输出电子。

（4）阳极吸收从有机分子传导层传来的电子。（这可以视为阳极向传导层输出空穴，两者效果相等）

（5）在发射层和传导层的交界处，电子与空穴结合。

（6）电子遇到空穴时，填充空穴（它会落入缺失电子的原子中的某个能级）。

（7）这一过程发生时，电子将以光子的形式释放能量。

(8) OLED 发光。

(9) 光的颜色取决于发射层有机物分子的类型。研发商在同一片 OLED 上放置几种有机薄膜,这样就能构成彩色显示器。

(10) 光的亮度、强度取决于施加电流的大小。电流越大,光的亮度就越高。

目前,OLED 在有机材料的结构上,可划分为四种形式,即单层、双层、三层和多层结构,如图 8-7 所示。

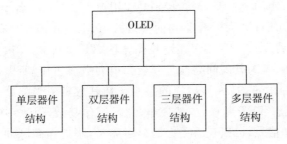

图 8-7 OLED 器件的基本结构

① 单层。大多数有机材料都是单极性的,载流子的注入很不平衡;载流子迁移率差距很大,发光区域靠近电极容易导致淬灭。

② 双层。平衡了载流子的注入和传输,有利于提高载流子复合效率;与单层器件相比,双层器件的电子和空穴注入都比较容易,器件驱动电压也显著降低。

③ 三层。可将载流子复合区域较好地限制在器件中部的发光层内,提高了复合效率并防止了电极对激子的淬灭。每层分别起一种作用,可选择材料的范围比较宽泛,器件的优化也较为容易,是目前 OLED 最常用的一种结构。

④ 多层。可以使电子及空穴跃迁时所跨越的能级障碍最小。劣势在于纳米尺度的薄膜结构,工艺复杂,重复性差,不利于大规模生产。层数多,必然导致膜过厚,其结果是器件的驱动电压太高,失去实用价值。

【知识链接】分辨率和屏幕尺寸是显示器技术发展演进的关键因素,然而面板厂商之间的技术障碍和技术差距近期已经有所缩小。显示器件厂商正在加紧发展新兴技术来扩大显示屏的色域范畴,提高产品的高动态范围,进而在市场上占据有利地位。显示屏厂商试图在自己的相关产品中加入更广的色域,但是目前还未找到可靠的、主流的解决方案。"广色域"是一种色彩重现能力,是一种进阶的色彩背光技术,指的是人类肉眼可观察到的数字显示屏的相关情况。

一般的电视用的是白光 LED,即 2 色混合的 LED,色彩覆盖率大约为 NTSC72% 左右。而广色域电视的背光用到了红/绿/蓝 3 色混合的 LED,色彩无比鲜艳,覆盖率为 92%~110%。国际标准是色彩覆盖率能达到 NTSC92% 的即为广色域。目前最为流行的广色域背光是量子点 LED 背光,色彩覆盖率可以达到惊人的 NTSC110%,定位高端市场。显然,随着量子点技术和 OLED 的出现与大规模市场推广,广色域技术的应用将越来越广泛,广色域特征的平板电视有望得到近乎"爆发式"的增长。

8.4.2 OLED 与 LED 比较

OLED 是继 LCD 之后的新一代平板显示技术,与 LCD 相比,OLED 具有主动发光,无需背光源,色彩鲜艳,功耗低,无视角限制,显示动态画面无拖尾现象,使用温度范围广等诸多优点。同时,OLED 是全固态超薄器件,它的出现使人类广泛使用可弯曲的柔软显示器成为可能。OLED 技术是一种借助有机半导体功能材料将电能直接转化为光能的技术,其发出的光接近太阳光的连续光谱,且采用这种技术制备的有机发光显示器具有结构简单、厚度小、响应速度快、功耗低、视角宽、工作温度低等优异性能,并可实现柔软显示的特点,被业界人士普遍认为是最具发展前景的显示技术之一,是国际高技术领域的一个竞争热点。目前,国内外已有成功应用的显示器产品,特别是应用在小型显示设备上。

在驱动方式上,OLED 分为无源驱动的被动式(PM‑OLED)与有源驱动的主动式(AM‑OLED)两类。被动式 OLED 不采用薄膜晶体管(TFT)基板,一般适用小尺寸的显示设备,如手机等移动设备,因为其瞬间亮度与阴极扫描列数成正比,所以需要在高脉冲电流下操作,会使像素的寿命缩短,且因为扫描的关系也使其分辨率受限制,但成本低廉、制作简单。主动式 OLED 具有 TFT 基板,虽然成本昂贵、制作复杂,但每一个像素皆可连续与独立驱动,并可记忆驱动信号,可以获得更大的显示容量,不需在高脉冲电流下操作,效率高,寿命长,适用于大尺寸如高清显示器、高分辨率的电脑等显示产品。

和 LCE 相比,OLED 具有如下优点:

(1)技术优势。OLED 无辐射,它的厚度仅为几毫米(甚至如同可以卷叠纸张一样),是 LCD 显示屏的 1/3。由于 OLED 可以在不同材质的基板上制造,令它在外形设计上可以做出各种各样的弯曲形状,配合柔软显示设备的需要。

(2)成本优势。OLED 所需材料较少,它只有一个底层,制造工艺简单,对材料和工艺的要求都比 LCD 低,因此制造成本相对较低。据估计 OLED 量产时的成本要比 LCD 至少节省 20%。

(3)适应性强。OLED 能在严寒(−40℃)到酷热(+85℃)的环境条件下工作,这就为其在军事国防的应用带来极大的优势。要在零下 40℃时正常显示,LCD 是无法做到的。

(4)节能性强。因 OLED 采用有机发光材料,自己发光,不像 LCD 采用背光源发光,因此 OLED 比 LCD 屏幕亮度高,彩色还原性好;OLED 驱动电压更是低到 2~10V,OLED 显示屏的耗电量比同尺寸的液晶显示屏少 30%以上。

(5)可视角度大。OLED 具有 160°以上的宽视角,基本上和 CRT 相同,而 LCD 则存在视角小的问题,随着可视角的增大,图像色彩发生失真。

(6)反应速度快。OLED 响应时间在微秒级,比 LCD 要高 100 倍以上,可与 CRT 的响应速度相媲美,播放快速运动画面时人眼不会察觉到拖尾的现象。

OLED 也有尚未解决的缺陷:寿命通常要低于 LCD 至少 5000 小时;不能实现大尺寸屏幕的量产或者说大尺寸的 OLED 良品率不高,因此目前只适用于便携类的数码类产品;存在色彩纯度不够的问题,不容易显示出鲜艳、浓郁的色彩。此外,三色 LED 即 RGB‑LED 背光系统凭借低功耗、色度纯、寿命长、体积小、响应时间快等多项优势,已经快速地应用到新品液晶电视中。

8.4.3　量子点显示特点

量子点(Quantum Dot)属于溶液纳米晶中的一种新材料,溶液纳米晶具有晶体和溶液的双重性质。与其他纳米晶材料不同,量子点是以半导体晶体为基础的,尺寸在一到几十纳米之间,即每一个粒子都是单晶,这样的每个单晶仅含有数百到数千个原子,但却能用来制作新一代的光电组件,它是一种带有核和壳结构的原子团,发光的材料包在壳里面。当半导体晶体小到纳米尺度,不同的尺寸就可以发出不同颜色的光。实验证明,量子点在室温下具有发出可见光光子的能力,其发光性质是由电子、空穴以及周围环境的相互作用而引起的,即由其电子-空穴交换的交互作用来控制。这些量子交互作用使量子点的电子激态分裂成"暗态"与"亮态"。如果电子-空穴交换作用太强,量子点将维持在暗态,反而不发光。实验还证明,量子点在蓝色光的激发下,随着尺寸大小的不同,也能发出不同颜色的光,随着一些研究的进展,不同尺寸和光的量子点材料被逐渐发现,比如硒化镉这种半导体纳米晶,在 2 纳米时发出的是蓝色光,到 8 纳米的尺寸时发出的就是红色光,中间的尺寸则呈现绿色、黄色、橙色,等等。

量子点显示的到来,打开了半导体显示新的一页,将显示技术从微米级提升到纳米级,通过基础材料的创新,为显示产业发展提供更多可能。从技术层面来看,量子点显示技术通过量子点材料的应用,一举实现了显示技术从 OLED 的微米级到纳米级的量级突破,带来了比 OLED 混光更纯净的光源。正是由于量子点的化学成分及其特殊结构,发光颜色可以覆盖从蓝光到红光的整个可见区,而且色纯度高、连续可调,这样就和显示及电视的应用逐渐结合在一起。目前量子点主要应用于液晶电视的背光,提升色彩丰富度,还属于改良技术,如果真正做出量子点发光的电视,那才是颠覆性的技术创新。也就是说,量子点电视与被称为上一代显示的 OLED 电视之间,还有最后一公里。虽然目前市面上的量子点产品仍然是量子点背光,不是真正的量子点器件,但是它带来的色彩表现已经超过目前非量子点背光的液晶电视。OLED 还没有大规模上市,OLED 本身尚处于产品推广的初期,但有机材料在水和空气的影响下容易发生变化,不够稳定。

跟 LCD 相比,OLED 显示屏的色域是一项非常大的优势,它能够实现更生动的视觉体验和准确的色彩再现,而液晶显示屏往往缺乏准确性。OLED 具有轻、薄、色彩炫丽、可卷可曲等优势和特点。目前,OLED 已被广泛应用于智能手机领域,但 OLED 大屏电视的市场渗透率还不高,主要是受制于大屏 OLED 面板,尤其是大屏超高清 4K 面板的低良率与高成本。所以,在 TCL、三星、索尼、创维、LG、康佳、长虹等力推 OLED 电视的同时,都纷纷主攻量子点电视的开发,并认为量子点电视能缩小甚至超越 OLED 电视在色彩丰富度上的差距,而且量子点电视的成本远低于 OLED 电视。高精确度的量子点意味着可以使用纯粹的蓝色背光和准确的红绿过滤器产生更准确的颜色,因此使用量子点材料的背光源是目前色彩最纯净的背光源,量子点电视则是能够实现超高清 4K 面板全色域显示还原图像。

量子点显示屏完全不需要担心色彩的准确性,在这一点上,它甚至超过了 OLED 显示屏。不过,由于量子点目前仍然依赖于背光源,深黑色的精度和对比度仍然存在跟现有液晶屏类似的缺点。就是说,OLED 在对比度和高动态范围图像上的表现要更出色一些。另外,因为量子点显示屏需要一个过滤层,而无法直接在表面上产生光,因此有部分光线会被阻挡住。量子点显示屏在可视角度方面还无法跟 OLED 相比,除非它可以去掉背光这一设计。另外,OLED 产品的寿命较短,而量子点显示屏则没有这样的问题。从性价比方面来考虑的话,对于厂商和消费者来说,后者显然更有吸引力。

目前,"量子点发光显示关键材料与器件研究"被列入国家战略性先进电子材料"十三五"重点专项。下一步研发的方向,是高光效低成本的红、绿、蓝量子点材料及"新一代无镉量子点材料制备技术",等等。不久,真正的新一代量子点显示屏电视机走向百姓家庭。

【知识链接】OLED 光源是继白炽灯、荧光灯、LED 之后的又一次光源革命,OLED 有很强的竞争实力和产业前景。有资料显示,最近欧洲已经率先研发出柔性 OLED 原型,不难畅想,未来的电视机可以是一幅卷轴画,想看的时候把它拉下来,不想看的时候就可以卷回放好。日本开发出一种新型 OLED 发光方式,只用荧光材料,效率在 90% 以上,与使用稀有金属"磷"相当,但成本却大幅度降低,值得期待。

8.5 显示器件的接口

为适应数字电视和网络时代的发展需要,新型电视机特别是 LCD、LED、OLED 等新型显示器的输入、输出接口端子与传统的电视机有了较大的变化。除了全数字电视接收机外,通过机顶盒(有线、卫星及地面)接收的显示器,必须通过传输线将两者对应的视音频接口连起来,才能恢复正常声像。在电视机的接口正确连接中,实践证明:HDMI、色差分量、RGB 传输质量最佳,S 端子次之,复合视频输出最差。

8.5.1 模拟接口

(1)RF 射频接口即 TV 端子。RF 射频端子是一种高频信号连接端子,RF 射频端子连接的电视机的最终图像效果,质量最差。因此,用户在使用视频播放机如录像机、VCD、DVD 或 EVD 机与电视机连接时,如果电视机不是最老式的只有 RF 接口的,一定不要用 RF 接口,而要用 AV 接口或其他更高档的接口。

(2)复合视频 V 接口(CVBS)。它是声/像分离的视频端子,只管图像信号的传输,而音频信号通过另外的端子连接。最常见的是被称作 AV 端子的接口组,它是由 3 个独立的 RCA 插头(又叫莲花接口)组成的,其中 V 接口连接复合视频信号,为黄色插口;L 接口连接左声道声音信号,为白色插口;R 接口连接右声道声音信号,为红色插口。实际中只要连接线对应正确,各颜色线与接口的连接形式不是主要的。

(3)S 端子,又称为超级视频端子,是对 AV 端子的改进。所谓 S 端子信号是指亮度信号 Y 和色度信号 C 两个输出信号,不是混合传输避免亮色干扰。S 端子是用专用的连接线,结构独特,插头为 4 针,总线为一根,但包括了 5 路,由于 S 端子传输的视频信号保真度比 V 端子更高,用 S 端子连接到的视频设备,其水平清晰度最高可达 400~480 线(接近 DVD 水平)。

(4)色差分量接口。信号被压缩成分量信号,通常被压缩成 Y/R—Y/B—Y 信号,这种信号占用三条电缆,第一条 Y 包含的是亮度信号,即黑白信号。另两条电缆是 R—Y 和 B—Y,即色差信号 Pr 和 Pb。通过色差分量接口还原的图像质量比 S 端子更高。

(5)三基色 RGB 端子。三基色 RGB 端子,是比分量色差端子效果好的连接端子。在视频播放机中直接将图像信号转化为独立的 RGB 三基色,并直接通过 RGB 端子输入电视机或显示器中作为显像管的激励信号。由于省去了许多转换,处理电路连接格式的转化,可以令图像得到比分量色差连接格式更高的保真度,获得最佳的图像效果。

(6)VGA、SVGA 端子(多媒体接口)。VGA 实际上是计算机系统中显示器的一种常用的显示类型,其解像度为 640×480P,另外更高一级 SVGA 端子分辨率可以达到 1024×768P。不过从外观上看来它们并没有多少区别,都是标准的 15 针专用插口,只是传输信号

的规格不一样。具有 VGA 端子的电视机,可以作为计算机的显示器。

8.5.2　数字接口

(1)HDMI 接口,即 High – Difinition Multimedia Interface。HDMI 接口是用来传输数字音视频信号,以达到真正无损的数字效果,这种接口主要用在平板显示器中,且许多大屏幕的平板显示器带有几个 HDMI 接口,支持家庭影院、电脑等。目前有许多机顶盒支持该接口,HDMI 信号带宽已提高到 10.2Gbps。目前开通高清互动电视业务的用户应使用符合国家标准的高清电视机,购买的电视机需支持高清输入即具备高清模拟色差端口或 HDMI 端口和高清显示即最大分辨率需达到 720P 以上的即 1280×20 逐行扫描。电视配有 HDMI 接口,那么看高清视频包括立体视频的话,它一定是最佳选择,因为不仅 HDMI 接口能够将高清信号完美无损的传输,而且还能够传输高质量的音频信号。目前接收高清电视除了高清电视节目内容、高清节目传输系统和高清电视机外,还需高清机顶盒,如上海东方有线推出的 DVT5610/6020 有线交互机顶盒,支持 HDMI 输出等。

(2)LAN 网络接口。随着网络的不断深入,我们的日常生活已经和网络息息相关了,缺少了网络似乎就和这个世界有点脱节,所以,目前大多数平板电视都配有 LAN 网络接口,电视上常见的是 RJ – 45 接口,俗称"水晶头",专业术语为 RJ – 45 连接器,属于双绞线以太网接口类型。RJ – 45 插头只能沿固定方向插入,设有一个塑料弹片与 RJ – 45 插槽卡住以防止脱落。这种接口在 10Base – T 以太网、100Base – TX 以太网、1000Base – TX 以太网中都可以使用,传输介质都是双绞线。网络接口已经成为很多平板电视所必备的一个接口了,虽然现在很多平板电视也带有无线网络设备,但是对于很多家中没有无线网络设备的人来说,网络接口还是很重要的。

(3)USB 接口。许多新型平板电视机,有 USB 接口,借助于移动存储器用于对感兴趣节目的存储或播放,因为移动存储器的价格已大幅度下降。

(4)HDTV 射频接口。外观与普通射频接口没有差别,但处理的是经编码调制的数字信号,直接送到显示器以还原高清的视音频信号(目前以分量接口形式为多)。

(5)DVI 接口。英文全称为 Digital Visual Interface,这个接口在国外,尤其是在日本被广泛应用在电脑的传输上,以代替 VGA 接口,它接收的信号也是 VESA 标准的信号,但它是在数字域里传输的,即电脑主机出来的数字信号,监视器接收的也是数字信号。目前已有带 DVI 接口输入高清信号的液晶显示器。

(6)DisplayPort 接口。该接口自身可提供 10.8Gbps 的带宽,并能够像 HDMI 接口一样,对高清视频和音频信号进行无损的对等传输,同时支持更高的分辨率和刷新率,该接口具有良好的发展前景。目前液晶、等离子电视也都把 HDMI 作为了标配,DisPort 可以直接驱动 TCON 或显示屏,有可能取代 LCD 中液晶面板与驱动电路版板之间主流 LVDS 接口(制造商可以开发更薄的 LCD),可以确定 DisPort 是 PC 产业 DVI 和 VGA 的替代品,HDMI 则是消费电子产业 DVI 的替代品。

(7)DDAS、DTS、AAC 及 DVD – Audio 等音频接口,通过该接口可以将数字音频信号送到功率放大器,经过纯数字功放得到更强大浑厚的立体声音响效果。

(8)IEEE1394 接口。也称 Firewire 或 DV 接口,也是一个纯数字接口,信号损失少,图像与声音一起传输,它是将各类数字视频信号压缩成 LVDS 信号传输的。IEEE1394 是一个国际标准,支持 100~400Mb/s 的速率传输,适宜与 PC 机或高档机顶盒连接。

(9)光纤接口。使用这种接口的平板电视不通过功放就可以直接将音频连接到音箱上,是目前最先进的音频输出接口。作为举例,几种常见品牌的电视机接口如图 8-8 所示。

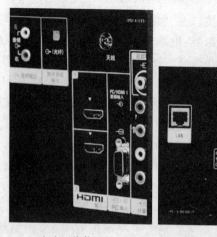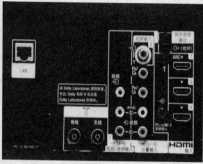

（a）"海信" K380U   （b）"康佳" LED65S1   （c）"长虹" 55N1

图 8-8　几种品牌的平板电视机接口

"海信",K380U 除了必需的天线、视音频接口外,还有光纤、HDMI 等接口;"康佳"LED65S1 除了必需的天线、视音频接口外,还有网络 LAN、光纤、HDMI 等接口;"长虹"55N1 除了必需的天线、视音频接口外,还有 USB、电脑输入、HDMI 等接口。

此外,还有诸如 IEEE802.1(适合蓝牙系统与技术)和 IEEE802.11 协议等无线接口,以及 RS232、RS422 等通信接口,智能卡等接口。在此特别指出的是,尽管有以上诸多的接口形式,但不是每个新型平板电视机都全有,也无此必要,根据应用环境设定一些必要的应用接口,否则仅是纯粹的接口。

【本章小结】数字电视系统的质量高低最终要通过显示器来验证还原,而显示器的自身设计与生产质量是关键。我国规定 HDTV 和 SDTV 两种形式,前者比后者每帧有效像素数约增多 5 倍。为了改善重现图像的某些效果,数字电视终端可以有多种扫描方式显示图像。目前以 LCD、LED 和 OLED 为主流的平板显示器,传统的 CRT 是自发光器件,虽然色彩还原等方面有某些优势,但体积大、存在辐射等严重不足终将要淘汰。LCD、LED 和 OLED 区别只是背光源的不同,成像原理相似,都存在快速运动画面的拖尾现象。目前家庭应用较多的是 LED、OLED,拥有双国标且为高清的显示器是发展的主流。OLED 和量子点 QLCD 等新型显示器也将有更好的高效节能、更广的色域等优势,其发展前景倍受业界青睐。此外,适应数字电视显示的各种接口技术也进一步推动了显示器的发展,其中高清 HDMI 接口和网络 RJ-45 接口最为常见、应用将最广。

思考题与习题

1. 数字摄像机的清晰度与显示器的清晰度在概念上有何异同与联系? 又如何理解分解力、分辨力、分辨率、清晰度?

2. 显示器是对原来景像的还原,两者存在哪些异同? 请详细分析。

3. 按照我国标准,将 HDTV 图像信号以 SDTV 格式显示,将是怎样? 反过来呢?

4. 传统的 CRT 显示器有何优缺点? 有无改进、发展的空间?

5. LCD、LED、PP、OLED 分别是怎样的发光显示原理? 有何主要差异?

6. 您看好 LCOS、SED 和 OLED 新型显示器件中的哪一个? 为什么?

7. OLED 是怎样的发光原理? 与 LED 相比,两者在主要性能上存在哪些差异?

8. 目前 OLED 在有机材料的结构上,可划分为几种形式? 哪种最为实用,为什么?

9. 如果请你去购买一台 55 英寸高清的 LCD、LED 或 OLED 电视机,你将如何抉择? 给出详细的理由。

10. S 端子、分量色差端子、复合视频端子、HDMI 接口、DisplayPort 接口以及 RJ – 45 接口等各有何特点? 在显示图像质量上,哪个最高? 哪个最低? 通过实验来证明。

11. 您认为 LED、LCD、OLED 及 QLCD 中,哪个最有发展潜力? 请给出理由。

附录　　　　　　　　　立体电视简介

1. 立体电视基本概念

对于人类来说,由于有双耳和双眼,便产生了立体声和立体视觉。立体摄影诞生于 170 年前,随着数码技术的应用,立体摄影技术获得了新的发展。人通过左右眼观看同样的对象,由于人眼的瞳孔距离一般在 6 ~ 7cm,两眼所看的角度不同,左眼看到物体的左侧面较多,右眼看到物体的右侧面较多,因此能够辨别物体的远近,从而在视网膜上形成不完全相同的影像,经过大脑综合分析以后就能区分物体的前后、远近,从而产生立体视觉,并且能判断物体的远近。立体视觉形成如附图 1 所示。

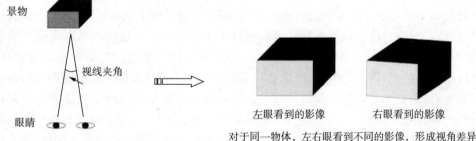

视线夹角

景物

眼睛

左眼看到的影像　　　右眼看到的影像

对于同一物体, 左右眼看到不同的影像, 形成视角差异

附图 1　立体视觉形成过程

立体感也就是空间感,是不同于二维平面的三维感觉。在古希腊,欧几里得就已经发现,人类左右眼所看到的影像是不同的,双眼有视差,这也是人们能够洞察立体空间的主要原因,是立体感的来源,也是立体影像技术的基本原理。实践证明,当双眼视线 12 度左右时,观看物体的表面最多,立体感最强。因此,为了满足人眼的立体视觉需要,从拍摄到显示的整个环节,都是围绕如何处理两路光信号或两路视频信号,而在采集立体视频即解决光电问题时,需要根据被拍物体与镜头之间距离,调节两个摄像机距离,使其接近 12°左右。目前市场上产生立体视频效果的主要方式有:立体拍摄、3D 动画、2D 到 3D 转换。

立体摄影的原理就是用两个镜头,像人的眼睛一样,从两个不同角度同时拍摄,在放映时通过技术手段的控制,使人左眼看到的是从左视角拍摄的画面、右眼看到的是从右视角拍摄的画面,从而获得立体效果,使观众看到的影像好像有的在照片后面,有的甚至脱框而出,并且似乎触手可及,给人以强烈地身临其境的逼真感,进而获得较平面电视更多的信息量。因此,立体电视是数字电视发展的新境界。

2. 立体电视的分类

立体电视(Stereoscopic Display)可分为佩戴立体眼镜观看的被动式和裸眼观看的主动式两种形式。佩戴眼镜的立体电视从技术角度上看,方式虽然各异,但其基本出发点相同,而且做法大体相似:在发送端用两台摄像机,模拟人的左、右两眼进行摄像,产生一对视差图像信号,接收端利用光学、电子等手段在屏幕上顺序或同时显示代表左眼、右眼两幅图像,人眼通过眼镜分别获得两眼的图像后,获得立体感。其方式主要有:色分法、光分法、时分法等。

(1)色分法

这是电影最早出现、最初级的一种 3D 立体成像技术,目前在互联网、PC 机和蓝光盘的立体显示中仍有广泛应用并还在不断发展。运用到电视的基本方法是用两部镜头前端加装滤光镜如红蓝(青),或黄蓝,或红绿等形式的摄像机去拍摄同一场景图像,在彩色电视机的屏幕上显示的是两副不同颜色的图像相互叠加在一起,当观众通过相应的滤光眼镜观察时就可以看到立体电视图像。这种立体电视成像技术兼容性好,在目前的电视技术体制下容易实现,用户只需一副相应的也是很便宜的有色眼镜就可以了。但存在的问题也十分明显:由于通过滤光镜去观察电视图像,相当于"戴有色眼镜看世界",彩色信息损失大;同时彩色电视机本身的"串色"现象引起干扰,左右眼的入射图像不一致,易引起视觉疲劳。

(2)光分法,又叫偏振光式

光是由相互垂直的电场和磁场形成的一种电磁波,自然光是很多电磁波的混合物,它在各个方向的振动是均匀的。电影院放映采用的是偏振法,通过两个放映机,把两个摄影机拍下的两组胶片同步放映,使这略有差别的两幅图像重叠在银幕上。这时如果用眼睛直接观看,看到的画面是重影模糊不清的,要看到立体电影,就要在每架电影机前装一块偏振片。从两架放映机射出的光,通过偏振片后,就成了偏振光。左右两架放映机前的偏振片的偏振化方向互相垂直,因而产生的两束偏振光的偏振方向也互相垂直。这两束偏振光投射到银幕上再反射到观众处,偏振光方向不改变。当观众带上偏振眼镜后,左右两片偏振镜的偏振轴互相垂直并与放映镜头前的偏振轴一致,所以每只眼睛只看到相应的偏振光图像,即左眼只能看到左机映出的画面,右眼只能看到右机映出的画面,这样就会像直接观看那样产生立体感觉。显示器可用特殊的彩色业像管,在每个屏幕前加一块只能透过一个方向偏振光的极化板,两个屏幕的角度为 90°,它们发出偏振光通过与两个屏幕是 45° 角的半反射镜投射到观众的眼镜上。或在两组电视投影管前分别与加一块极化板,用互相垂直的偏振光向同一屏幕上投射出左右眼图像。

(3)时分法,又称为快门式或逐场(或逐帧)轮流输出式

用一个传输通道以场频或帧频轮流顺序地传送视差图像的左右图像信号。观看图像时,要戴与左右图像逐场(或逐帧)同步的有电子快门的特制眼镜,每秒钟只让左眼或右眼轮流各看 30 帧(或 25 帧)个画面,观看者的大脑中便会出现一幅从两个不同角度看到的立体图像。如摄像机拍摄输出两个全高清的左右眼信号,录制成 3D 蓝光盘,它仍为两路全高清

信号,由蓝光播放机重放时,两个全高清信号送入 3D PDP 显示器,电视机对两路同时进行的信号作适当处理,把它变成帧顺序显示,即左眼、右图像信号以全高清方式间隔顺序显示,使两路同时进行的信号变成间隔显示,这种方式就叫时分法。它的一个优势就是没有丢失分解力或者说清晰度。在以这种左右图像交替显示的同时,电视机送出一个同步信号(通过有线或无线),电子快门眼镜接收到同步信号,同步信号就迫使眼镜开关打开或关闭,例如在某一瞬间正显示左眼图像,这时左眼镜打开,右眼镜关闭,故只有人的左眼看到摄像机的左图像,由此便可知快门式 3D 方案的关键在于信号源和显示设备部分。首先信号源需要具有比 2D 画面多一倍的帧数(左右眼各一帧),其次显示设备需要具有高速画面刷新能力,例如一个 720/50P 的 3D 信号,在 2D 时代只需要电视机具有每秒 50Hz 的画面刷新率即可,但是在 3D 信号下,就需要具有 100Hz 以上的画面刷新率。

时分法的优点是立体色彩好,不会偏色,立体效果接近影院效果;缺点是,所需眼镜价格昂贵,一副眼镜一般为 300~1000 元,且眼镜比较重,戴久了感觉不舒服,且还需要 100Hz 以上的显示设备支持。

综合各方面的技术来看,目前眼镜式立体电视会持续较长时间,且以通用眼镜式的多视点显示器研发是重点。在我国目前的市场上,3D 电视机如 LG、松下、康佳、海信、长虹、TCL、创维、索尼等品牌,以被动偏光式占有率最大,刷新频率至少 240Hz 以上的主动快门式也不少,如长虹、TCL、海尔、海信等品牌。在显示器类型上,以 LCD、LED 液晶显示器为主,尽管 PDP 闪频高但其寿命不及前者,只是在 3D 超大屏幕显示有些应用。

3. 自由立体显示

裸眼观看的立体显示技术也叫自由立体显示技术。普通的一对左右眼立体电视信号在通过此类显示器终端均可实现立体影像感觉。它不用佩带立体眼镜,人们就可以用左眼看到立体电视中左眼信号或图像,右眼就可看到立体电视中的右眼信号或图像,裸眼观看更符合人们的观看习惯,是立体电视走进平常百姓家的必经之路。这种方式的奥妙在于显示器采用了特别的光学手段或光学电子手段把显示的左、右眼信号分开,如果站位合适,人的双眼就可看到各自的立体图像,主要光栅式和全息式等方案。

(1)狭缝光栅式或栅栏式

光栅式又分为狭缝光栅式与柱状透镜式。狭缝光栅式的显示器件被划分为一些竖条,一部分竖条用于显示左图像,而另一部分竖条用于显示右图像,左右相互间隔,如附图 2 所示。而在显示器件的前方则有一些柱状的狭缝光栅。这些光栅的作用在于能够允许左眼看到左图像,阻挡右眼看到左图像;同时光栅允许右眼看到右图像,阻挡左眼看到右图像。

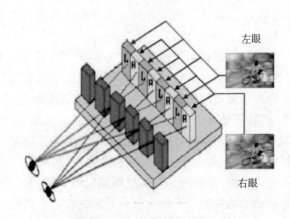

附图 2 狭缝光栅式的显示器件

目前,已经有上述产品的液晶显示器,这种液晶显示器采用了视差栅栏立体显示技术,通过在现有的 TFT 型 LCD 上配备一个“开关液晶”实现三维显示。开关液晶的关键是它在液晶屏的前方(显示与眼睛之间)或后方(显示与背光之间)放一块栅栏式挡板,即一层细长的遮光槽,用来分隔光的传播路径,观察者的单眼通过挡板的遮光槽只能看到属于这只眼的图像,即在立体显示模式下,应该由左眼看到的图像显示在液晶屏上时,不透明的条纹会遮挡右眼;同理,应该由右眼看到的图像显示在液晶屏上时,不透明的条纹会遮挡左眼,通过将左眼和右眼的可视画面分开,并分别送到观者的两眼,从而产生了三维效果。当"开关液晶"关闭时,原来遮光部分转为透明,到达左眼和右眼的图像一致,就恢复到普通的 2D 平面显示。

(2)柱面透镜式

而柱状透镜式与狭缝光栅式的区别在于将显示器件前的狭缝光栅替换为柱面透镜,显示器件同样被划分为竖条,一部分竖条用于显示作图像,而另一部分竖条用于显示有图像,左右相互间隔。利用显示器件前面的柱面透镜的折射作用,左图像的光线射向左眼位置,而有图像的光线射向有眼位置。左右两幅图像最终经过大脑的合成,最终呈现出一帧立体图像。多透镜屏由一排排垂直排列的半圆形柱面透镜组成,依靠每个柱面镜头的折射,引导光线进入特定的观察区,产生对应左右眼的立体图像对,并最终在大脑的融合下产生立体视觉。由于柱镜光栅是投射式的,因此利用这种技术产生的 LCD 自由立体显示器最大优点是不遮挡显示画面,不影响显示亮度,立体显示效果比较好。多透镜的特点是产生的图像多彩自然,适宜于大屏幕显示。目前运用最精密的成形手段,每个透镜的截面达到了微米级;而通过数字处理,色度亮度干扰大为减少,使条纹状立体图像制作得更加精细。

(3)指向光源式

该方式主要特点是需要在生产过程中将传统背光组件的透膜部分替换成由特制的微沟槽反射膜、导光板、3D 透膜组成的背光组件,变成一种照射方向可控的方向性背光,能将图像的成像焦点随着要显示的左右眼图像左右快速移动,即左背光源与 LCD 显示的左图像同步,右背光与 LCD 右图像同步,由此形成 3D 的影像。即指向光源 3D 技术是搭配两组 LED,配合快速反应的 LCD 面板和驱动方法,让 3D 内容以排序方式进入观看者的左右眼互换影像产生视差,进而让人眼感受到 3D 三维效果的技术。这种背光组件只需配合刷新率可达 120HZ 的液晶显示面板即可生成 3D 影像。在这种技术上投入较大精力的主要是 3M 公司,主要用于手机等小尺寸如手机等手持设备方面的显示。

4. 全息立体技术

全息技术是利用干涉和衍射原理记录并再现物体真实的三维图像的记录和再现的技术。全息技术第一步是利用干涉原理记录物体光波信息,此拍摄过程是被摄物体在激光辐照下形成漫射式的物光束,另一部分激光作为参考光束射到全息底片上,和物光束叠加产生干涉,把物体光波上各点的位相和振幅转换成在空间上变化的强度,从而利用干涉条纹间的反差和间隔将物体光波的全部信息记录下来。记录着干涉条纹的底片经过显影、定影等处理程序后,便成为一张全息图或称全息照片;其第二步是利用衍射原理再现物体光波信息,这是成像过程,全息照相基本原理如附图 3 所示。全息照相相对于传统的摄影技术来说是一种革命性的发明。光作为一种电磁波有三个属性:颜色(即波长)、亮度(即振幅)和相位。传统的照相技术只记录了物体所反射光的颜色与亮度信息,而全息照相则把光的颜色、亮度和相位三个属性全部记录下来了。

全息摄影采用激光作为照明光源,激光具有很好的单向性,没有色散没有色差,这样形成的立体图像更加清晰、亮度更好。将光源发出的光波分为两束,一束直接射向感光片,另一束经被摄物的反射后再射向感光片。两束光在感光片上叠加产生干涉,感光底片上各点的感光程度不仅随强度也随两束光的位相关系而不同。所以全息摄影不仅记录了物体上的反光强度,也记录了位相信息。全息影像再现示意图如附图 4 所示。

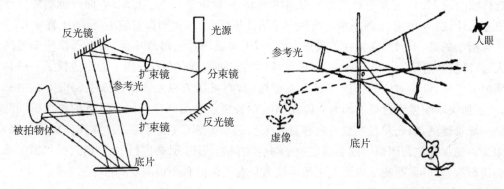

附图 3　全息照相示意图　　　　　　　　附图 4　全息影像再现示意图

人眼直接去看这种感光的底片,只能看到像指纹一样的干涉条纹,但如果用激光去照射它,人眼透过底片就能看到原来被拍摄物体完全相同的三维立体像。一张全息摄影图片即使只剩下很小的一部分,依然可以重现全部景物。全息照相在理论上是一种很完美的 3D 技术,从不同角度观看,观看者会得到一幅角度不同的 3D 图像。而上述的 3D 显示技术都无法做到这一点。全息照相可应用于无损工业探伤、超声全息、全息显微镜、全息摄影存储器、全息电影和电视。

全息图犹如一个复杂的光栅,在相干激光照射下,一张线性记录的正弦型全息图的衍射光波一般可给出两个像,即原始像和共轭像。再现的图像立体感强,具有真实的视觉效应。全息图的每一部分都记录了物体上各点的光信息,故原则上它的每一部分都能再现原物的整个图像,通过多次曝光还可以在同一张底片上记录多个不同的图像,而且能互不干扰地分别显示出来。自由式立体显示的形式与特点见附表 1 所列。

附表 1　自由式立体显示的形式与特点

光栅式		指向光源式	全息 3D
前置/后置	柱透镜		
利用小孔成像原理。亮度降低,且多为 2 视点 3D	利用光的折射原理成像,亮度和分辨率尚可,适合大屏幕	方向性背光技术透光率好,利用照射方向可控制背光技术,仅用于小屏幕且需刷新频率较高的显示器配合	利用光的干涉原理记录场景光波信息(振幅和相位),利用光的衍射原理再现场景的光波信息,是真正的 3D。实时更新速度不够,需要相干光源且系统稳定等复杂因素

自由式立体显示首先经软件处理,把视频处理成恰当的格式,然后通过硬件手段,将左右眼视频分别折射到各自的区域,人们站在一些特定的区域,即可获得两路视差光信号从而看到立体视频。毋庸置疑,比较戴眼镜看立体视频,采用全息技术,实现自由式即裸眼立体显示必将是立体电视的发展方向。

5. 立体视频的编码

基于多视点的编码是立体电视发展方向,但目前基于视差估计和补偿的立体编码是主流。其编码的基本思路是,对左路视频进行传统也是最新编码标准(如 H. 264、AVS2 等)数字视频压缩编码,即同一视点间进行运动估计即 MCP 技术(不参考其他视点的信息),而右路视频既要进行帧内的 MCP,还要进行相邻视点间预测编码,参考左视点进行编码,即进行相邻视点间的视差估计,也即 DCP 预测技术。显然视差估计越精确,残差图像就越小,压缩比就越大。

须指出的是,不同的立体视频采集方式,其压缩编码算法路线不同(与平面视频编码区别很大)。目前普遍采用平行摄像系统,该系统中的空间一点在左右图像平面中的投影一般具有相同的 y 坐标,设其对应的两个图像点亮度相同,则可认为视差匹配搜索主要集中在水平方向,从而加快匹配搜索过程。因为立体视频的左右视点是由两台间隔非常近的摄像机同时拍摄同一场景得到,因此左右视点的内容具有天然的高度相关性,考虑到立体几何极线约束,场景中某一视点在左右图像中的点必定位于对应的偏振线上,那么进行 DCP 搜索时只需沿水平方向进行搜索即可,即透视投影左图像可认为是右图像沿水平负向的局部平移。

6. 立体视频的传输与显示

目前,立体视频传输方式的主要有:传输独立的左右眼信号、传输时间交错的立体信号、传输空间交错的立体信号和传输二维+元数据信号等。其中传输空间交错的立体信号在目前应用最多,且以左右格式(Side by Side)和上下格式(Up Down)在立体电视领域应用中最为广泛,而"隔行"方式和"棋盘"方式应用较少。左右格式和上下格式的传输方式,实质是均为被动式立体信号传输的排列方式,将一帧图像在水平方向或垂直方向一分为二,前者在屏幕的左右两边分别显示要看的视频,后者在屏幕的上下半边显示左右眼要看的视频,其特点是降低水平分辨率或垂直分辨率,导致清晰度下降。

我国通过中星 6A 卫星 C 波段开通的 3D 电视测试频道(下行频率、极化方式和符号率分别为:3968,H,11580),采用的就是 MPEG - 4 编码,NDS 加密,SBS 传输模式,需要 1920×1080 高清机顶盒及 3D 电视机即可接收,佩戴 3D 眼镜即可收看。目前大多数国家 3D 广播均采用 SBS 模式,这种"左右"方式几乎成为目前传输 3D 视频的实际标准。

采用柱状透镜技术的 3D 电视,在目前自由式立体显示器中占多数,市场上的品牌有东芝、飞利浦、TCL、三星,等等。但柱状透镜技术的 3D 显示器,在呈现传统 2D 图像时有一些较小的失真。研究表明,立体电视经历了从眼镜式立体到光栅式(多视点)立体电视,再到全息立体电视的发展过程。全息 3D 是真正的立体,是立体电视发展的最高境界,全息术可以实现"分身术"的视觉效果,目前系统在实时更新速度、稳定性及成本上需要突破。立体电视能给人除了传统二维电视所提供的上下、左右视觉信息外,还能提供"景深"的更大信息量,更具视觉冲击力和临场感,是对正在普及的数字电视应用的新发展。

我国第二代 AVS 国家标准的立项计划(简称 AVS2),启动了更高效率的高清、超高清、三维视频的标准制定工作。AVS2 支持深度编码、场景编码等新的立体视频表示方法,并已介入 ISO/IEC MPEG 的 HVC(高效视频编码)和 ITU 新一代视频标准的制定,其新技术成果应用在国内许多地方试验效果不错,如在深圳、广州、山东齐鲁、北京大学等地,其 AVS 3D 频道占用 10Mb/s 带宽资源,一般采用 3D 智能电视高清接收。不过,从目前国内外立体电视的实践看,要实现完全的裸眼 3D 电视,除了片源是因素外,还需要在许多理论问题进行创新以及对技术问题的突破。

参考文献

[1] 鲁业频,陈初侠. 数字图像与数字电视实训教程[M]. 合肥:合肥工业大学出版社,2011.

[2] 鲁业频. 数字电视原理与技术[M]. 合肥:合肥工业大学出版社,2008.

[3] 卢官明. 数字电视原理与技术[M](第3版). 北京:机械工业出版社,2016年.

[4] 鲁业频,李素平. 立体电视编码技术发展综述[J]. 电视技术,2012,36(2):28~32

[5] http://www.avs.org.cn

[6] http://www.dvbcn.com

[7] http://www.broadcast.hc360.com

[8] 刘修文. 数字电视技术实训教程(第3版). 北京:机械工业出版社,2015年.